高等职业教育"十三五"规划教材

建筑施工技术

主　编　郝增韬　熊小东

副主编　陈　超　王　转　王　懿

主　审　张玉杰　石福洲

U0309527

武汉理工大学出版社

·武　汉·

内 容 简 介

"建筑施工技术"是建筑工程技术、工程造价、土木工程检测技术等土建类相关专业的一门专业核心课程。本书是结合我国建筑工程施工的实际内容,以新颁布的相关施工和质量验收规范及规程为依据编写的,主要内容包括:土方工程、桩基础工程、砌筑工程、混凝土工程、预应力混凝土工程、结构安装工程、防水工程、装饰装修工程等方面的施工方法、施工技术。

本书既可作为高等职业院校土建类专业的教材,也可供相关工程技术人员参考学习。

图书在版编目(CIP)数据

建筑施工技术 / 郝增韬,熊小东主编. —武汉:武汉理工大学出版社,2020.7
ISBN 978-7-5629-6275-5

Ⅰ.①建… Ⅱ.①郝… ②熊… Ⅲ.①建筑施工-技术 Ⅳ.①TU74

中国版本图书馆 CIP 数据核字(2020)第 114543 号

项目负责人:戴皓华   责 任 编 辑:戴皓华
责 任 校 对:陈 平   排   版:芳华时代
出 版 发 行:武汉理工大学出版社
地   址:武汉市洪山区珞狮路 122 号
邮   编:430070
网   址:http://www.wutp.com.cn
经   销:各地新华书店
印   刷:武汉兴和彩色印务有限公司
开   本:787×1092 1/16
印   张:21.75
字   数:543 千字
版   次:2020 年 7 月第 1 版
印   次:2020 年 7 月第 1 次印刷
定   价:55.00 元

凡购本书,如有缺页、倒页、脱页等印装质量问题,请向出版社发行部调换。
本社购书热线:027-87515778 87515848 87785758 87165708(传真)
·版权所有,盗版必究·

高等职业教育"十三五"规划教材
编审委员会

主　任：张玉杰

副主任：肖志红　　汪迎红

委　员（排名不分先后）：

汪金育	伍亭垚	汤　斌	王忆雯	杜　毅
姚　勇	杨　萍	姚黔贵	姜其岩	王方顺
张　涛	龙建旭	郝增韬	王　转	王　懿
卢　林	谭　进	穆文伦	蒋　旭	王　娇
胡　蝶	罗显圣	范玉俊	许国梁	张婷婷
吕诗静				

前言 **Preface**

　　"建筑施工技术"是建筑工程技术、工程造价、土木工程检测技术等土建类相关专业的一门专业核心课程。其主要任务是通过研究建筑工程施工中主要分部、分项工程的施工工艺、施工技术和施工方法,培养学生掌握现代建筑工程施工中的工艺和方法,在此基础上培养学生根据工程实际特点独立分析建筑工程施工中有关施工技术问题,科学、合理、有效地选择施工方法和措施的能力。

　　本书结合我国建筑工程施工的实际内容,以新颁布的相关施工和质量验收规范及规程为编写依据,对建筑工程中土方工程、桩基础工程、砌筑工程、钢筋混凝土工程、预应力混凝土工程、结构安装工程、防水工程、装饰装修工程等方面的施工方法、施工技术做了详细阐述。在编写过程中,力求理论联系实际,突出针对性和实用性,注重培养学生综合运用建筑施工技术理论知识分析和解决工程实际问题的能力。

　　本书由贵州交通职业技术学院郝增韬、熊小东担任主编,由贵州交通职业技术学院陈超、王转、王懿担任副主编,由贵州交通职业技术学院张玉杰教授、贵州建工集团石福洲高级工程师担任主审。

　　教材在编写过程中参考和引用了大量的规范、规程、企业工法、专业文献和资料,未在书中一一注明出处,在此对相关作者表示衷心的感谢! 由于本书的针对性和实用性较强,既可作为高等职业院校土建类专业的教材,也可供相关工程技术人员参考学习。

　　限于编者水平,加之时间仓促,书中存在的错误和不足之处,恳请读者与同行批评指正。

编　者
2020 年 2 月

目 录 **Contents**

0 绪　　论

1．"建筑施工技术"课程的研究对象和任务

建筑业在国民经济发展和现代化建设中起着举足轻重的作用。从投资来看，国家用于建筑安装工程的资金，约占基本建设投资总额的 60%。另外，建筑业的发展对其他行业起着重要的促进作用，它每年要消耗大量的钢材、水泥、地方性建筑材料和其他国民经济部门的产品，同时建筑业的产品又为人民生活和其他国民经济部门服务，为国民经济各部门的扩大再生产创造必要的条件。建筑业提供的国民收入也居国民经济各部门的前列。在我国，随着现代化建设的发展，改革开放政策的深入贯彻，建筑业已成为国民经济的支柱产业。

一栋建筑物的施工是一个复杂的过程。为了便于组织施工和验收，我们常将建筑的施工划分为若干分部和分项工程。分部工程的划分可以按照专业性质、工程部位进行确定，当分部工程较大或者较复杂时，可以按照材料的种类、施工特点、施工程序、专业系统及类别将分部工程划分为若干子分部工程；分项工程可以按照主要工种、材料、施工工艺、设备类别进行划分。一般一个分部工程由若干不同的子分部工程组成，一个子分部工程又有若干不同的分项工程组成。如一般民用建筑按工程的部位和施工的先后次序将一栋建筑的土建工程划分为地基与基础、主体结构、建筑装饰装修、建筑屋面四个分部工程；对于主体结构分部工程按照材料类别又分为混凝土结构、砌体结构、钢结构、钢管混凝土结构、型钢混凝土结构、铝合金结构、木结构共计七个子分部工程；对于混凝土结构子分部工程按照工种和施工工艺分为模板工程、钢筋工程、混凝土工程、预应力、现浇结构、装配式结构六个分项工程。

每一个工种工程的施工，都可以采用不同的施工方案、施工技术和机械设备以及不同的施工组织方法来完成。"建筑施工技术"就是以建筑工程各主要工种施工过程为对象，根据其特点和规模，结合施工地点的地质水文条件、气候条件、机械设备和材料供应等客观条件，运用先进技术，研究其施工方法、施工工艺以及施工规律，保证工程质量，做到技术和经济的统一。本课程的任务是掌握建筑工程施工原理和施工方法，以及保证工程质量和施工安全的技术措施，能够科学选择经济、合理的施工方案，确保工程保质保量按期完成。

2．建筑施工技术发展简介

古代，我们的祖先在建筑技术上有着辉煌的成就，如殷代用木结构建造的宫室，秦朝修筑的万里长城，唐代的山西五台山佛光寺大殿，辽代修建的山西应县 66 m 高的木塔及北京故宫建筑群，都说明了当时我国的建筑技术已达到了相当高的水平。

中华人民共和国成立 70 年来，随着社会主义建设事业的发展，我国的建筑施工技术也得到了不断的发展和提高。在施工技术方面，不仅掌握了大型工业建筑、多层及高层民用建筑与公共建筑施工的先进技术，而且在地基处理和基础工程施工中推广了钻孔灌注桩、旋喷桩、挖孔桩、振冲法、深层搅拌法、强夯法、地下连续墙、土层锚杆、"逆作法"施工等新技术；在现浇钢

筋混凝土模板工程中推广应用了爬模、滑模、台模、筒子模、隧道模、大模板、早拆模板体系;在粗钢筋连接方面应用了电渣压力焊、钢筋气压焊、钢筋冷压连接、钢筋螺纹连接等先进连接技术;在混凝土工程中采用了泵送混凝土、喷射混凝土、高强混凝土以及混凝土制备和运输的机械化、自动化设备;在预制构件方面,不断完善了挤压成型、热拌热模、立窑和折线形隧道窑养护等技术;在预应力混凝土方面,采用了无黏结工艺和整体预应力结构,推广了高效预应力混凝土技术,使我国预应力混凝土的发展从构件生产阶段进入了预应力结构生产阶段。在钢结构方面,采用了高层钢结构技术、空间钢结构技术、轻钢结构技术、钢-混凝土组合结构技术、高强度螺栓连接与焊接技术和钢结构防护技术;在大型结构吊装方面,随着大跨度结构与高耸结构的发展,创造了一系列具有中国特色的整体吊装技术,如集群千斤顶的同步整体提升技术,能把数百吨甚至数千吨的重物按预定要求平稳地整体提升安装就位;在墙体改革方面,利用各种工业废料制成了粉煤灰矿渣混凝土大板、膨胀珍珠岩混凝土大板、煤渣混凝土大板、粉煤灰陶粒混凝土大板等各种大型墙板,同时发展了混凝土小型空心砌块建筑体系、框架轻墙建筑体系、外墙保温隔热技术等,使墙体改革有了新的突破。近年来,激光技术在建筑施工导向、对中和测量以及液压滑升模板操作平台自动调平装置上得到应用,使工程施工精度得到提高,同时又保证了工程质量。另外,电子计算机、工艺理论、装饰材料等方面,也掌握和开发了许多新的施工技术,有力地推动了我国建筑施工技术的发展。

但是,我国目前的施工技术水平,与发达国家的一些先进施工技术相比,还存在一定的差距,特别是在机械化施工水平、新材料的施工工艺及计算机系统的应用等方面,尚需加倍努力,加快实现建筑施工现代化的步伐。

3.“建筑施工技术”课程的特点和学习方法

建筑施工技术是一门综合性和实践性很强的应用型课程。它与建筑材料、房屋建筑构造、建筑工程测量、建筑力学、建筑结构、土力学与地基基础、建筑设备、建筑施工组织设计、建筑工程计量与计价等课程有着密切的关系。它们既相互联系,又相互影响,因此,要学好建筑施工技术课,还必须熟练掌握上述相关课程的内容。

建筑工程施工要加强技术管理,贯彻统一的施工质量验收规范,所以除了要学好上述相关课程外,还必须认真学习国家颁布的建筑工程施工及验收规范,如《建筑工程施工质量验收统一标准》(GB 50300—2013)、《建筑地基基础工程施工规范》(GB 51004—2015)、《混凝土结构工程施工规范》(GB 50666—2011)、《混凝土结构工程施工质量验收规范》(GB 50204—2015)、《砌体结构工程施工规范》(GB 50924—2014)、《砌体结构工程施工质量验收规范》(GB 50203—2011)、《屋面工程技术规范》(GB 50345—2012)、《钢结构工程施工质量验收标准》(GB 50205—2020)、《建筑地面工程施工质量验收规范》(GB 50209—2010)、《建筑装饰装修工程质量验收标准》(GB 50210—2018)等,这些规范是国家的技术标准,是我国建筑科学技术和实践经验的结晶,也是全国建筑界所有人员应共同遵守的准则。

由于本学科涉及的知识面广、实践性强,而且技术发展迅速,学习中必须坚持理论联系实际的学习方法。除了对课堂讲授的基本理论、基本知识加强理解和掌握外,还应重视习题和课程设计、现场教学、生产实习、技能训练等实践性教学环节,做到学以致用。

1 土方与基坑工程施工

万丈高楼平地起,土方工程是建筑工程施工的第一步。常见土方工程内容有:场地平整、浅基础(基槽、基坑)与管沟开挖、路基开挖、深基坑开挖、地坪填土、路基填筑和基坑回填等,以及排水、降水、基坑支护等准备工作和辅助工程。土方工程施工往往具有工程量大、劳动繁重和施工条件复杂等特点;土方工程施工受气候、水文、地质、场地限制、地下障碍等因素的影响,它们加大了施工的难度。在土方工程施工前,应详细分析与核对各项技术资料(如地形图,工程地质和水文地质勘察资料,地下管道、电缆,地下地上构筑物情况及土方工程施工图等),进行现场调查并根据现有施工条件,制定出技术可行、经济合理的施工方案。

1.1 土方工程概述

1.1.1 土的工程分类

土的种类繁多,不同的技术角度有不同的分类方法。按施工时开挖的难易程度可分为八类,其中前四类为土,后四类为岩石,具体见表1-1。土的开挖难易程度直接影响土方工程的施工方案、劳动量消耗和工程费用。

表 1-1 土的工程分类

土的分类	土的名称	密度($\times 10^3$ kg/m³)	开挖方法及工具
一类土 (松软土)	砂土;粉土;冲积砂土层;疏松的种植土;淤泥(泥炭)	0.6~1.5	用锹、锄头挖掘,少许用脚蹬
二类土 (普通土)	粉质黏土;潮湿的黄土;夹有碎石、卵石的砂;粉土混卵(碎)石;种植土、填土	1.1~1.6	用锹、锄头挖掘,少许用镐翻松
三类土 (坚土)	软及中等密实黏土;重粉质黏土、砾石土、干黄土、含有碎石和卵石的黄土、粉质黏土;压实的填土	1.75~1.9	主要用镐,少许用锹、锄头挖掘,部分用撬棍
四类土 (砂砾坚土)	坚硬密实的黏性土或黄土;含碎石和卵石的中等密实的黏性土或黄土;粗卵石;天然级配砂石;软泥灰岩	1.9	主要用镐,少许用锹、锄头挖掘,部分用撬棍
五类土 (软石)	硬质黏土;中等密实的页岩、泥灰岩、白奎土;胶结不紧的砾岩;软石灰及贝壳石灰石	1.1~2.7	整个先用镐、撬棍,后用锹挖掘,部分用楔子及大锤

续表 1-1

土的分类	土的名称	密度（×10³ kg/m³）	开挖方法及工具
六类土（次坚石）	泥岩、砂岩、砾岩；坚实的页岩、泥灰岩，密实的石灰岩；风化花岗岩、片麻岩及正长岩	2.2～2.9	用镐或撬棍、大锤挖掘，部分使用爆破方法
七类土（坚石）	大理石；辉绿岩；粉岩；粗、中粒花岗岩；坚实的白云岩、砂岩、砾岩、片麻岩、石灰岩；微风化安山岩；玄武岩	2.5～3.1	用爆破方法开挖，部分用风镐
八类土（特坚石）	安山岩；玄武岩；花岗片麻岩；坚实的细粒花岗岩、闪长岩、石英岩、辉长岩、辉绿岩、粉岩、角闪岩	2.7～3.3	用爆破方法开挖

1.1.2 土的工程性质

1.1.2.1 土的组成

土一般由固体颗粒（固相）、水（液相）和空气（气相）三部分组成。这三部分之间的比例关系随着周围条件的变化而变化，三者相互间比例不同，反映出土的物理状态不同，如干燥、稍湿或很湿，密实、稍密或松散。这些指标是最基本的物理性质指标，对于评价土的工程性质、进行土的工程分类具有重要意义。

土的三相物质是混合分布的，为了阐述方便，一般用三相图（图 1-1）表示，三相图中，把土的固体颗粒、水、空气各自划分开来。

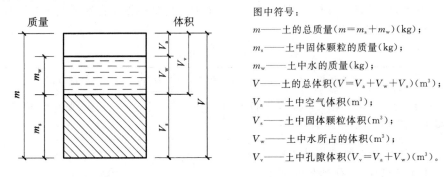

图中符号：

m——土的总质量（$m = m_s + m_w$）（kg）；

m_s——土中固体颗粒的质量（kg）；

m_w——土中水的质量（kg）；

V——土的总体积（$V = V_a + V_w + V_s$）（m³）；

V_a——土中空气体积（m³）；

V_s——土中固体颗粒体积（m³）；

V_w——土中水所占的体积（m³）；

V_v——土中孔隙体积（$V_v = V_a + V_w$）（m³）。

图 1-1　土的三相图

1.1.2.2 土的物理性质

（1）土的含水量

土的含水量是指土中水的质量与土的固体颗粒质量的百分比，反映了土的干湿程度，用 ω 表示，即：

$$\omega = \frac{m_w}{m_s} \times 100\% \tag{1-1}$$

式中　m_w——土中水的质量（kg）；

　　　　m_s——土中固体颗粒的质量（kg）。

（2）土的天然密度和干密度

土在天然状态下单位体积的质量，称为土的天然密度。土的天然密度用 ρ 表示：

$$\rho = \frac{m}{V} \qquad (1\text{-}2)$$

式中　m——土的总质量（kg）；

　　　V——土的总体积（m^3）。

土的干密度是土的固体颗粒质量与总体积的比值，用 ρ_d 表示：

$$\rho_d = \frac{m_s}{V} \qquad (1\text{-}3)$$

式中　m_s——土中固体颗粒的质量（kg）；

　　　V——土的总体积（m^3）。

土的干密度越大，表示土越密实。工程中常把土的干密度作为评定土体密实程度的标准，以控制填土工程的压实质量。土的干密度 ρ_d 与土的天然密度 ρ 之间有如下关系：

$$\rho = \frac{m}{V} = \frac{m_s + m_w}{V} = \frac{m_s + \omega m_s}{V} = (1+\omega)\frac{m_s}{V} = (1+\omega)\rho_d$$

即

$$\rho_d = \frac{\rho}{1+\omega} \qquad (1\text{-}4)$$

（3）土的孔隙比和孔隙率

孔隙比和孔隙率反映了土的密实程度。孔隙比和孔隙率越小，土就越密实。

孔隙比是土的孔隙体积 V_v 与土的固体体积 V_s 的比值，用 e 表示：

$$e = \frac{V_v}{V_s} \qquad (1\text{-}5)$$

孔隙率是土的孔隙体积 V_v 与总体积 V 的比值的百分率，用 n 表示：

$$n = \frac{V_v}{V} \times 100\% \qquad (1\text{-}6)$$

（4）土的可松性与可松性系数

自然状态下的土经开挖后，其体积因松散而增加，以后虽经回填压实，但仍不能恢复其原来的体积，这种现象称为土的可松性。土的可松性用可松性系数表示，即：

最初可松性系数：

$$K_s = \frac{V_2}{V_1} \qquad (1\text{-}7)$$

最后可松性系数：

$$K_s' = \frac{V_3}{V_1} \qquad (1\text{-}8)$$

式中　K_s, K_s'——土的最初、最后可松性系数；

　　　V_1——土在天然状态下的体积（m^3）；

　　　V_2——土开挖后松散状态下的体积（m^3）；

　　　V_3——土经回填压（夯）实后的体积（m^3）。

土的可松性对确定场地设计标高、土方量的平衡调配、计算运土机具的数量和弃土坑的容积等均有很大的影响。各类土的可松性系数见表1-2。

表 1-2　各类土的可松性系数参考值

土的类别	体积增加百分率（%）		可松性系数	
	最初	最后	K_s	K'_s
一类（种植土除外）	8~17	1~2.5	1.08~1.17	1.01~1.03
一类（植物性土、泥炭）	20~30	3~4	1.20~1.30	1.03~1.04
二类	14~28	1.5~5	1.14~1.28	1.02~1.05
三类	24~30	4~7	1.24~1.30	1.04~1.07
四类（泥灰岩、蛋白石除外）	26~32	6~9	1.26~1.32	1.06~1.09
四类（泥灰岩、蛋白石）	33~37	11~15	1.33~1.37	1.11~1.15
五至七类	30~45	10~20	1.30~1.45	1.10~1.20
八类	45~50	20~30	1.45~1.50	1.20~1.30

注：最初体积增加百分率 $= \dfrac{V_2 - V_1}{V_1} \times 100\%$；最后体积增加百分率 $= \dfrac{V_3 - V_1}{V_1} \times 100\%$。

【例 1-1】　某工业厂房采用钢筋混凝土条形基础，条形基础横截面面积为 3.0 m²，地基土为干黄土。现需要开挖基槽，基槽深度为 2.0 m，底部宽度为 2.5 m，开挖长度为 100 m，基础施工完毕后用土方将基槽填平。请计算基槽挖土方量、回填土量和弃土量（不考虑放坡，$K_s = 1.3$，$K'_s = 1.05$）。

【解】　基槽挖土方量 $V_{基槽体积} = 2.0 \times 2.5 \times 100 = 500$ m³

条形基础体积 $V_{基础体积} = 3.0 \times 100 = 300$ m³

回填土量（松散体积）$V_{回填土量（松散体积）} = \dfrac{V_3}{K'_s} \times K_s = \dfrac{500 - 300}{1.05} \times 1.3 = 247.6$ m³

弃土量（松散体积）$V_{弃土量（松散体积）} = V_{基槽体积} \times K_s - V_{回填土量（松散体积）} = 500 \times 1.3 - 247.6 = 402.4$ m³

（5）土的渗透性

土的渗透性是指水流通过土中孔隙的难易程度。水在单位时间内穿透土层的能力称为渗透系数，以 K 表示，单位为 m/d。根据土的渗透系数不同，可分为透水性土（如砂土）和不透水性土（如黏土）。它影响施工降水与排水的速度，一般土的渗透系数见表 1-3。

表 1-3　土的渗透系数参考值

土的名称	渗透系数 K（m/d）	土的名称	渗透系数 K（m/d）
黏土	<0.005	中砂	5.00~20.00
粉质黏土	0.005~0.10	均质中砂	35~50
粉土	0.10~0.50	粗砂	20~50
黄土	0.25~0.50	圆砾石	50~100
粉砂	0.50~1.00	卵石	100~500
细砂	1.00~5.00		

1.2 土方工程量计算

在土方工程施工前,必须计算土方的工程量。但是土方工程的外形有时很复杂,而且不规则。一般情况下,将其划分成为一定的几何形状,采用计算结果具有一定精度而又和实际情况近似的方法进行计算。

1.2.1 基坑和基槽土方工程量计算

1.2.1.1 基坑

基坑土方量可按立体几何中的拟柱体体积公式计算(图 1-2)。即:

$$V = \frac{H}{6}(A_1 + 4A_0 + A_2) \tag{1-9}$$

式中 H——基坑深度(m);

　　　　A_1,A_2——基坑上、下的底面积(m^2);

　　　　A_0——基坑中截面的面积(m^2)。

1.2.1.2 基槽

基槽和路堤管沟的土方量可以沿长度方向分段后,再用同样方法计算(图 1-3)。即:

$$V_i = \frac{L_i}{6}(A_1 + 4A_0 + A_2) \tag{1-10}$$

式中 V_i——第 i 段的土方量(m^3);

　　　　L_i——第 i 段的长度(m)。

将各段土方量相加即得总土方量 $V_总$:

$$V_总 = \sum V_i$$

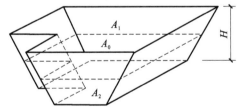

图 1-2　基坑土方量计算

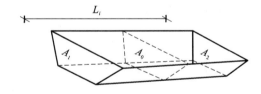

图 1-3　基槽土方量计算

1.2.2 场地平整土方量计算

场地平整是将现场平整成施工所要求的设计平面。场地平整前,首先要确定场地设计标高,计算挖、填土方工程量,确定土方平衡调配方案,并根据工程规模、施工期限、土的性质及现有机械设备条件,选择土方机械,拟订施工方案。

1.2.2.1 场地设计标高的确定

确定场地设计标高时应考虑以下因素:

①满足建筑规划和生产工艺及运输的要求;

②尽量利用地形,减少挖、填方数量;

③场地内的挖、填土方量力求平衡,使土方运输费用最少;

④有一定的排水坡度,满足排水要求。

场地的设计标高一般应在设计文件中规定,如果设计文件对场地设计标高无明确规定和特殊要求,可参照下述步骤和方法确定:

(1)初步计算场地设计标高

初步计算场地设计标高的原则是场地内挖、填方平衡,即场地内挖方总量等于填方总量。如图1-4所示,将场地地形图划分为边长 $a=10\sim20$ m 的若干个方格。每个方格的角点标高,当地形平坦时,可根据地形图上相邻两条等高线的高程,用插入法求得;当地形起伏较大(用插入法有较大误差)或无地形图时,则可在现场用木桩打好方格网,然后用测量的方法求得。

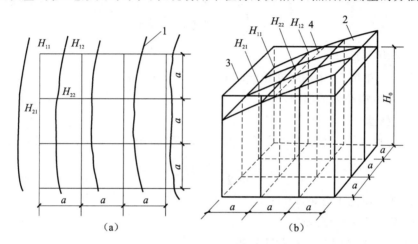

图 1-4 场地设计标高计算简图

(a)地形图上划分方格;(b)设计标高示意图

1—等高线;2—自然地面;3—设计标高平面;4—自然地面与设计标高平面的交线(零线)

按照挖、填方平衡原则,场地设计标高可按下式计算:

$$H_0 N a^2 = \sum \left(a^2 \frac{H_{11} + H_{12} + H_{21} + H_{22}}{4} \right) \tag{1-11}$$

根据式(1-11)可以推得:

$$H_0 = \frac{\sum (H_{11} + H_{12} + H_{21} + H_{22})}{4N} \tag{1-12a}$$

由图1-4可见, H_{11} 是一个方格的角点标高; H_{12} 、 H_{21} 是相邻两个方格公共角点标高; H_{22} 则是相邻的四个方格的公共角点标高。如果将所有方格的四个角点标高相加,则类似 H_{11} 这样的角点标高只加一次,类似 H_{12} 的角点标高加两次,类似 H_{22} 的角点标高要加四次。因此,上式可以改写为:

$$H_0 = \frac{\sum H_1 + 2 \sum H_2 + 3 \sum H_3 + 4 \sum H_4}{4N} \tag{1-12b}$$

式中 H_1——一个方格独有的角点标高(m);

H_2——两个方格共有的角点标高(m);

H_3——三个方格共有的角点标高(m);

H_4——四个方格共有的角点标高(m);

N——方格个数。

(2)场地设计标高的调整

按照式(1-12a)或式(1-12b)计算的设计标高 H_0 是一个纯粹的理论值,实际上还需要考虑以下因素进行调整:

①土的可松性影响。由于土具有可松性,如果按挖填平衡计算得到的场地设计标高进行挖填施工,回填土多少会有富余,特别是当土的最后可松性系数较大时,回填土更不容忽视,所以必要时可相应地提高设计标高。

②借土和弃土的影响。经过经济比较后将部分挖方土就近弃于场外,部分填方就近从场外取土,从而引起挖、填土方量的变化,需相应调整设计标高。

③考虑泄水坡度对角点设计标高的影响。按上述计算及调整后的场地设计标高进行场地平整时,则整个场地将处于同一水平面,但实际上由于排水的要求,场地表面均应有一定的泄水坡度。因此,应根据场地泄水坡度的要求(单向泄水或双向泄水),计算出场地内各方格角点实际施工时所采用的设计标高。

A. 单向泄水时,场地各点设计标高的计算

场地采用单向泄水时,以计算出的设计标高 H_0 作为场地中心线(与排水方向垂直的中心线)的标高(图 1-5),场地内任意一点的设计标高为:

$$H_n = H_0 \pm li \qquad (1-13)$$

式中　H_n——场地内任意一点的设计标高(m);

l——该点至场地中心线的距离(m);

i——场地泄水坡度(不小于2‰)。

例如:图 1-5 中 H_{52} 点的设计标高为:

$$H_{52} = H_0 - li = H_0 - 1.5ai$$

B. 双向泄水时,场地各点设计标高的计算

场地采用双向泄水时,以 H_0 作为场地中心线的标高(图 1-6),场地内任意一点的设计标高为:

$$H_n = H_0 \pm l_x i_x \pm l_y i_y \qquad (1-14)$$

式中　l_x, l_y——该点至场地中心线 y—y、x—x 的距离(m);

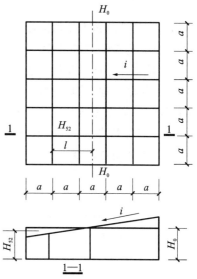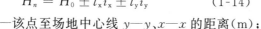

图 1-5　单向泄水坡度的场地

i_x, i_y——x—x、y—y 方向的泄水坡度。

例如:图 1-6 中 H_{42} 点的设计标高为:

$$H_{42} = H_0 - 1.5ai_x - 0.5ai_y$$

1.2.2.2　场地土方量的计算

场地挖、填土方量计算有方格网法和横截面法两种。横截面法是将要计算的场地划分成若干横截面后,用横截面计算公式逐段计算,最后将逐段计算结果汇总。横截面法计算精度较低,可用于地形起伏变化较大地区;对于地形较平坦地区,一般采用方格网法。

方格网法的计算原理是根据方格网中各方格角点的自然地面标高和实际采用的设计标

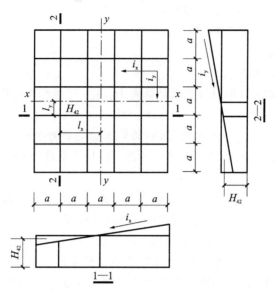

图 1-6 双向泄水坡度的场地

高,算出相应的角点挖填高度(施工高度),然后计算每一个方格的土方量,并算出场地边坡的土方量。这样便可求得整个场地的挖、填土方总量。其计算步骤如下:

(1)划分方格网并计算各方格角点的施工高度

根据已有地形图(一般用 1/500 的地形图)将场地划分成若干个方格网,尽量使方格网与测量的纵、横坐标网对应,方格的边长一般采用 10~40 m,将设计标高和自然地面标高分别标注在方格角点的左下角和右下角。

各方格角点的施工高度按下式计算:

$$h_n = H_n - H \tag{1-15}$$

式中　h_n——角点施工高度(m),即填、挖高度。以"+"为填,"−"为挖;

　　　H_n——角点的设计标高(若无泄水坡度时,即为场地的设计标高)(m);

　　　H——角点的自然地面标高(m)。

(2)计算零点位置

在一个方格内同时有填方和挖方时,要先算出方格边的零点位置,并标注于方格网上,连接零点就得到零线,它是填方区与挖方区的分界线。

零点的位置按下式计算(图 1-7):

$$x_1 = \frac{h_1}{h_1 + h_2}a; x_2 = \frac{h_2}{h_1 + h_2}a \tag{1-16}$$

式中　x_1, x_2——角点至零点的距离(m);

　　　h_1, h_2——相邻两角点的施工高度(m),均用绝对值;

　　　a——方格的边长(m)。

在实际工作中,为了省略计算,常常采用图解法直接求出零点,如图 1-8 所示,方法是用尺在各角点上标出挖方、填方施工高度相应比例,用尺相连,与方格相交点即为零点位置。此法非常方便,同时可避免计算或查表出错。

（3）计算方格土方工程量

按方格网底面积图形和表 1-4 所列公式，计算每个方格内的挖方或者填方量。

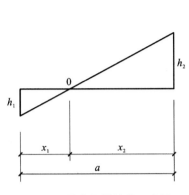

图 1-7　零点位置计算示意图

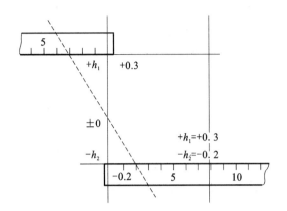

图 1-8　零点位置图解法

表 1-4　常用方格网点计算公式

项　目	图　示	计　算　公　式
一点填方或挖方 （三角形）		$V = \dfrac{1}{2}bc\dfrac{\sum h}{3} = \dfrac{bch_3}{6}$ 当 $b = a = c$ 时，$V = \dfrac{a^2 h_3}{6}$
两点填方或挖方 （梯形）		$V_{+} = \dfrac{b+c}{2}a\dfrac{\sum h}{4} = \dfrac{a}{8}(b+c)(h_1+h_3)$ $V_{-} = \dfrac{d+e}{2}a\dfrac{\sum h}{4} = \dfrac{a}{8}(d+e)(h_2+h_4)$
三点填方或挖方 （五角形）		$V = \left(a^2 - \dfrac{bc}{2}\right)\dfrac{\sum h}{5}$ $= \left(a^2 - \dfrac{bc}{2}\right)\dfrac{h_1+h_2+h_4}{5}$
四点填方或挖方 （正方形）		$V = \dfrac{a^2}{4}\sum h = \dfrac{a^2}{4}(h_1+h_2+h_3+h_4)$

注：① a— 方格的边长（m）；b,c,d,e— 零点到一角的边长（m）；h_1,h_2,h_3,h_4— 方格四角点的施工高程（m）（用绝对值代入）；$\sum h$— 填方或挖方施工高程的总和（m）（用绝对值代入）；V— 挖方或填方体积（m^3）。

② 本表公式是按各计算图形底面积乘以平均施工高程而得出的。

（4）边坡土方量计算

边坡的土方量可以划分为两种近似几何形体计算，一种为三角棱锥体，另一种为三角棱柱体，其计算公式如下：

①三角棱锥体边坡体积

三角棱锥体边坡体积（图1-9中的①）计算公式如下：

$$V_1 = \frac{1}{3}A_1 l_1 \tag{1-17}$$

式中　l_1——边坡①的长度（m）；

　　　A_1——边坡①的端面积（m²），即：

$$A_1 = \frac{h_2(mh_2)}{2} = \frac{mh_2^2}{2} \tag{1-18}$$

　　　h_2——角点的挖土高度（m）；

　　　m——边坡的坡度系数，$m = \dfrac{\text{边坡的宽度}}{\text{边坡的高度}}$。

②三角棱柱体边坡体积

三角棱柱体边坡体积（图1-9中的④）计算公式如下：

$$V_4 = \frac{A_1 + A_2}{2}l_4$$

当两端横断面面积相差很大的情况下，则：

$$V_4 = \frac{l_4}{6}(A_1 + 4A_0 + A_2) \tag{1-19}$$

式中　l_4——边坡④的长度（m）；

　　　A_1, A_2, A_0——边坡④两端及中部的横断面面积（m²），算法同上。

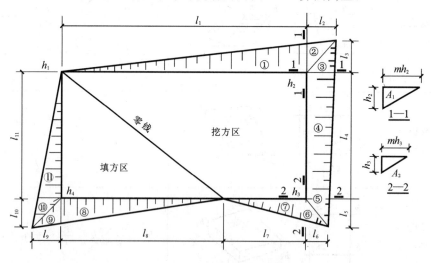

图1-9　场地边坡平面图

（5）计算土方总量

将挖方区（或填方区）的所有方格土方量和边坡土方量汇总后即得场地平整挖（填）方的工程量。

【例1-2】 某建筑场地地形图和方格网($a=20$ m），如图1-10所示。土质为粉质黏土，场地设计泄水坡度：$i_x=3‰$，$i_y=2‰$。建筑设计、生产工艺和最高水位等方面均无特殊要求。试确定场地设计标高（不考虑土的可松性影响，如果有余土，用于加宽边坡），并计算填、挖土方量（不考虑边坡土方量）。

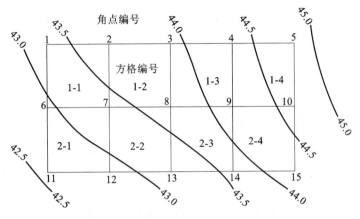

图1-10　某建筑场地地形图和方格网布置

【解】

（1）计算各方格角点的地面标高

各方格角点的地面标高，可根据地形图上所标等高线，假定两等高线之间的地面坡度按直线变化，用插入法求得。如求角点4的地面标高（h_4），由图1-11有：

$$h_x : 0.5 = x : l$$

则 $h_x = \dfrac{0.5}{l}x$，$h_4 = 44.00 + h_x$

为了避免烦琐的计算，通常采用图解法（图1-12）。取一张透明纸，在上面画6根等距离的平行线。把该透明纸放到标有方格网的地形图上，将6根平行线的最外边两根分别对准A点和B点，这时6根等距离的平行线将A、B之间0.5 m高差分成5等份，于是便可直接读得角点4的地面标高约为44.34 m。其余各角点标高均可以用图解法求出。本例各方格角点标高见图1-13中地面标高各值。

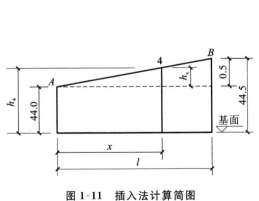

图1-11　插入法计算简图

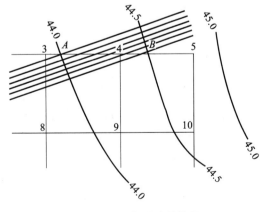

图1-12　图解法计算简图

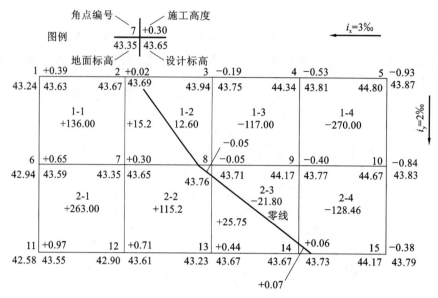

图 1-13 方格网法计算土方工程量图

（2）计算场地设计标高 H_0

$$\sum H_1 = 43.24 + 44.80 + 44.17 + 42.58 = 174.79 \text{ m}$$

$$2\sum H_2 = 2 \times (43.67 + 43.94 + 44.34 + 44.67 + 43.67 + 43.23 + 42.90 + 42.94) = 698.72 \text{ m}$$

$$3\sum H_3 = 0 \text{ m}$$

$$4\sum H_4 = 4 \times (43.35 + 43.76 + 44.17) = 525.12 \text{ m}$$

由式(1-12b)可得：

$$H_0 = \frac{\sum H_1 + 2\sum H_2 + 3\sum H_3 + 4\sum H_4}{4N}$$

$$= \frac{174.79 + 698.72 + 525.12}{4 \times 8}$$

$$= 43.71 \text{ m}$$

（3）计算方格角点的设计标高

以场地中心角点 8 为 H_0（图 1-13），已知泄水坡度，各方格角点设计标高按式(1-14)计算：

$$H_1 = H_0 - 40 \times 3‰ + 20 \times 2‰ = 43.71 - 0.12 + 0.04 = 43.63 \text{ m}$$

$$H_2 = H_1 + 20 \times 3‰ = 43.63 + 0.06 = 43.69 \text{ m}$$

$$H_6 = H_0 - 40 \times 3‰ = 43.71 - 0.12 = 43.59 \text{ m}$$

其余各角点设计标高算法同上，其值见图 1-13 中角点设计标高的值。

（4）计算角点的施工高度

各角点的施工高度按式(1-15)计算：

$$h_1 = 43.63 - 43.24 = +0.39 \text{ m}$$

$$h_3 = 43.75 - 43.94 = -0.19 \text{ m}$$

其余各角点施工高度算法同上,其值见图 1-13 中角点施工高度的值。

(5)确定零线

首先求零点。方格边线上零点的位置由式(1-16)确定。2～3 角点连线上的零点距角点 2 的距离为:

$$x_{2-3} = \frac{0.02 \times 20}{0.02 + 0.19} = 1.9 \text{ m}, \text{则 } x_{3-2} = 20 - 1.9 = 18.1 \text{ m}$$

同理求得:

$x_{7-8} = 17.1 \text{ m}, x_{8-7} = 2.9 \text{ m};$

$x_{13-8} = 18.0 \text{ m}, x_{8-13} = 2.0 \text{ m};$

$x_{14-9} = 2.6 \text{ m}, x_{9-14} = 17.4 \text{ m};$

$x_{14-15} = 2.7 \text{ m}, x_{15-14} = 17.3 \text{ m}。$

相邻零点的连线即为零线(图 1-13)。

(6)计算土方量

根据方格网挖填图形,按表 1-4 所列公式计算土方工程量。

方格 1-1、1-3、1-4、2-1 的四角点全为挖(填)方,按正方形计算,其土方量为:

$$V_{1-1} = \frac{a^2}{4}(h_1 + h_2 + h_3 + h_4)$$

$$= 100 \times (0.39 + 0.02 + 0.30 + 0.65) = (+)136 \text{ m}^3$$

同理求得:

$$V_{2-1} = (+)263 \text{ m}^3; V_{1-3} = (-)117 \text{ m}^3; V_{1-4} = (-)270 \text{ m}^3。$$

方格 1-2、2-3 各有两个角点为挖方,另两个角点为填方,按梯形公式计算,其土方量为:

$$V_{1-2}^{\text{填}} = \frac{a}{8}(b+c)(h_1 + h_3) = \frac{20}{8} \times (1.9 + 17.1) \times (0.02 + 0.3) = (+)15.2 \text{ m}^3$$

$$V_{1-2}^{\text{挖}} = \frac{a}{8}(d+e)(h_2 + h_4) = \frac{20}{8} \times (18.1 + 2.9) \times (0.19 + 0.05) = (-)12.6 \text{ m}^3$$

同理求得:$V_{2-3}^{\text{填}} = (+)25.75 \text{ m}^3; V_{2-3}^{\text{挖}} = (-)21.8 \text{ m}^3。$

方格 2-2、2-4 为一个角点填方(或挖方)和三个角点挖方(或填方),分别按三角形和五角形公式计算,其土方量为:

$$V_{2-2}^{\text{填}} = \left(a^2 - \frac{bc}{2}\right)\frac{h_1 + h_2 + h_3}{5}$$

$$= (20^2 - 2.9 \times 2) \times \frac{0.3 + 0.71 + 0.44}{5}$$

$$= (+)115.2 \text{ m}^3$$

$$V_{2-2}^{\text{挖}} = \frac{bch_4}{6} = \frac{2.9 \times 2 \times 0.05}{6} = (-)0.05 \text{ m}^3$$

同理求得:$V_{2-4}^{\text{填}} = (+)0.07 \text{ m}^3; V_{2-4}^{\text{挖}} = (-)128.46 \text{ m}^3。$

将计算出的土方量填入相应的方格中(图 1-13)。由此可得场地各方格土方量总计:$V_{\text{挖}} = 555.15 \text{ m}^3; V_{\text{填}} = 549.91 \text{ m}^3。$

1.3 基坑支护与排水、降水

土方工程的辅助工作包括土方边坡、土壁支护、基坑支护和排水、降水等。

1.3.1 土方边坡

在开挖基坑、沟槽或填筑路堤时,为了防止塌方,保证施工安全及边坡稳定,其边沿应考虑放坡。放坡坡度以坡度系数 m 来表示,坡度系数等于放坡宽度 B 与放坡高度 h 之比(图 1-14)。

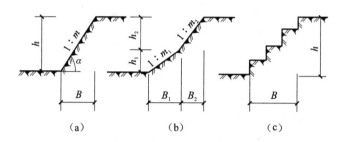

图 1-14 土方边坡形式

(a)直线形;(b)折线形;(c)踏步形

当基坑放坡高度较大,施工期和暴露时间较长,或岩土质较差,易于风化、疏松或滑坍,为防止基坑边坡因气温变化,或失水过多而风化或松散,或防止坡面受雨水冲刷而产生溜坡现象,应根据土质情况和实际条件采取边坡保护措施,以保护基坑边坡稳定。常用基坑坡面保护方法有:

(1)薄膜覆盖或砂浆覆盖法

对基础施工期较短的临时性基坑边坡,可在边坡上铺塑料薄膜,在坡顶及坡脚用草袋或编织袋装土压住或用砖压住;或在边坡上抹 2～2.5 cm 厚水泥砂浆。为防止薄膜脱落,在上部及底部的搭盖宽度不少于 80 cm,同时在土中插适当锚筋连接,在坡脚设排水沟[图 1-15(a)]。

(2)挂网或挂网抹面法

对基础施工期短,土质较差的临时性基坑边坡,可在垂直坡面楔入直径 10～12 mm、长 40～60 cm 的插筋,纵横间距 1 m,上铺 20 号铁丝网,上下用草袋或聚丙烯扁丝编织袋装土或砂压住,或再在铁丝网上抹 2.5～3.5 cm 厚的 M5 水泥砂浆(配合比为水泥:白灰膏:砂子＝1:1:1.5),在坡顶、坡脚设排水沟[图 1-15(b)]。

(3)喷射混凝土或混凝土护面法

对邻近有建筑物的深基坑边坡,可在坡面垂直楔入直径 10～12 mm、长 40～50 cm 的插筋,纵横间距 1 m,上铺 20 号铁丝网,在表面喷射 40～60 mm 厚的 C15 细石混凝土直到坡顶和坡脚;亦可不铺铁丝网,而坡面铺直径 4～6 mm、间距 250～300 mm 的钢筋网片,浇筑 50～60 mm 厚的细石混凝土,表面抹光[图 1-15(c)]。

(4)土袋或砌石压坡法

对深度在 5 m 以内的临时性基坑边坡,可在边坡下部用草袋或聚丙烯扁丝编织袋装土堆砌或砌石压住坡脚。边坡高在 3 m 以内,可采用单排顶砌法;边坡高在 5 m 以内,水位较高,用二排顶砌或一排一顶构筑法,保持坡脚稳定。在坡顶设挡水土堤或排水沟,防止雨水冲刷坡面;在底部做排水沟,防止冲坏坡脚[图1-15(d)]。

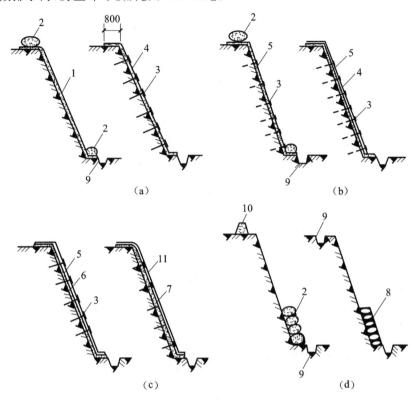

图1-15 基坑边坡护面方法

(a)薄膜覆盖或砂浆覆盖;(b)挂网或挂网抹面;

(c)喷射混凝土或混凝土护面;(d)土袋或砌石压坡

1—塑料薄膜;2—草袋或编织袋装土;3—插筋 $\phi 10 \sim 12$ mm;4—抹 M5 水泥砂浆;

5—20 号钢丝网;6—C15 喷射混凝土;7—C15 细石混凝土;8—M5 砂浆砌石;

9—排水沟;10—土堤;11—$\phi 4 \sim 6$ mm 钢筋网片,纵横间距 $250 \sim 300$ mm

1.3.2 基坑支护

随着城市建设的快速发展,地下工程越来越多。高层建筑的多层地下室、地铁车站、地下车库、地下商场和地下人防工程等施工时都需开挖较深的基坑。工程上一般以挖深 7 m 作为深、浅基坑的划分界线。

通常,在软土地区开挖深度不超过 4 m 的基坑,在土质较好的地区开挖深度不超过 5 m 的基坑,且场地允许时可采用放坡开挖,宜设置多级平台分层开挖,每级平台的宽度不宜小于 1.5 m,并按前述边坡保护方法对边坡进行相应保护,这种方法简单、经济,在空旷地区或周围环境允许、土质较好时,在能保证边坡稳定的条件下应优先选用。但是在城市中心地带、建筑物稠密地区,往往不具备放坡开挖的条件。因为放坡开挖需要基坑平面以外有足够的空间供放坡之用,如在此空间内存在邻近建(构)筑物基础、地下管线、运输道路等,都不允许放坡,此时就只能采用在支护结构保护下进行垂直开挖的施工方法。

支护结构一般由具有挡土、止水功能的围护结构和维持围护结构平衡的支撑结构两部分组成。支护结构按其工作机理和围护墙的形式分为图 1-16 所示的几种类型。

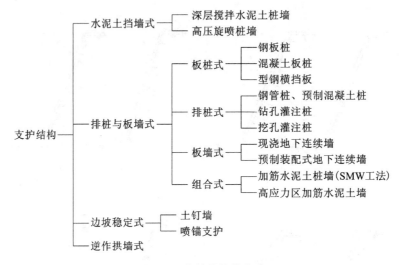

图 1-16 支护结构的分类

水泥土挡墙式,依靠其本身自重和刚度保护坑壁,一般不设支撑,特殊情况下经采取措施后亦可局部加设支撑。

排桩与板墙式,通常由围护墙、支撑(或土层锚杆)及防渗帷幕等组成。

土钉墙由密集的土钉群、被加固的原位土体、喷射的混凝土面层等组成。

现将常用的几种支护结构介绍如下:

1.3.2.1 深层搅拌水泥土桩墙

深层搅拌水泥土桩墙是采用水泥作为固化剂,通过特制的深层搅拌机械,在地基深处就地将软土和水泥强制搅拌形成水泥土,利用水泥和软土之间所产生的一系列物理-化学反应,使软土硬化成整体性的并有一定强度的挡土、防渗墙。

水泥土桩墙的优点:施工时无振动、无噪声、无污染;具有挡土、挡水的双重功能,隔水性能好,基坑外不需人工降水;开挖时不需设支撑和拉锚,便于机械化快速挖土;适用于开挖 4~8 m 深的基坑,由于其水泥用量少,一般比较经济。

水泥土桩墙截面呈格栅形,相邻桩搭接长宽不小于 200 mm,墙体宽度一般取基坑深度的 0.6~0.8 倍,以 500 mm 进位,即 2.7 m、3.2 m、3.7 m、4.2 m 等;插入基坑底面以下深度为基坑深度的 0.8~1.2 倍,前后排的插入深度可稍有不同。

水泥土加固体的强度取决于水泥掺入比(水泥质量与加固土体质量的比值),常用的水泥掺入比为 12%~14%。水泥土桩墙的强度以龄期 1 个月的无侧限抗压强度为标准,应不低于 0.8 MPa。水泥土桩墙的强度未达到设计强度前不得开挖基坑。

水泥土的施工质量对围护墙性能有较大影响。要保证设计规定的水泥掺合量,要严格控制桩位和桩身垂直度;要控制水泥浆的水灰比≤0.45,否则桩身强度难以保证;要搅拌均匀,采用二次搅拌工艺,喷浆搅拌时控制好钻头的提升或下沉速度;要限制相邻桩的施工间歇时间,以保证搭接成整体。

水泥土桩墙搅拌桩成桩工艺可采用"一次喷浆,二次搅拌"或"二次喷浆,三次搅拌"工艺,主要依据水泥掺入比及土质情况而定。一般水泥掺量较小,土质较松时,可用前者,反之可用后者。一般的施工工艺流程如图 1-17 所示。

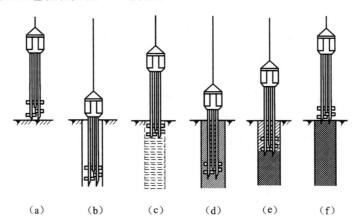

图 1-17 深层搅拌桩施工流程
(a)定位;(b)预搅下沉;(c)提升喷浆搅拌;(d)重复下沉搅拌;
(e)重复提升搅拌;(f)成桩结束

(1)定位

深层搅拌桩机开行达到指定桩位、对中。当地面起伏不平时应注意调整机架的垂直度。

(2)预搅下沉

深层搅拌桩机运转正常后,启动搅拌机电机,放松起重机钢丝绳,使搅拌机沿导向架切土搅拌下沉,下沉速度控制在 0.8 m/min 左右,可由电机的电流监测表控制,工作电流不应大于 10 A。如遇硬黏土等下沉速度太慢,可以通过输浆系统适当补给清水以利于钻进。

(3)制备水泥浆

深层搅拌桩机预搅下沉到一定深度后,开始拌制水泥浆,待压浆时倾入集料斗中。

(4)提升喷浆搅拌

深层搅拌桩机下沉到达设计深度后,开启灰浆泵将水泥浆压入地基土中,此后边喷浆、边旋转、边提升深层搅拌机,直至设计桩顶标高。此时应注意喷浆速率与提升速度相协调,以确保水泥浆沿桩长均匀分布,并使提升至桩顶后集料斗中的水泥浆正好排空。搅拌提升速度一般应控制在 0.5 m/min。

(5)沉钻复搅

再次沉钻进行复搅,复搅下沉速度可控制在 0.5~0.8 m/min。

如果水泥掺入比较大或因土质较密在提升时不能将应喷入土中的水泥浆全部喷完时,可在重复下沉搅拌时予以补喷,即采用"二次喷浆,三次搅拌"工艺,但此时仍应注意喷浆的均匀性。第二次喷浆量不宜过少,可控制在单桩总喷浆量的 30%~40%,因为过少的水泥浆很难做到沿全桩均匀分布。

(6)重复提升搅拌

边旋转、边提升,重复搅拌至桩顶标高,并将钻头提出地面,以便移机施工新的桩体。至此,完成一根桩的施工。

（7）移位

开行深层搅拌桩机（履带式机架也可进行转向、变幅等作业）至新的桩位,重复(1)～(6)步骤,进行下一根桩的施工。

（8）清洗

当一施工段成桩完成后,应即时进行清洗。清洗时向集料斗中注入适量清水,开启灰浆泵,将全部管道中的残存水泥浆冲洗干净并将附于搅拌头上的土清洗干净。

1.3.2.2 钢板桩

钢板桩包括槽钢钢板桩、热轧锁口钢板桩和型钢横挡板等。

槽钢钢板桩是一种简易的钢板桩围护墙,由槽钢正反扣搭接或并排组成。槽钢长 6～8 m,型号由计算确定。打入地下后顶部接近地面处设一道锚拉或支撑。由于其截面抗弯能力弱,一般用于深度不超过 4 m 的基坑。由于搭接处不严密,一般不能完全止水。如地下水位高,需要时可用轻型井点降低地下水位。一般只用于一些小型工程。其优点是材料来源广,施工简便,可以重复使用。

热轧锁口钢板桩的形式有 U 型、L 型、一字型、H 型和组合型,建筑工程中常用前两种。

钢板桩由于一次性投资大,施工中多以租赁方式租用,用后拔出归还。钢板桩的优点是材料质量可靠,在软土地区打设方便,施工速度快而且简便;有一定的挡水能力（小趾口者挡水能力更好）;可多次重复使用;一般费用较低。其缺点是一般的钢板桩刚度不够大,用于较深的基坑时支撑（或锚拉）工作量大,否则变形较大;在透水性较好的土层中不能完全挡水;拔出时易带土,如处理不当会引起土层移动,可能危害周围的环境。常用的 U 型钢板桩,多用于周围环境要求不甚高的深5～8 m 的基坑,视支撑（锚拉）加设情况而定。钢板桩支护结构如图 1-18 所示。

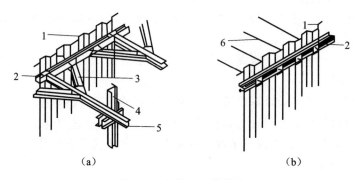

（a）　　　　　　　　　　　　　（b）

图 1-18　钢板桩支护结构

（a）内撑方式;（b）锚拉方式

1—钢板桩;2—围檩;3—角撑;4—立柱;5—支撑;6—锚拉杆

打设钢板桩,自由落锤、汽动锤、柴油锤、振动锤等皆可,但使用较多的为振动锤。

（1）钢板桩打设

首先确定打入方式,打入方式包括单独打入法和屏风式打入法。

①单独打入法:这种方法是从板桩墙的一角开始,逐块（或两块为一组）打设,直至工程结束。这种打入方法简便、迅速,不需要其他辅助支架,但是易使板桩向一侧倾斜,且误差积累后不易纠正。为此,这种方法只适用于板桩墙要求不高且板桩长度较小（如小于 10 m）的情况。

②屏风式打入法:这种方法是将10~20根钢板桩成排插入导架内,呈屏风状,然后再分批施打。这种打桩方法的优点是可以减少倾斜误差积累,防止过大的倾斜,而且易于实现封闭合拢,能保证板桩墙的施工质量。其缺点是插桩的自立高度较大,要注意插桩的稳定和施工安全。一般情况下多用这种方法打设板桩墙,它耗费的辅助材料不多,能保证质量。

先用吊车将钢板桩吊至插桩点处进行插桩,插桩时锁口要对准,每插入一块即套上桩帽轻轻加以锤击。在打桩过程中,为保证钢板桩的垂直度,用两台经纬仪在两个方向加以控制。为防止锁口中心线平面位移,可在打桩进行方向的钢板桩锁口处设卡板,阻止板桩位移。同时在围檩上预先算出每块板块的位置,以便随时检查校正。

打桩时,开始打设的第一、二块钢板桩的打入位置和方向要确保精度,它可以起样板导向作用,一般每打入1 m应测量一次。

钢板桩打设允许误差:桩顶标高±100 mm;板桩轴线偏差±100 mm;板桩垂直度偏差1%。

(2)钢板桩拔出

在进行基坑回填土时,要拔出钢板桩,以便修整后重复使用。拔出前要研究钢板桩拔出顺序、拔出时间及桩孔处理方法。

钢板桩的拔出,应从克服板桩的阻力着手。根据所用拔桩机械的不同,拔桩方法有静力拔桩、振动拔桩和冲击拔桩。

静力拔桩主要用卷扬机或液压千斤顶,但该法效率低,有时难以顺利拔出,较少应用。

振动拔桩是利用机械的振动激起钢板桩振动,以克服和削弱板桩拔出阻力,将板桩拔出。此法效率高,用大功率的振动拔桩机,可将多根板桩一起拔出。目前该法应用较多。

冲击拔桩是以高压空气、蒸汽为动力,利用打桩机给予钢板桩以向上的冲击力,同时利用卷扬机将板桩拔出。

1.3.2.3　钢筋混凝土灌注桩排桩挡墙

灌注桩排桩挡墙刚度较大,抗弯能力强,变形相对较小,有利于保护周围环境,价格较低,经济效益较好。宜用于开挖深度7~12 m的基坑。排桩主要有钻孔灌注桩和人工挖孔桩等桩型。因为灌注桩为间隔排列,因此它不具备挡水功能,需另做挡水帷幕,目前我国应用较多的是厚1.2 m的水泥土搅拌桩作为挡水帷幕。

桩的间距、埋入深度和配筋由设计人员根据结构受力和基坑底部稳定性计算确定,桩径一般为600~1100 mm,密排式灌注桩间距为100~150 mm(常用),间隔式灌注桩间距1 m左右(适用于黏土、砂土和地下水较低的土层)。施工时应采取间隔施工的方法,避免由于土体扰动对已浇注桩带来影响;排桩顶部一般需做一道锁口梁,加强桩的整体受力。

1.3.2.4　地下连续墙

地下连续墙是于基坑开挖之前,用特殊挖槽设备在泥浆护壁之下开挖深槽,然后下钢筋笼、浇筑混凝土形成的地下土中的混凝土墙。

我国于20世纪70年代后期开始出现壁板式地下连续墙,用于深基坑支护结构。目前常用的厚度为600 mm、800 mm、1000 mm,多用于深度12 m以下的深基坑。

地下连续墙用作围护墙的优点是:施工时对周围环境影响小,能紧邻建(构)筑物等进行施工;刚度大、整体性好,变形小,能用于深基坑;处理好接头能较好地抗渗止水;如用逆作法施工,可实现两墙合一,降低成本。

地下连续墙如单纯用作围护墙,只为施工挖土服务则成本较高;泥浆需妥善处理,否则影响环境。

1.3.2.5 加筋水泥土桩墙(SMW工法)

加筋水泥土桩墙是在水泥土搅拌桩内插入 H 型钢(水泥土硬凝之前),形成的型钢与水泥土的复合墙体(图1-19)。可在黏性土、粉土、砂砾土中使用,目前国内主要在软土地区有成功应用,适用于开挖深度 15 m 以下的基坑。该方法的优点:施工时对邻近土体扰动较少,具有可靠的止水性;成墙厚度可低至 550 mm,故围护结构占地和施工占地大大减少;废土外运量少,施工时无振动、无噪声、无泥浆污染;工程造价较常用的钻孔灌注桩排桩墙的方法节省 20%～30%。

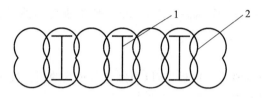

图 1-19 SMW 工法围护墙

1—插在水泥土桩中的 H 型钢;2—水泥土桩

加筋水泥土桩法施工机械应为三根搅拌轴的深层搅拌机,全断面搅拌,H 型钢靠自重可顺利下插至设计标高。

加筋水泥土桩法围护墙的水泥掺入比达 20%,因此水泥土的强度较高,与 H 型钢黏结好,能共同作用。

1.3.2.6 土钉墙

土钉墙(图1-20)是一种边坡稳定式的支护,其作用与被动起挡土作用的上述围护墙不同,它是起主动嵌固作用,增加边坡的稳定性,使基坑开挖后坡面保持稳定。

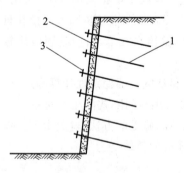

图 1-20 土钉墙

1—土钉;2—喷射细石混凝土面层;3—垫板

施工时,每挖深 1.5 m 左右,挂细钢筋网,喷射细石混凝土面层(厚 50～100 mm),然后钻孔插入钢筋(长 10～15 m,纵、横间距 1.5 m×1.5 m 左右),加垫板并灌浆,依次进行直至坑底。基坑坡面有较陡的坡度。

土钉墙宜用于基坑侧壁安全等级为二、三级的非软土场地;基坑深度不宜大于 12 m;当地下水位高于基坑底面时,应采取降水或截水措施。目前在软土场地亦有应用。

钻孔机具一般宜选用体积较小、质量较轻、装拆移动方便的机具。常用的有如下几类:锚杆钻机、地质钻机和洛阳铲。其中洛阳铲是传统的土层人工造孔工具,它机动灵活、操作简便,一旦遇到地下管线等障碍物能迅速反应,改变角度或孔位重新造孔。并且可用多个洛阳铲同时造孔,每个洛阳铲由 2～3 人操作。洛阳铲造孔直径为 80～150 mm,水平方向造孔深度可达 15 m。

1.3.3 排水、降水

在开挖基坑或沟槽时,土壤的含水层常被切断,地下水将会不断地渗入坑内。雨季施工时,地面水也会流入坑内。为了保证施工的正常进行,防止边坡塌方和地基承载能力的下降,必须做好基坑降水工作。降水方法可分为明排水法(如集水井、明渠等)和人工降低地下水法两种。

1.3.3.1 集水井排水

当基坑开挖深度不是很大,基坑涌水量不大时,集水井排水法是应用最广泛,亦是最简单、经济的方法。

集水井排水即是在基坑的两侧或四周设置排水明沟,隔段设置集水井,使基坑渗出的地下水通过排水明沟汇集于集水井内,然后用水泵将其排出基坑外(图 1-21)。排水明沟宜布置在拟建建筑基础边 0.4 m 以外,沟边缘离边坡坡脚应不小于 0.3 m。排水沟宽 0.2~0.3 m,深 0.3~0.6 m,沟底设纵坡,坡度为 0.2%~0.5%。排水明沟的底面应比挖土面低 0.3~0.4 m。

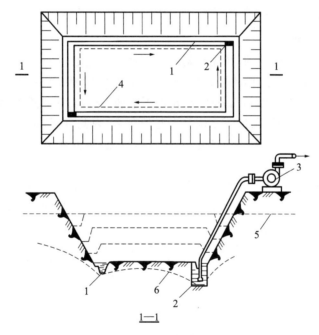

图 1-21 排水明沟、集水井排水法

1—排水明沟;2—集水井;3—离心式水泵;

4—设备基础或建筑物基础边线;5—原地下水位线;6—降低后地下水位线

集水井应设置在基础范围以外,地下水流的上游。根据地下水量大小、基坑平面形状及水泵能力,集水井每隔 20~40 m 设置一个。其直径或宽度一般为 0.6~0.8 m,集水坑底面应低于排水沟底面 0.5 m 以上。应铺设碎石滤水层(0.3 m 厚)以免由于抽水时间过长而将泥砂抽出,并防止坑底土被扰动。

当基坑开挖的土层由多种土组成,中部夹有透水性能的砂类土,基坑侧壁出现分层渗水时,可在基坑边坡上按不同高程分层设置明沟和集水井,构成明排水系统,分层阻截和排除上部土层中的地下水,避免上层地下水冲刷基坑下部边坡造成塌方(图 1-22)。

集水明排水是用水泵从集水井中排水。常用的水泵有潜水泵、离心式水泵和泥浆泵。

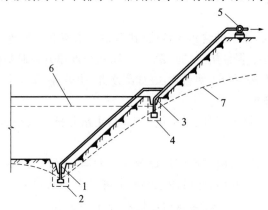

图 1-22　分层明沟、集水井排水法

1—底层排水沟；2—底层集水井；3—二层排水沟；

4—二层集水井；5—水泵；6—原地下水位线；7—降低后地下水位线

1.3.3.2　井点降水

井点降水就是在基坑开挖前，预先在基坑四周埋设一定数量的滤水管（井）。在基坑开挖前和开挖过程中，利用真空原理，不断抽出地下水，使地下水位降低到坑底以下。

井点降水的作用主要有以下几方面：防止地下水涌入坑内；防止边坡由于地下水的渗流而引起塌方；使坑底的土层消除了地下水位差引起的压力，因此，可防止坑底的管涌；降水后，使板桩减少横向荷载；消除了地下水的渗流，防止流砂现象；降低地下水位后，还能使土壤固结，增加地基土的承载能力。

降水井点有两大类：轻型井点和管井类井点。降水井点的类型一般根据土的渗透系数、降水深度、设备条件及经济比较等因素确定，可参照表 1-5 选择。各种降水井点中轻型井点应用最为广泛，下面重点介绍轻型井点降水的设计和施工。

表 1-5　各种井点的适用范围

降水井点类型	适用范围	
	土的渗透系数（cm/s）	可能降低的水位深度（m）
一级轻型井点	$10^{-5} \sim 10^{-2}$	3～6
多级轻型井点	$10^{-5} \sim 10^{-2}$	6～12
喷射井点	$10^{-6} \sim 10^{-3}$	8～20
电渗井点	$< 10^{-6}$	宜配合其他形式降水使用
深井井管	$\geqslant 10^{-5}$	＞10

（1）轻型井点降水设备

轻型井点降水设备（图 1-23）由管路系统和抽水设备组成。管路系统包括滤管、井点管、弯联管及总管；抽水设备常用的有干式真空泵、射流泵等。

①滤管（图 1-24）：是井点设备的一个重要部分，其构造是否合理，对抽水效果影响较大。通常采用长 1.0～1.5 m，直径 38 mm 或 51 mm 的无缝钢管，管壁钻有直径为 12～19 mm 的

按梅花状排列的滤孔,滤孔面积为滤管表面积的 20%～25%。滤管外包两层滤网,内层细滤网采用每平方厘米 30～40 眼的铜丝布或尼龙丝布,外层粗滤采用每平方厘米 5～10 眼的塑料纱布。为使水流畅通,避免滤孔淤塞时影响水流进入滤管,在管壁与滤网间用小塑料管(或铁丝)绕成螺旋形隔开。滤网的外面用带孔的薄铁管或粗铁丝网保护。滤管的上端与井点管连接,下端为一铸铁头。

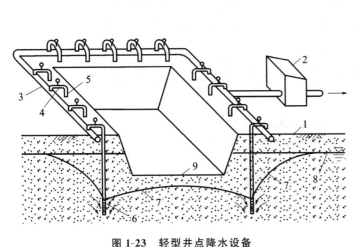

图 1-23　轻型井点降水设备

1—地面;2—水泵;3—总管;4—弯联管;5—井点管;

6—滤管;7—降落后的地下水位线;

8—原地下水位线;9—基坑底

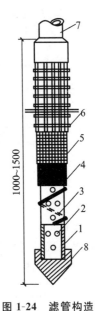

图 1-24　滤管构造

1—钢管;2—管壁上的孔;3—缠绕的铁丝;

4—细滤网;5—粗滤网;

6—粗铁丝保护网;7—井点管;8—铸铁头

②井点管:为直径 38 mm 或 51 mm、长 5～7 m 的钢管。可整根或分节组成。井点管的上端用弯联管与总管相连。弯联管宜用透明塑料管(能随时看到井点管的工作情况)或用橡胶软管。

③集水总管:为直径 100～127 mm 的无缝钢管,每段长 4 m,其上端有井点管连接的短接头,间距 0.8 m 或 1.2 m。

④抽水设备:常用的有干式真空泵、射流泵等。干式真空泵是由真空泵、离心泵和水气分离器(又叫集水箱)等组成,常用的 W5、W6 型干式真空泵,其最大负荷长度分别为 80 m 和 100 m,有效负荷长度分别为 60 m 和 80 m。

(2)轻型井点降水布置

①平面布置

当基坑或沟槽宽度小于 6 m,且降水深度不超过 5 m 时,一般可采用单排线状井点,布置在地下水流的上游一侧,其两端的延伸长度一般以不小于坑(槽)宽为宜[图 1-25(a)]。如基坑宽度大于 6 m 或土质不良,则宜采用双排井点[图 1-25(b)]。当基坑面积较大时,宜采用环形井点[图 1-25(c)]。有时为了施工需要,也可留出一段(地下水流下游方向)不封闭,即采用 U 形井点[图 1-25(d)]。井点管距离基坑壁一般不宜小于 0.7～1.0 m,以防局部发生漏气。井点管间距应根据土质、降水深度、工程性质等按计算或经验确定,一般采用 $0.8 \sim 1.6$ m。靠近河流处与总管四角部位,井点应适当加密。

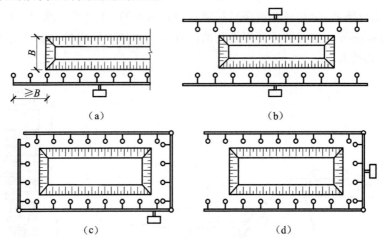

图 1-25 井点的平面布置

(a)单排布置;(b)双排布置;(c)环形布置;(d)U 形布置

②高程布置

高程布置是确定井点管埋深,即滤管上口至总管埋设面的距离,主要考虑降低后的地下水位应控制在基坑底面标高以下,保证坑底干燥。高程布置可按式(1-20)计算(图 1-26):

$$H \geqslant H_1 + h + iL \qquad (1\text{-}20)$$

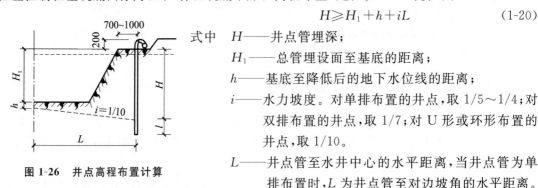

图 1-26 井点高程布置计算

式中　H——井点管埋深;

　H_1——总管埋设面至基底的距离;

　h——基底至降低后的地下水位线的距离;

　i——水力坡度。对单排布置的井点,取 $1/5 \sim 1/4$;对双排布置的井点,取 $1/7$;对 U 形或环形布置的井点,取 $1/10$。

　L——井点管至水井中心的水平距离,当井点管为单排布置时,L 为井点管至对边坡角的水平距离。

井点管的埋深应满足水泵的抽吸能力,当水泵的最大抽吸深度不能达到井点管的埋置深度时,应考虑降低总管埋设位置或采用两级井点降水。如采用降低总管埋置高度的方法,可以在总管埋置的位置处设置集水井降水。但总管不宜放在地下水位以下过深的位置,否则,总管以上的土方开挖也往往会发生涌水现象而影响土方施工。

(3)轻型井点降水施工

轻型井点降水施工工艺:

放线定位→铺设总管→冲孔→安装井点管→填砂砾滤料、上部填黏土密封→用弯联管将井点管与总管接通→安装抽水设备→开动设备试抽水→测量观测井中地下水位变化。

①井点管埋设。井点管的埋设一般采用水冲法进行,借助于高压水冲刷土体,用冲管扰动土体助冲,将土层冲成圆孔后埋设井点管。整个过程可分为冲孔与埋管两个施工过程,如图 1-27 所示。冲孔的直径一般为 300 mm,以保证井管四周有一定厚度的砂滤层;冲孔深度宜

比滤管底深 0.5 m 左右,以防冲管拔出时部分土颗粒沉于底部而触及滤管底部。

井孔冲成后,立即拔出冲管,插入井点管,并在井点管与孔壁之间迅速填灌砂滤层,以防孔壁塌土。砂滤层的填灌质量是保证轻型井点顺利抽水的关键。一般宜选用干净粗砂,填灌均匀,并填至滤管顶上 1~1.5 m 处,以保证水流畅通。井点填砂后,须用黏土封口,以防漏气。

每根井点管埋设后,应及时检验渗水性能。井点管与孔壁之间填砂滤料时,管口应有泥浆水冒出,或向管内灌水时,能很快下渗方为合格。

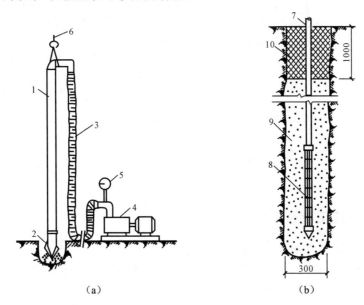

图 1-27　井点管埋设

(a)冲孔;(b)埋管

1—冲管;2—冲嘴;3—胶管;4—高压水泵;5—压力表;
6—起重机吊钩;7—井点管;8—滤管;9—填砂;10—黏土封口

②布设集水总管之前,必须对集水总管进行清洗,并对其他部件进行检查清洗。井点管与集水总管之间用橡胶软管连接,确保其密闭性。

③井点系统安装完毕后,必须及时试抽,并全面检查管路接头质量、井点出水状况和抽水机械运转情况等,如发现漏气和死井,应立即处理。每套机组所能带动的集水管总长度必须严格按机组功率及试抽后结果确定。

④试抽合格后,井点孔口到地面下 1.0 m 的深度范围内,用黏性土填塞严密,以防漏气。

⑤开始抽水后一般不应停抽,时抽时止,滤网易堵塞,也易抽出土粒,并引起附近建筑物由于土粒流失而沉降开裂。一般在抽水 3~5 d 后水位降落漏斗基本趋于稳定。

正常出水规律是"先大后小,先混后清"。如不上水,或水一直较混,或出现清后又混等情况,应立即检查纠正。

⑥为确保水位降至设计标高,宜设一个水位监测孔,派人 24 h 值班监测水位,发现情况及时上报。

⑦井点降水施工队应派人 24 h 值班,定时观测流量及水位降低情况并做好"轻型井点降水记录",同时施工人员在井点施工时,亦应做好"井点施工记录"。

⑧轻型井点常见质量通病及其防治见表1-6。

表1-6 轻型井点常见质量通病及其防治

通病及现象	原因分析	预防措施
井点抽水时在周围地面出现沉降开裂及位移	含水层疏干后,土体产生密实效应,土层压缩,地面下沉	限制基坑周围堆放材料,机械设备也不宜集中放置
降水速度过慢或无效,坑内水位无明显下降或不下降	表层土渗水性较强,抽出的水又迅速返回井内	做好地表排水系统,防止雨水倒灌,井点抽出的水就近排入下水道中
	围护桩施工质量差,不能起止水作用	找出漏水部位,用高压注浆修补
	进水管、滤网堵塞或泵发生机械故障等	抽水前检验水泵,正式抽水前进行试抽

1.4 土方开挖

1.4.1 土方施工准备工作

(1)工程地质情况及现场环境调查

仔细研究地质勘察报告,熟悉各层土质及地下水水位;踏勘现场,熟悉场地内和邻近地区地下管道、管线图和有关资料,如位置、深度、直径、构造及埋设年份等。调查邻近的原有建筑、构筑物的结构类型、层数、基础类型、埋深、基础荷载及上部结构现状,如有裂缝、倾斜等情况,需做标记、拍照或绘图,形成原始资料文件。

(2)编制施工方案

针对工程特点,有针对性地制定土方开挖施工方案;绘制施工总平面布置图和基坑土方开挖图,确定开挖路线、顺序、范围、底板标高、边坡坡度、排水沟、集水井位置,以及挖去的土方堆放地点;提出施工机具需用计划、劳动力使用计划以及新技术推广计划。

(3)清除现场障碍物,平整施工场地

将施工区域内所有障碍物清除,全面规划场地,平整各部分的标高,保证施工场地排水通畅不积水,场地周围设置必要的截水沟、排水沟。

(4)设置测量控制网

根据给定的国家永久性控制坐标和水准点,按建筑物总平面要求,将坐标和高程引测到现场。在工程施工区域设置测量控制网,包括控制基线、轴线和水平基准点;做好轴线控制的测量和校核。控制网要避开建筑物、构筑物、土方机械操作及运输线路,并有保护标志;场地整平应设 10 m×10 m 或 20 m×20 m 方格网,在各方格点上做控制桩,并测出各标桩处的自然地形、标高,作为计算挖、填土方量和施工控制的依据。对建筑物应做定位轴线的控制测量和校核;进行土方工程的测量定位放线,设置龙门板,放出基坑(槽)挖土灰线、上部边线和底部边线以及水准标志。龙门板桩一般应离开坑边缘 1.5～2.0 m,以利于保存,灰线、标高、轴线应进行复核,无误后方可进行场地整平和基坑开挖。

1.4.2 浅基坑、槽和管沟开挖

1.4.2.1 浅基坑、槽和管沟开挖的施工要点

基坑开挖程序一般是：

确定开挖顺序和坡度→沿灰线切出槽边轮廓线→分层开挖→修整槽边→清底。

（1）确定开挖顺序和坡度：根据基础类型、土质、现场出土条件等合理确定开挖顺序，然后再分段分层平均下挖，相邻基坑开挖时，应遵循先深后浅或同时进行的施工程序。根据开挖深度、土质、地下水等情况确定开挖宽度，主要考虑放坡、工作面、临时支撑和排水沟等的宽度。一般土质较好，开挖深度在 1～2 m，可直立开挖不加支护。否则应根据土质和施工具体情况进行放坡或采用临时性支撑加固。

（2）分层开挖：挖土应自上而下水平分段分层进行，每层 0.6 m 左右，每层应通过控制点拉线检查坑底宽度及坡度，不够时及时修整，每隔 3 m 左右做一条边坡坡度控制线，以此参照修坡。接近设计标高 1 m 左右，引测基底设计标高上 50 cm 水平桩（间距一般取 3 m）作为基准点，控制开挖深度，为避免对地基土的扰动，应预留 15～30 cm 厚层土不挖，待下道工序开始前再挖至设计标高。

（3）修整槽边、清底：组织验槽前，通过控制线检查基坑宽度并进行修整，根据标高控制点把预留土层挖到设计标高，并进行清底，要求坑底凹凸不超过 2.0 cm。验槽后立即浇筑混凝土垫层进行覆盖。

（4）其他：

①在地下水位以下挖土，应在基坑（槽）四侧或两侧挖好临时排水沟和集水井，或采用井点降水，将水位降低至坑（槽）底以下 500 mm，以利于挖方进行。降水工作应持续到基础（包括地下水位下回填土）施工完成。

②雨季施工时，基坑槽应分段开挖，挖好一段浇筑一段垫层，并在基槽两侧堆砌土堤或挖排水沟，以防地面雨水流入基坑槽，同时应经常检查边坡和支撑情况，以防止坑壁受水浸泡造成塌方。

③人工挖土，前后操作人员间距离不应小于 2 m，堆土在 1 m 以外并且高度不得超过 1.5 m。

1.4.2.2 浅基坑、基坑槽和管沟的支撑方法

基坑槽和管沟的支撑方法见表 1-7，一般浅基坑的支撑方法见表 1-8。

表 1-7 基坑槽、管沟的支撑方法

支撑方式	简图	支撑方法及适用条件
间断式水平支撑		两侧挡土板水平放置，用工具式横撑或木横撑借木楔顶紧，挖一层土，支顶一层。 适于能保持立壁的干土或天然湿度的黏土类土，地下水很少、深度在 2 m 以内

续表 1-7

支撑方式	简图	支撑方法及适用条件
断续式水平支撑		挡土板水平放置,中间留出间隔,并在两侧同时对称立竖楞木,再用工具式横撑或木横撑上、下顶紧。 适于能保持直立壁的干土或天然湿度的黏土类土,地下水很少、深度在 3 m 以内
连续式水平支撑		挡土板水平连续放置,不留间隙,然后两侧同时对称立竖竖楞木,上、下各顶一根撑木,端头加木楔顶紧。 适于较松散的干土或天然湿度的黏土类土,地下水很少、深度为 3~5 m
连续或间续式垂直支撑		挡土板垂直放置,可连续或留适当间隙,然后每侧上、下各水平顶一根横楞木,再用横撑顶紧。 适于土质较松散或湿度很大的土,地下水较少、深度不限
水平垂直混合式支撑		沟槽上部设连续式水平支撑,下部设连续式垂直支撑。 适于沟槽深度较大,下部有含水土层的情况

表 1-8　一般浅基坑的支撑方法

支撑方式	简图	支撑方法及适用条件
斜柱支撑		水平挡土板钉在柱桩内侧,柱桩外侧用斜撑支顶,斜撑底端支在木桩上,在挡土板内侧回填土。 适于开挖较大型、深度不大的基坑或使用机械挖土时使用
锚拉支撑		水平挡土板支在柱桩的内侧,柱桩一端打入土中,另一端用拉杆与锚桩拉紧,在挡土板内侧回填土。 适于开挖较大型、深度不大的基坑或使用机械挖土,不能在安设横撑时使用
型钢桩横挡板支撑		沿挡土位置预先打入钢轨、工字钢或 H 型钢桩,间距 1.0～1.5 m,然后边挖方,边将 3～6 cm 厚的挡土板塞进钢桩之间挡土,并在横向挡板与型钢桩之间打上楔子,使横板与土体紧密接触。 适于地下水位较低、深度不很大的一般黏性或砂土层中使用
短桩横隔板支撑		打入小短木桩,部分打入土中,部分露出地面,钉上水平挡土板,在背面填土、夯实。 适于开挖宽度大的基坑,当部分地段下部放坡不够时使用
临时挡土墙支撑		沿坡脚用砖、石叠砌或用装水泥的聚丙烯扁丝编织袋,草袋装土、砂堆砌,使坡脚保持稳定。 适于开挖宽度大的基坑,当部分地段下部放坡不够时使用

续表 1-8

支撑方式	简图	支撑方法及适用条件
挡土灌注桩支护	连系梁 挡土灌注桩 挡土灌注桩	在开挖基坑的周围,用钻机或洛阳铲成孔,桩径400～500 mm,现场灌注钢筋混凝土桩,桩间距为1.0～1.5 m,将桩间土挖成外拱形使之起土拱作用。 适于开挖较大、较浅(<5 m)基坑,邻近有建筑物,不允许背面地基有下沉、位移时采用
叠袋式挡墙支护	−1.0～1.5 m 编织袋装碎石堆砌 <5000 500 砌块石	采用编织袋或草袋装碎石(砂砾石或土)堆砌成重力式挡墙作为基坑的支护,在墙下部砌 500 mm 厚块石基础,墙底宽 1500～2000 mm,墙顶宽 500～1200 mm,顶部适当放坡卸土 1.0～1.5 m 宽,表面抹砂浆保护。 适用于一般黏性土、面积大、开挖深度应在 5 m 以内的浅基坑支护

1.4.2.3 土方开挖施工中应注意的质量问题

(1)基底超挖:开挖的基坑(槽)或管沟均不得超过基底标高。遇超挖时,不得用松土回填,应用砂、碎石或低强度等级混凝土填压(夯)实到设计标高;当地基局部存在软弱土层,不符合设计要求时,应与勘察单位、设计单位、建设单位共同提出方案进行处理。

(2)软土地区桩基挖土应防止桩基位移:在密集群桩上开挖基坑时,应在打桩完成后,间隔一段时间,再对称挖土;在密集桩附近开挖基坑(槽)时,应事先确定防桩基位移的措施。

(3)基底未保护:基坑(槽)开挖后应尽量减少对基土的扰动。如基础不能及时施工,可在基底标高以上留出 0.3 m 厚土层,待做基础时再挖掉。

(4)施工顺序不合理:土方开挖宜先从低处进行,分层分段依次开挖,形成一定坡度,以利于排水。

(5)开挖尺寸不足:基坑(槽)或管沟底部的开挖宽度,除结构宽度外,应根据施工需要增加工作面宽度。如排水设施、支撑结构所需的宽度,在开挖前均应考虑。

(6)基坑(槽)或管沟边坡不直不平,基底不平:应加强检查,随挖随修,并要认真验收。

1.4.2.4 基坑(槽)验收

基坑开挖完毕应由施工单位自查后报验,由监理单位总监理工程师主持,建设单位、设计单位、勘察单位、施工单位、质量监督部门等有关人员共同到现场进行检查,验槽内容主要包括:

(1)检查开挖平面位置、尺寸、标高、边坡是否符合设计要求。

(2)观察槽壁、槽底土质类型、均匀程度和有关异常土质是否存在,核对基底土质及地下水情况是否与勘察报告相符,是否已挖至地基持力层,有无破坏原状土结构或发生较大的扰动现象。

(3)检查核实分析钎探资料,对存在的异常点位进行复核检查。

(4)检查基槽内是否有旧建筑物基础、古井、墓穴、洞穴、地下掩埋物及地下人防工程等。

经检查合格,填写基坑(槽)验收隐蔽工程记录,及时办理交接手续。

某些地区还规定应对地基承载力进行检测,一般采用压板试验或标准贯入试验。天然地基,检测数量不少于 3 点;复合地基承载力抽样检测数量为总桩数的 0.5%～1.0%,且不少于 3 点。

1.4.2.5 基础钎探

(1)探钎用直径 22～25 mm 的钢筋制成,钎头呈 60°尖锥形状,钎长 1.8～2.0 m。

(2)根据设计图纸绘制钎探孔位平面布置图。

(3)将钎尖对准孔位,一人扶正钢钎,一人站在操作凳子上,用大锤(8～10 kg)打钢钎的顶端;锤举高度一般为 50～70 cm,将钎垂直打入土层中。注意记录锤击数和孔深。

1.4.3 深基坑开挖

基坑工程的挖土方案,主要有放坡挖土、中心岛式(也称墩式)挖土、盆式挖土和逆作法挖土。前者无支护结构,后三种皆有支护结构。

1.4.3.1 放坡挖土

放坡开挖是最经济的挖土方案。当基坑开挖深度不大(软土地区挖深不超过 4 m;地下水位低、土质较好地区挖深亦可较大)、周围环境又允许时,经验算能确保土坡的稳定性时,均可采用放坡开挖。

开挖深度较大的基坑,当采用放坡挖土时,宜设置多级平台分层开挖,每级平台的宽度不宜小于 1.5 m。

对土质较差且施工工期较长的基坑,对边坡宜采用钢丝网水泥喷浆或用高分子聚合材料覆盖等措施进行护坡。

坑顶不宜堆土或存在堆载(材料或设备),遇有不可避免的附加荷载时,在进行边坡稳定性验算时,应计入附加荷载的影响。

在地下水位较高的软土地区,应在降水达到要求后再进行土方开挖,宜采用分层开挖的方式进行开挖。分层挖土厚度不宜超过 2.5 m。挖土时要注意保护工程桩,防止碰撞或因挖土过快、高差过大使工程桩受侧压力而倾斜。

如有地下水,放坡开挖应采取有效措施降低坑内水位和排除地表水,严防地表水或坑内排出的水渗入基坑。

基坑采用机械挖土,坑底应保留 200~300 mm 厚基土,用人工清理整平,防止坑底土扰动。待挖至设计标高后,应清除浮土,经验槽合格后,及时进行垫层施工。

1.4.3.2 中心岛(墩)式挖土

中心岛(墩)式挖土,宜用于大型基坑,支护结构的支撑形式为角撑、环梁式或边桁(框)架式,中间具有较大空间,此时可利用中间的土墩作为支点搭设栈桥。

挖土机可利用栈桥下到基坑挖土,运土的汽车亦可利用栈桥进入基坑运土。这样可以加快挖土和运土的速度(图 1-28)。

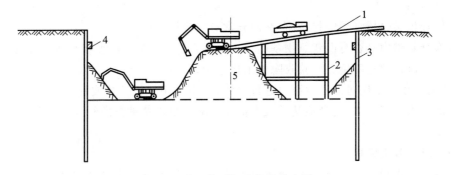

图 1-28　中心岛(墩)式挖土示意图
1—栈桥;2—支架(尽可能利用工程桩);3—围护墙;4—腰梁;5—土墩

中心岛(墩)式挖土,中间土墩的留土高度、边坡的坡度、挖土层次与高差都要经过仔细研究确定。由于在雨季遇有大雨时土墩边坡易滑坡,必要时对边坡加固。

挖土亦分层开挖,多数是先全面挖去第一层,然后中间部分留置土墩,周围部分分层开挖。开挖多用反铲挖土机,如基坑深度大则用向上逐级传递的方式进行装车外运。整个的土方开挖顺序,必须与支护结构的设计工况严格一致。要遵循开槽支撑、先撑后挖、分层开挖、严禁超挖的原则。

挖土时,除支护结构设计允许外,挖土机和运土车辆不得直接在支撑上行走和操作。

为减少时间效应的影响,挖土时应尽量缩短围护墙无支撑的暴露时间。一般对一、二级基坑,每一工况挖至规定标高后,钢支撑的安装周期不宜超过一昼夜,混凝土支撑的完成时间不宜超过两昼夜。

对面积较大的基坑,为减少空间效应的影响,基坑土方宜分层、分块、对称、限时进行开挖,土方开挖顺序要为尽可能早地安装支撑创造条件。

土方挖至设计标高后,对有钻孔灌注桩的工程,宜边破桩头边浇筑垫层,尽可能早一些浇筑垫层,以便利用垫层(必要时可加厚作配筋垫层)对围护墙起支撑作用,以减少围护墙的变形。

挖土机挖土时严禁碰撞工程桩、支撑、立柱和降水的井点管。分层挖土时,层高不宜过大,以免土方侧压力过大使工程桩变形倾斜,在软土地区尤为重要。

同一基坑内当深浅不同时,土方开挖宜先从基坑较浅处开始,如条件允许可待基坑较浅处底板浇筑后,再挖基坑较深处的土方。

如两个深浅不同的基坑同时挖土,土方开挖宜先从较深基坑开始,待较深基坑底板浇筑后,再挖较浅基坑的土方。

如基坑底部有局部加深的电梯井、水池等,如深度较大宜先对其边坡进行加固处理后再进行开挖。

墩式挖土,对于加快土方外运和提高挖土速度是有利的,但对于支护结构受力不利,由于首先挖去基坑四周的土,支护结构受荷时间长,在软黏土中时间效应(软黏土的蠕变)显著,有可能增大支护结构的变形量。

1.4.3.3 盆式挖土

盆式挖土是先开挖基坑中间部分的土,周围四边留土坡,土坡最后挖除。这种挖土方式的优点是周边的土坡对围护墙有支撑作用,有利于减少围护墙的变形。其缺点是大量的土方不能直接外运,需集中提升后装车外运。如图1-29所示。

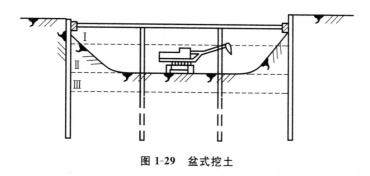

图 1-29 盆式挖土

盆式挖土周边留置的土坡,其宽度、高度和坡度大小均应通过稳定性验算确定。如留得过小,对围护墙支撑作用不明显,失去盆式挖土的意义。如坡度太陡,边坡不稳定,在挖土过程中可能失稳滑动,不但失去对围护墙的支撑作用,影响施工,而且有损于工程桩的质量。采用盆式挖土时需设法提高土方上运的速度,才能对加速基坑开挖起很大作用。

1.4.4 土方开挖安全技术措施

(1)基坑开挖时,两人操作间距应大于2.5 m。多台机械开挖,挖土机间距应大于10 m。在挖土机工作范围内,不许进行其他作业。挖土应由上而下,逐层进行,严禁先挖坡脚或逆坡挖土。

(2)挖土方不得在危岩、孤石的下边或贴近未加固的危险建筑物的下面进行。

(3)基坑开挖应严格按要求放坡。操作时应随时注意土壁的变动情况,如发现有裂纹或部分坍塌现象,应及时进行支撑或放坡,并注意支撑的稳固和土壁的变化。当采取不放坡开挖,应设置临时支护,支护类型应根据土质及基坑深度经计算确定。

(4)机械多台阶同时开挖,应验算边坡的稳定,挖土机离边坡应有一定的安全距离,以防坍方,造成翻机事故。

(5)在有支撑的基坑(槽)中使用机械挖土时,应防止碰坏支撑。在坑(槽)边使用机械挖土时,应计算支撑强度,必要时应加强支撑。

(6)四周设防护栏杆,人员上下要有专用爬梯。

(7)运土道路的坡度、转弯半径要符合有关安全规定。

1.5 土方回填

1.5.1 准备工作

1.5.1.1 土料选择

对填方土料应按设计要求验收后方可填入。如设计无要求，一般按下述原则进行选择：

(1)碎石类土、砂土和爆破石渣(粒径不大于每层铺土厚的2/3)，可用于表层下的填料。

(2)含水量符合压实要求的黏性土，可用作各层填料。

(3)淤泥和淤泥质土，一般不能用作填料，但在软土地区，经过处理含水量符合压实要求的，可用于填方中的次要部位。

(4)碎块草皮和有机质含量大于8%的土，仅用于无压实要求的填方。含有大量有机物的土，容易降解变形而降低承载能力；水溶性硫酸盐含量大于5%的土，在地下水的作用下，硫酸盐会逐渐溶解消失，形成孔洞，影响密实性。因此上述两种土以及冻土、膨胀土等均不应用作填土。

1.5.1.2 基底处理

(1)场地回填应先清除基底中的垃圾、草皮、树根，排除坑穴中积水、淤泥和杂物，并应采取措施防止地表滞水流入填方区，浸泡地基，造成基土下陷。

(2)当填方基底为耕植土或松土时，应将基底充分夯实和碾压密实。

(3)当填方位于水田、沟渠、池塘或含水量很大的松散土地段，应根据具体情况采取排水疏干，或将淤泥全部挖出换土、抛填片石、填砂砾石、翻松、掺石灰等措施进行处理。

(4)当填土场地地面陡于1/5时，应先将斜坡挖成阶梯形，阶高0.2～0.3 m，阶宽大于1 m，然后分层填土，以利于结合和防止滑动。

1.5.1.3 压实机具的选择

(1)平碾压路机

平碾压路机又称光碾压路机，按重量等级的不同分为轻型(3～5 t)、中型(6～10 t)和重型(12～15 t)三种；按装置形式的不同又分为单轮压路机、双轮压路机及三轮压路机等几种；按作用于土层的荷载的不同，分为静作用压路机和振动压路机两种。

平碾压路机具有操作方便，转移灵活，碾压速度较快等优点，但碾轮与土的接触面积大，单位压力较小，碾压的上层土密实度大于下层土。静作用压路机适用于薄层填土或表面压实、平整场地、修筑堤坝及道路工程；振动平碾适用于填料为爆破石渣、碎石类土、杂填土或粉土的大型填方工程。

(2)小型打夯机

小型打夯机有冲击式和振动式之分，由于体积小，质量轻，构造简单，机动灵活、实用，操纵、维修方便，夯击能量大，夯实工效较高，在建筑工程上使用很广。但劳动强度较大，常用的有蛙式打夯机、柴油打夯机等，适用于黏性较低的土(砂土、粉土、粉质黏土)基坑(槽)、管沟及各种零星分散、边角部位填方的夯实，以及配合压路机对边缘或边角碾压不到之处的夯实。

（3）平板式振动器

平板式振动器为现场常备机具，体形小、轻便、实用，操作简单，但振实深度有限。适于小面积黏性土薄层回填土振实、较大面积砂土的回填振实以及薄层砂卵石、碎石垫层的振实。

（4）其他机具

对密实度要求不高的大面积填方，在缺乏碾压机械时，可采用推土机、拖拉机或铲运机结合行驶、推（运）土、平土来压实。对回填后仍松散的特厚土层，可根据回填厚度和设计对密实度的要求采用重锤夯实或强夯等方法来夯实。

1.5.2　压实的一般要求

1.5.2.1　含水量控制

含水量过小，夯压（碾压）不实；含水量过大，则易成橡皮土。各种土的最优含水量和最大干密度参考数值见表1-9。黏性土料施工含水量与最优含水量之差可控制在 $-4\%\sim+2\%$ 范围内。

表 1-9　土的最优含水量和最大干密度参考

土的种类	变动范围	
	最优含水量（％）（质量比）	最大干密度（t/m³）
砂土	8～12	1.80～1.88
黏土	19～23	1.58～1.70
粉质黏土	12～15	1.85～1.95
粉土	16～22	1.61～1.80

注：①表中土的最大干密度应以现场实际达到的数字为准。

②一般性的回填，可不做含水量测定。

土料含水量一般以"手握成团，落地开花"为宜。当含水量过大，应采取翻松、晾干、风干、换土回填、掺入干土或其他吸水性材料等措施；如土料过干，则应预先洒水润湿。

1.5.2.2　铺土厚度和压实遍数

填土每层铺土厚度和压实遍数视土的性质、设计要求的压实系数和使用的压（夯）实机具性能而定，一般应进行现场碾（夯）压试验确定。表1-10为压实机械和工具每层铺土厚度与所需的压实遍数的参考数值，如无试验依据，可参考应用。

表 1-10　填土施工时的铺土厚度及压实遍数

压实机具	铺土厚度（mm）	每层压实遍数
平碾	250～300	6～8
振动压实机	250～350	3～4
柴油打夯机	200～250	3～4
人工打夯	不大于200	3～4

1.5.3 填土压(夯)实方法

1.5.3.1 一般要求

(1)填土应尽量采用同类土填筑,并宜控制土的含水量在最优含水量范围内。当采用不同的土填筑时,应按土类有规则地分层铺填,将透水性较大的土层置于透水性较小的土层之下,不得混杂使用,边坡不得用透水性较小的土封闭,以利于水分排除和基土稳定,并避免在填方内形成水囊和产生滑动现象。

(2)填土应从最低处开始,由下向上整个宽度分层铺填碾压或夯实。

(3)在地形起伏之处,应做好接槎,修筑1:2阶梯形边坡,每台阶高可取50 cm,宽100 cm。分段填筑时每层接缝处应做成大于1:1.5的斜坡,碾迹重叠0.5~1.0 m,上下层错缝距离不应小于1 m。接缝部位不得在基础、墙角、柱墩等重要部位。

(4)填土应预留一定的下沉高度,以备在行车、堆重或干湿交替等自然因素作用下,土体逐渐沉落密实。预留沉降量根据工程性质、填方高度、填料种类、压实系数和地基情况等因素确定。当土方用机械分层夯实时,其预留下沉高度(以填方高度的百分数计):对砂土为1.5%;对粉质黏土为3%~3.5%。

1.5.3.2 人工夯实方法

(1)人力打夯前应将填土初步整平,打夯要按一定方向进行,一夯压半夯,夯夯相接,行行相连,两遍纵横交叉,分层夯打。夯实基槽及地坪时,行夯路线应由四周开始,然后再夯向中间。

(2)用柴油打夯机等小型机具夯实时,一般填土厚度不宜大于25 cm,打夯之前应对填土初步平整,打夯机依次夯打,均匀分布,不留间隙。

(3)基坑(槽)回填应在相对两侧或四周同时进行回填与夯实。

(4)回填管沟时,应用人工先在管道周围填土夯实,并应从管道两边同时进行,直至距管顶0.5 m以上。在不损坏管道的情况下,方可采用机械填土回填夯实。

1.5.3.3 机械压实方法

(1)为保证填土压实的均匀性及密实度,避免碾轮下陷,提高碾压效率,在碾压机械碾压之前,宜先用轻型推土机、拖拉机推平,低速预压4~5遍,使表面平实;采用振动平碾压实爆破石渣或碎石类土,应先静压,而后振压。

(2)碾压机械压实填方时,应控制行驶速度,一般平碾、振动碾不超过2 km/h;并要控制压实遍数。碾压机械与基础或管道应保持一定的距离,防止将基础或管道压坏。

(3)用压路机进行填方压实,应采用"薄填、慢驶、多次"的方法,填土厚度不应超过25~30 cm;碾压方向应从两边逐渐压向中间,碾轮每次重叠宽度为15~25 cm,避免漏压。运行中碾轮边距填方边缘应大于500 mm,以防发生溜坡倾倒。边角、边坡边缘压不到之处,应辅以人工或小型夯实机具夯实。压实密实度,除另有规定外,应以压至轮子下沉量不超过1~2 cm为度。

(4)平碾碾压一层完后,应用人工或推土机将表面拉毛。土层表面太干时,应洒水湿润后继续回填,以保证上、下层接合良好。

(5)用铲运机及运土工具进行压实,铲运机及运土工具须均匀运作整个填筑层,逐次卸土碾压。

1.5.3.4　压实排水要求

(1)填土层如有地下水或滞水时,应在四周设置排水沟和集水井,将水位降低。

(2)已填好的土如遭水浸,把稀泥铲除后方能进行下一道工序。

(3)填土区应保持一定横坡,或中间稍高两边稍低,以利于排水。当天填土,应在当天压实。

1.5.3.5　质量控制与检验

(1)填土施工过程中应检查排水措施,每层填筑厚度、含水量控制和压实程序。

(2)首先在土方回填前取样进行击实试验,测定土的最大干密度;在夯实或压实之后,要对每层回填土采用环刀法取样测定土的干密度,求出土的密实度和压实系数,符合设计要求后,才能填筑上层。密实度要求一般由设计人员根据工程结构性质、使用要求以及土的性质确定,如未作规定,可参考表 1-11 数值。

表 1-11　压实填土的质量控制

结构类型	填土部位	压实系数 λ_c	控制含水量(%)
砌体结构和框架结构	在地基主要受力层范围内	≥0.97	最优含水量±2
	在地基主要受力层范围以下	≥0.95	
排架结构	在地基主要受力层范围内	≥0.96	最优含水量±2
	在地基主要受力层范围以下	≥0.94	

注:地坪垫层以下及基础底面标高以上的压实填土,压实系数不应小于 0.94。

(3)基坑和室内填土,每层按 $100\sim500$ m^2 取样 1 组;场地平整填方,每层按 $400\sim900$ m^2 取样 1 组;基坑和管沟回填每 $20\sim50$ m 取样 1 组,但每层不少于 1 组,取样部位在每层压实后的下半部。用灌砂法取样的深度应为每层压实后的全部深度。

(4)填土压实后的干密度应有 90% 以上符合设计要求,其余 10% 的最低值与设计值之差,不得大于 0.08 t/m^3,且不应集中。

(5)质量检验项目。主控项目:标高;分层压实系数。一般项目:回填土料;分层厚度及含水量等。

1.5.3.6　应注意的质量问题

(1)未按要求测定土的干密度:回填土每层都应测定夯实后土的干密度,符合设计要求后才能铺摊上层土。试验报告要注明土料种类、试验日期、试验结论及试验人员。未达到设计要求部位,应有处理方法和复验结果。

(2)回填土下沉:因虚铺土超过规定厚度或冬季施工时有较大的冻土块,或夯实不够遍数,甚至漏夯,坑(槽)底有有机杂物或落土清理不干净,以及冬期做散水,施工用水渗入垫层中,受冻膨胀等造成。应在施工中认真执行规范的有关各项规定,并要严格检查,发现问题及时纠正。

(3)管道下部夯填不实:管道下部应按标准要求填夯回填土,如果漏夯不实,会因管道下方空虚而导致管道折断、渗漏。

(4)回填土夯压不实:应在夯压时对干土适当洒水加以润湿;如回填土太湿同样夯不密实而呈"橡皮土"现象,这时应将"橡皮土"挖出,重新换好土再予夯实。

1.6 土方工程机械化施工

由于平整场地和基坑土方开挖工程量一般均很大,采用人工挖土效率较低,而一台斗容量为 1 m³ 的反铲挖掘机一个台班能挖土约 500 m³,相当于 200 人左右挖一天的工作量,所以土方工程采用机械化施工能减轻繁重的体力劳动,提高施工效率、确保工期。土方工程机械化施工常用机械有:推土机、单斗挖掘机(包括正铲、反铲、拉铲、抓铲等)以及夯实机械等。

1.6.1 土方机械基本作业方法和特点

1.6.1.1 推土机

推土机是土方工程施工的主要机械之一,是在履带式拖拉机上安装推土铲刀等工作装置而成的机械。常用的是液压式推土机,铲刀强制切入土中,切入深度较大,同时铲刀还可以调整角度,具有更大的灵活性,多用于挖土深度不大的场地平整,开挖深度不大于 1.5 m 的基坑、回填基坑和沟槽等施工。

(1)作业方法

推土机开挖的基本作业是铲土、运土和卸土三个工作行程和空载回驶行程。铲土时应根据土质情况,尽量采用最大切土深度并在最短距离(6~10 m)内完成,以便缩短低速运行时间,然后直接推运到预定地点。回填土和填沟渠时,铲刀不得超出土坡边沿。上下坡坡度不得超过 35°,横坡不得超过 10°。几台推土机同时作业时,前后距离应大于 8 m。

(2)提高生产率的方法

①下坡推土法。在斜坡上,推土机顺下坡方向切土与堆运(图 1-30),借机械向下的重力作用切土,增大切土深度和运土数量,可提高生产率 30%~40%,但坡度不宜超过 15°,避免后退时爬坡困难。

②槽形挖土法。推土机重复多次在一条作业线上切土和推土,使地面逐渐形成一条浅槽(图 1-31),再反复在沟槽中进行推土,以减少土从铲刀两侧漏散,可增加 10%~30% 的推土量。槽的深度以 1 m 左右为宜,槽与槽之间的土坑宽约 50 m。适于运距较远,土层较厚时使用。

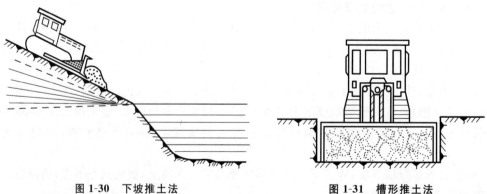

图 1-30　下坡推土法　　　　　　　图 1-31　槽形推土法

③并列推土法。用 2~3 台推土机并列作业(图 1-32),以减少土体漏失量。铲刀相距 15~30 cm,一般采用两机并列推土,可增大推土量 15%~30%。适于大面积场地平整及运送土时

采用。

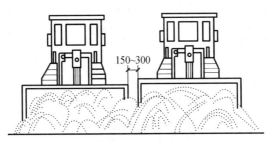

图 1-32 并列推土法

④分堆集中,一次推送法。在硬质土中,切土深度不大,可将土先积聚在一个或数个中间点,然后再整批推送到卸土区,使铲刀前保持满载(图 1-33)。堆积距离不宜大于 30 m,推土高度以 2 m 内为宜。本法能提高生产效率 15% 左右。适于运送距离较远,而土质又比较坚硬的土,或长距离分段送土时采用。

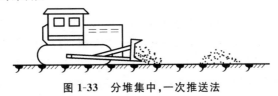

图 1-33 分堆集中,一次推送法

⑤铲刀附加侧板法。运送疏松土壤,且运距较大时,可在铲刀两边加装侧板,增加铲刀前的土方体积,减少推土漏失量。

1.6.1.2 挖掘机

(1)正铲挖掘机

正铲挖掘机适用于开挖停机面以上的土方,且需与汽车配合完成整个挖运工作。正铲挖掘机挖掘力大,适用于开挖含水量较小的一类土和经爆破的岩石及冻土。一般用于大型基坑工程,也可用于场地平整施工。

正铲挖掘机的挖土特点是"前进向上,强制切土"。根据开挖路线与运输汽车相对位置的不同,正铲挖掘机的开挖方式一般有以下两种:

①正向开挖,侧向装土法。正铲向前进方向挖土,汽车位于正铲的侧向装车[图 1-34(a)(b)]。本法铲臂卸土回转角度较小(<90°)。装车方便,循环时间短,生产效率高。此法适用于开挖工作面较大、深度不大的边坡、基坑(槽)、沟渠和路堑等。

②正向开挖,后方装土法。正铲向前进方向挖土,汽车停在正铲的后面[图 1-34(c)]。本法开挖工作面较大,但铲臂卸土回转角度也较大(在 180° 左右),且汽车要侧向行车,增加工作循环时间,生产效率降低(回转角度 180°,效率约降低 23%。回转角度 130°,效率约降低 13%)。此法适用于开挖工作面较小,且较深的基坑(槽)、管沟和路堑等。

(2)反铲挖掘机

反铲挖掘机的挖土特点是"后退向下,强制切土"。能开挖停机面以下的一至三类土,适用于一次开挖深度在 4 m 左右的基坑、基槽、管沟,亦可用于地下水位较高的土方开挖;在深基坑开挖中,可采取通过下坡道、台阶式接力等方式进行开挖。反铲挖掘机可以与自卸汽车配合,装土运走,也可弃土于坑槽附近。根据挖掘机的开挖路线与运输汽车的相对位置不同,其开挖

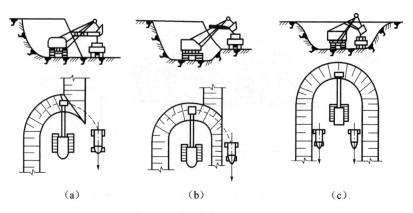

图 1-34　正铲挖掘机开挖方式

(a)(b)正向开挖,侧向装土法;(c)正向开挖,后方装土法

法一般有以下几种:

①沟端开挖法。反铲挖掘机停于沟端,后退挖土,同时往沟一侧弃土或装汽车运走[图 1-35(a)]。挖掘宽度可不受机械最大挖掘半径的限制,臂杆回转角度仅 45°～90°,同时可挖到最大深度。对较宽的基坑可采用图 1-35(b)所示的方法,其最大一次挖掘宽度为反铲有效挖掘半径的两倍,但汽车须停在机身后面装土,生产效率降低。或采用几次沟端开挖法完成作业。此法适于一次成沟后退挖土,挖出土方随即运走时采用,或就地取土填筑路基或修筑堤坝等。

②沟侧开挖法。反铲挖掘机停于沟侧沿沟边开挖,汽车停在机旁装土或往沟一侧卸土[图 1-35(c)]。此法铲臂回转角度小,能将土弃于距沟边较远的地方,但挖土宽度比挖掘半径小,边坡不好控制,同时机身靠沟边停放,稳定性较差。此法适于横挖土体和需将土方甩到距沟边较远的地方时使用。

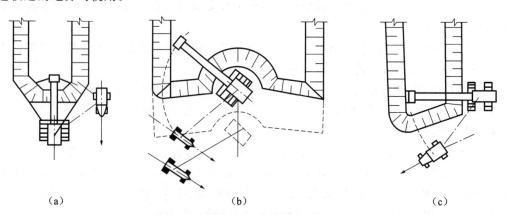

图 1-35　反铲挖掘机沟端及沟侧开挖法

(a)(b)沟端开挖法;(c)沟侧开挖法

③沟角开挖法。反铲挖掘机位于沟前端的边角上,随着沟槽的掘进,机身沿着沟边往后做"之"字形移动(图 1-36)。臂杆回转角度平均在 45°左右,机身稳定性好,可挖较硬的土体,并能挖出一定的坡度。此法适用于开挖土质较硬、宽度较小的沟槽(坑)。

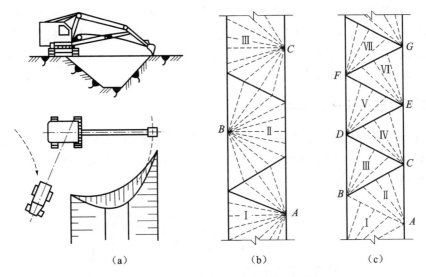

图 1-36 反铲挖掘机沟角开挖法

(a)沟角开挖平面和剖面；(b)扇形开挖平面；(c)三角开挖平面

④多层接力开挖法。用两台或多台挖土机设在不同作业高度上同时挖土，边挖土，边将土传递到上层，地表挖土机既挖土也装土(图 1-37)；上部可用大型反铲，中、下层用大型或小型反铲，进行挖土和装土，均衡连续作业。一般两层挖土可挖深 10 m，三层挖土可挖深 15 m。本法开挖较深基坑，可一次开挖到设计标高，避免汽车在坑下装运作业，提高生产效率，且不必设专用垫道，适用于开挖土质较好、深 10 m 以上的大型基坑、沟槽和渠道。

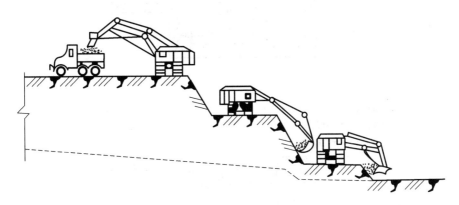

图 1-37 反铲挖掘机多层接力开挖法

(3)抓铲挖掘机

抓铲挖掘机是在挖土机臂端用钢丝绳吊装一个抓斗。其挖土特点是"直上直下，自重切土"。其挖掘力较小，能开挖停机面以下的一至二类土。抓铲挖掘机适用于开挖软土地基坑，特别是窄而深的基坑、深槽、深井；还可用于疏通旧有渠道以及挖取水中淤泥等，或用于装卸碎石、矿渣等松散材料。

(4)拉铲挖掘机

拉铲挖掘机的土斗用钢丝绳悬挂在挖掘机长臂上，挖土时土斗在自重作用下落到地面切入土中。其挖土特点是"后退向下,自重切土"。其挖土深度和挖土半径均较大,能开挖停机面以下的一至二类土,但不如反铲挖掘机动作灵活、准确。适用于开挖较深、较大的基坑(槽)、沟渠,挖取水中泥土以及填筑路基、修筑堤坝等。拉铲挖掘机的开挖方式与反铲挖掘机的开挖方式相似,可沟侧开挖,也可沟端开挖。

1.6.2 土方机械施工要点

(1)土方开挖前应绘制土方开挖图(图1-38),确定开挖路线、顺序、范围、基底标高、边坡坡度、排水沟和集水井位置以及挖出的土方堆放地点等。绘制土方开挖图时应尽可能使机械多挖,减少机械超挖和人工挖方。

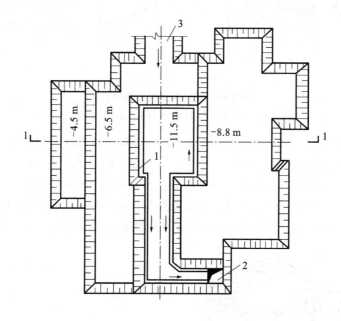

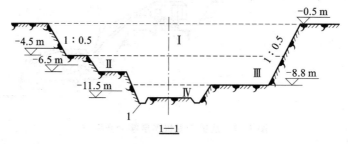

图 1-38　土方开挖图

1—排水沟;2—集水井;3—土方机械进出口;Ⅰ,Ⅱ,Ⅲ,Ⅳ—开挖次序

(2)大面积基础群基坑底标高不一,机械开挖次序一般采取先整片挖至平均标高,然后再挖个别较深部位。当一次开挖深度超过挖掘机最大挖掘深度(5 m以上)时,宜分二至三层开挖,并修筑10%～15%坡道,以便挖土及运输车辆进出。

(3)基坑边角部位,机械开挖不到之处,应用少量人工配合清坡,将松土清至机械作业半径范围内,再用机械掏取运走。人工清土所占比例一般为1.5%～4%,修坡以厘米为单位限制误差。大基坑宜另配一台推土机清土、送土、运土。

（4）挖掘机、运土汽车进出基坑的道路，应尽量利用两侧相邻的基础（以后需开挖的）部位，或利用提前挖除土方后的地下设施部位，以减少挖土量。

（5）机械开挖应由深而浅，基底及边坡应预留一层 150～300 mm 厚土层用人工清底、修坡、找平，以保证基底标高和边坡坡度正确，避免超挖和土层遭受扰动。

（6）做好机械的表面清洁和运输道路的清理工作，以提高挖土和运输效率。

（7）基坑土方开挖可能影响邻近建筑物、管线安全使用时，必须有可靠的保护措施。

（8）机械开挖施工时，应保护井点、支撑等不受碰撞或损坏，同时应对平面控制桩、水准点、基坑平面位置、水平标高、边坡坡度等定期进行复测检查。

（9）雨期开挖土方，工作面不宜过大，应逐段分期完成。如为软土地基，进入基坑行走需铺垫钢板或铺路基箱垫道。坑面、坑底排水系统应保持良好；汛期应有防洪措施，防止雨水浸入基坑。冬期开挖基坑，如挖完土隔一段时间施工基础需预留适当厚度的松土，以防基土遭受冻结。

（10）当基坑开挖局部遇露头岩石，应先采用控制爆破方法，将基岩松动、爆破成碎块，碎块宽度应小于铲斗宽的 2/3，再用挖土机挖出，可避免破坏邻近基础和地基；对大面积、较深的基坑，宜采用打竖井的方法进行松爆，使一次基本达到要求深度。此项工作一般在工程平整场地时预先完成。在基坑内爆破，宜采用打眼放炮的方法，采用多炮眼，少装药，分层松动爆破，分层清渣，每层厚 1.2 m 左右。

习　题

1.计算题

（1）某基坑底长 82 m，宽 64 m，深 8 m，四边放坡，边坡坡度 1∶0.5。

①试计算土方开挖工程量。

②若混凝土基础和地下室占有体积为 24600 m³，则应预留多少回填土（以松散状态的土体积计）？

③若多余土方外运，外运土方（以松散状态的土体积计）为多少？

④如果用斗容量为 3 m³ 的汽车外运，需运多少车？（已知土的最初可松性系数 $K_s = 1.14$，最后可松性系数 $K_s' = 1.05$）

（2）按场地设计标高确定的一般方法（不考虑土的可松性）计算图 1-39 所示场地方格中各角点的施工高度并标出零线（零点位置需精确算出），角点编号与天然地面标高如图 1-39 所示，方格边长为 20 m，$i_x = 2‰$，$i_y = 3‰$。分别计算挖、填土方量。

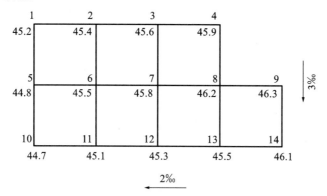

图 1-39　某场地天然地面标高

2.简答题

(1)试述土的各项工程性质对土方施工的影响。

(2)试述土方边坡的含义和边坡面保护方法。

(3)试述深层搅拌水泥土桩墙的适用范围和施工工艺。

(4)试述钢板桩的适用范围和打设方法。

(5)试述集水井降水的基本要求。

(6)简述浅基坑、槽和管沟开挖的施工要点。

(7)简述土方开挖施工中应注意的质量问题。

(8)简述深基坑开挖的方法和注意事项。

(9)简述填土土料的选择和压实的一般要求。

(10)简述压实的方法和质量检验要求。

3.案例分析

某高校新建一栋学生公寓,该工程建筑面积14808 m²,建筑高度26 m,为8层现浇框架-剪力墙结构,基础是钢筋混凝土条形基础,工程于2014年3月签约,2014年4月18日开工,合同工期322日历天。建筑公司针对公司合同签约情况给项目经理部下达工程质量目标。基坑开挖后,由施工单位项目经理组织监理、设计单位进行验槽和基坑的隐蔽工程验收。

问题:由施工单位项目经理组织监理、设计单位进行了验槽和基坑的隐蔽工程验收是否合理? 为什么? 钢筋混凝土条形基础土方开挖和基坑(槽)验槽检查的控制要点和重点是什么?

2 桩基础工程

2.1 概　述

桩基础是一种常用的基础形式,它是由设置于岩土中的桩和与桩顶连接的承台共同组成(图 2-1)或由柱与单桩直接连接而成。当天然地基上部土层的土质不良,不能满足建筑物对地基强度和变形等方面的要求时,往往采用桩基础。在一般房屋基础工程中,桩主要承受垂直的竖向荷载,但在港口、桥梁、近海钻采平台、支挡结构工程中,桩还要承受侧向的风力、波浪力、土压力等水平荷载。

2.1.1 桩基础的作用

桩的作用是将上部建筑物的荷载传递到深处承载力较大的持力层上;或使软弱土层挤压,以提高土壤的承载力和密实度,从而保证建筑物的稳定性和减少地基沉降。在土质较差和有地下水的地区进行大开挖施工时,可以把桩作为临时土壁支撑,以防止塌方,也可以起防水、防流砂的作用。

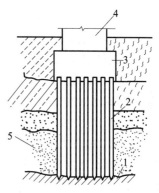

图 2-1　桩基础示意图
1—持力层;2—基桩;3—桩基承台;
4—上部结构;5—软弱土层

承台的作用是将桩基中的各根桩连成一个整体,共同承受上部结构的荷载。根据承台与地面的相对位置不同,一般有低承台和高承台之分。前者承受底面位于地面以下,后者则位于地面以上。一般来说,采用高承台主要是为了减少水下施工作业和节省基础材料,常用于桥梁和港口工程中。而低承台承受荷载的条件比高承台好,特别是在水平荷载作用下,承台周围的土体可以发挥一定的作用。一般的房屋和构筑物中,大都采用低承台桩基。

2.1.2 桩基础的分类

(1)按承载性质分

①摩擦型桩。摩擦型桩又可分为摩擦桩和端承摩擦桩。摩擦桩是指在极限承载力作用下,桩顶荷载由桩侧阻力承受的桩;端承摩擦桩是指在极限承载力作用下,桩顶荷载由桩侧阻力及桩端阻力共同承受的桩。

②端承型桩。端承型桩又可分为端承桩和摩擦端承桩。端承桩是指在极限承载力作用下,桩顶荷载由桩端阻力承受的桩;摩擦端承桩是指在极限承载力作用下,桩顶荷载主要由桩端阻力承受的桩。

(2)按桩的使用功能分

①竖向抗压桩:桩承受荷载以竖向荷载为主,由桩端阻力和桩侧摩阻力共同承受。

②竖向抗拔桩:承受上拔力的桩,其桩侧摩阻力的方向与竖向抗压桩的情况相反,单位面积的摩阻力小于抗压桩。

③水平受荷桩:承受水平荷载为主的桩,或用于防止土体或岩体滑动的抗滑桩,桩的作用主要是抵抗水平力。

④复合受荷桩:同时承受竖向荷载和水平荷载作用的桩。

(3)按桩身材料分

主要有混凝土桩,钢桩,组合材料(如闭口钢管混凝土)桩。

(4)按桩径(设计直径 D)大小分

①小直径桩:$D \leqslant 250$ mm;

②中等直径桩:250 mm$<D<$800 mm;

③大直径桩:$D \geqslant 800$ mm。

(5)按桩制作工艺分

①预制桩:是指在工厂或施工现场制作成型(钢筋混凝土实心方桩、钢管桩等),然后用沉桩设备将桩沉入土中的桩。预制桩按照沉桩方法不同分为锤击沉桩(打入桩)、静力压桩、振动沉桩和水冲沉桩等。

②灌注桩:是指在施工现场的桩位处成孔,然后在孔中安放钢筋骨架,再浇筑混凝土成型的桩。根据成孔方法的不同,可分为钻孔灌注桩、沉管灌注桩、人工挖孔灌注桩、水冲成孔灌注桩和爆扩成孔灌注桩等。

灌注桩近年来发展迅速,由于灌注桩是按照使用状态设计的,而预制桩除了要考虑使用状态,还要考虑吊装、运输、打桩等因素,因此与预制桩相比,灌注桩具有不受地层变化限制,节约钢材,振动小,噪声小等特点,但施工工艺复杂,影响质量的因素多。故在施工过程中应严格按照《建筑桩基技术规范》(JGJ 94—2008)、《建筑地基基础工程施工规范》(GB 51004—2015)、《建筑地基基础工程施工质量验收标准》(GB 50202—2018)等规范、规程的要求进行。

2.1.3 桩基等级

根据建筑规模、工程特征、对差异变形的适应性、场地地基和建筑物体型的复杂性以及由于桩基问题可能造成建筑破坏或影响正常使用的程度,将桩基分为三个等级,见表 2-1。

表 2-1 建筑桩基设计等级

设计等级	建筑类型
甲级	(1)重要的建筑; (2)30 层以上或高度超过 100 m 的高层建筑; (3)体型复杂且层数相差超过 10 层的高低层(含纯地下室)连体建筑; (4)20 层以上框架-核心筒结构及其他对差异沉降有特殊要求的建筑; (5)场地和地基条件复杂的 7 层以上的一般建筑及坡地、岸边建筑; (6)对相邻既有工程影响较大的建筑
乙级	除甲级、丙级以外的建筑
丙级	场地和地基条件简单、荷载分布均匀的 7 层及 7 层以下的一般建筑

2.2 钢筋混凝土预制桩施工

钢筋混凝土预制桩具有制作和沉桩工艺简单、能够承受较大的荷载、坚固耐久、施工速度快、施工机械化程度高、不受地下水位高低及潮湿变化影响等特点,其施工现场干净、文明程度高,但耗钢量较大,施工时对周围的环境影响较大。

钢筋混凝土预制桩施工包括桩的制作、起吊、运输、堆放和沉桩、接桩等工艺。

2.2.1 桩的制作

钢筋混凝土预制桩在工程中应用较多的是实心方桩和预应力混凝土管桩两种。

(1)实心方桩

实心方桩的截面尺寸一般为 200 mm×200 mm、250 mm×250 mm、300 mm×300 mm、350 mm×350 mm、400 mm×400 mm、450 mm×450 mm、500 mm×500 mm 等规格。

混凝土单根桩的最大长度或多节桩的单节预制长度,应根据桩架的有效高度、制作场地条件、运输与装卸能力、接桩点的竖向位置而定。如在工厂制作,长度不宜超过 12 m;如在现场制作,长度不宜超过 30 m。

现场预制方桩多采用重叠法施工,重叠的层数应根据地面承载力和施工要求来确定,一般不超过 4 层。相邻两层桩之间要做好隔离层,以免起吊时互相黏结。混凝土浇筑时应由桩顶向桩尖连续浇筑,上层桩或邻桩的混凝土浇筑,应在下层或邻桩的混凝土强度达到设计强度的 30% 以上时才可进行。预制完成后,应洒水养护不少于 7 d,并在每根桩上标明编号和制作日期;如不埋设吊钩,应标明绑扎点位置。

钢筋混凝土预制方桩的制作允许偏差见表 2-2。

表 2-2　钢筋混凝土预制方桩制作允许偏差

序号	项目	允许偏差(mm)
1	横截面边长	±5
2	桩顶对角线长度之差	≤10
3	保护层厚度	±5
4	桩身弯曲矢高	≤1‰L,且≤20
5	桩尖偏心	≤10
6	桩顶平面对桩中心线的倾斜	≤0.005
7	桩节长度	±20

注:L 为桩长。

(2)预应力混凝土管桩

预应力混凝土管桩是一种细长的空心等截面预制混凝土构件,是在工厂经先张预应力、离心成型、高压蒸汽养护等工艺生产而成。

管桩按照桩身混凝土强度等级分为预应力混凝土管桩(代号 PC,混凝土强度为 C60、C70)和预应力高强混凝土管桩(代号 PHC,混凝土强度为 C80);按照高强混凝土有效预压应力值分为 A 型、AB 型、B 型和 C 型。外径尺寸有 300 mm、400 mm、500 mm、600 mm、700 mm、800 mm、1000 mm、1200 mm 等规格,壁厚一般为 70~150 mm;常用节长为 7~12 m,特殊节长为 4~5 m。

预应力混凝土管桩的制作质量应符合《先张法预应力混凝土管桩》(GB 13476—2009)及相关生产工艺技术规程的规定,其制作允许偏差见表 2-3。

表 2-3　钢筋混凝土管桩制作允许偏差

序号	项目		允许偏差(mm)
1	直径	300~700 mm	+5,−2
		800~1400 mm	+7,−4
2	长度		±5‰L
3	管壁厚度		≤20
4	保护层厚度		≤5
5	桩身弯曲(度)矢高	L≤15 m	≤1‰L
		15 m<L≤30 m	≤2‰L
6	桩尖偏心		≤10
7	桩头板平整度		≤0.5
8	桩头板偏心		≤2

注:L 为桩长。

2.2.2　桩的起吊、运输和堆放

(1)桩的起吊

预制桩混凝土的强度达到设计强度的 70% 以上时才可以起吊。如需要提前起吊,则必须做强度和抗裂度验算。起吊时,吊点位置必须严格按设计位置绑扎,如无吊环,应按如图 2-2 所示的位置起吊,当吊点多于 3 个时,其位置应该按照反力相等的原则计算确定。在吊索与桩间应加衬垫,起吊应平稳提升,采取措施保护桩身质量,防止撞击和振动。

(2)桩的运输

桩的运输通常可分为预制厂运输、场外运输、施工现场运输。

预制桩混凝土的强度达到设计强度的 100% 时方可运输。运桩前,应按照验收规范要求,检查桩的混凝土质量、尺寸、预埋件、桩靴或桩帽的牢固性以及打桩中使用的标志是否备全等。水平运输时,应做到桩身平稳放置,严禁在场地上直接拖拉桩体。运至施工现场时应进行检查验收,严禁使用质量不合格及在吊运过程中产生裂缝的桩。

(3)桩的堆放

桩的堆放场地应平整、夯实,设有排水设施。每根桩下都用垫木架空,垫木位置应与桩的吊点位置相同。各层垫木应在同一垂直线上,最下层垫木应适当加宽。堆放层数一般不宜超过 4 层,而且不同规格的桩应分别堆放,以免搞错。

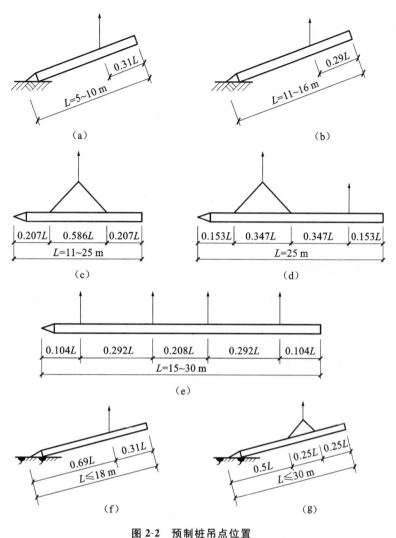

图 2-2 预制桩吊点位置

(a)(b)一点吊法;(c)两点吊法;(d)三点吊法;
(e)四点吊法;(f)预应力管桩一点吊法;(g)预应力管桩两点吊法

2.2.3 打桩前的准备工作

桩基础施工前,应根据工程规模的大小和复杂程度来编制整个分部工程施工组织设计或施工方案。在打桩前,现场准备工作的内容有处理障碍物、平整场地、抄平放线、进行打桩试验、铺设水电管网、沉桩机械设备的进场和安装以及桩的供应等。

(1)处理障碍物

打桩前,宜向城市管理、供水、供电、煤气、电信、房管等有关单位提出要求,认真处理高空、地上和地下的障碍物,然后对现场周围(一般为 10 m 以内)的建筑物、地下管线等做全面检查,如有危房或危险构筑物,必须予以加固或采取隔振措施或拆除,以免在打桩过程中由于振动的影响而引起倒塌。

（2）平整场地

打桩场地必须平整、坚实，必要时宜铺设道路，经压路机碾压密实，场地四周应挖排水沟以利于排水。

（3）抄平放线

在打桩现场附近设水准点，其位置应不受打桩影响，数量不得少于2个，用以抄平场地和检查桩的入土深度。要根据建筑物的轴线控制桩定出桩基础的每个桩位，可用小木桩标记。在正式打桩之前，应对桩基的轴线和桩位复查一次，以免因小木桩挪动、丢失而影响施工。桩位放线的允许偏差为20 mm。

（4）进行打桩试验

施工前，应做数量不少于2根的打桩工艺试验，用以了解桩的沉入时间、最终沉入度、持力层的强度、桩的承载力以及施工过程中可能出现的各种问题和反常情况等，以便于检验所选的打桩设备和施工工艺，确定是否符合设计要求。

2.2.4 锤击沉桩施工

锤击沉桩也称为打桩，是利用桩锤下落产生的冲击能量，克服土体对桩的阻力，将桩沉入土中。锤击沉桩法是混凝土预制桩最常用的沉桩法。该法施工速度快，机械化程度高，适应范围广，但在施工时有噪声和振动，对于城市中心和夜间施工有所限制。

2.2.4.1 打桩设备及选择

打桩所选用的机具设备主要包括桩锤、桩架及动力装置三部分。桩锤的作用是对桩施加冲击力，将桩打入土中。桩架的作用是支撑桩身和桩锤，将桩吊到打桩位置，并在打入过程中引导桩的方向，保证桩锤沿着所要求的方向冲击。动力装置包括启动桩锤所用的动力设施，如卷扬机、锅炉、空气压缩机等。

（1）桩锤选择

桩锤是把桩打入土中的主要机具，有落锤、单动汽锤、双动汽锤、柴油桩锤、振动桩锤等。桩锤类型的选择应该依据施工现场的情况、机具设备条件及工作方式、工作效率等条件来确定。不同桩锤的优缺点和适用范围见表2-4。

表 2-4　桩锤适用范围参考表

桩锤种类	优缺点	适用范围
落锤 （一般由铸铁制成，质量一般为0.5～1.5 t。用人力或卷扬机拉起桩锤，然后自由下落，利用锤重夯击桩顶使桩入土）	构造简单，使用方便，冲击力大，能随意调整落距，但锤击速度慢（6～12次/min），效率不高，贯入能力低，对桩的损伤较大	（1）适于打细长尺寸的混凝土桩； （2）在一般土层及黏土、含有砾石的土层中均可使用
单动汽锤 （锤重0.5～15 t，是利用高压蒸汽或压缩空气的压力将锤头上举，然后自由下落冲击桩顶）	结构简单，落距小，不易损坏设备和桩头，打桩速度及冲击力较落锤大，效率较高，每分钟锤击60～80次	（1）适于各种桩在各类土中施工； （2）最适于套管法灌注混凝土桩

桩锤种类	优缺点	适用范围
双动汽锤 （锤重 0.6～6.0 t,利用高压蒸汽或压缩空气的压力将锤头上举及下冲,增加夯击能量）	打桩速度快,冲击频率高,每分钟达 100～120 次,但设备笨重,移动较困难	（1）一般打桩工程都可使用,并能用于打钢板桩、斜桩; （2）使用压缩空气时,可用于水下打桩; （3）可用于拔桩,吊锤打桩
柴油桩锤 （目前应用较广的一种桩锤,锤重 0.6～7.0 t,利用燃油爆炸,推动活塞,引起锤头跳动夯击桩顶）	附有桩架、动力等设备,不需要外部能源,机架轻,移动便利,打桩快(40～80 次/min),燃料消耗少,但桩架高度低,遇硬土或软土不宜使用	（1）最适于打钢板桩、木桩; （2）在软弱地基打 12 m 以下的混凝土桩
振动桩锤 （利用偏心轮引起激振,通过刚性连接的桩帽传到桩上）	沉桩速度快,适用性强,施工操作简易、安全,能打各种桩,并能帮助卷扬机拔桩,但不适于打斜桩	（1）适于打钢板桩、钢管桩、长度在 15 m 以内的打入式灌注桩; （2）适于粉质黏土、松散砂土、黄土和软土,不宜用于岩石、砾石和密实的黏性土地基

关于锤重的选择,在做功相同且锤重与落距乘积相等的情况下,宜选用重锤低击,这样可以使桩锤动量大而冲击回弹能量小。如果桩锤过重,所需动力设备大,能源消耗大,不经济;如果桩锤过轻,在施工时必定增大落距,使桩身产生回弹,桩不易沉入土中,常常打坏桩头,或使混凝土保护层脱落。轻锤高击所产生的应力,还会使距桩顶 1/3 桩长范围内的薄弱处产生水平裂缝,甚至使桩身断裂。因此,选择稍重的锤,用重锤低击和重锤快击的方法效果好,一般可根据地质条件、桩型、桩的密集程度、单桩竖向承载力及现有施工条件等决定。

（2）桩架的选择

桩架是支持桩身和桩锤,在打桩过程中引导桩的方向及维持桩的稳定,并保证桩锤沿着所要求的方向冲击的设备。桩架一般由底盘、导向杆、起吊设备、撑杆等组成。根据桩的长度、桩锤的高度及施工条件等选择桩架和确定桩架高度,桩架高度＝桩长＋桩锤高度＋滑轮组高度＋桩帽高度＋起锤工作高度(1～2 m)。

桩架的形式多种多样,常用的桩架有三种基本形式:滚筒式桩架、多功能桩架和履带式桩架。滚筒式桩架靠两根钢滚筒在垫木上滚动,优点是结构简单,制作容易,但在平面转弯、调头方面不够灵活,操作人员较多,适用于预制桩和灌注桩施工,如图 2-3 所示。

多功能桩架由立柱、斜撑、回转工作台、底盘及传动机构组成。多功能桩架的机动性和适应性很大,在水平方向可做 360°回转,导架可以伸缩和前、后倾斜,底座下装有铁轮,底盘在轨道上行走。这种桩架可适用于各种预制桩及灌注桩施工,其缺点是机构较庞大,现场组装和拆卸比较麻烦,如图 2-4 所示。

履带式桩架以履带式起重机为底盘,增加导杆和斜撑组成,用以打桩。它操作灵活、移动方便,适用于各种预制桩和灌注桩的施工,如图 2-5 所示。

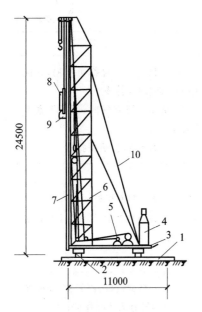

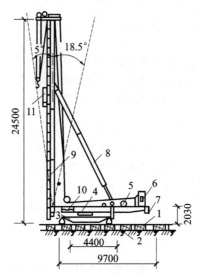

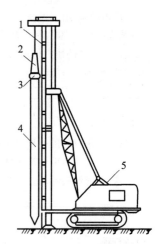

图 2-3　滚筒式桩架(单位:mm)

1—枕木;2—滚筒;3—底座;

4—锅炉;5—卷扬机;6—桩架;

7—龙门;8—蒸汽锤;9—桩帽;

10—缆绳

图 2-4　多功能桩架(单位:mm)

1—枕木;2—钢轨;3—底盘;

4—回转平台;5—卷扬机;6—驾驶室;

7—平衡重;8—撑杆;9—挺杆;

10—水平调整装置;11—桩锤与桩帽

图 2-5　履带式桩架

1—导架;2—桩锤;3—桩帽;

4—桩;5—吊车

(3)动力装置

打桩机械的动力装置是根据所选择的桩锤而定。

2.2.4.2　确定打桩顺序

打桩顺序直接影响到桩基础的质量和施工速度,应根据桩的密集程度、桩的规格、桩的长短、桩的设计标高、工作面布置、工期要求等综合考虑,合理确定打桩顺序。根据桩的密集程度,打桩顺序一般分为逐排打设、自两侧向中间打设、自中间向四周打设和自中间向两侧打设四种,如图 2-6 所示。当桩的中心距不大于桩直径或边长的 4 倍时,应由中间向两侧对称施打,或由中间向四周施打;当桩的中心距大于桩直径或边长的 4 倍时,可采用自两侧向中间施打,或逐段单向施打。

根据基础的设计标高和桩的规格,宜按先深后浅、先大后小、先长后短的顺序进行打桩。

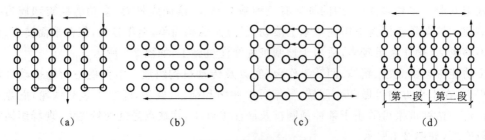

图 2-6　打桩顺序

(a)从两侧向中间打设;(b)逐排打设;(c)自中间向四周打设;(d)自中间向两侧打设

2.2.4.3　打桩施工工艺

（1）吊桩就位

按既定的打桩顺序，先将桩架移动至桩位处并用缆风绳拉牢，然后将桩运至桩架下，利用桩架上的滑轮组，由卷扬机提升桩。当桩提升至直立状态后，即可将桩送入桩架的龙门导管内，同时把桩尖准确地安放到桩位上，并与桩架导管相连接，以保证打桩过程中不发生倾斜或移动。桩插入时的垂直偏差不得超过 0.5%。桩就位后，为防止击碎桩顶，在桩锤与桩帽、桩帽与桩顶之间应放上硬木、粗草纸或麻袋等桩垫作为缓冲层，桩帽与桩顶四周应留 5～10 mm 的间隙，如图 2-7 所示，然后进行检查，使桩身、桩帽和桩锤在同一轴线上，即可开始打桩。

（2）打桩

打桩时用"重锤低击"可取得良好效果，因为这样桩锤对桩头的冲击小，回弹也小，桩头不易损坏，大部分能量都用于克服桩身与土的摩阻力和桩尖阻力上，桩就能较快地沉入土中。

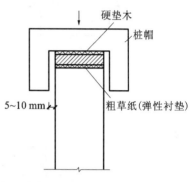

图 2-7　自落锤桩帽的
构造示意图

初打时地层软、沉降量较大，宜"低锤轻打"，随着沉桩加深（1～2 m），速度减慢，再酌情增加起锤高度，要控制锤击应力。打桩时应观察桩锤回弹的情况，如果经常回弹较大，则说明锤太轻，不能使桩下沉，应及时更换。至于桩锤的落距以多大为宜，应根据实践经验确定。在一般情况下，单动汽锤以 0.6 m 左右为宜，柴油锤以不超过 1.5 m 为宜，落锤以不超过 1.0 m 为宜。打桩时要随时注意贯入度的变化情况，当贯入度骤减，桩锤有较大回弹时，表示桩尖遇到障碍物，此时应使桩锤落距减小，加快锤击。如果上述情况仍存在，则应停止锤击，查明原因再进行处理。

在打桩过程中，如果突然出现桩锤回弹，贯入度突增，锤击时桩弯曲、倾斜、颤动，桩顶破坏加剧等情况，则表明桩身可能已破坏。打桩最后阶段，当沉降太小时，要避免硬打；如果难沉下，要检查桩垫、桩帽是否适宜，需要时可更换或补充软垫。

（3）接桩

在预制桩施工中，由于受到场地、运输及桩机设备等的限制，常将长桩分为多节进行制作，分节打入，在现场接桩。接桩时要注意新接桩节与原桩节的轴线应一致。目前预制桩的接桩工艺主要有浆锚法、焊接和法兰螺栓连接三种。前一种适用于软松土层，后两种适用于各类土层。

当采用焊接接桩时，如图 2-8 所示，必须对准下节桩并垂直无误后，用点焊将拼接角钢连接固定，再次检查位置正确后进行焊接。施焊时，应两人同时对称地进行，以防止节点变形不匀而引起桩身歪斜，焊缝要连续饱满。

当采用浆锚法接桩时，如图 2-9 所示，首先将上节桩对准下节桩，使 4 根锚筋插入锚筋孔中（直径为锚筋直径的 2.5 倍），下落压梁并套住上节桩顶，然后将桩和压梁同时上升约 200 mm（以 4 根锚筋不脱离锚筋孔为宜）。此时，安装好施工夹箍（由 4 块木板，内侧用人造革包裹 40 mm 厚的树脂海绵块而成），将熔化的硫黄胶泥注满锚筋孔内和接头平面上，然后将上节桩和压梁同时下落，当硫黄胶泥冷却并拆除施工夹箍后，即可继续加荷施压。

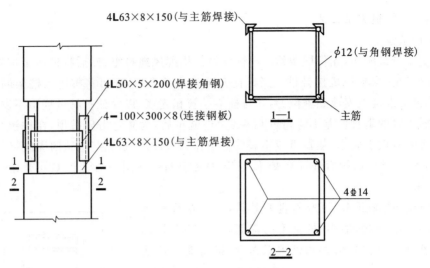

图 2-8 焊接接桩节点构造

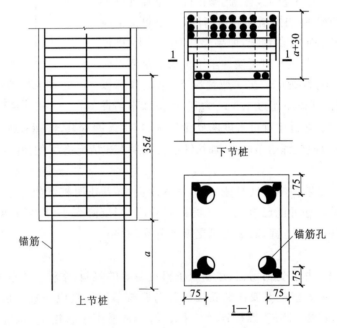

图 2-9 浆锚法接桩节点构造(单位:mm)

为保证锚接桩质量,应做到以下几点:①锚筋应清刷干净并调直;②锚筋孔内应有完好螺纹,无积水、杂物和油污;③接桩时接点的平面和锚筋孔内应灌满胶泥,灌注时间不得超过 2 min;④灌注后停歇时间应满足有关规定;⑤胶泥试块每班不得少于一组。

(4)送桩

当桩顶设计标高在地面以下,或由于桩架导杆结构及桩机平台高程等原因而无法将桩直接打至设计标高时,需要使用送桩。锤击送桩应符合下列规定:

①送桩深度不宜大于 2.0 m;

②当桩顶打至接近地面,应测出桩的垂直度并检查桩顶质量,合格后应及时送桩;

③送桩的最后贯入度应参考相同条件下不送桩时的最后贯入度并修正；

④送桩后遗留的桩孔应立即回填或覆盖；

⑤当送桩深度超过 2.0 m 且不大于 6.0 m 时，打桩机应为三点支撑履带自行式或步履式柴油打桩机；桩帽和桩锤之间应用竖纹硬木或盘圆层叠的钢丝绳做"锤垫"，其厚度宜取 150～200 mm。

（5）桩终止锤击控制标准

在锤击法沉桩施工过程中，如何确定沉桩已符合设计要求是施工中必须解决的首要问题。在沉桩施工中，停止施打的控制指标有两种，即设计预定的"桩端标高控制"和"最后贯入度控制"。采用单一的桩的"最后贯入度控制"或"桩端标高控制"是不恰当的，也是不合理的，有时甚至是不可能的。桩终止锤击的控制应符合下列规定：

①当桩端位于一般土层时，应以桩端标高控制为主，贯入度控制为辅；

②桩端达到坚硬、硬塑的黏性土、中密以上粉土、砂土、碎石类土及风化岩时，应以贯入度控制为主，桩端标高控制为辅；

③贯入度已达到设计要求而桩端标高未达到时，应继续锤击 3 阵，并按每阵 10 击的贯入度不应大于设计规定的数值确认，必要时，施工控制贯入度应通过试验确定。

（6）桩头的处理

在打完各种预制桩开挖基坑时，按设计要求的桩顶标高将桩头多余的部分截去。截桩头时，不能破坏桩身，要保证桩身的主筋伸入承台，长度应符合要求。当桩顶标高在设计标高以下时，在桩位上挖成喇叭口，凿掉桩头混凝土，剥出主筋并焊接接长至设计要求长度，与承台钢筋绑扎在一起，用桩身同强度等级的混凝土将桩与承台一起浇筑接长桩身，如图 2-10 所示。

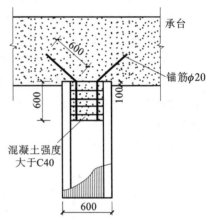

图 2-10 桩头的处理（单位：mm）

2.2.5 静力压桩施工

静压法沉桩是通过静力压桩机的压桩机构，以压桩机自重和桩机上的配重作为反作用力而将预制钢筋混凝土桩分节压入地基土层中成桩。其特点是：桩机全部采用液压装置驱动，压力大，自动化程度高，纵横移动方便，运转灵活；桩定位精确，不易产生偏心，可提高桩基施工质量；施工无噪声、无振动、无污染；沉桩采用全液压夹持桩身向下施加压力，可避免锤击应力打碎桩头，桩截面可以减小，混凝土强度等级可降低 1～2 级，配筋比锤击法可省 40%；效率高，施工速度快，压桩速度每分钟可达 2 m，正常情况下每台班可压 15 根，比锤击法可缩短工期 1/3；压桩力能自动记录，可预估和验证单桩承载力，施工安全、可靠，便于拆装维修、运输等。但存在压桩设备较笨重，要求边桩中心到已有建筑物间距较大，压桩力受一定限制，挤土效应仍然存在等问题。

静压法适合在软土、填土及一般黏性土层中应用，特别适合于居民稠密地区、危房附近及其他环境保护要求严格的地区沉桩，但不宜用于地下有较多孤石、障碍物或有 4 m 以上硬隔离层的情况。

（1）静压法沉桩机理

在桩压入过程中,是以桩机本身的重量(包括配重)作为反作用力,克服压桩过程中的桩侧摩阻力和桩端阻力。当预制桩在竖向静压力作用下沉入土中时,桩周围土体受到急速而激烈的挤压,土中孔隙水压力急剧上升,土的抗剪强度大大降低,从而使桩身很快下沉。

(2)压桩机具设备

静力压桩机分机械式和液压式两种。前者由桩架、卷扬机、加压钢丝绳、滑轮组和活动压梁等部件组成,施压部分在桩顶端面,施加静压力为 600～2000 kN,这种桩机设备高大、笨重,行走移动不便,压桩速度较慢,但装配费用较低,只有少数还有这种设备的地区还在应用;后者由压拔装置、行走机构及起吊装置等组成,采用液压操作,自动化程度高,结构紧凑,行走方便、快速,施压部分不在桩顶面,而在桩身侧面,它是当前国内较广泛采用的一种压桩机械。近年引进的WYJ-200 型和 WYJ-400 型压桩机是液压操作的先进设备,静压力有 2000 kN 和4000 kN 两种。

(3)压桩顺序

压桩顺序宜根据场地工程地质条件确定,并应符合下列规定:

①当场地地层中局部含砂、碎石、卵石时,宜先对该区域进行压桩;

②当持力层埋深或桩的入土深度差别较大时,宜先施压长桩后施压短桩。

(4)压桩施工工艺

静压预制桩的施工,一般都采取分段压入,逐段接长的方法。其施工程序为:测量定位→压桩机就位、桩身对中、调直→静压沉桩→接桩→再静压沉桩→送桩→终止压桩→切割桩头。静压预制桩施工前的准备工作、桩的制作、起吊、运输、堆放、施工流水、测量放线、定位等均同锤击沉桩。

压桩的工艺程序如图 2-11 所示。

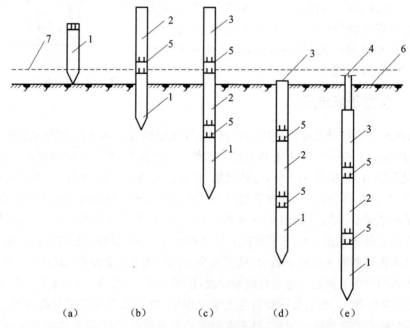

图 2-11　压桩工艺程序示意

(a)准备压第一段桩;(b)接第二段桩;(c)接第三段桩;(d)整根桩压平至地面;(e)采用送桩压桩完毕
1—第一段桩;2—第二段桩;3—第三段桩;4—送桩;5—桩接头处;6—地面线;7—压桩架操作平台线

①测量定位

通常在桩位中心打 1 根短钢筋,如在较软的场地施工,由于桩机的行走会挤走预定短钢筋,故当桩机大体就位之后要重新测定桩位。

②桩尖就位、对中、调直

对于 YZY 型压桩机,通过启动纵向和横向行走油缸,将桩尖对准桩位;开动压桩油缸将桩压入土中 1.0 m 左右后停止压桩,调正桩在两个方向的垂直度。第一节桩是否垂直,是保证桩身质量的关键。

③压桩

通过夹持油缸将桩夹紧,然后使压桩油缸压桩。在压桩过程中要认真记录桩入土深度和压力表读数的关系,以判断桩的质量及承载力。

④接桩

桩的单节长度应根据设备条件和施工工艺确定。当桩贯穿的土层中夹有薄层砂土时,确定单节桩的长度时应避免桩端停在砂土层中进行接桩。当下一节桩压到露出地面 0.8~1.0 m,便可接上一节桩。

⑤送桩或截桩

如果桩顶接近地面,而压桩力尚未达到规定值,可以送桩。如果桩顶高出地面一段距离,而压桩力已达到规定值时则要截桩,以便压桩机移位。

⑥压桩结束

当压力表读数达到预先规定值时,便可停止压桩。

(5)终止压桩的控制原则

静压法沉桩时,终止压桩(简称"终压")的控制原则与压桩机大小、桩型、桩长、桩周土灵敏性、桩端土特性、布桩密度、复压次数以及单桩竖向设计极限承载力等因素有关。终压条件应符合下列规定:

①静压桩应以标高为主,压力为辅。

②静压桩的终压标准可结合现场试验结果确定。

③终压连续复压次数应根据桩长及地质条件等因素确定。对于入土深度大于或等于 8 m 的桩,复压次数可为 2~3 次;对于入土深度小于 8 m 的桩,复压次数可为 3~5 次。

④稳压压桩力不得小于终压力,稳定压桩的时间宜为 5~10 s。

2.2.6 其他沉桩方法

水冲沉桩法是锤击沉桩的一种辅助方法,它是利用高压水流经过桩侧面或空心桩内部的射水管冲击桩尖附近的土层,减小桩与土层之间的摩擦力及桩尖下土层的阻力,使桩在自重和锤击的作用下能迅速沉入土中。一般是边冲水边打桩,当沉桩至最后剩 1~2 m 时停止冲水,用锤击至规定标高。水冲沉桩法适用于砂土和碎石土,有时对于特别长的预制桩,单靠锤击有一定的困难,亦可用水冲沉桩法辅助。

振动沉桩法与锤击沉桩的施工方法基本相同,振动沉桩法是借助固定于桩顶的振动器产生的振动力,减小桩与土层之间的摩擦阻力,使桩在自重和振动力的作用下沉入土中。振动沉桩法在砂石、黄土、软土中的运用效果较好,对黏土地区效果较差。

钻孔锤击法是钻孔与锤击相结合的一种沉桩方法。当遇到土层坚硬,采用锤击法沉桩较困难时,可以先在桩位上钻孔,再在孔内插桩,然后锤击沉桩。当钻孔深度距持力层为1~2 m时停止钻孔,提钻时注入泥浆以防止塌孔,泥浆的作用是护壁。钻孔直径应小于桩径。钻孔完成后吊桩,插入桩孔锤击至持力层深度。

2.3 钢筋混凝土灌注桩施工

钢筋混凝土灌注桩是一种直接在现场桩位上使用机械或人工等方法成孔,然后在孔内安装钢筋笼,浇筑混凝土而成的桩。与预制桩相比,灌注桩具有不受地层变化限制,振动小,噪声小等特点,但施工工艺较复杂,影响质量的因素较多。灌注桩按其成孔方法的不同,可以分为钻孔灌注桩、人工挖孔灌注桩、沉管灌注桩、爆扩成孔灌注桩等。

2.3.1 施工准备

钢筋混凝土灌注桩在施工前,应做好以下准备工作:

(1)应有建筑场地岩土工程勘察报告;

(2)应对桩基工程施工图进行设计交底及图纸会审;设计交底及图纸会审记录连同施工图等应作为施工依据,并应列入工程档案;

(3)应对建筑场地和邻近区域内的地下管线、地下构筑物、地面建筑物等进行调查;

(4)应有主要施工机械及其配套设备的技术性能资料;成桩机械必须经鉴定合格,不得使用不合格机械;

(5)应有桩基工程的施工组织设计(或施工方案)和保证工程质量、施工安全和季节性施工的技术措施;

(6)应有水泥、砂、石、钢筋等原材料及其制品的质检报告;

(7)应有有关试桩或桩试验的参考资料;

(8)桩基施工用的供水、供电、道路、排水、临时房屋等临时设施,必须在开工前准备就绪,施工场地应进行平整处理,保证施工机械正常作业;

(9)基桩轴线的控制点和水准点应设在不受施工影响的地方;开工前,经复核后应妥善保护,施工中应经常复测;

(10)用于施工质量检验的仪表、器具的性能指标,应符合现行国家相关标准的规定。

2.3.2 钻孔灌注桩

钻孔灌注桩是指利用钻孔机械钻出桩孔,并在孔中浇筑混凝土(或先在孔中吊放钢筋笼)而成的桩。根据钻孔机械的钻头是否在土壤的含水层中施工,分为泥浆护壁成孔灌注桩和干作业成孔灌注桩。

2.3.2.1 泥浆护壁成孔灌注桩

泥浆护壁成孔灌注桩是利用原土自然造浆或人工造浆进行护壁,通过循环泥浆或掏渣筒将被钻头切下的土块、碎屑等携带排出孔外成孔,然后安装绑扎好的钢筋笼,水下灌注混凝土而成的桩。此种灌注桩适用于地下水位较高的黏性土、粉土、砂土、填土、碎石土及风化岩层,也适用于地质情况复杂、夹层较多、风化不均、软硬变化较大的岩层,但在岩溶发育地区要慎用,如果要采用,应适当加密勘察钻孔。

泥浆护壁成孔灌注桩按照钻孔机械的不同,可以分为冲击钻成孔灌注桩、冲抓锥成孔灌注桩、回转钻(又称正反循环钻)成孔灌注桩、潜水电钻成孔灌注桩、旋挖钻成孔灌注桩等,在此主要以冲击钻成孔灌注桩为例进行介绍。

(1)施工设备

主要施工设备为 CZ-22 型、CZ-30 型冲击钻机(图 2-12),亦可用简易冲击钻机(图 2-13)。它由简易钻架、冲锤、转向装置、护筒、掏渣筒以及 3~5 t 双筒卷扬机(带离合器)等组成。

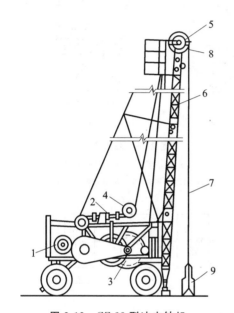

图 2-12 CZ-22 型冲击钻机

1—电动机;2—冲击机构;3—主轴;
4—压轮;5—钻具滑轮;6—桅杆;
7—钢丝绳;8—掏渣筒滑轮;9—钻头

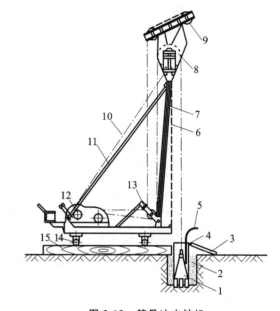

图 2-13 简易冲击钻机

1—钻头;2—护筒回填土;3—泥浆渡槽;4—溢流口;5—供浆管;
6—前拉索;7—主杆;8—主滑轮;9—副滑轮;10—后拉索;
11—斜撑;12—双筒卷扬机;13—导向轮;14—钢管;15—垫木

冲击钻头按形状分,常用的有十字钻头和三翼钻头两种(图 2-14),前者专用于砾石层和岩层,后者适用于土层。钻头重 1.0~1.6 t,钻头直径 0.6~1.5 m,钻头和钻机用钢丝绳连接,在钻头锥顶与提升钢丝绳间设有自动转向装置,冲击锤每冲击一次转动一个角度,从而保证桩孔冲成圆形。

掏渣筒用于掏取泥浆及孔底沉渣,一般用钢板制成(图 2-15)。

(2)工艺原理

冲击钻成孔灌注桩是用冲击钻机或卷扬机悬吊一定重量的冲击钻头(又称冲锤)上下往复冲击,将硬质土或岩层破碎成孔,部分碎渣和泥浆挤入孔壁中,大部分成为泥渣,用掏渣筒掏出成孔,然后再灌注混凝土成桩。

(3)工艺流程

冲击钻成孔灌注桩施工工艺流程如图 2-16 所示。

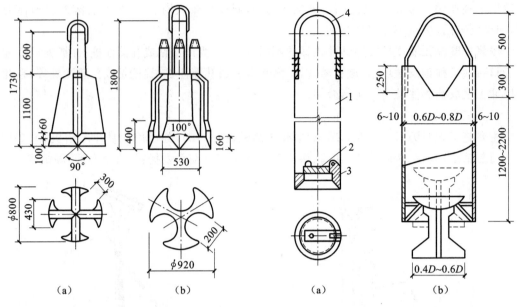

（a）　　　　　　　　（b）　　　　　　　　（a）　　　　　　　　（b）

图 2-14　冲击钻头形式

（a）φ800 mm 十字钻头；（b）φ920 mm 三翼钻头

图 2-15　掏渣筒

（a）平阀掏渣筒；（b）碗形活门掏渣筒

1—筒体；2—平阀；3—切削管袖；4—提环

D—桩径

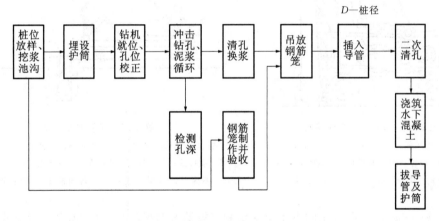

图 2-16　冲击钻成孔灌注桩施工工艺流程

（4）主要施工方法

①桩位放样、挖浆池沟

按桩位设计图纸要求，测设桩位轴线、定桩位点，并做好标记。同时，在桩位附近开挖浆池沟。

②制备泥浆

制备泥浆的方法如下：

在黏性土中成孔时，可在孔中注入清水，当钻机钻进时，切削土屑与水搅拌，用原土造浆，泥浆相对密度应控制在 1.1～1.2；在其他土中成孔时，泥浆制备应选用高塑性黏土或膨润土；在砂土和较厚的夹砂层中成孔时，泥浆相对密度应控制在 1.1～1.3。施工中应经常测定泥相对密度,并定期测定黏度、含砂率和胶体率等指标。对施工中废弃的泥浆、土石渣,应按环境保护的有关规定处理。

泥浆的作用是:

A. 泥浆有防止孔壁坍塌的功能。在天然状态下,若竖直向下挖掘处于稳定状态的地基土,就会破坏土体的平衡状态,孔壁往往有发生坍塌的危险,泥浆则有防止发生这种坍塌的作用。主要表现在:

(a)泥浆的静侧压力可抵抗作用在孔壁上的土压力和水压力,并防止地下水的渗入。

(b)泥浆在孔壁上形成不透水的泥皮,从而使泥浆的静压力有效地作用在孔壁上,同时防止孔壁的剥落。

(c)泥浆从孔壁表面向地层内渗透到一定的范围就粘附在土颗粒上,通过这种粘附作用可降低孔壁坍塌性和透水性。

B. 泥浆有排出悬浮土渣的功能。在成孔过程中,土渣混在泥浆中,合理的泥浆密度能够将悬浮于泥浆当中的土渣,通过泥浆循环排至泥浆池沉淀。

C. 泥浆有冷却施工机械的功能。钻进成孔时,钻具会同地基土作用产生很大热量,泥浆循环能够排出热量,延长施工机具的使用寿命。

③埋设护筒

护筒是用 4~8 mm 厚的钢板制作成的圆筒,其内径应比钻头直径大 200 mm,上部宜开设 1~2 个溢浆孔。

在埋设护筒时,先挖去桩孔处的表面土,将护筒埋入土中,保证其准确、稳定。护筒中心与桩位中心的偏差不得大于 50 mm,护筒与坑壁之间用黏土填实,以防漏水。护筒的埋设深度规定如下:在黏性土中不宜小于 1.0 m,在砂土中不宜小于 1.5 m。护筒顶面应该高于地面 0.4~0.6 m,并应保持孔内泥浆高出地下水位 1.0 m 以上,在受水位涨落影响时,泥浆面应该高出最高水位 1.5 m 以上。

护筒的作用是固定桩孔的位置,防止地面水流入,保护孔口,增高桩孔内水压力,防止塌孔,在成孔时引导钻头的方向。

④钻孔

冲击钻机就位后,校正冲锤中心对准护筒中心,要求偏差不大于±20 mm,开始低锤(小冲程)密击,并及时加块石与黏土泥浆护壁,使孔壁挤压密实,直至孔深达护筒下 3~4 m 后,才加快速度,加大冲程,将锤提高至 1.5~2.0 m 以上,转入正常连续冲击,在冲孔时要随时测定、控制泥浆相对密度并及时将孔内残渣排出孔外,以免孔内残渣太多,出现埋钻现象。

在各种不同的土层、岩层中成孔时,可以按照表 2-5 的操作要点进行。

表 2-5　冲击成孔操作要点

序号	项目	操作要点
1	在护筒刃脚以下 2 m 范围内	小冲程 1 m 左右,泥浆相对密度 1.2~1.5,软弱土层投入黏土块夹小片石
2	黏性土层	中、小冲程 1~2 m,泵入清水或稀泥浆,经常清除钻头上的泥块
3	粉砂或中粗砂层	中冲程 2~3 m,泥浆相对密度 1.2~1.5,投入黏土块,勤冲、勤掏渣

续表 2-5

序号	项目	操作要点
4	砂卵石层	中高冲程 3~4 m,泥浆相对密度 1.3 左右,勤掏渣
5	软弱土层或塌孔回填重钻	小冲程反复冲击,加黏土块夹小片石,泥浆相对密度 1.3~1.5

施工中,应经常检查钢丝绳的损坏情况,卡机的松紧程度和转向装置是否灵活,以免掉钻。如果冲孔发生倾斜,应回填片石后重新冲孔。

⑤排渣

冲孔过程中,每冲击 1~2 m 应排渣一次,并定时补浆。排渣方法有泥浆循环法和抽渣筒法两种。前者是将输浆管插入孔底,泥浆在孔内向上流动,将残渣带出孔外,此法造孔工效高,护壁效果好,泥浆较易处理,但是对于比较深的孔,循环泥浆的压力和流量要求高,较难实施,故只适于在浅孔应用。抽渣筒法,是用一个下部带活门的钢筒,将其放到孔底,做上下来回活动,提升高度在 2 m 左右,当抽筒向下活动时,活门打开,残渣进入筒内;向上运动时,活门关闭,可将孔内残渣抽出孔外。排渣时,必须及时向孔内补充泥浆,以防亏浆造成孔内坍塌。

⑥清孔

成孔后,必须保证桩孔进入持力层的深度达到设计要求。当孔达到设计要求后,即进行验孔和清孔。验孔是用探测器检查桩位、直径、深度和孔道情况;清孔即清除孔底沉渣、淤泥浮土,以减少桩基的沉降量,提高承载能力。

清孔时,对于土质较好、不易坍塌的桩孔,可用空气吸泥机清孔,气压为 0.5 MPa,可使管内形成强大的高压气流向上涌,同时不断地补充清水,被搅动的泥渣随气流上涌从喷口排出,直至喷出清水为止。对于稳定性较差的孔壁,应采用泥浆循环法清孔或抽渣筒排渣,清孔后灌注混凝土之前的泥浆指标:孔底 500 mm 以内的泥浆相对密度应小于 1.25;含砂率不得大于 8%;黏度不得大于 28 Pa·s。

此外,清孔时,孔内泥浆面应高出地下水位 1.0 m 以上,在受水位涨落影响时,泥浆面应高出最高水位 1.5 m 以上。

钻孔达到设计深度,灌注混凝土前,孔底沉渣允许厚度应符合下列规定:

A. 对端承型桩,不应大于 50 mm;

B. 对摩擦型桩,不应大于 100 mm;

C. 对抗拔、抗水平力桩,不应大于 200 mm。

⑦安放钢筋骨架

清孔符合要求后,应立即吊放钢筋骨架。吊放时,要防止扭转、弯曲和碰撞,要吊直扶稳,缓缓下落,避免碰撞孔壁。钢筋骨架下放到设计位置后应立即固定,一般是固定在孔口钢护筒上,使其在灌注混凝土过程中不向上浮起,也不下沉。

钢筋骨架吊装完毕后,应安置导管或气泵管二次清孔,沉渣厚度经检验满足规范要求后应立即灌注混凝土。

⑧水下浇筑混凝土

泥浆护壁成孔灌注桩混凝土的浇筑是在泥浆中进行的,故称为水下浇筑混凝土。混凝土要具备良好的和易性,配合比应通过试验确定;坍落度宜为 $180\sim220$ mm;水泥用量不应少于 360 kg/m³(当掺入粉煤灰时,水泥用量可不受此限制);含砂率宜为 $40\%\sim50\%$,宜选中粗砂;骨料的最大粒径应小于 40 mm;为改善和易性,宜掺外加剂。

水下浇筑混凝土常用导管法,如图 2-17 所示。导管壁厚不宜小于 3 mm,直径为 $200\sim250$ mm,直径制作偏差不超过 2 mm。导管分节的长度视具体情况而定,一般为 $3\sim4$ m,底管长度不宜小于 4 m,接头宜采用法兰或双螺纹方扣快速接头,接口要严密,不漏水、不漏浆。导管使用前应试拼装、试压,试水压力可取为 $0.6\sim1.0$ MPa,每次浇筑混凝土后应对导管内外进行清洗。

浇筑混凝土前,先将导管吊入桩孔内,导管顶部高于泥浆面 $3\sim4$ m,并连接漏斗,导管底部距离孔底 $0.3\sim0.5$ m。导管内设置隔水栓,用细钢丝悬吊在导管口,隔水栓可用预制混凝土四周加橡胶封圈、橡胶球胆或软木球制成。

浇筑混凝土时,先在漏斗内灌入足够量的混凝土,保证下落后能将导管下端埋入混凝土 $1.0\sim1.5$ m,然后剪断钢丝,隔水栓下落,混凝土在自重的作用下,随隔水栓冲出导管下口,并将导管底部埋入混凝土内,然后连续浇筑混凝土,边浇筑,边拔管,边拆除上部导管。在拔管过程中,应保证导管埋入混凝土 $2.0\sim6.0$ m,这样连续浇筑,直到桩顶为止。

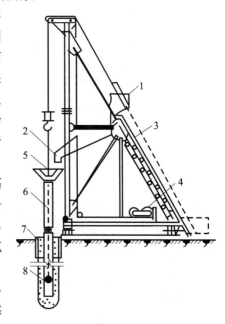

图 2-17　导管法水下浇筑混凝土

1—上料斗;2—卸料斗;3—滑道;

4—卷扬机;5—漏斗;6—导管;

7—护筒;8—隔水栓

灌注桩水下浇筑混凝土,应控制最后一次灌注量,超灌高度宜为 $0.8\sim1.0$ m,凿除泛浆高度后必须保证暴露的桩顶混凝土强度达到设计强度。

2.3.2.2　干作业成孔灌注桩

干作业成孔灌注桩是依托岩土体自稳性能维持孔壁稳定,通过钻孔机械成孔,然后安装绑扎好的钢筋笼,灌注混凝土而成的桩;适用于地下水位以上的黏性土、粉土、填土、中等密实以上的砂土、风化岩层;采用的成孔设备主要有螺旋钻机、旋挖钻机、机动或人工洛阳铲等。在此主要以近年来应用越来越广泛的旋挖钻机为例进行介绍。

(1)施工设备

旋挖钻机由主机、钻杆和钻头三部分组成。主机有履带式、步履式和车装式底盘。钻头种类很多,常见的几种钻头如图 2-18 所示。

对于一般土层选用锅底式钻头;对于卵石或者密实的砂砾层则用多刃切削式钻头;对于虽被多刃切削式钻头破碎但还进不了钻头中的卵石、孤石等,可采用抓斗抓取上来;为取出大孤石就要用锁定式钻头。

(2)工艺流程

干作业旋挖成孔灌注桩施工工艺流程如图 2-19 所示。

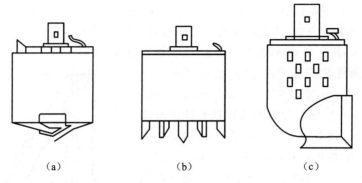

图 2-18 旋挖钻头

(a)锅底式钻头;(b)多刃切削式钻头;(c)锁定式钻头

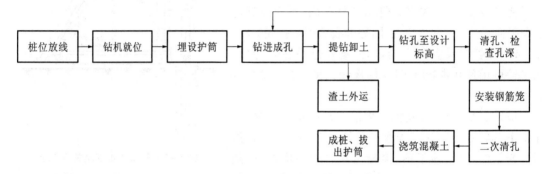

图 2-19 干作业旋挖成孔灌注桩施工工艺流程

(3)主要施工方法

①桩位放线

按桩位设计图纸要求,测设桩位轴线、定桩位点,并做好标记。

②钻机就位

安装旋挖钻机,成孔设备就位后,必须平正、稳固,确保在施工过程中不发生倾斜、移动。使用双向吊锤球校正、调整钻杆垂直度,必要时可使用经纬仪校正钻杆垂直度。为准确控制钻孔深度,应及时用测绳量测孔深以校核钻机操作室内所显示成孔深度,同时也便于在施工中进行观测、记录。旋挖钻机施工时,应保证机械稳定、安全作业。

③埋设护筒

根据《贵州省建筑桩基设计与施工技术规程》(DBJ52/T 088—2018)第8.3.3条规定:旋挖钻干作业成孔时,应在易塌孔口设置护筒或者护壁,埋设深度应该根据地质情况确定,一般为2~4 m,并且高出地面0.3 m。

孔口护筒宜选用厚度不小于10 mm的钢板制作,护筒内径宜大于钻头直径200~300 mm,钢护筒的直径误差应小于10 mm。护筒下端宜设置刃脚。

护筒埋设时,应确定钢护筒的中心位置。护筒的中心与桩位中心偏差不得大于50 mm,护筒倾斜度不得大于0.5%。护筒就位后,应在四周对称、均匀地回填黏土,并分层夯实,夯填时应防止护筒偏斜、移位。

④钻孔及清孔

旋挖钻机成孔应采用跳挖方式,钻斗倒出的土距桩孔口的最小距离应大于 6 m,并应及时清除。钻孔时钻杆应保持垂直、稳固,钻进速度应根据地层变化情况及时调整;钻进过程中,应随时清理孔口积土,遇到地下水、塌孔、缩孔等异常情况时,应及时处理。

终孔前应根据地勘报告核对桩基持力层位置,达到设计深度时,应用清孔钻头及时清孔。

⑤钢筋笼的运输与安装

运输和安装钢筋笼时,应采取有效措施防止钢筋笼变形,安放时应对准孔位中心,避免碰撞孔壁。钢筋笼安装时,宜采用吊车吊装,并缓慢垂直自由下放。分段制作的钢筋笼在孔口对接安装时,应从两个垂直方向校正钢筋笼垂直度。钢筋笼安装就位后应立即固定。

⑥浇筑混凝土

钢筋笼吊装完成后,浇筑混凝土前应进行孔底沉渣厚度检查,不满足要求时应进行二次清孔,合格后立即浇筑混凝土。

浇筑桩身混凝土应采用导管,导管下口距孔底的距离不宜大于 2.0 m。浇筑桩顶以下 5.0 m 范围内的混凝土时,应使用插入式振捣器振实,每次浇筑高度不得大于 1.5 m。桩顶宜超灌混凝土 0.5 m 以上。

混凝土浇筑结束后,即可拔出护筒,并将浇筑设备机具清洗干净,堆放整齐。

干作业成孔也可采用加入清水搅拌剩余残渣,并采用水下混凝土浇筑方式。

2.3.3 人工挖孔灌注桩

人工挖孔灌注桩是指在桩位采用人工挖掘方法成孔(或端部扩大),然后安放钢筋笼、浇筑混凝土而成的桩。其施工特点是设备简单、无噪声、无振动、不污染环境、对施工现场周围的原有建筑物影响小;施工速度较快、可按施工进度要求决定同时开挖桩孔的数量,必要时各桩孔可同时施工;土层情况明确,可直接观察到地质变化,桩底沉渣能清除干净,施工质量可靠。尤其当高层建筑选用大直径的灌注桩,而其施工现场又在狭窄的市区时,采用人工挖孔比机械挖孔具有更大的适应性。其缺点是人工耗用量大、劳动强度高、开挖效率低、安全操作条件差等,故人工挖孔灌注桩已经属于限制性技术。

人工挖孔灌注桩宜用于地下水位以上的黏性土、粉土、填土、中等密实以上的砂土、风化岩层,也可在黄土、膨胀土和冻土中使用,适应性较强。在地下水位较高的土层,有承压水的砂土层、滞水层,厚度较大的流塑状淤泥、淤泥质土层中不得选用人工挖孔灌注桩。

(1)构造要求

人工挖孔灌注桩的孔径 d(不含护壁)不得小于 0.8 m,且不宜大于 2.5 m;桩埋置深度(桩长)一般在 20 m 左右,不宜大于 30 m。当要求增大承载力、底部扩底时,扩底直径一般为 $(1.3 \sim 3.0)d$。扩底直径大小按 $(d_1-d)/2 : h = 1 : 4, h_1 \geqslant (d_1-d)/4$ 进行控制[图 2-20(a)(b)]。一般采用一柱一桩,如采用一柱两桩时,两桩中心距不应小于 $3d$,两桩扩大头净距不小于 1 m [图 2-20(c)],扩大头上下设置时净距不小于 0.5 m[图 2-20(d)],桩底宜挖成锅底形,锅底中心比四周低 200 mm,根据试验,它比平底桩可提高承载力 20% 以上。

(2)施工设备

施工设备一般可根据孔径、孔深和现场具体情况加以选用,常用的有:电动葫芦或卷扬机、提土桶、潜水泵、鼓风机和输风管、镐、锹、土筐、照明灯、对讲机及电铃等。

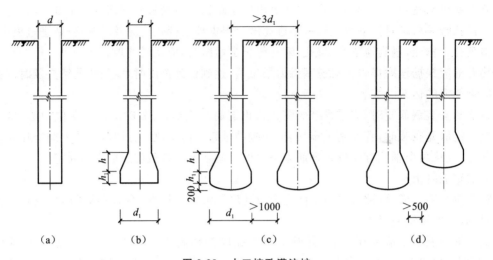

图 2-20　人工挖孔灌注桩

(a)圆柱桩;(b)扩底桩;(c)(d)扩底桩群布置

（3）工艺流程

人工挖孔灌注桩的施工工艺流程如图 2-21 所示。

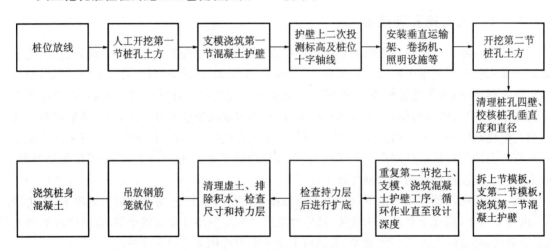

图 2-21　人工挖孔灌注桩施工工艺流程

（4）施工要点

①桩位放线

按桩位设计图纸要求,测设桩位轴线、定桩位点,并做好标记。

②开挖桩孔土方

施工时采取分段开挖,每段高度决定于土壁保持直立状态而不塌方的能力,一般取 0.5～1.0 m 为一施工段。开挖面积的范围为设计桩径加护壁厚度。挖土由人工从上到下逐段进行,同一施工段内,挖土顺序先中间后周边;扩底部分采取先挖桩身圆柱体,再按扩底尺寸从上到下削土修成扩底形。在地下水位以下施工时,要及时用吊桶将泥水吊出;当遇大量渗水时,在孔底一侧挖集水坑,用高扬程潜水泵将水排出。

人工挖孔桩的桩净距小于 2.5 m 时,应采用间隔开挖和间隔灌注,且相邻排桩最小施工净距不应小于 5.0 m。

③混凝土护壁施工

混凝土护壁起着防止土壁坍塌和防水的双重作用,是人工挖孔灌注桩成孔的关键。大量人工挖孔桩事故,大都是在浇筑护壁混凝土时发生的,顺利地将护壁混凝土浇筑完成,人工挖孔灌注桩的成孔也就完成了。

混凝土护壁一般采用内齿式,如图 2-22 所示。护壁的厚度不应小于 100 mm,混凝土强度等级不应低于桩身混凝土强度等级,并应振捣密实;护壁应配置直径不小于 8 mm 的构造钢筋,竖向筋应上下搭接或拉结。

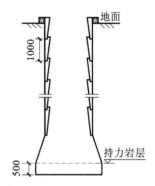

图 2-22　人工挖孔灌注桩
混凝土护壁示意图

采用混凝土护壁时,第一节护壁应符合下列规定:

A.孔圈中心线与设计轴线的偏差不应大于 20 mm;

B.顶面应高于场地地面 150～200 mm;

C.壁厚应较下面护壁增厚 100～150 mm。

④桩身混凝土浇筑

挖至设计标高,终孔后应清除护壁上的泥土和孔底残渣、积水,并应进行隐蔽工程验收。验收合格后,应立即封底、吊装钢筋笼、浇筑桩身混凝土。浇筑桩身混凝土时,混凝土必须通过溜槽;当落距超过 3 m 时,应采用串筒,串筒末端距孔底的高度不宜大于 2 m,也可采用导管泵送;混凝土宜采用插入式振捣器振实。

(5)安全措施

对人工挖孔灌注桩的施工安全措施应予以特别重视。

①孔内必须设置应急软爬梯供人员上下;使用的电动葫芦、吊笼等应安全、可靠,并配有自动卡紧保险装置,不得使用麻绳和尼龙绳吊挂或脚踏护壁凸缘上下。电动葫芦宜用按钮式开关,使用前必须检验其安全起吊能力。

②每日开工前必须检测井下的有毒、有害气体,并应有足够的安全防范措施。当桩孔开挖深度超过 10 m 时,应有专门向井下送风的设备,风量不宜小于 25 L/s。

③孔口四周必须设置护栏,护栏高度宜为 0.8 m。

④挖出的土石方应及时运离孔口,不得堆放在孔口周边 1.0 m 范围内,机动车辆的通行不得对护壁的安全造成影响。

⑤施工现场的一切电源、电路的安装和拆除必须遵守现行行业标准《施工现场临时用电安全技术规范》(JGJ 46—2005)的规定。

2.3.4　沉管灌注桩

沉管灌注桩又称套管成孔灌注桩,是国内广泛采用的一种灌注桩。它是利用锤击沉管打桩机或者振动沉管打桩机将带有活瓣式桩尖或者预制钢筋混凝土桩靴的钢套管沉入土中,然后边浇筑混凝土(或先在管内放入钢筋笼),边锤击或振动套管将混凝土捣实,同时缓慢拔出钢管而成的灌注桩,如图 2-23 所示,前者称为锤击沉管灌注桩,后者称为振动沉管灌注桩。

沉管灌注桩宜用于黏性土、粉土和砂土。

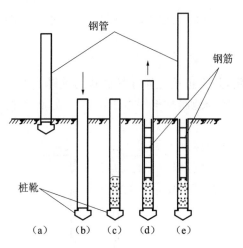

图 2-23 沉管灌注桩施工示意图
(a)桩机就位;(b)沉套管;(c)开始浇筑混凝土;
(d)下放钢筋笼,继续浇筑混凝土;(e)拔管成型

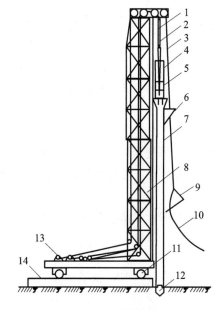

图 2-24 锤击沉管灌注桩机械设备示意图
1—桩锤钢丝绳;2—桩管滑轮组;3—吊斗钢丝绳;
4—桩锤;5—桩帽;6—混凝土漏斗;7—桩管;8—桩架;
9—混凝土吊斗;10—回绳;11—行驶用钢管;
12—预制桩靴;13—卷扬机;14—枕木

2.3.4.1 锤击沉管灌注桩

(1)施工设备

主要设备为一般锤击打桩机,如落锤、柴油锤、蒸汽锤等。打桩机由桩架、桩锤、卷扬机、桩管等组成,如图 2-24 所示。桩管直径为 270～370 mm,长 8～15 m。

(2)工艺流程

锤击沉管灌注桩的施工工艺流程为:放线定位→桩机就位→锤击沉管→浇筑混凝土→边拔管、边锤击、边浇筑混凝土→下放钢筋笼,继续浇筑混凝土→成桩。

(3)施工要点

①成桩施工顺序

锤击沉管灌注桩施工时,成桩施工顺序一般从中间开始,向两侧边或四周进行,对于群桩基础或桩的中心距小于或等于 3.5d(d 为桩径)时,应间隔施打,中间空出的桩,须待邻桩混凝土强度达到设计强度的 50% 后,方可施打。群桩基础的基桩施工,应根据土质、布桩情况,采取消减挤土效应不利影响的技术措施,确保成桩质量。

②桩机就位及套管连接

打(沉)桩机就位时,应垂直、平稳架设在打(沉)桩部位,桩锤应对准工程桩位,同时在桩架或套管上标出控制深度标记,以便在施工中进行套管深度观测。

沉桩所用的桩管、混凝土预制桩尖或钢桩尖的加工质量和埋设位置应与设计相符,桩管与桩尖的接触应有良好的密封性。采用活瓣式桩尖时,应先将桩尖活瓣用麻绳或铁丝捆紧合拢,活瓣间隙应紧密,当桩尖对准桩基中心,并核查套管垂直度后,利用锤击及套管自重将桩尖压入土中;采用预制混凝土桩尖时,应先在桩基中心预埋好桩尖,桩机就位后吊起桩管,对准预先埋好的预制钢筋混凝土桩尖,同时在套管下端与桩尖接触处放置麻(草)绳,以作缓冲层和防地下水进入,然后缓慢放下桩管,套入桩尖,核查确定套管、桩尖、桩锤在一条垂直线上后,利用锤重及套管自重将桩尖压入土中。

③锤击沉管

开始沉管时应轻击。锤击沉管时,可用收紧钢绳加压或加配重的方法提高沉管速率。当水或泥浆有可能进入桩管时,应事先在管内灌入 1.5 m 左右的封底混凝土。应按设计要求和试桩情况,严格控制沉管最后贯入度。锤击沉管应测量最后两阵十击的贯入度。

在沉管过程中,如出现套管快速下沉或套管沉不下去的情况,应及时分析原因,进行处理。如快速下沉是因桩尖穿过硬土层进入软土层引起的,则应继续沉管作业。如沉不下去是因桩尖顶住孤石或遇到硬土层引起的,则应放慢沉管速度(轻锤低击),待越过障碍后再正常沉管。如仍沉不下去或沉管过深,最后贯入度不能满足设计要求,则应核对地质资料,会同勘察单位、设计单位、建设单位、监理单位等研究处理。

④浇筑混凝土

沉管至设计标高后,应立即检查和处理桩管内的进泥、进水和吞桩尖等情况,并立即浇筑混凝土。当桩身配置局部长度钢筋笼时,第一次浇筑混凝土应先浇至笼底标高,然后放置钢筋笼,再浇至桩顶标高。第一次拔管高度应以能容纳第二次浇入的混凝土量为限,不应拔得过高,以后始终保持管内混凝土面略高于地面。在拔管过程中应采用测锤或浮标检测混凝土面的下降情况。成桩后的桩身混凝土顶面应高于桩顶设计标高 500 mm 以内。

沉管灌注桩桩身配有钢筋时,混凝土的坍落度宜采用 80～100 mm,素混凝土桩的混凝土坍落度宜为 70～80 mm。

锤击沉管灌注桩在边拔管、边锤击、边浇筑混凝土时,拔管速度应保持均匀,对一般土层拔管速度宜为 1.0 m/min,在软弱土层和软硬土层交界处拔管速度宜控制在 0.3～0.8 m/min。

沉管灌注桩施工应根据土质情况和荷载要求,分别选用单打法、复打法或反插法。单打法是指连续浇筑混凝土至设计标高,一次成桩;复打法是指在第一次单打法施工完毕并拔出桩管后,清除桩管外壁上和桩孔周围地面上的污泥,立即在原桩位上再次安放桩尖,再做第二次沉管,使未凝固的混凝土向四周挤压扩大桩径,然后浇筑第二次混凝土,拔管方法与第一次相同;反插法是指拔管过程中,提升一定高度套管后再向下反插一定深度(反插深度一般小于拔管高度),然后继续锤击拔管,如此反复进行,直至桩管全部拔出地面。

沉管灌注桩,在全长复打施工时应符合下列规定:

A. 第一次浇筑混凝土应达到自然地面;

B. 拔管过程中应及时清除粘在管壁上和散落在地面上的混凝土;

C. 初打与复打的桩轴线应重合;

D. 桩管入土深度宜接近原桩长;

E. 复打施工必须在第一次浇筑的混凝土初凝之前完成。

2.3.4.2 振动沉管灌注桩

(1)施工设备

主要设备设备包括:DZ60 或 DZ90 型振动锤、DJB25 型步履式桩架、卷扬机、加压装置、桩管、桩尖或钢筋混凝土预制桩靴等,如图 2-25 所示。桩管直径为 220～370 mm,长 10～28 m。

(2)工艺流程

振动沉管灌注桩的施工工艺流程为:放线定位→桩机就位→振动沉管→浇筑混凝土→边拔管、边振动、边浇筑混凝土→下放钢筋笼,继续浇筑混凝土→成桩。

(3)施工要点

①施工顺序、桩机就位及桩管连接、混凝土坍落度要求同锤击沉管灌注桩。

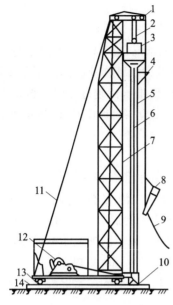

图 2-25 振动沉管灌注桩桩机示意图

1—导向滑轮；2—滑轮组；3—激振器；
4—混凝土漏斗；5—桩管；6—加压钢丝绳；7—桩架；
8—混凝土吊斗；9—回绳；10—活瓣桩靴；11—缆风绳；
12—卷扬机；13—行驶用钢管；14—枕木

②振动沉管灌注桩应根据土质情况和荷载要求，分别选用单打法、复打法、反插法等。单打法可用于含水量较小的土层，且宜采用预制桩尖；反插法及复打法可用于饱和土层。

③振动沉管灌注桩单打法施工的质量控制应符合下列规定：

A. 必须严格控制最后 30 s 的电流、电压值，其值按设计要求或根据试桩和当地经验确定。

B. 桩管内浇满混凝土后，应先振动 5～10 s，再开始拔管，应边振边拔，每拔出 0.5～1.0 m，停拔，振动 5～10 s。如此反复，直至桩管全部拔出。

C. 在一般土层内，拔管速度宜为 1.2～1.5 m/min，用活瓣桩尖时宜慢，用预制桩尖时可适当加快；在软弱土层中宜控制在 0.6～0.8 m/min。

④振动沉管灌注桩反插法施工的质量控制应符合下列规定：

A. 桩管灌满混凝土后，先振动再拔管，每次拔管高度 0.5～1.0 m，反插深度 0.3～0.5 m；在拔管过程中，应分段添加混凝土，保持管内混凝土面始终不低于地表面或高于地下水位 1.0～1.5 m，拔管速度应小于 0.5 m/min。

B. 在距桩尖处 1.5 m 范围内，宜多次反插以扩大桩端部断面。

C. 穿过淤泥夹层时，应减慢拔管速度，并减少拔管高度和反插深度，在流动性淤泥中不宜使用反插法。

⑤复打法的施工要求同锤击沉管灌注桩。

习　题

1. 填空题

(1) 桩基础按照承载性质可以分为_____和_____两类。

(2) 桩基础按桩制作工艺分为_____和_____两类。

(3) 建筑桩基设计等级分为_____、_____、_____。

(4) 预制桩混凝土的强度达到设计强度的_____以上才可以起吊。

(5) 预制桩的堆放一般不宜超过_____层，而且不同规格的桩应分别堆放，以免搞错。

(6) 钢筋混凝土灌注桩按其成孔的方法不同，可以分为_____、_____、人工挖孔桩、_____等。

(7) 混凝土灌注桩进行水下浇筑混凝土，常用的方法是_____。

(8) 沉管灌注桩施工应根据土质情况和荷载要求，分别选用单打法、复打法或反插法，其中反插法是指_____。

2. 简答题

(1) 简述预制桩打桩前的准备工作。

（2）简述预制桩打桩的顺序。

（3）简述预制桩锤击沉桩的施工工艺。

（4）简述预制桩静力压桩的施工工艺。

（5）简述泥浆护壁成孔灌注桩施工工艺。

（6）简述干作业成孔灌注桩施工工艺。

（7）简述沉管灌注桩施工工艺。

（8）简述人工挖孔灌注桩的优缺点。

3 砌筑工程

砌筑工程是指砖、石块体和各种类型砌块的施工。早在三四千年前就已经出现了用天然石料加工成的块材砌筑的砌体结构,在2000多年前又出现用烧制的黏土砖砌筑的砌体结构,祖先遗留下来的"秦砖汉瓦",在我国古代建筑中占有重要地位,至今仍在建筑工程中起着较大的作用。这种砖石结构虽然具有就地取材方便、保温、隔热、隔声、耐火等良好性能,且具有节约钢材和水泥,不需大型施工机械,施工组织简单等优点,但它的施工仍以手工操作为主,劳动强度大,生产效率低,而且烧制黏土砖需占用大量农田,因而采用新型墙体材料代替普通黏土砖,改善砌体施工工艺已经成为砌筑工程改革的重要发展方向。

砌筑工程是一个综合的施工过程,它包括材料运输、脚手架搭设和墙体砌筑等。

3.1 脚手架工程

脚手架是建筑施工中重要的临时设施,是在施工现场为安全防护、工人操作以及楼层间少量垂直和水平运输而搭设的支架,当建筑物竣工后应全部拆除,不留任何痕迹。

脚手架的种类很多,按其搭设位置分为外脚手架和里脚手架两大类;按其所用材料分为木脚手架、竹脚手架和金属脚手架;按其用途分为操作脚手架、防护用脚手架、承重和支撑用脚手架;按其构造形式分为多立杆式脚手架、门式脚手架、吊挂式脚手架、悬挑式脚手架、升降式脚手架以及用于楼层间操作的工具式脚手架等。

脚手架应由持证上岗的架子工搭设。对脚手架的基本要求是:应满足工人操作、材料堆置和运输的需要;坚固稳定、安全可靠;搭拆简单,搬移方便;尽量节约材料,能够多次周转使用。脚手架的宽度一般为1.0~1.5 m,砌筑用脚手架的每步架高度一般为1.2~1.4 m,装饰装修用脚手架的一步架高度一般为1.6~1.8 m。

3.1.1 外脚手架

外脚手架是指搭设在建筑物外围的支架,其主要形式有多立杆式(如扣件式钢管脚手架、碗扣式钢管脚手架、盘扣式钢管脚手架等)、门式、悬挑式等,目前多立杆式应用最为广泛。

3.1.1.1 扣件式钢管脚手架

扣件式钢管脚手架是属于多立杆式脚手架的一种,其特点是:每步架的高度可以根据施工需要灵活布置,搭拆方便,利于施工操作,搭设的高度大,坚固耐用。

(1)扣件式钢管脚手架的组成

扣件式钢管脚手架是由钢管、扣件、脚手板、安全网、底座等组成,如图3-1所示。

钢管一般采用外径48.3 mm、壁厚3.6 mm的无缝钢管。用于立杆、纵向水平杆(亦称大

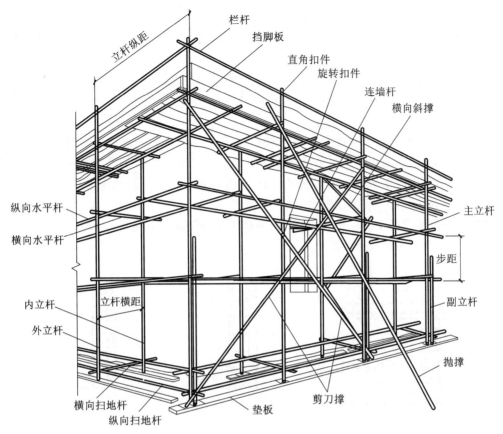

图 3-1 扣件式钢管脚手架构造

横杆)、剪刀撑和斜杆的钢管最大长度为 4.0～6.5 m,每根钢管的最大质量不应大于 25.8 kg,以便适合工人操作;横向水平杆(亦称小横杆)的长度宜在 1.8～2.2 m 之间,以适应脚手架宽度的要求。

扣件用于钢管之间的连接,有对接扣件、旋转扣件、直角扣件三种基本形式,如图 3-2 所示。对接扣件用于两根钢管的对接连接;旋转扣件用于两根钢管呈任意角度交叉的连接;直角扣件用于两根钢管呈垂直交叉的连接。

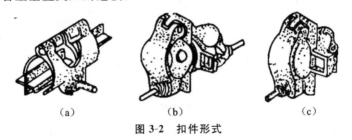

图 3-2 扣件形式
(a)对接扣件;(b)旋转扣件;(c)直角扣件

脚手板是便于工人在其上方行走、转运材料和施工作业的一种临时周转使用的建筑材料,可用钢、木、竹材料制作。木脚手板采用杉木或松木制作,厚度不应小于 50 mm,板长度为 3.0～6.0 m,宽度为 200～250 mm;冲压钢脚手板由厚度为 2 mm 的钢板压制而成,每块板宽 250 mm,

板长度为 2~4 m,表面有防滑措施;竹脚手板采用毛竹或楠竹制作。

安全网是用来防止人、物坠落或用来避免、减轻坠落及物击伤害的网具,分为平网和立网两类。

底座用于承受脚手架立柱传递下来的荷载,底座一般采用厚 8 mm、边长 150~200 mm 的钢板制成,上焊 150 mm 高的钢管,包括固定底座和可调底座。

(2)构造形式

扣件式钢管脚手架分为双排和单排两种形式,如图 3-3 所示。双排脚手架是沿着墙体的外侧设置两排立杆,横向水平杆的两端支撑在纵向水平杆上。单排脚手架是沿着墙体外侧仅设置一排立杆,其横向水平杆一端与纵向水平杆连接,另一端支撑在墙体上,仅适用于荷载较小,高度较低,墙体具有一定强度的多层房屋。

单排脚手架搭设高度不应超过 24 m;双排脚手架搭设高度不宜超过 50 m,高度超过 50 m 的双排脚手架,应采用分段搭设措施。

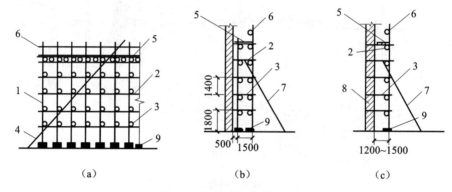

图 3-3　扣件式钢管脚手架

(a)立面;(b)侧面(双排);(c)侧面(单排)

1—立杆;2—大横杆;3—小横杆;4—斜撑;5—脚手板;6—栏杆;7—抛撑;8—墙体;9—底座

(3)承力结构

脚手架的承力结构可分为作业层、横向构架、纵向构架三部分。

作业层:直接承受施工荷载。荷载由脚手板传给小横杆,再传给大横杆和立柱。

横向构架:由立杆和横向水平杆组成,是脚手架直接承受和传递垂直荷载的部分。

纵向构架:由各榀横向构架通过纵向水平杆相互连成的一个整体,它一般沿房屋的四周形成一个连续封闭的结构。

脚手架传力路径:荷载→脚手板→横向水平杆→纵向水平杆→立杆→基础。

(4)支撑体系

脚手架的支撑体系包括剪刀撑(纵向支撑)、横向斜撑和水平支撑。设置支撑体系的目的是使脚手架成为一个几何稳定的构架。加强整体刚度,增大抵抗侧向力的能力,避免出现节点的可变状态和过大的位移。

①剪刀撑。它设置在脚手架外侧面,用旋转扣件与立杆连接,形成与墙面平行的十字交叉斜杆。每道剪刀撑的宽度不应小于 4 跨,且不应小于 6 m,斜杆与地面成 45°~60°夹角。高度在 24 m 及以上的双排脚手架应在外侧立面连续设置剪刀撑;高度在 24 m 以下的单、双排脚

手架,均必须在外侧立面两端、转角及中间间隔不超过 15 m 的立面上,各设置一道剪刀撑,并应由底至顶连续设置,且每片架子不少于三道,如图 3-4 所示。

②横向斜撑。在同一节间由底至顶层呈"之"字形连续布置,如图 3-5 所示。高度在 24 m 以下的封闭型双排脚手架可不设横向斜撑;高度在 24 m 以上的封闭型脚手架,除拐角应设置横向斜撑外,中间应每隔 6 跨设置一道横向斜撑。开口型双排脚手架的两端均必须设置横向斜撑。

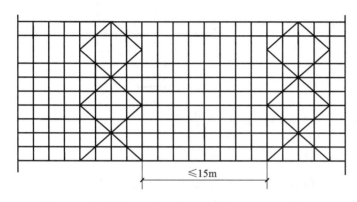

图 3-4　高度在 24 m 以下的单、双排脚手架剪刀撑布置

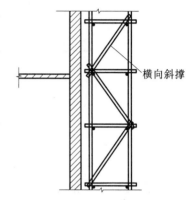

图 3-5　横向斜撑

③水平支撑。水平支撑是指在设置连墙拉结杆件的所在平面内连续设置的水平斜杆。可根据需要设置,如在承力较大的结构脚手架中或在承受偏心荷载较大的承托架、防护棚、悬挑水平安全网等部位设置,以加强其水平刚度。

(5)搭设要求

①立杆。每根立杆底部宜设置底座或垫板与地基相接触。地基面层土质应夯实、整平,其上浇筑厚度≥150 mm 的 C15 素混凝土垫层,做好地面排水;当采用垫板代替混凝土垫层时,垫板宜采用厚度不小于 50 mm、宽度不小于 200 mm、长度不少于 2 跨的木垫板。

单排、双排与满堂脚手架立杆接长除顶层顶步外,其余各层各步接头必须采用对接扣件连接。脚手架立杆对接、搭接应符合下列规定:当立杆采用对接接长时,立杆的对接扣件应交错布置,两根相邻立杆的接头不应设置在同步内,同步内隔一根立杆的两个相隔接头在高度方向错开的距离不宜小于 500 mm,各接头中心至最近主节点的距离不宜大于步距的 1/3;当立杆采用搭接接长时,搭接长度不应小于 1 m,并应采用不少于 2 个旋转扣件固定,端部扣件盖板的边缘至搭接立杆杆端的距离不应小于 100 mm;脚手架立杆顶端栏杆宜高出女儿墙上端1 m,宜高出檐口上端 1.5 m。

②纵向水平杆(大横杆)。纵向水平杆应设置在立杆内侧,单根杆长度不应小于 3 跨;纵向水平杆接长应采用对接扣件连接或搭接,并应符合下列规定:两根相邻纵向水平杆的接头不应设置在同步或同跨内;不同步或不同跨两个相邻接头在水平方向错开的距离不应小于500 mm,各接头中心至最近主节点的距离不应大于纵距的 1/3,如图 3-6 所示;搭接长度不应小于 1 m,应等间距设置 3 个旋转扣件固定,端部扣件盖板边缘至搭接纵向水平杆杆端的距离不应小于 100 mm。

③横向水平杆(小横杆)。主节点处必须设置一根横向水平杆,用直角扣件扣接且严禁拆除。作业层上非主节点处的横向水平杆,宜根据支承脚手板的需要等间距设置,最大间距不应

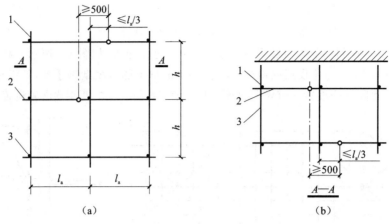

图 3-6 纵向水平杆对接接头布置

(a)接头不在同步内(立面);(b)接头不在同跨内(平面)

1—立杆;2—纵向水平杆;3—横向水平杆

大于纵距的 1/2;双排脚手架横向水平杆靠墙的一端应离开墙面 50～150 mm。

④连墙杆。设置一定数量的连墙杆,主要是保证脚手架不发生倾覆,但要求与连墙杆连接的墙体本身要有足够的刚度,所以连墙杆在水平方向应设置在框架梁或楼板附近,竖直方向应设置在框架柱或横隔墙附近。连墙杆应靠近脚手架主节点设置,偏离主节点的距离不应大于 300 mm;应从底层第一步纵向水平杆处开始设置,当该处设置有困难时,应采用其他可靠措施固定;应优先采用菱形布置,或采用方形、矩形布置。

脚手架连墙杆数量的设置除应满足计算要求外,还应符合表 3-1 的规定。

表 3-1 连墙杆设置最大间距

搭设方法	高度(m)	最大竖向间距	最大水平间距	每根连墙杆覆盖面积(m²)
双排落地	≤50	$3h$	$3l_a$	≤40
双排悬挑	>50	$2h$	$3l_a$	≤27
单排	≤24	$3h$	$3l_a$	≤40

注:h—步距;l_a—纵距。

⑤纵向扫地杆。它是连接立杆下端的纵向水平杆,作用是约束立杆底端,防止纵向发生位移,纵向扫地杆应采用直角扣件固定在距钢管底端不大于 200 mm 处的立杆上。

⑥横向扫地杆。它是连接立杆下端的横向水平杆,作用是约束立杆底端,防止横向发生位移。横向扫地杆应采用直角扣件固定在紧靠纵向扫地杆下方的立杆上。

⑦脚手板。作业层脚手板应铺满、铺稳、铺实。冲压钢脚手板、木脚手板、竹串片脚手板等,应设置在三根横向水平杆上。当脚手板长度小于 2 m 时,可采用两根横向水平杆支撑,但应将脚手板两端与其可靠固定,严防倾翻。脚手板的铺设应采用对接平铺或搭接铺设。脚手板对接平铺时,接头处必须设两根横向水平杆,脚手板外伸长度应取 130～150 mm,两块脚手板外伸长度的和不应大于 300 mm[图 3-7(a)];脚手板搭接铺设时,接头必须支在横向水平杆上,搭接长度不应小于 200 mm,其伸出横向水平杆的长度不应小于 100 mm[图 3-7(b)]。

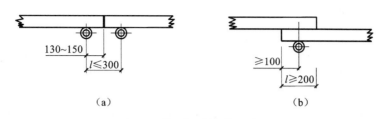

图 3-7 脚手板对接、搭接构造

（a）脚手板对接；（b）脚手板搭接

（6）搭设工艺流程

扣件式钢管脚手架搭设工艺流程：夯实平整场地→材料准备→设置垫板与底座→纵向扫地杆→搭设立杆→横向扫地杆→搭设纵向水平杆→搭设横向水平杆→搭设剪刀撑→固定连墙杆→搭设防护栏杆→铺设脚手板→绑扎安全网。

（7）扣件式钢管脚手架的拆除

脚手架拆除时，应画出工作区标志，禁止行人进入；严格遵守拆除顺序；由上而下，后搭的先拆。一般先拆栏杆、脚手板、剪刀撑，后拆小横杆、大横杆、立杆等；统一指挥，上下呼应，动作协调；材料、工具要用滑轮或者绳索运送，不得向下乱扔。分段拆除时，高差不应大于 2 步架高度，否则应按照开口脚手架进行加固。当拆至脚手架下部最后一节立杆时，应先架设临时抛撑加固，然后拆除连墙杆。

3.1.1.2 碗扣式钢管脚手架

碗扣式钢管脚手架立杆和水平杆靠特制的碗扣接头连接，如图 3-8 所示。碗扣分上碗扣和下碗扣，下碗扣焊接在钢管上，上碗扣对应地套在钢管上，其销槽对准焊在钢管上的限位销，即能上下滑动。连接时，只需将横杆接头插入下碗扣内，将上碗扣沿着限位销扣下，并顺时针旋转，靠上碗扣螺旋面使之与限位销顶紧，从而将横杆和立杆牢固地连在一起，形成框架结构。碗扣式接头可同时连接 4 根横杆，横杆可以组成各种角度，因而可以搭设各种形式脚手架，特别适合扇形表面及高层建筑施工和装修两用外脚手架，还可作为模板的支撑。

碗扣式钢管脚手架的支撑形式、构造及搭设要求与扣件式钢管脚手架类似，具体施工时可以参照《建筑施工碗扣式钢管脚手架安全技术规范》(JGJ 166—2016)执行。

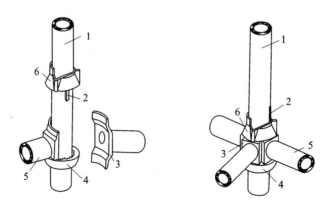

图 3-8 碗扣式钢管脚手架接头构造

1—立杆；2—限位销；3—横杆接头；4—下碗扣；5—横杆；6—上碗扣

3.1.1.3 门式脚手架

(1)基本组成

门式脚手架又称框式脚手架,是一种工厂生产、现场搭设的脚手架,是目前国际上应用最普遍的脚手架类型之一。它不仅可以作为外脚手架,而且可以作为内脚手架或满堂脚手架。

门式脚手架由门式框架、剪刀撑、水平梁架、螺栓基脚组成基本单元,如图3-9(a)所示。将基本单元相互连接并增加梯子、栏杆及脚手板等部件即形成整片脚手架,如图3-9(b)所示。

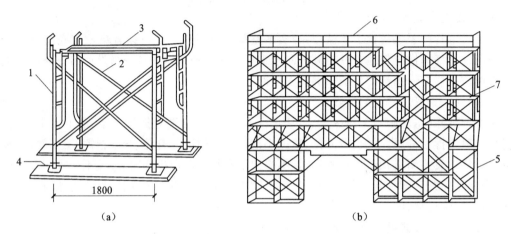

（a）　　　　　　　　　　　　（b）

图3-9　门式钢管脚手架

(a)基本单元;(b)门式外脚手架

1—门式框架;2—剪刀撑;3—水平梁架;4—螺栓基脚;5—梯子;6—栏杆;7—脚手板

门式脚手架构件规格统一,其宽度有1.2 m、1.5 m、1.6 m等规格,高度有1.3 m、1.7 m、1.8 m、2.0 m等规格,施工时可根据不同要求进行组合。

(2)搭设要求

门式脚手架一般只要按照产品目录所列的使用荷载和搭设规定进行施工,不必再进行验算。如果实际使用情况与规定有出入时,应采取相应的加固措施或进行验算。通常门式脚手架搭设高度限制在45 m以内,采取一定措施后可以达到80 m左右。

门式脚手架的搭设要点如下:搭设门式脚手架时,地基必须夯实抄平,铺可调底座,以免发生塌陷和不均匀沉降;首层门式脚手架垂直度(门架竖管轴线的偏移)偏差不大于2 mm,水平度(门架平面方向和水平方向)偏差不大于5 mm。门架的顶部和底部用纵向水平杆和扫地杆固定。门架之间必须设置剪刀撑和水平梁架(或脚手板),其连接应可靠,以确保脚手架的整体刚度。整片脚手架必须适当设置纵向水平杆,前三层要每层设置,三层以上则每隔三层设一道。在门架外侧设置长剪刀撑,其高度和宽度为3或4个步距和柱距,与地面夹角为45°～60°,相邻长剪刀撑之间相隔3～5个柱距,沿全高设置。连墙点的最大间距,在垂直方向为6 m,在水平方向为8 m。高层脚手架应增加连墙点布设密度,脚手架在转角处必须做好连接和与墙拉结,并利用钢管和旋转扣件把处于相交方向的门架连接起来。

(3)脚手架拆除

门式脚手架的拆除要点如下:拆除门架时应自上而下进行,部件拆除顺序与安装顺序相反。不允许将拆除的部件直接从高空抛下，应将拆下的部件按品种分类捆绑后，使用垂直吊运设备将其运至地面，集中堆放保管。

3.1.2 里脚手架

里脚手架搭设于建筑物内部，每砌完一层墙后，即将其转移到上一层楼面，进行新的一层墙体砌筑，它可用于内外墙的砌筑和室内装饰施工。里脚手架用料少，但装拆频繁，故要求轻便灵活，装拆方便。

里脚手架的类型很多，按照其构造形式可以分为折叠式、支柱式、门架式、马凳式等多种。

(1)折叠式

折叠式里脚手架适用于民用建筑的内墙砌筑和内粉刷，也可用于砖围墙、砖平房的外墙砌筑和粉刷。根据材料不同，分为角钢、钢管和钢筋折叠式里脚手架。角钢折叠式里脚手架如图 3-10所示，其架设间距要求是：砌墙时宜为 1.0～2.0 m，粉刷时宜为 2.2～2.5 m。可以搭设两步脚手架，第一步高约 1.0 m，第二步高约 1.65 m。钢管和钢筋折叠式里脚手架的架设间距要求是：砌墙时不超过 1.8 m，粉刷时不超过 2.2 m。

(2)支柱式

支柱式里脚手架由若干个支柱和横杆组成。适用于砌墙和内粉刷。其搭设间距要求是：砌墙时不超过 2.0 m，粉刷时不超过 2.5 m。支柱式里脚手架的支柱有套管式和承插式两种形式。套管式支柱如图 3-11 所示，它是将插管插入立管中，以销孔间距调节高度，在插管顶端的凹形支托内搁置方木横杆，横杆上铺设脚手板。架设高度为 1.50～2.10 m。

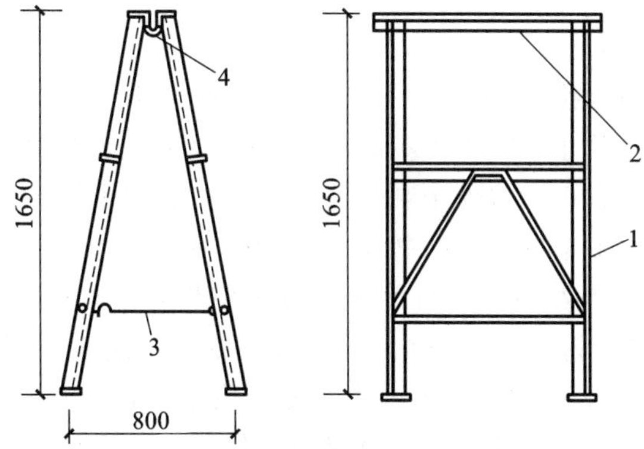

图 3-10 角钢折叠式里脚手架

1—立柱；2—横楞；3—挂钩；4—铰链

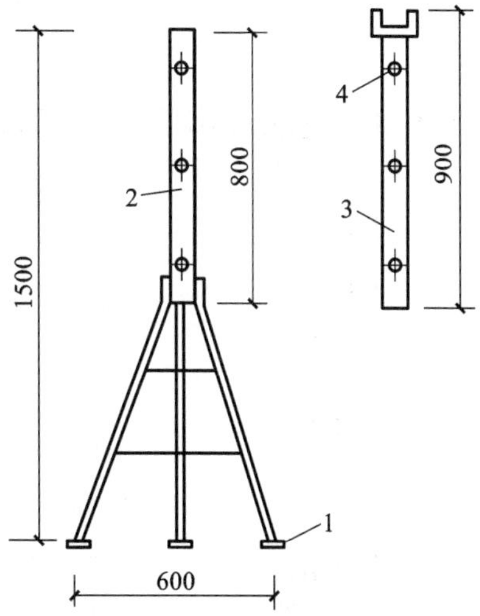

图 3-11 套管式支柱

1—支脚；2—立管；3—插管；4—销孔

(3)门架式

门架式里脚手架由两片 A 形支架与门架组成，如图 3-12 所示，适用于砌墙和粉刷。支架间距的要求是：砌墙时不超过 2.2 m，粉刷时不超过 2.5 m。按支架与门架的不同结合方式，分为套管式和承插式两种。

（4）马凳式

马凳式里脚手架一般由竹子、木材或钢材制作而成，其形式如图 3-13 所示。马凳式里脚手架的间距一般不大于 1.5 m，上铺脚手板。

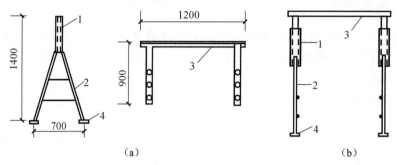

图 3-12　门架式里脚手架

(a)A 形支架与门架；(b)安装示意

1—立管；2—支架；3—门架；4—垫板

图 3-13　马凳式里脚手架

(a)竹马凳；(b)木马凳；(c)钢马凳

3.1.3　其他几种脚手架简介

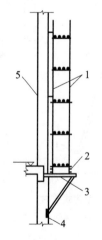

图 3-14　悬挑式脚手架

1—钢管脚手架；2—型钢横梁；

3—三角支撑架；4—预埋件；

5—钢筋混凝土柱(墙)

（1）悬挑式脚手架

悬挑式脚手架简称挑架，如图 3-14 所示。搭设在建筑物外边缘向外伸出的悬挑结构上，将脚手架荷载全部或部分传递给建筑结构。悬挑支撑结构有用型钢焊接制作的三角桁架下撑式结构以及用钢丝绳斜拉住水平型钢挑梁的斜拉式结构两种主要形式。在悬挑结构上搭设的双排外脚手架与落地式脚手架相同，分段悬挑脚手架的高度一般控制在 25 m 以内。该形式的脚手架适用于高层建筑的施工。由于脚手架是沿建筑物高度分段搭设，故在一定条件下，当上层还在施工时，其下层即可提前交付使用。而对于有裙房的高层建筑，则可使裙房与主楼不受外脚手架的影响，同时展开施工。

（2）吊式脚手架

吊式脚手架如图 3-15 所示，在主体结构施工阶段，该脚手架为外挂脚手架，随主体结构逐层向上施工，用塔式起重机吊升，悬挂在结构上。在装饰施工阶段，该脚手架改为从屋顶吊挂，逐层下降。吊式脚手架的吊升单元(吊篮架子)宽度宜控制在 5～6 m,每一吊升单元的自重宜在 1.0 t 以内。该形式的脚手架适用于高层框架和剪力墙结构施工。

（3）升降式脚手架

升降式脚手架简称爬架,如图 3-16 所示。它是将自身分为两大部件,分别依附固定在建筑结构上。在主体结构施工阶段,升降式脚手架利用自身带有的升降机构和升降动力设备,使两个部件互为利用,交替松开、固定,交替爬升,其爬升原理同爬升模板。在装饰施工阶段,则交替下降。该形式的脚手架搭设高度为 3～4 个楼层;不占用塔吊,相对落地式外脚手架,具有省材料,省人工的特点;适用于高层框架、剪力墙和筒体结构的快速施工。

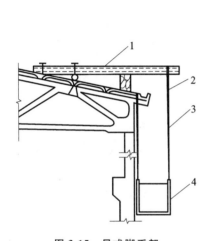

图 3-15　吊式脚手架

1—挑梁;2—吊环;3—吊索;4—吊篮

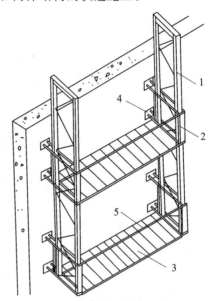

图 3-16　升降式脚手架

1—内套架;2—外套架;3—脚手板;4—附墙装置;5—栏杆

3.1.4　脚手架的拆除与安全技术

（1）脚手架的拆除

①脚手架拆除应按专项方案施工,拆除前应做好下列准备工作:应全面检查脚手架的扣件连接、连墙件、支撑体系等是否符合构造要求;应根据检查结果补充完善施工脚手架专项方案中的拆除顺序和措施,经审批后方可实施。

②单、双排脚手架拆除作业必须由上而下逐层进行,严禁上下同时作业。连墙件必须随脚手架逐层拆除,严禁先将连墙件整层或数层拆除后再拆脚手架。

③当单、双排脚手架拆至下部最后一根长立杆的高度(约 6.5 m)时,应先在适当位置搭设临时抛撑加固后,再拆除连墙杆。当单、双排脚手架采取分段、分立面拆除时,对不拆除的脚手架两端,应先按相关规范规定设置连墙杆和横向支撑加固。

④不准将拆除的构配件从高空抛至地面。

（2）脚手架的安全技术

①钢管脚手架安装与拆除人员必须是经考核合格的专业架子工。架子工应持证上岗。

②搭拆脚手架人员必须戴安全帽、系安全带、穿防滑鞋。

③作业层上的施工荷载应符合设计要求，不得超载。不得将模板支架、缆风绳、泵送混凝土和砂浆的输送管等固定在架体上。严禁悬挂起重设备，严禁拆除或移动架体上的安全防护设施。

④操作层脚手板应铺设牢固、严实，并应用安全平网双层兜底，施工层以下每隔10 m应设安全平网封闭。

⑤单、双排脚手架，悬挑式脚手架沿墙体外围应用密目式安全网全封闭，密目式安全网宜设置在脚手架外立杆的内侧，并应与架体绑扎牢固。

⑥在脚手架使用期间，严禁拆除下列杆件：主节点处的纵、横向水平杆，纵、横向扫地杆、连墙杆等。

⑦临街搭设脚手架时，外侧应有防止坠物伤人的防护措施。

⑧在脚手架上进行电、气焊作业时，应有防火措施和专人看守。

⑨工地临时用电线路的架设及脚手架接地、避雷措施等，应按现行行业标准的有关规定执行。

⑩脚手架与支模架要分开搭设，不能将两者混搭在一起，脚手架不能当支模架使用。

3.2 垂直运输设施

垂直运输设施是指在建筑施工中垂直运输材料和人员上下的机械设备和设施。砌筑工程中的垂直运输量很大，不仅要运输大量的砖（或砌块）、砂浆，而且还要运输脚手架、脚手板和各种预制构件，因而如何合理安排垂直运输就直接影响到砌筑工程的施工速度和工程成本。

3.2.1 常用垂直运输设施

目前砌筑工程中常用的垂直运输设施有塔式起重机、井架、龙门架、施工电梯、灰浆泵等。

（1）塔式起重机

塔式起重机，如图3-17所示，具有提升、回转、水平运输等功能，不仅是重要的吊装设备，而且也是重要的垂直运输设备，尤其是在吊运长、大、重的物料时有明显的优势，故在可能的条件下宜优先选用。

①塔式起重机的分类和特点

按照架设方式、变幅方式、回转方式、起重量大小，塔式起重机可以分为多种类型，其分类和相应的特点见表3-2。

②塔式起重机的选型

塔式起重机的选型一般参照表3-3确定。

（2）井架、龙门架

井架是施工中最常用的，也是最为简便的垂直运输设施，如图3-18所示。井架的特点是稳定性好，运输量大，施工现场一般使用型钢或钢管加工的定型井架。

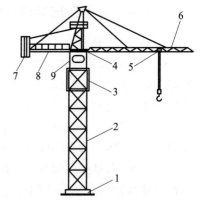

图3-17　塔式起重机示意图

1—机座；2—塔身；3—顶升机构；
4—回转机构；5—行走小车；6—塔臂；
7—配重；8—平衡臂；9—驾驶室

表 3-2 塔式起重机的分类和特点

分类方法	类型	特点
按架设方式分类	轨道行走式	底部设行走机构,可沿轨道两侧进行吊装,作业范围大,非生产时间少,并可替代履带式和汽车式等起重机。 需铺设专用轨道,路基工作量大,占用施工场地大
	固定式	无行走机构,底座固定,能增加标准节,塔身可随施工进度逐渐提高。 缺点是不能行走,作业半径较小,覆盖范围有限
	附着自升式	需将起重机固定,每隔16~36 m设置一道锚固装置与建筑结构连接,保证塔身稳定性。其特点是可自行升高,起重高度大,占地面积小。 需增设附墙架,对建筑结构会产生附加力,必须进行相关验算并采取相应的施工措施
	内爬式	特点是塔身长度不变,底座通过附墙架支承在建筑物内部(如电梯井等),借助爬升系统随着结构的升高而升高,一般每隔1~3层爬升一次。 优点是节约大量塔身,体积小,既不需要铺设轨道,又不占用施工场地;缺点是对建筑物产生较大的附加力,附着所需的支承架及相应的预埋件有一定的用钢量;工程完成后,拆机下楼需要辅助起重设备
按变幅方式分类	动臂式	当塔式起重机运转受周围环境的限制,如邻近的建筑物、高压电线的影响以及群塔作业条件下,塔式起重机运转空间比较狭窄时,应尽量采用动臂式塔式起重机,起重灵活性增强。 吊臂设计采用"杆"结构,相对于平臂"梁"结构稳定性更好。因此,常规大型动臂式塔式起重机起重能力都能够达到30~100 t。有效解决了大起重力的要求
	平臂式	变幅式的起重小车在臂架下弦杆上移动,变幅就位快,可同时进行变幅、起吊、旋转三个作业。 由于臂架平直,与变幅形式相比,起重高度的利用范围受到限制
按回转方式分类	上回转式	回转机构位于塔身顶部,驾驶室位于回转台上部,驾驶人员视野广。 均采用液压顶升接高(自升)、平臂小车变幅装置。 通过更换辅助装置,可以改成固定式、轨道行走式、附着自升式、内爬式等,实现一机多用
	下回转式	回转机构在塔身下部,塔身与起重臂同时旋转。 重心低,运转灵活,伸缩塔身可自行架设,采用整体搬运,转移方便
按起重量分类	轻型	起重量0.5~3 t
	中型	起重量3~5 t
	重型	起重量15~40 t

表 3-3 塔式起重机的选型

结构形式	常用塔式起重机类型	说明
普通建筑	固定式	因不能行走,作业半径较小,故用于高度及跨度都不大的普通建筑施工
大跨度场馆	轨道行走式	因可行走,作业范围大,故常用于大跨度体育场馆及长度较大的单层工业厂房的钢结构施工
高层建筑	附着自升式	因通过增加塔身标准节的方式可自行升高,故常用于高度在100 m左右的高层建筑施工。国内附着自升式塔式起重机多采用平臂式设计

续表 3-3

结构形式	常用塔式 起重机类型	说明
超高层建筑	内爬式	常规的附着自升式塔式起重机,塔身最大高度只能达到 200 m。 内爬式因塔身高度固定,依赖爬升框固定于结构,与结构交替上升。特别适用于施工现场狭窄的 200 m 以上的超高层建筑施工。 与附着自升式相比,内爬式不占用建筑外立面空间,使得幕墙等围护结构的施工不受干扰。 国内内爬式起重机多采用平臂式设计,国外产品多为动臂式

井架多为单孔井架,但也可构成两孔或多孔井架。井架通常带一个起重臂和吊盘,起重臂起重能力为 5～10 kN,在其外部工作范围内也可以做小距离的水平运输。吊盘起重量为 10～15 kN,其中可以放置运料的手推车或其他散装材料。搭设高度可达 40 m,需要设置缆风绳保持井架的稳定。

龙门架是由两立柱及天轮梁(横梁)构成。立柱是由若干个格构柱用螺栓拼装而成,而格构柱是用角钢及钢管焊接而成或直接用厚壁钢管构成门架。龙门架设有滑轮、导轨、吊盘、安全装置以及起重索、缆风绳等,其构造如图 3-19 所示。可以进行材料、机具和小型预制构件的垂直运输,适用于中小型工程。

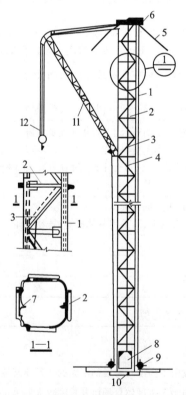

图 3-18　角钢井架

1—立柱;2—平撑;3—斜撑;4—钢丝绳;
5—缆风绳;6—天轮;7—导轨;8—吊盘;
9—地轮;10—垫木;11—摇臂拔杆;12—滑轮组

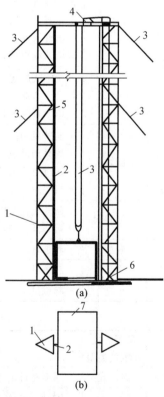

图 3-19　龙门架的基本构造形式

(a)立面;(b)平面

1—立杆;2—导轨;3—缆风绳;4—天轮;
5—吊盘停车安全装置;6—地轮;7—吊盘

（3）施工电梯

施工电梯如图 3-20 所示。多数施工电梯为人货两用,少数为供货用。电梯按照其驱动方式可以分为齿条驱动和绳轮驱动两种。齿条驱动电梯又有单吊箱(笼)式和双吊箱(笼)式两种,并装有可靠的限速装置,适用于 20 层以上建筑工程使用。绳索驱动电梯为单吊箱(笼)式,无限速装置,轻巧便宜,适用于 20 层以下建筑工程使用。

施工电梯可以载重货物 1.0～1.2 t,或可以容纳 12～15 人。其高度随着建筑物主体结构施工而接高,可达 100 m。它特别适用于高层建筑,也可用于高大建筑、多层厂房和一般楼房施工中的垂直运输。

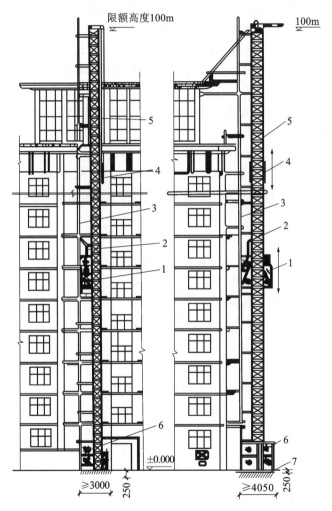

图 3-20　建筑施工电梯

1—吊笼;2—小吊杆;3—架设安装杆;4—平衡箱;5—导轨架;6—底笼;7—混凝土基础

（4）灰浆泵

灰浆泵是一种可以在垂直和水平两个方向连续输送灰浆的机械,目前常用的有活塞式和挤压式两种。活塞式灰浆泵按照其构造又分为直接作用式和隔膜式两类。

3.2.2　垂直运输设施的设置要求

垂直运输设施的设置一般应根据现场施工条件满足以下基本要求。

(1)覆盖面和供应面

塔吊的覆盖面是指以塔吊的起重幅度为半径的圆形吊运覆盖面积。垂直运输设施的供应面是指借助于水平运输手段(手推车等)所能达到的供应范围。建筑工程的全部的作业面应处于垂直运输设施的覆盖面和供应面的范围之内。

(2)供应能力

塔吊的供应能力等于吊次乘以吊量(每次吊运材料的体积、质量或件数);其他垂直运输设施的供应能力等于运次乘以运量,运次应取垂直运输设施和与其配合的水平运输机具中的低值。另外,还需要乘以 0.5~0.75 的折减系数,以考虑由于难以避免的因素对供应能力的影响(如机械设备故障等)。垂直运输设备的供应能力应能满足高峰工作量的需要。

(3)提升高度

设备能提升的高度应比实际需要的升运高度高,其高出程度不少于 3 m,以确保安全。

(4)水平运输方式

在考虑垂直运输设施时,必须同时考虑与其配合的水平运输方式。

(5)装设条件

垂直运输设施装设的位置应具有相适应的装设条件,如具有可靠的基础、牢固的结构拉结和便捷的水平运输通道等。

(6)设备效能的发挥

必须同时考虑满足施工需要和充分发挥设备效能的问题。当各施工阶段的垂直运输量相差悬殊时,应分阶段设置和调整垂直运输设备,及时拆除已经不需要的设备。

(7)设备拥有的条件和今后利用问题

充分利用现有设备,必要时添置或加工新的设备。在添置或加工新的设备时应考虑今后利用的前景。

(8)安全保障

安全保障是使用垂直运输设施中的首要问题,必须引起高度重视。所有垂直运输设施都要严格按照有关规定操作使用。

3.3　砌体施工的准备工作

3.3.1　块材的准备

砌筑工程所用到的块材包括天然的石材和人工制作的砖及砌块。

3.3.1.1　砖

砖是指砌筑用的人造小型块材,外形主要为直角六面体,其长度不超过 365 mm,宽度不超过 240 mm,高度不超过 115 mm。

(1)砖的类型

①按照砖的孔洞的多少,砖可以分为:

A.实心砖:无孔洞或孔洞率小于25%的砖。规格尺寸为240 mm×115 mm×53 mm的实心砖称为普通砖。

B.多孔砖:孔洞率不小于25%,孔的尺寸小而数量多的砖。

C.空心砖:孔洞率不小于40%,孔的尺寸大而数量少的砖。

②按照砖的原材料、制作工艺等,砖可以分为:

A.烧结砖:以黏土、页岩、煤矸石、粉煤灰等为主要原材料,经成型和焙烧而成的砖。烧结砖按照砖的孔洞的多少又可以分为:

(a)烧结普通砖,主要用于建筑物承重部位。公称尺寸为:长240 mm、宽115 mm、高53 mm。强度等级为:MU30、MU25、MU20、MU15、MU10。

(b)烧结多孔砖,主要用于承重结构。规格尺寸有:290 mm、240 mm、190 mm、180 mm、140 mm、115 mm、90 mm。强度等级为:MU30、MU25、MU20、MU15、MU10。

(c)烧结空心砖,用于非承重结构。规格尺寸要求:长度为390 mm、290 mm、240 mm、190 mm、180(175)mm、140 mm,宽度为190 mm、180(175)mm、140 mm、115 mm,高度为180(175)mm、140 mm、115 mm、90 mm。强度等级为:MU10.0、MU7.5、MU5.0、MU3.5。

B.混凝土砖:以水泥、骨料和水等为主要原材料,可掺入外加剂及其他材料,经配料、搅拌、成型、养护而制成的砖。混凝土砖按照砖的孔洞的多少又可以分为:

(a)混凝土实心砖,主要用于建筑物承重部位,代号为SCB。主规格尺寸为:240 mm×115 mm×53 mm。强度等级为:MU40、MU35、MU30、MU25、MU20、MU15。

(b)承重混凝土多孔砖,用于承重结构,代号为LPB。规格尺寸为:长度为360 mm、290 mm、240 mm、190 mm、140 mm,宽度为240 mm、190 mm、115 mm、90 mm,高度为115 mm、90 mm。强度等级为:MU15、MU20、MU25。

(c)非承重混凝土空心砖,用于非承重结构部位,代号为NHB。规格尺寸为:长度为360 mm、290 mm、240 mm、190 mm、140 mm,宽度为240 mm、190 mm、115 mm、90 mm,高度为115 mm、90 mm。强度等级为:MU5、MU7.5、MU10。

C.蒸压灰砂砖:以石灰和砂为主要原材料,允许掺入颜料和外加剂,经坯料制备、压制成型、蒸压养护而成的实心砖。其公称尺寸为:长240 mm、宽115 mm、高53 mm。强度等级为:MU25、MU20、MU15、MU10。

D.蒸压粉煤灰砖:以粉煤灰、生石灰为主要原料,可掺加适量石膏等外加剂和其他集料,经坯料制备、压制成型、高压蒸汽养护而制成的砖。蒸压粉煤灰砖按照砖的孔洞的多少又可以分为:

(a)蒸压粉煤灰实心砖,产品代号为AFB。公称尺寸为:长240 mm、宽115 mm、高53 mm。强度等级为:MU30、MU25、MU20、MU15、MU10。

(b)蒸压粉煤灰多孔砖,产品代号为AFPB。规格尺寸为:长度为360 mm、330 mm、290 mm、240 mm、190 mm、140 mm,宽度为240 mm、190 mm、115 mm、90 mm,高度为115 mm、90 mm。强度等级为:MU15、MU20、MU25。

(c)蒸压粉煤灰空心砖,用于非承重结构,产品代号为AFHI。主规格尺寸为:240 mm×190 mm×90 mm。强度等级为:MU3.5、MU5.0、MU7.5。

目前工程上常用的砖有烧结普通砖、烧结多孔砖、蒸压灰砂砖、蒸压粉煤灰砖等。

（2）砖的要求

砖的品种、强度等级必须符合设计要求及国家现行标准《烧结普通砖》（GB/T 5101—2017）、《烧结多孔砖和多孔砌块》（GB 13544—2011）、《蒸压灰砂砖》（GB 11945—1999）、《蒸压粉煤灰砖》（JC/T 239—2014）、《蒸压粉煤灰多孔砖》（GB 26541—2011）、《烧结空心砖和空心砌块》（GB/T 13545—2014）、《混凝土实心砖》（GB/T 21144—2007）、《承重混凝土多孔砖》（GB 25779—2010）、《非承重混凝土空心砖》（GB/T 24492—2009）、《蒸压粉煤灰空心砖和空心砌块》（GB/T 36535—2018）的规定。

砌体结构工程用砖不得采用非蒸压粉煤灰砖及未掺加水泥的各类非蒸压砖。用于清水墙、柱表面的砖，应边角整齐、色泽均匀。

3.3.1.2 砌块

砌块是建筑用的人造块材，外形主要为直角六面体，主规格的长度、宽度和高度至少一项分别大于 365 mm、240 mm 和 115 mm，且高度不大于长度或宽度的 6 倍，长度不超过高度的 3 倍。

（1）砌块的类型

①按照砌块尺寸的大小，可以分为：

A. 小型砌块：系列中主规格的高度大于 115 mm 而又小于 380 mm 的砌块，简称小砌块。

B. 中型砌块：系列中主规格的高度为 380～980 mm 的砌块，简称中砌块。

C. 大型砌块：系列中主规格的高度大于 980 mm 的砌块，简称大砌块。

②按照砌块的原材料、制作工艺等又可以分为：

A. 普通混凝土小型砌块：以水泥、矿物掺合料、砂、石、水等为原材料，经搅拌、振动成型、养护等工艺制成的小型砌块。按照空心率分为空心砌块（空心率不小于 25%，代号 H）和实心砌块（空心率小于 25%，代号 S）。其规格尺寸为：长度为 390 mm，宽度为 90 mm、120 mm、140 mm、190 mm、240 mm、290 mm，高度为 90 mm、140 mm、190 mm。普通混凝土小型砌块的强度见表 3-4。

表 3-4　普通混凝土小型砌块的强度（MPa）

砌块种类	承重砌块（L）	非承重砌块（N）
空心砌块（H）	7.5、10.0、15.0、20.0、25.0	5.0、7.5、10.0
实心砌块（S）	15.0、20.0、25.0、30.0、35.0、40.0	10.0、15.0、20.0

B. 轻集料混凝土小型空心砌块：以水泥、矿物掺合料、轻集料（或部分轻集料）、水等为原材料，经搅拌、压振成型、养护等工艺制成的主规格尺寸为 390 mm×190 mm×190 mm，空心率不小于 25% 的小型砌块。轻集料混凝土小型空心砌块的强度等级为：MU2.5、MU3.5、MU5.0、MU7.5、MU10.0。

C. 粉煤灰混凝土小型空心砌块：以粉煤灰、水泥、各种轻重骨料、水等为原材料，经搅拌、压振成型、养护等工艺制成的主规格尺寸为 390 mm×190 mm×190 mm，空心率不小于 25% 的小型砌块，代号为 FHB。其中粉煤灰的用量不应低于原材料质量的 20%，水泥用量不应低于原材料质量的 10%。其强度等级为：MU3.5、MU5、MU7.5、MU10、MU15、MU20。

D. 蒸压加气混凝土砌块：以硅质材料和钙质材料为主要原材料，掺加发气剂，经加水搅拌发泡,浇筑成型、预养切割、蒸压养护等工艺制成的含泡沫状孔的砌块。蒸压加气混凝土砌块的代号为 ACB。其规格尺寸:长度为 600 mm,宽度为 100 mm、120 mm、125 mm、150 mm、180 mm、200 mm、240 mm、250 mm、300 mm,高度为 200 mm、240 mm、250 mm、300 mm。其强度等级为:A1.0、A2.0、A2.5、A3.5、A5.0、A7.5、A10。

除此之外,还有其他类型的砌块,如蒸压粉煤灰空心砌块、装饰混凝土砌块、石膏砌块等。

工程中常用的砌块是普通混凝土小型空心砌块、轻集料混凝土小型空心砌块、蒸压加气混凝土砌块。

(2)砌块的要求

工程使用的小砌块,应符合设计要求及现行国家标准《普通混凝土小型砌块》(GB/T 8239—2014)、《轻集料混凝土小型空心砌块》(GB/T 15229—2011)、《粉煤灰混凝土小型空心砌块》(JC/T 862—2008)、《蒸压加气混凝土砌块》(GB 11968—2006)的规定。

对于砖或小砌块,在运输装卸过程中,不得倾倒和抛掷,进场后应按强度等级分类堆放整齐,堆置高度不宜超过 2 m。加气混凝土砌块在运输、装卸及堆放过程中应防止雨淋。

3.3.1.3 石材

石材根据其形状和加工程度分为毛石和料石(六面体)两大类,料石又分为细料石、半细料石、粗料石和毛料石。

石材的强度等级有:MU100、MU80、MU60、MU50、MU40、MU30、MU20。

工程使用的石材,应符合设计要求及现行国家标准《建筑材料放射性核素限量》(GB 6566—2010)的规定。石砌体所用的石材应质地坚实、无风化剥落和裂纹,且石材表面应无水锈和杂物。

砌筑块材的种类很多。推广和应用新型墙体材料,是提高资源利用率、改善环境、促进循环经济发展的重要途径。根据《国务院办公厅关于进一步推进墙体材料革新和推广节能建筑的通知》(国办发〔2005〕33 号)的要求,要加快发展以煤矸石、粉煤灰、建筑渣土、冶金和化工废渣等固体废物为原料的新型墙体材料,要逐步禁止生产和使用实心黏土砖,各省市根据区域特点也制定出台了相关文件,部分性能较低、技术落后、能耗较高、环境污染严重、浪费资源的建筑材料被禁止或限制使用,如《北京市禁止使用建筑材料目录(2018 年版)》(征求意见稿)中规定:建筑工程基础(±0.000)以上部位(包括临时建筑、围墙)禁止使用实心砖(灰砂、烧结、混凝土实心砖等);全部建设工程禁止使用烧结普通砖、烧结多孔砖和多孔砌块、烧结空心砖和空心砌块、黏土和页岩陶粒及以黏土和页岩陶粒为原料的建材制品。

3.3.2 砂浆的准备

3.3.2.1 砂浆的分类

砂浆按照制作方式的不同可以分为现场搅拌砂浆和预拌砂浆。为了保证砌筑工程质量,现大部分地区都在推广、应用预拌砂浆。

(1)预拌砂浆

预拌砂浆是指专业生产厂生产的湿拌砂浆和干混砂浆。

①湿拌砂浆

湿拌砂浆是指用水泥、细集料、矿物掺合料、外加剂、添加剂和水,按一定比例,在搅拌站经计量、拌制后,采用运输车运至使用地点,放入专用容器储存,并在规定时间内使用的拌合物。

湿拌砂浆根据用途的不同,可以分为湿拌砌筑砂浆、湿拌抹灰砂浆、湿拌地面砂浆和湿拌防水砂浆,见表3-5。

表 3-5　湿拌砂浆分类

类别 项目	湿拌砌筑砂浆	湿拌抹灰砂浆	湿拌地面砂浆	湿拌防水砂浆
代号	WM	WP	WS	WW
强度等级	M5、M7.5、M10、M15、M20、M25、M30	M5、M10、M15、M20	M15、M20、M25	M10、M15、M20
抗渗等级	—	—	—	P6、P8、P10
稠度(mm)	50、70、90	70、90、110	50	50、70、90
凝结时间(h)	≥8、≥12、≥24	≥8、≥12、≥24	≥4、≥8	≥8、≥12、≥24

注:由于施工管理水平和施工需求不同,要求砂浆有不同的休眠期,所以湿拌砂浆的具体凝结时间由供需双方根据砂浆品种及施工需要在合同中约定。

②干混砂浆

干混砂浆是用水泥、干燥集料或粉料、添加剂以及根据性能确定的其他组分,按一定比例,在专业生产厂经计量、混合而成的混合物,在使用地点按规定比例加水或配套组分拌和使用的拌合物。

干混砂浆按用途分类及其代号见表3-6。

表 3-6　干混砂浆代号

品种	干混砌筑砂浆	干混抹灰砂浆	干混地面砂浆	干混普通 防水砂浆	干混陶瓷砖 黏结砂浆	干混界面砂浆
代号	DM	DP	DS	DW	DTA	DIT
品种	干混保温板 黏结砂浆	干混保温板 抹面砂浆	干混聚合物 水泥防水砂浆	干混自流 平砂浆	干混耐磨 地坪砂浆	干混饰面砂浆
代号	DEA	DBI	DWS	DSL	DFH	DDR

干混砌筑砂浆、干混抹灰砂浆、干混地面砂浆和干混普通防水砂浆的强度等级、抗渗等级应符合表3-7的规定。

表 3-7　干混砂浆强度等级和抗渗等级

项目	干混砌筑砂浆		干混抹灰砂浆		干混地面 砂浆	干混普通 防水砂浆
	普通砌筑砂浆	薄层砌筑砂浆	普通抹灰砂浆	薄层抹灰砂浆		
强度等级	M5、M7.5、M10、M15、M20、M25、M30	M5、M10	M5、M10、M15、M20	M5、M10	M15、M20、M25	M10、M15、M20
抗渗等级	—	—	—	—	—	P6、P8、P10

（2）现场搅拌砂浆

现场拌制的砂浆按组成材料的不同可分为水泥砂浆、水泥混合砂浆和非水泥砂浆三类。

①水泥砂浆

水泥砂浆是指以水泥、细集料和水为主要原材料（也可以根据需要加入矿物掺合料等）配制而成的砂浆。水泥砂浆具有较高的强度和耐久性，但和易性差。其多用于高强度和潮湿环境的砌体中。

②水泥混合砂浆

水泥混合砂浆是指以水泥、细集料和水为主要原材料，并加入石灰膏、电石膏、黏土膏中的一种或多种（也可根据需要加入矿物掺合料等）配制而成的砂浆。水泥混合砂浆具有一定的强度和耐久性，且和易性和保水性好。其多用于一般墙体中。

③非水泥砂浆

非水泥砂浆是指不含有水泥的砂浆，如白灰砂浆、黏土砂浆等，强度低且耐久性差，可用于简易或临时建筑的砌体中。

3.3.2.2 砂浆的配制和技术条件

（1）主要原材料的要求

①水泥

砌筑砂浆所用水泥宜采用通用硅酸盐水泥或者砌筑水泥，且应符合现行国家标准《通用硅酸盐水泥》（GB 175—2007）和《砌筑水泥》（GB/T 3183—2017）的规定。水泥强度等级应根据砂浆品种以及强度等级的要求进行选择，M15 及以下强度等级的砌筑砂浆宜选用 32.5 级的通用硅酸盐水泥或砌筑水泥；M15 以上强度等级的砌筑砂浆宜选用 42.5 级的普通硅酸盐水泥。

水泥进场时应对其品种、等级、包装或散装仓号、出厂日期等进行检查，并应对其强度、安定性进行复验，其质量必须符合现行国家标准《通用硅酸盐水泥》（GB 175—2007）的有关规定。

当在使用中对水泥质量有怀疑或水泥出厂超过三个月（快硬硅酸盐水泥超过一个月）时，应复查试验，并按复验结果使用。

水泥质量抽检数量的要求是：按同一生产厂家、同品种、同等级、同批号连续进场的水泥，袋装水泥不超过 200 t 为一批，散装水泥不超过 500 t 为一批，每批抽样不少于一次。

不同品种的水泥，不得混合使用。水泥应按品种、强度等级、出厂日期分别堆放，应设防潮垫层，并应保持干燥。

②砂

砂浆用砂宜采用过筛中砂，不应混有草根、树叶等杂物。砂中含泥量、泥块含量、石粉含量、云母、轻物质、有机物、硫化物、硫酸盐及氯盐含量（配筋砌体砌筑用砂）等应符合现行行业标准《普通混凝土用砂、石质量及检验方法标准》（JGJ 52—2006）的有关规定。水泥砂浆和强度等级不小于 M5 的水泥混合砂浆，砂中含泥量不应超过 5%；强度等级小于 M5 的水泥混合砂浆，砂中含泥量不应超过 10%。

砂子进场时应按不同品种、规格分别堆放，不得混杂。

③石灰、石灰膏

砌体结构工程中使用的生石灰及磨细生石灰粉应符合现行行业标准《建筑生石灰》(JC/T 479—2013)的有关规定。

建筑生石灰、建筑生石灰粉制作石灰膏应符合下列规定:建筑生石灰熟化成石灰膏时,应采用孔径不大于 3 mm×3 mm 的网过滤,熟化时间不得少于 7 d;建筑生石灰粉的熟化时间不得少于 2 d;沉淀池中储存的石灰膏,应防止干燥、冻结和污染,严禁使用脱水硬化的石灰膏;消石灰粉不得直接用于砂浆中。

建筑生石灰及建筑生石灰粉保管时应分类、分等级存放在干燥的仓库内,且不宜长期储存。

④水

拌制砂浆用水的水质,应符合现行行业标准《混凝土用水标准》(JGJ 63—2006)的有关规定。

⑤其他材料

为了改善砂浆在砌筑时的和易性和其他性能,可以掺入砂浆增塑剂和外加剂,砌体砂浆中使用的增塑剂、早强剂、缓凝剂、防水剂、防冻剂等外加剂,应符合国家现行标准《混凝土外加剂》(GB 8076—2008)、《混凝土外加剂应用技术规范》(GB 50119—2013)和《砌筑砂浆增塑剂》(JG/T 164—2004)的规定,并应根据设计要求与现场施工条件进行试配。

(2)主要技术条件

砂浆的配合比应事先通过计算和试配确定,当砌筑砂浆的组成材料有变更时,其配合比应重新确定。配制砌筑砂浆时,各组分材料应采用质量计量,水泥及各种外加剂配料的允许偏差为±2%;砂、粉煤灰、石灰膏等配料的允许偏差为±5%。

砂浆的强度等级是以边长为 70.7 mm×70.7 mm×70.7 mm 的立方体试块,在温度为(20±2)℃[试件制作后应在温度为(20±5)℃的环境下静置(24±2)h],相对湿度为 90% 以上的标准养护室中养护 28 d(从搅拌加水开始计时)的抗压强度值确定。根据《砌筑砂浆配合比设计规程》(JGJ/T 98—2010)的规定:水泥砂浆及预拌砌筑砂浆的强度等级可以分为 M5、M7.5、M10、M15、M20、M25、M30 七个等级;水泥混合砂浆的强度等级可以分为 M5、M7.5、M10、M15 四个等级。

砌筑砂浆中的水泥和石灰膏、电石膏等材料的用量可按表 3-8 选用。

表 3-8　砌筑砂浆的材料用量(kg/m³)

砂浆种类	材料用量
水泥砂浆	≥200
水泥混合砂浆	≥350
预拌砌筑砂浆	≥200

注:①水泥砂浆中的材料用量是指水泥用量。

②水泥混合砂浆中的材料用量是指水泥和石灰膏、电石膏的材料总量。

③预拌砌筑砂浆中的材料用量是指胶凝材料用量,包括水泥和替代水泥的粉煤灰等活性矿物掺合料。

砌筑砂浆施工时的稠度应符合表 3-9 的规定。

表3-9　砂浆稠度要求

砌体种类	砂浆稠度(mm)
烧结普通砖砌体 蒸压粉煤灰砖砌体	70～90
混凝土实心砖、混凝土多孔砖砌体 普通混凝土小型空心砌块砌体 蒸压灰砂砖砌体	50～70
烧结多孔砖、空心砖砌体 轻集料小型空心砌块砌体 蒸压加气混凝土砌块砌体	60～80
石砌体	30～50

注：①采用薄灰砌筑法砌筑蒸压加气混凝土砌块砌体时，加气混凝土黏结砂浆的加水量按照其产品说明书控制。

②当砌筑其他块体时，其砌筑砂浆的稠度可根据块体吸水特性及气候条件确定。

现场拌制砌筑砂浆时，应采用机械搅拌，搅拌时间自投料完毕起算，应符合下列规定：

①水泥砂浆和水泥混合砂浆不应少于120 s。

②水泥粉煤灰砂浆和掺用外加剂的砂浆不应少于180 s。

③掺液体增塑剂的砂浆，应先将水泥、砂干拌混合均匀后，将混有增塑剂的拌合水倒入干混砂浆中继续搅拌；掺固体增塑剂的砂浆，应先将水泥、砂和增塑剂干拌混合均匀后，将拌合水倒入其中继续搅拌。从加水开始，搅拌时间不应少于210 s。

④预拌砂浆及加气混凝土砌块专用砂浆的搅拌时间应符合有关技术标准或产品说明书的要求。

现场搅拌的砂浆应随拌随用，拌制的砂浆应在3 h内使用完毕；当施工期间最高气温超过30 ℃时，应在2 h内使用完毕。对掺用缓凝剂的砂浆，其使用时间可根据其缓凝时间的试验结果确定。

3.3.3　施工机具的准备

砌筑前，一般应按施工组织设计要求组织垂直和水平运输机械、砂浆搅拌机械的进场、安装、调试等工作。垂直运输多采用扣件及钢管搭设的井架，或人货两用施工电梯，或塔式起重机；而水平运输多采用手推或机动翻斗车。对多、高层建筑，还可以用灰浆泵输送砂浆。同时，还要准备脚手架、砌筑工具(如皮数杆、拖线板)等。

3.4　砌体工程施工

3.4.1　砌体的一般要求

砌体可以分为砖砌体、砌块砌体、石材砌体、配筋砌体。砌体除了应采用符合质量要求的原材料外，还必须有良好的砌筑质量，以使砌体具有良好的整体性、稳定性和良好的受力性能。一般要求是：灰缝横平竖直、砂浆饱满、厚薄均匀，砌块应上下错缝，内外搭砌，接槎牢固，墙面垂直,要预防不均匀沉降引起开裂,要注意施工中砌体的稳定性。

3.4.2 砖砌体施工

目前工程中,砖主要应用于墙体的砌筑,故本节主要介绍砖墙砌筑施工。

3.4.2.1 普通砖砌体

(1)组砌形式

普通砖墙根据其厚度不同,可采用全顺、两平一侧、全丁、一顺一丁、梅花丁或三顺一丁的砌筑形式,如图 3-21 所示,工程中宜采用一顺一丁、三顺一丁、梅花丁。

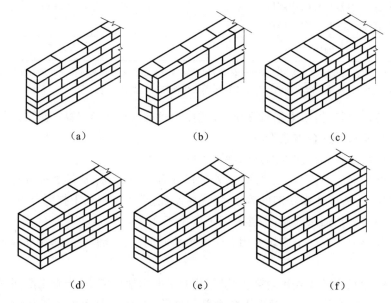

图 3-21 普通砖墙砌筑形式

(a)全顺;(b)两平一侧;(c)全丁;(d)一顺一丁;(e)梅花丁;(f)三顺一丁

全顺:各皮砖均顺砌,上下皮垂直灰缝相互错开 1/2 砖长(120 mm)。适合砌半砖厚(115 mm)墙。

两平一侧:两皮平砌砖与一皮侧砌的顺砖相隔砌成。当墙厚为 3/4 砖长(180 mm)时,平砌砖均为顺砖,上下皮平砌顺砖间竖缝相互错开 1/2 砖长(120 mm),上下皮平砌顺砖与侧砌顺砖间竖缝相互错开 1/2 砖长(120 mm);当墙厚为 5/4 砖长(300 mm)时,上下皮平砌顺砖与侧砌顺砖间竖缝相互错开 1/2 砖长(120 mm),上下皮平砌丁砖与侧砌顺砖间竖缝相互错开 1/4 砖长(60 mm)。适合砌 3/4 砖墙(180 mm)及 5/4 砖墙(300 mm)。

全丁:各皮砖均丁砌,上下皮垂直灰缝相互错开 1/4 砖长(60 mm)。适合砌一砖墙(240 mm)。

一顺一丁:一皮全部顺砖与一皮全部丁砖相间,上下皮垂直灰缝相互错开 1/4 砖长(60 mm)。适合砌厚度为一砖及一砖以上墙。

梅花丁:同皮中顺砖与丁砖相间,丁砖的上下均为顺砖,并位于顺砖中间,上下皮垂直灰缝相互错开 1/4 砖长(60 mm)。适合砌一砖墙。

三顺一丁:三皮顺砖与一皮丁砖相间,顺砖与顺砖上下皮垂直灰缝相互错开 1/2 砖长 (120 mm),顺砖与丁砖上下皮垂直灰缝相互错开 1/4 砖长(60 mm)。适合砌一砖及一砖以上墙。

砖墙的转角处、交接处,为错缝需要加砌配砖。当采用一顺一丁组砌一砖墙(240 mm)时, 配砖为 3/4 砖(俗称七分头砖),在转角处七分头的顺面方向依次砌顺砖,丁面方向依次砌丁砖,如图 3-22(a)所示;在丁字交接处,应分皮相互砌通,内角相交处的竖缝应错开 1/4 砖长,并在横墙端头处加砌七分头砖,如图 3-22(b)所示;砖墙的十字交接处,应分皮相互砌通,交角处的竖缝相互错开 1/4 砖长,如图 3-22(c)所示。

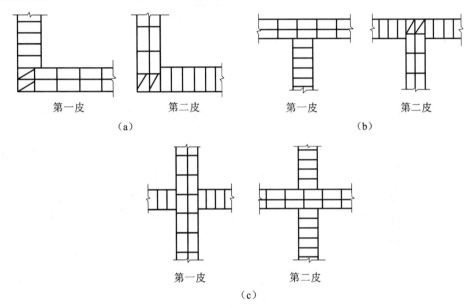

第一皮　第二皮　　第一皮　第二皮
（a）　　　　　　　　　（b）

第一皮　　第二皮
（c）

图 3-22　砖墙交接处组砌

(a)一砖墙转角(一顺一丁);(b)一砖墙丁字交接处(一顺一丁);(c)一砖墙十字交接处(一顺一丁)

(2)砌筑工艺

普通砖墙的砌筑一般有抄平、放线、摆砖、立皮数杆、盘角、挂线、砌筑、勾缝、清理等工序。

①抄平

砌墙前应在基础防潮层或楼面上按照标准的水准点定出各层标高,厚度不大于 20 mm 时用 1∶3(体积比)水泥砂浆找平,厚度大于 20 mm 时一般用 C15 细石混凝土找平,使各段砖墙底部标高符合设计要求。

②放线

根据龙门板(图 3-23)上给定的轴线及图纸上标注的墙体尺寸,在基础顶面或楼面上用墨线弹出墙的轴线和墙的宽度线,并定出门窗洞口位置线。二楼以上墙的轴线可以用经纬仪或垂球将轴线引测上去。

③摆砖

摆砖又称摆脚,是指在放线的基面上按选定的组砌方式用干砖试摆。摆砖的目的是为了核对所放的墨线在门窗洞口、附墙垛等处是否符合砖的模数,以尽可能减少砍砖,并使砌体灰缝均匀,组砌得当。摆砖由一个大角摆到另一个大角,砖与砖之间留约 10 mm 的缝隙。

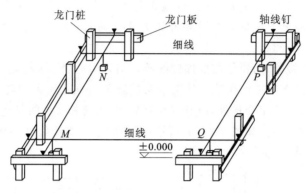

图 3-23　龙门板

④立皮数杆

皮数杆是指在其上画有每皮砖和砖缝厚度以及门窗洞口、过梁、楼板、梁底、预埋件等标高位置的一种木制标杆,如图 3-24 所示。砌筑时用来控制墙体竖向尺寸及各部位构件的竖向标高,并保证灰缝厚度的均匀性。

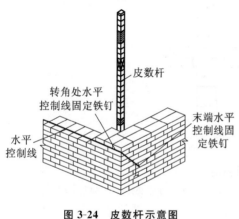

图 3-24　皮数杆示意图

皮数杆一般设置在房屋的四个大角以及纵横墙的交接处,如墙面过长时,应每隔 10~15 m 立一根。皮数杆需要用水准仪统一竖立,砌筑第一层时,皮数杆上的±0.000 与建筑物的±0.000 相吻合。

⑤盘角、挂线

砌筑墙身前,应先在墙角砌上几皮,称为盘角;在盘角之间拉上准线,称为挂线。墙角是控制墙面横平竖直的主要依据,所以,一般砌筑时应先砌筑墙角,墙角砖层高度必须与皮数杆相符合,做到"三皮一吊,五皮一靠",墙角必须双向垂直。

墙角砌好后,即可挂线,作为砌筑中间墙体的依据,以保证墙面平整。一般情况下,厚度 240 mm 及以下墙体可单面挂线砌筑;厚度为 370 mm 及以上的墙体宜双面挂线砌筑;夹心复合墙应双面挂线砌筑。

⑥砌砖、勾缝

砌砖的操作方法各地不一,但应保证砌筑质量要求。工程上常用的方法有"铺浆法"和"三一"砌筑法。铺浆法即先用砖刀或者小方铲在墙上铺 500~700 mm 长的砂浆,用砖刀调整好砂浆的厚度,再将砖沿着砂浆面向接缝处推进并揉压,使竖向灰缝有 2/3 高的砂浆,再用砖刀将砖调平,达到下齐边、上齐线、横平竖直的要求。这种砌法可以连续挤砌几块砖,减少烦琐的动作,灰缝饱满,效率高,保证砌筑质量。采用铺浆法砌筑砌体,铺浆长度不得超过 750 mm,当施工期间气温超过 30 ℃时,铺浆长度不得超过 500 mm。"三一"砌筑法即一铲灰、一块砖、一挤揉,并随手将挤出的砂浆刮去的砌筑方法。这两种砌法的优点是灰缝容易饱满、黏结力好、墙面整洁。根据《砌体结构工程施工规范》(GB 50924—2014)的要求,砌砖工程宜采用"三一"砌筑法。

勾缝是砌清水墙的最后一道工序,可以用砂浆随砌随勾缝,叫作原浆勾缝。也可以砌完墙后再用1：1.5 水泥砂浆或加色砂浆勾缝,称为加浆勾缝。勾缝具有保护墙面和增加墙面美观的作用,为了确保勾缝质量,勾缝前应清除墙面黏结的砂浆和杂物,并洒水润湿,灰缝可勾成凹、平、斜或凸形状。勾缝完毕后,应进行墙面、柱面和落地灰的清理。

（3）施工要点

①当砌筑烧结普通砖、蒸压灰砂砖和蒸压粉煤灰砖砌体时,砖应提前 1～2 d 适度湿润,不得采用干砖或吸水饱和状态的砖砌筑。砖湿润程度宜符合下列规定:烧结类砖的相对含水率宜为 60%～70%;混凝土实心砖不宜浇水湿润,但在气候干燥炎热的情况下,宜在砌筑前对其浇水湿润;其他非烧结类砖的相对含水率宜为 40%～50%。

②全部砖墙应平行砌筑,砖层必须水平,砖层正确位置用皮数杆控制,基础和每楼层砌完后必须校对一次水平、轴线和标高,确保其位置在允许偏差范围内,其偏差值应在基础或楼板顶面调整。

③砖砌体的灰缝应横平竖直,厚薄均匀。水平灰缝厚度和竖向灰缝宽度宜为 10 mm,但不应小于 8 mm,且不应大于 12 mm。砌体灰缝的砂浆应密实饱满,砖墙水平灰缝的砂浆饱满度不得小于 80%;竖向灰缝宜采用挤浆或加浆方法,使其砂浆饱满,不得用水冲浆灌缝。

④砖砌体的转角处和交接处应同时砌筑。在抗震设防烈度 8 度及以上地区,对不能同时砌筑的临时间断处应砌成斜槎,其中普通砖砌体的斜槎水平投影长度不应小于高度的 2/3,如图 3-25 所示,多孔砖砌体的斜槎长高比不应小于 1/2。斜槎高度不得超过一步脚手架高度。

砖砌体的转角处和交接处对非抗震设防及在抗震设防烈度为 6 度、7 度地区的临时间断处,当不能留斜槎时,除转角处外,可留直槎,但应做成凸槎,如图 3-26 所示。留直槎处应加设拉结钢筋,拉结钢筋的设置要求如下:钢筋数量为每 120 mm 墙厚应设置 1φ6 拉结钢筋,当墙厚为 120 mm 时,应设置 2φ6 拉结钢筋;间距沿着墙高不应超过 500 mm,且竖向间距偏差不应超过 100 mm;埋入长度从留槎处算起每边均不应小于 500 mm,对抗震设防烈度 6 度、7 度的地区,不应小于 1000 mm;拉结钢筋末端应设置 90°弯钩。

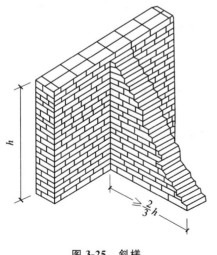

图 3-25 斜槎

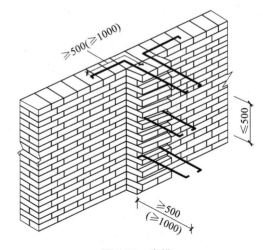

图 3-26 直槎

⑤砖墙接槎时,必须将接槎处的表面清理干净,浇水润湿,并应填实砂浆,保持灰缝平直。

⑥砖砌体在下列部位应使用丁砌层砌筑,且应使用整砖:

A. 每层承重墙的最上一皮砖;

B. 楼板、梁、柱及屋架的支撑处;

C. 砖砌体的台阶水平面上;

D. 挑出层。

⑦砖墙中留置临时施工洞口,其侧边离交接处墙面不应小于 500 mm,洞口净宽度不应超过 1.0 m。抗震设防烈度为 9 度地区建筑物的临时施工洞口位置,应会同设计单位确定。临时施工洞口应做好补砌。

⑧砌体结构工程施工段的分段位置宜设在结构缝、构造柱或门窗洞口处。相邻施工段的砌筑高度差不得超过一个楼层的高度,也不宜大于 4 m。砌体临时间断处的高度差,不得超过一步脚手架的高度。

⑨正常施工条件下,砖砌体每日砌筑高度宜控制在 1.5 m 或一步脚手架高度内。

⑩钢筋混凝土构造柱施工。构造柱施工时,先按照设计图纸与规范要求绑扎构造柱钢筋,然后砌筑墙体,最后浇筑构造柱混凝土。砖砌体与构造柱连接处应砌成马牙槎,从每层柱脚开始,马牙槎应先退后进,每个马牙槎沿高度方向的尺寸不宜超过 300 mm,凹凸尺寸宜为 60 mm,如图 3-27 所示。砌筑时,砌体与构造柱间应沿墙高每 500 mm 设置拉结钢筋,钢筋数量及伸入墙内长度应满足设计和规范要求。浇筑构造柱混凝土之前,必须将砖墙和模板浇水润湿(若为钢模板,不浇水,但是需要涂刷隔离剂),并将模板内落地灰、砖渣和其他杂物清理干净。浇筑混凝土可分段施工,每段高度不宜大于 2 m,或每个楼层分两次浇筑,应用插入式振捣器,分层捣实。

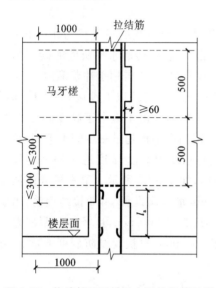

图 3-27 构造柱马牙槎及水平拉结筋设置

⑪施工脚手眼不得设置在下列墙体或部位:

A. 120 mm 厚墙、清水墙、料石墙、独立柱和附墙柱;

B. 过梁上部与过梁成 60°角的三角形范围及过梁净跨度 1/2 的高度范围内;

C. 宽度小于 1 m 的窗间墙;

D. 门窗洞口两侧石砌体 300 mm,其他砌体 200 mm 范围内;转角处石砌体 600 mm,其他砌体 450 mm 范围内;

E. 梁或梁垫下及其左右 500 mm 范围内;

F. 轻质墙体;

G. 夹心复合墙外叶墙;

H. 设计不允许设置脚手眼的部位。

⑫设计要求的洞口、沟槽或管道应在砌筑时预留或预埋,并应符合设计规定。未经设计单位同意,不得随意在墙体上开凿水平沟槽。对宽度大于 300 mm 的洞口上部,应设置过梁。

3.4.2.2　多孔砖砌体

砌筑清水墙的多孔砖,应边角整齐、色泽均匀。

在常温状态下,烧结多孔砖应提前1～2 d浇水湿润,不得采用干砖或吸水饱和状态的砖砌筑,烧结多孔砖的相对含水率宜为60%～70%;混凝土多孔砖不宜浇水润湿,但在气候干燥炎热的情况下,宜在砌筑前浇水润湿。

对抗震设防地区的多孔砖墙应采用"三一"砌砖法砌筑;对非抗震设防地区的多孔砖墙可采用铺浆法砌筑,铺浆长度不得超过750 mm;当施工期间最高气温高于30℃时,铺浆长度不得超过500 mm。

对于多孔砖,多孔砖的孔洞应垂直于受压面砌筑,方形多孔砖一般采用全顺砌法,多孔砖中手抓孔应平行于墙面,上下皮垂直灰缝相互错开半砖长;矩形多孔砖宜采用一顺一丁或梅花丁的砌筑形式,上下皮垂直灰缝相互错开1/4砖长,如图3-28所示。

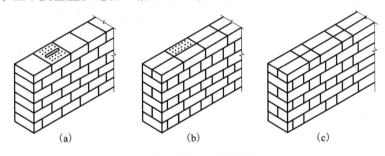

图3-28　多孔砖墙砌筑形式
(a)全顺(方形砖);(b)一顺一丁(矩形砖);(c)梅花丁(矩形砖)

方形多孔砖墙的转角处,应加砌配砖(半砖),配砖位于砖墙外角,如图3-29所示。

方形多孔砖墙的交接处,应隔皮加砌配砖(半砖),配砖位于砖墙交接处外侧,如图3-30所示。

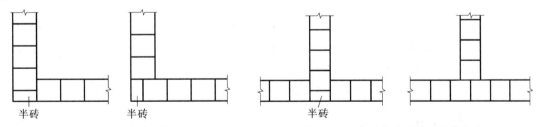

半砖　　　　　半砖

图3-29　方形多孔砖墙转角处砌法

半砖

图3-30　方形多孔砖墙交接处砌法

矩形多孔砖墙的转角处和交接处砌法同普通砖墙转角处和交接处相应砌法。

烧结多孔砖、混凝土多孔砖砌体的其他要求参见普通砖砌体。

3.4.2.3　空心砖砌体

烧结空心砖在运输、装卸过程中,严禁抛掷和倾倒;进场后应按照品种、规格堆放整齐,堆置高度不宜超过2 m。

烧结空心砖一般用于砌筑填充墙,砌筑时应提前1～2 d浇水润湿,其相对含水率宜为60%～70%。

空心砖墙应侧砌,其孔洞呈水平方向,上下皮垂直灰缝相互错开1/2砖长。空心砖墙底部宜砌 3 皮普通砖,如图 3-31 所示,且门窗洞口两侧一砖范围内应采用烧结普通砖砌筑。

烧结空心砖墙与普通砖墙交接处,应将普通砖墙引出不小于 240 mm 长与空心砖墙相接,并每隔 2 皮空心砖高在交接处的水平灰缝中设置 2φ6 钢筋作为拉结筋,拉结筋在空心砖墙中的长度不小于空心砖长加 240 mm,如图 3-32 所示。

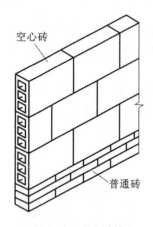

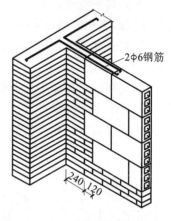

图 3-31　空心砖墙　　　　　　　图 3-32　空心砖墙与普通砖墙交接

烧结空心砖墙的转角处,应用烧结普通砖砌筑,砌筑长度角边不小于 240 mm。

在转角处、交接处,空心砖与普通砖应同时砌筑,不得留直槎,在留斜槎时,斜槎高度不宜大于 1.2 m。

砌筑空心砖墙的水平灰缝厚度和竖向灰缝宽度宜为 10 mm,且不应小于 8 mm,也不应大于 12 mm。竖缝应采用刮浆法,先抹砂浆再砌筑。

烧结空心砖墙中不得留置脚手眼,不得对烧结空心砖进行砍凿。

3.4.3　混凝土小型空心砌块砌体施工

用砌块代替烧结普通砖做墙体材料,是墙体改革的一个重要途径。近几年来,中小型砌块在我国得到了广泛的应用。目前工程中常用的小型空心砌块为普通混凝土小型空心砌块(图 3-33)和轻集料混凝土小型空心砌块。

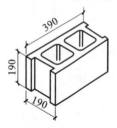

图 3-33　普通混凝土小型空心砌块

3.4.3.1　施工准备

(1)材料准备

①砌块材料的品种、规格、强度等级必须符合图纸设计要求,规格尺寸应一致,质量等级必须符合现行国家标准的要求,并应有出厂合格证、试验报告单。

②施工用水泥、水、砂子、石子、砂浆、混凝土、钢筋等材料应符合现行相关规范标准以及设计的规定。

(2)主要施工机具

砂浆搅拌机、起重机、提升机、卷扬机、插入式振捣器、瓦刀、小撬棍、橡胶锤、线坠、灰槽、手推车、皮数杆及砌块夹具等。

(3)作业条件

①墙体基层已经清扫干净,并在基层上弹出纵横轴线、墙体边线、门窗洞口位置线及其他尺寸线。

②根据施工图要求制定施工方案,绘好砌块排列图,选定组砌方法。墙体施工前必须按房屋设计图编绘小砌块平面、立面排块图。排块时应根据小砌块规格,灰缝厚度和宽度,门窗洞口尺寸,过梁与圈梁或连系梁的高度,芯柱或构造柱位置,预留洞大小、管线、开关、插座敷设部位等进行对孔、错缝搭砌排列,并以主规格小砌块为主,辅以配套的辅助块。

③根据砌块尺寸和灰缝厚度计算皮数和排数,制作皮数杆(皮数杆间距宜小于 15 m),复核基层标高,以保证砌块尺寸符合设计要求。

3.4.3.2 施工工艺

混凝土小型空心砌块砌体的施工一般有抄平放线、校正芯柱钢筋位置和砌块预排、砂浆拌制、砌筑、清除坠灰、勾缝、墙体验收、芯柱施工等工序。

(1)抄平放线

砌筑前应先将基层表面清理干净,在基础防潮层或楼面上按照标准的水准点定出各层标高,用 1∶2 水泥砂浆或 C15 细石混凝土(找平层厚度大于 20 mm 时)找平,使各段墙体底部标高符合设计要求,然后在基础防潮层或楼面上定出各层的纵横轴线、墙体边线、门窗洞口位置线及其他尺寸线。

(2)校正芯柱钢筋位置、砌块预排

在开始正式砌筑以前,先校正芯柱钢筋位置,并按照砌块排列图的块型排列次序沿墙体位置线摆设第一皮砌块。摆放时,应从外墙转角处及纵横墙交接处开始摆放,在第一皮砌块全部摆放到位并检查无误后,再开始准备正式砌筑。

(3)砂浆拌制

按设计要求的砂浆品种、强度等级配制砂浆时,各种材料应按质量比计量配置。

砌筑砂浆应具有良好的保水性,其保水率不得小于 88%。砌筑普通小砌块砌体的砂浆稠度宜为 50～70 mm;砌筑轻集料小砌块砌体的砂浆稠度宜为 60～90 mm。砌筑砂浆应采用机械搅拌,拌和时间自投料完算起,不得少于 2 min。当掺有外加剂时,不得少于 3 min;当掺有机塑化剂时,应为 3～5 min。砌筑砂浆应随拌随用,并应在 3 h 内使用完毕;当施工期间最高气温超过 30 ℃时,应在 2 h 内使用完毕。砂浆出现泌水现象时,应在砌筑前再次拌和。

(4)立皮数杆,砌筑墙体

皮数杆应竖立在墙体的转角和交接处,间距宜小于 15 m。皮数杆需要用水准仪统一竖立,砌筑第一层时,皮数杆上的 ±0.000 与建筑物的 ±0.000 应相吻合。皮数杆上应画出各皮小砌块的高度及灰缝厚度,在皮数杆上延小砌块上边线拉准线,小砌块依准线砌筑。

小砌块砌筑应从房屋外墙转角定位处开始,内外墙同时砌筑,纵横墙交错搭接。外墙转角处应使小砌块隔皮露端面;T 字交接处应使横墙小砌块隔皮露端面,纵墙在交接处改砌两块辅助规格小砌块(尺寸为 290 mm×190 mm×190 mm,一头开口),所有露端面用水泥砂浆抹平(图 3-34)。

砌筑时应遵循反砌原则,即小砌块应将生产时的底面朝上反砌于墙上。小砌块砌筑形式应为每皮顺砌,砌筑时灰缝应横平竖直。水平灰缝用坐浆法铺浆,铺浆长度一般不超过 450 mm,铺浆时只在砌块的两侧肋上铺浆。竖向灰缝采用平铺端面砂浆法,即将小砌块端面朝上,在灰口铺

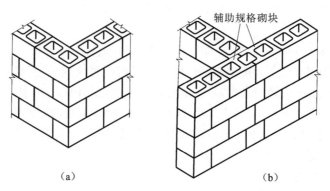

图 3-34　小砌块墙转角处及 T 字交接处砌法

(a)转角处；(b)T 字交接处

满砂浆,然后挤紧,用橡皮榔头敲实,砸平。

(5)清除坠灰

在墙体砌筑过程中,应及时清除芯柱孔洞内壁及孔道内掉落的砂浆等杂物,以保证芯柱孔洞上下贯通和芯柱的截面尺寸。

(6)勾缝

砌筑小砌块墙体时,对一般墙面,应及时用原浆勾缝,勾缝宜为凹缝,凹缝深度宜为2 mm;对装饰夹心复合墙体的墙面,应采用勾缝砂浆进行加浆勾缝,勾缝宜为凹圆或 V 形缝,凹缝深度宜为 4～5 mm。灰缝平整密实,不得出现瞎缝、透缝。

(7)墙体验收

每道墙体砌筑完以后,在浇筑芯柱混凝土以前,对墙体的标高,轴线尺寸,平整度、垂直度、灰缝的饱满度,芯柱孔洞内清理情况等进行检查验收,合格后方可进行下道工序施工。

(8)芯柱施工

芯柱的设置应符合设计要求及相关规范标准的规定。每根芯柱的柱脚部位应采用带清扫口的 U 形、E 形或 C 形等异形小砌块砌筑。

在墙体验收合格后,开始进行芯柱插筋并绑扎。芯柱的纵向钢筋应采用带肋钢筋,并从每层墙(柱)顶向下穿入小砌块孔洞,通过清扫口与圈梁(基础圈梁、楼层圈梁)或连系梁伸出的竖向插筋绑扎搭接。搭接长度应符合设计要求。芯柱钢筋验收合格后,用模板封闭清扫口,同时做好防止混凝土漏浆的措施。

芯柱的混凝土应待墙体砌筑砂浆强度等级达到 1 MPa 及以上时,方可浇筑。芯柱的混凝土坍落度不应小于 90 mm;当采用泵送时,坍落度不宜小于 160 mm。浇筑芯柱的混凝土前,应先浇筑 50 mm 厚的与灌孔混凝土成分相同的不含粗骨料的水泥砂浆。芯柱的混凝土应按连续浇筑、分层捣实的原则进行操作,每浇筑 500 mm 左右高度,应振捣一次,或边浇筑边用插入式振捣器捣实,直到浇至离该芯柱最上一皮小砌块顶面 50 mm 止,不得留施工缝。振捣时,宜选用微型行星式高频振动棒。

3.4.3.3　施工要点

(1)小砌块在厂内的自然养护龄期或蒸汽养护后的停放时间应不大于 28 d。轻集料小砌块的厂内自然养护龄期宜延长至 45 d。

（2）小砌块砌筑时的含水率，对普通混凝土小砌块，宜为自然含水率；当天气干燥炎热时，可提前对小砌块浇水润湿；对轻集料混凝土小砌块，宜提前 1～2 d 浇水润湿。不得雨天施工，小砌块表面有浮水时，不得使用。

（3）小砌块砌体应对孔错缝搭砌。搭砌应符合下列规定：

①单排孔小砌块的搭接长度应为块体长度的 1/2，多排孔小砌块的搭接长度不宜小于砌块长度的 1/3；

②当个别部位不能满足搭砌要求时，应在此部位的水平灰缝中设置φ4 钢筋网片，且网片两端与该位置的竖缝距离不得小于 400 mm，或采用配块；

③墙体竖向通缝长度不得超过 2 皮小砌块，独立柱不得有竖向通缝。

（4）墙体转角处和纵横交接处应同时砌筑。临时间断处应砌成斜槎，斜槎水平投影长度不应小于斜槎高度。临时施工洞口可预留直槎，但在补砌洞口时，应在直槎上下搭砌的小砌块孔洞内用强度等级不低于 Cb20 或 C20 的混凝土灌实（图 3-35）。

（5）砌体的水平灰缝厚度和竖向灰缝宽度宜为 10 mm，但不应小于 8 mm，也不应大于 12 mm。砌体水平灰缝和竖向灰缝的砂浆饱满度，按照净面积计算不得低于 90%。

（6）砌块房屋所用的材料，除应满足承载力计算要求外，对地面以下或防潮层以下的砌体、潮湿房间的墙，所用材料的最低强度等级尚应符合表 3-10 的要求。

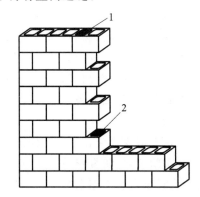

图 3-35　施工临时洞口直槎砌筑示意图
1—先砌洞口灌孔混凝土（随砌随灌）；
2—后砌洞口灌孔混凝土（随砌随灌）

表 3-10　地面以下或防潮层以下的砌体、潮湿房间墙所用材料的最低强度等级

基土潮湿程度	混凝土小砌块	水泥砂浆
稍潮湿的	MU7.5	Mb5
很潮湿的	MU10	Mb7.5
含水饱和的	MU15	Mb10

注：①砌块孔洞应采用强度等级不低于 C20 的混凝土灌实；
②对安全等级为一级或设计使用年限大于 50 年的房屋，表中材料强度等级应至少提高一级。

（7）在墙体的下列部位，应采用 C20 混凝土灌实砌体的孔洞：

①底层室内地面以下或防潮层以下的砌体；

②无圈梁和混凝土垫块的檩条和钢筋混凝土楼板支承面下的一皮砌块；

③未设置圈梁和混凝土垫块的屋架、梁等构件支承处，灌实宽度不小于 600 mm，高度不小于 600 mm 的砌块；

④挑梁支承面下，其支承部位的内外墙交接处，纵横各灌实 3 个孔洞，灌实高度不小于 3 皮砌块。

（8）小砌块墙与后砌隔墙交接处，应沿墙高每 400 mm 在水平灰缝内设置不少于 2φ4，且间距不大于 200 mm 的焊接钢筋网片（图 3-36）。

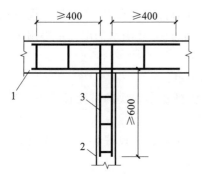

图 3-36　小砌块墙与后砌隔墙交接处钢筋网片

1—砌块墙；2—后砌隔墙；3—φ4焊接钢筋网片

（9）砌筑小砌块墙体应采用双排脚手架或工具式脚手架。当需在墙上设置脚手眼时，可采用辅助规格的小砌块侧砌，利用其孔洞做脚手眼，墙体完工后应采用强度等级不低于 Cb20 或 C20 的混凝土填实。

（10）正常施工条件下，小砌块砌体每日砌筑高度宜控制在 1.4 m 或一步脚手架高度内。

3.4.4　填充墙砌体施工

在框架结构的建筑中，墙体一般只起围护与分割的作用，常用体轻、保温性能好的烧结空心砖、轻集料混凝土小型空心砌块或蒸压加气混凝土砌块砌筑，其施工方法和施工工艺与一般砌体施工有所不同，本节以工程中最常用的蒸压加气混凝土砌块为例介绍填充墙砌体的施工。

3.4.4.1　施工准备

（1）技术准备

①填充墙砌体应在主体结构及相关分部已经施工完毕，并经有关部门验收合格后进行。

②砌筑前，应认真熟悉图纸，核实门窗洞口位置及洞口尺寸，明确预埋件及预留位置，计算出窗台、过梁及水平连系梁等顶部标高，熟悉相关构造及材料要求。

③施工前，应结合设计图纸及实际情况，编制出专项施工方案和施工技术交底。

（2）材料要求

①砌块材料的品种、规格、强度等级必须符合图纸设计要求，规格尺寸应一致，质量等级必须符合现行国家标准的要求，并应有出厂合格证、试验报告单。轻集料混凝土小型空心砌块、蒸压加气混凝土砌块砌筑时，其产品龄期应大于 28 d；蒸压加气混凝土砌块的含水率宜小于 30%。

②施工用水泥、水、砂子、石子、砂浆、混凝土、钢筋等材料应符合现行相关规范标准以及设计的规定。

（3）主要机具

①机械：塔式起重机、卷扬机、井架、切割机、砂浆搅拌机等。

②工具：瓦刀、夹具、手锯、小推车、灰斗、灰铁锹、小撬棍、小木锤、线垂、皮数杆等。

（4）作业条件

①砌筑前，将楼、地面基层水泥浮浆及施工垃圾清理干净，弹出楼层轴线及墙身边线。

②根据标高控制线及窗台、窗顶标高，预排出砌块的皮数线，皮数线可画在框架柱上，同时标明拉结筋、圈梁、过梁、墙梁的尺寸、标高。

③根据最下面第一皮砌块的标高，拉通线检查，如底部找平层厚度超过 20 mm，应用 C15 以上细石混凝土找平。严禁用砂浆或砂浆包碎砖找平，更不允许采用两侧砌砖，中间填芯找平。

④构造柱钢筋绑扎，隐蔽工程检验完毕。

⑤做好水电管线的预留、预埋工作。

⑥"三宝"（安全帽、安全带、安全网）配备齐全，"四口"（通道口、预留口、电梯井口、楼梯口）和临边做好防护。

⑦框架外墙施工时,外防护脚手架应随着楼层搭设完毕,墙体距外架间的间隙应设水平防护,防止高空坠物。内墙已准备好工具式脚手架。

3.4.4.2 施工工艺及要求

(1)基层清理

在砌筑砌体前应对墙基层进行清理,将基层上的浮浆、灰尘清扫干净并浇水湿润。

(2)施工放线

放出楼层的轴线、墙身控制线和门窗洞的位置线。在框架柱上弹出标高控制线以控制门窗上的标高及窗台高度,施工放线完成,应经过验收合格后,方能进行墙体施工。

(3)墙体埋设拉结钢筋

墙体拉结钢筋有多种留置方式,目前主要采用植筋方式埋设拉结筋,这种方式埋设的拉结筋的位置较为准确,操作简单不伤结构,但应通过抗拔试验。

(4)构造柱钢筋

在填充墙施工前应先将构造柱钢筋绑扎完毕,构造柱竖向钢筋与原结构上预留插筋的搭接绑扎长度应满足设计及规范要求。

(5)立皮数杆、排砖

①在皮数杆上标出砌块的皮数及灰缝厚度,并标出窗、洞及墙梁等构造标高。

②根据要砌筑的墙体长度、高度试排砌块,摆出门、窗及孔洞的位置。

(6)填充墙砌筑

①采用普通砌筑砂浆砌筑填充墙时,烧结空心砖、吸水率较大的轻集料混凝土小型空心砌块应提前1~2 d浇(喷)水湿润。蒸压加气混凝土砌块采用蒸压加气混凝土砌块砌筑砂浆或普通砌筑砂浆砌筑时,应在砌筑当天对砌块砌筑面喷水湿润。块体湿润程度宜符合下列规定:烧结空心砖的相对含水率为60%~70%;吸水率较大的轻集料混凝土小型空心砌块、蒸压加气混凝土砌块的相对含水率为40%~50%。

吸水率较小的轻集料混凝土小型空心砌块及采用薄灰砌筑法施工的蒸压加气混凝土砌块,砌筑前不应对其浇(喷)水湿润;在气候干燥炎热的情况下,对吸水率较小的轻集料混凝土小型空心砌块宜在砌筑前喷水湿润。

②在厨房、卫生间、浴室等处采用轻集料混凝土小型空心砌块、蒸压加气混凝土砌块砌筑墙体时,墙体底部宜现浇混凝土坎台,其高度宜为150 mm。

③填充墙砌筑必须内外搭接、上下错缝、灰缝平直、砂浆饱满。操作过程中要经常进行自检,如有偏差,应随时纠正,严禁事后采用撞砖纠正。

对于蒸压加气混凝土砌块,上下错缝搭接长度不宜小于砌块长度的1/3,且不应小于150 mm;当不能满足时,在水平灰缝中应设置2φ6钢筋或φ4钢筋网片加强,加强筋从砌块搭接的错缝部位起,每侧搭接长度不宜小于700 mm。对于轻集料混凝土小型空心砌块上下错缝搭接长度不应小于90 mm。

④填充墙砌筑时,除构造柱的部位外,墙体的转角处和交接处应同时砌筑,严禁无可靠措施的内外墙分砌施工。对于烧结空心砖砌体,转角及交接处应同时砌筑,不得留直槎,留斜槎时,斜槎高度不宜大于1.2 m;对于轻集料混凝土小型空心砌块砌体,转角和交接处当不能同时砌筑时,应留成斜槎,斜槎水平投影长度不应小于高度的2/3。

⑤填充墙砌体的灰缝厚度和宽度应正确。烧结空心砖、轻集料混凝土小型空心砌块砌体的灰缝应为 8～12 mm；蒸压加气混凝土砌块砌体当采用水泥砂浆、水泥混合砂浆或蒸压加气混凝土砌块砌筑砂浆时，水平灰缝厚度和竖向灰缝宽度不应超过 15 mm；当蒸压加气混凝土砌块砌体采用蒸压加气混凝土砌块黏结砂浆时，水平灰缝厚度和竖向灰缝宽度宜为 3～4 mm。

⑥填充墙砌至梁、板底时，应留一定空隙，待填充墙砌筑完并应至少间隔 14 d 后，再将其补砌挤紧。

⑦木砖预埋：木砖经防腐处理，木纹应与钉子垂直，埋设数量按洞口高度确定：洞口高度≤2 m，每边放 2 块；高度在 2～3 m 时，每边放 3～4 块。预埋木砖的部位一般在洞口上下四皮砖处开始，中间均匀分布或按设计预埋。

⑧设计墙体上有预埋、预留的构造，应随砌随留、随复核，确保位置正确、构造合理。不得在已砌筑好的墙体中打洞；墙体砌筑中，不得搁置脚手架。

⑨凡穿过砌块的水管，应严格防止渗水、漏水。在墙体内敷设暗管时，只能垂直埋设，不得水平开槽，敷设应在墙体砂浆达到强度后进行。混凝土空心砌块预埋管应提前专门做有预埋槽的砌块，不得墙上开槽。

⑩加气混凝土砌块切锯时应用专用工具，不得用斧子或瓦刀任意砍劈，洞口两侧应选用规则、整齐的砌块砌筑。

3.5 砌筑工程的质量及安全技术

3.5.1 砌筑工程的质量要求

(1)砌体施工质量控制等级分为三级，其标准应符合表 3-11 的要求。

表 3-11 砌体施工质量控制等级

项目	施工质量控制等级		
	A	B	C
现场质量管理	监督检查制度健全，并严格执行；施工方有在岗专业技术管理人员，人员齐全，并持证上岗	监督检查制度基本健全，并能执行；施工方有在岗专业技术管理人员，人员齐全，并持证上岗	有监督检查制度；施工方有在岗专业技术管理人员
砂浆、混凝土强度	试块按规定制作，强度满足验收规定，离散性小	试块按规定制作，强度满足验收规定，离散性较小	试块按规定制作，强度满足验收规定，离散性大
砂浆拌和	机械拌和；配合比计量控制严格	机械拌和；配合比计量控制一般	机械或人工拌和；配合比计量控制较差
砌筑工人	中级工以上，其中，高级工不少于30%	高、中级工不少于70%	初级工以上

注：①砂浆、混凝土强度离散性大小根据强度标准差确定。
②配筋砌体不得采用C级施工。

(2)砌体结构工程检验批验收时,其主控项目应全部符合《砌体结构工程施工质量验收规范》(GB 50203—2011)的规定;一般项目应有 80% 及以上的抽检处符合规范的规定;有允许偏差的项目,最大超差值为允许偏差值的 1.5 倍。

(3)砌体结构工程所用的材料应有产品的合格证书、产品性能型式检测报告,质量应符合国家现行有关标准的要求。块体、水泥、钢筋、外加剂尚应有相应主要性能的进场复验报告,并应符合设计要求。严禁使用国家明令淘汰的材料。

(4)砌筑砂浆试块强度验收时,其强度合格标准应符合下列规定:

①同一验收批砂浆试块强度平均值应大于或等于设计强度等级值的 1.10 倍;

②同一验收批砂浆试块抗压强度的最小一组平均值应大于或等于设计强度等级值的 85%。

(5)砌体应灰缝横平竖直、砂浆饱满、厚薄均匀,砌块应上下错缝,内外搭砌,接槎牢固。

(6)砖砌体、小砌块砌体的尺寸、位置的允许偏差及检验方法应符合表 3-12 的规定。

表 3-12 砖砌体、小砌块砌体的尺寸、位置的允许偏差及检验方法

项次	项目			允许偏差(mm)	检验方法	抽检数量
1	轴线位移			10	用经纬仪和尺或用其他测量仪器检查	承重墙、柱全数检查
2	基础、墙、柱顶面标高			±15	用水准仪和尺检查	不应少于 5 处
3	墙面垂直度	每层		5	用 2 m 托线板检查	不应少于 5 处
		全高	≤10 m	10	用经纬仪、吊线和尺或其他测量仪器检查	外墙全部阳角
			>10 m	20		
4	表面平整度	清水墙、柱		5	用 2 m 靠尺和楔形塞尺检查	不应少于 5 处
		混水墙、柱		8		
5	水平灰缝平直度	清水墙		7	拉 5 m 线和尺检查	不应少于 5 处
		混水墙		10		
6	门窗洞口高、宽(后塞口)			±10	用尺检查	不应少于 5 处
7	外墙上、下窗口偏移			20	以底层窗口为准,用经纬仪或吊线检查	不应少于 5 处
8	清水墙游丁走缝			20	以每层第一皮砖为准,用吊线和尺检查	不应少于 5 处

(7)填充墙砌体尺寸、位置的允许偏差及检验方法应符合表 3-13 的规定。

表 3-13 填充墙砌体尺寸、位置的允许偏差及检验方法

项次	项目		允许偏差(mm)	检验方法
1	轴线位移		10	用尺检查
2	垂直度(每层)	≤3 m	5	用 2 m 托线板或吊线、尺检查
		>3 m	10	

续表 3-13

项次	项目	允许偏差(mm)	检验方法
3	表面平整度	8	用 2 m 靠尺和楔形尺检查
4	门窗洞口高、宽(后塞口)	±10	用尺检查
5	外墙上、下窗口偏移	20	用经纬仪或吊线检查

（8）填充墙砌体的砂浆饱满度及检验方法应符合表 3-14 的规定。

表 3-14　填充墙砌体的砂浆饱满度及检验方法

砌体分类	灰缝	饱满度及要求	检验方法
空心砖砌体	水平	≥80%	采用百格网检查块体底面或侧面砂浆的黏结痕迹面积
	垂直	填满砂浆,不得有透明缝、瞎缝、假缝	
蒸压加气混凝土砌块、轻集料混凝土小型空心砌块砌体	水平	≥80%	
	垂直	≥80%	

3.5.2　砌筑工程的安全与防护措施

（1）在砌筑操作之前,必须检查施工现场各项准备工作是否符合安全要求,如道路是否畅通,机具是否完好牢固,安全设施和防护用品是否齐全,经检查符合要求后方可施工。

（2）砌墙的高度超过地坪1.2 m以上时,应搭设脚手架。在一层以上或高度超过 4 m 时,采用里脚手架必须支搭安全网;采用外脚手架应设护身栏杆和挡脚板后方可砌筑。脚手架上堆料量不得超过规定荷载,堆砖高度不得超过 3 皮侧砖,同一块脚手板上的操作人员不应超过 2 人。

（3）不准站在墙顶上进行画线、刮缝及清扫墙面或检查大角垂直等工作。不准用不稳固的工具或物体在脚手板面垫高操作,更不准在未经过加固的情况下,在一层脚手架上随意再叠加一层。

（4）砍砖时应面向墙面,防止碎砖跳出伤人。工作完毕应将脚手板和砖墙上的碎砖、灰浆等清扫干净,防止掉落伤人。

（5）雨天或每天下班时,要做好防雨措施,以防雨水冲走砂浆,致使砌体倒塌。冬期施工时,脚手板上如有冰霜、积雪,应先清除后才能上架子进行操作。

（6）在同一垂直面内上下交叉作业时,必须设置安全隔板,下方操作人员必须佩戴安全帽。

（7）不准勉强在超过胸部以上的墙体上进行砌筑,以免将墙体碰撞倒塌或上料时失手掉下砖头等造成安全事故。

（8）已经就位的砌块,必须立即进行竖缝灌浆;对稳定性较差的窗间墙、独立柱和挑出墙面较多的部位,应加临时稳定支撑,以保证其稳定性。

（9）对有部分破裂和脱落危险的砌块,严禁起吊;起吊砌块时,严禁将砌块停留在操作人员的上空或在空中整修;砌块吊装时,不得在下一层楼面上进行其他任何工作;卸下砌块时应避免冲击,砌块堆放应尽量靠近楼板两端,不得超过楼板的承重能力;砌块吊装就位时,应待砌块放稳后,方可松开夹具。

（10）凡脚手架、井架、门架搭设好后,须经专人验收合格后方准使用。

习 题

1. 单项选择题

(1)砖墙水平灰缝的砂浆饱满度至少达到( )以上。

A. 90% B. 80% C. 75% D. 70%

(2)砌砖墙留斜槎时,斜槎长度不应小于高度的( )。

A. 1/2 B. 1/3 C. 2/3 D. 1/4

(3)砖砌体留直槎时应加设拉结筋,拉结筋沿墙高每( )mm 设一层。

A. 300 B. 500 C. 700 D. 1000

(4)砌砖墙留直槎时,必须留成阳槎并加设拉结筋,拉结筋沿墙高每 500 mm 留一层,每层按( )mm 墙厚留一根,但每层最少为 2 根。

A. 370 B. 240 C. 120 D. 60

(5)砌砖墙留直槎时需加拉结筋,对抗震设防烈度为 6 度、7 度地区,拉结筋每边埋入墙内的长度不应小于( )mm。

A. 50 B. 500 C. 700 D. 1000

(6)砖墙的水平灰缝厚度和竖缝宽度,一般应为( )mm 左右。

A. 3 B. 7 C. 10 D. 15

(7)隔墙或填充墙的顶面与上层结构的交接处,宜用( )。

A. 砖斜砌顶紧 B. 砂浆塞紧 C. 埋筋拉结 D. 现浇混凝土连接

(8)某住宅楼层高为 3.0 m,在雨天施工时,最短允许( )d 砌完一层。

A. 1 B. 2.5 C. 3 D. 5

(9)每层承重墙的最上一皮砖,在梁或梁垫的下面,应用( )砌筑。

A. 一顺一丁 B. 丁砖 C. 三顺一丁 D. 顺砖

(10)为了避免砌体施工时可能出现的高度偏差,最有效的措施是( )。

A. 准确绘制和正确竖立皮数杆 B. 挂线砌筑

C. 采用"三一"砌法 D. 提高砂浆和易性

2. 填空题

(1)脚手架的种类很多,按其搭设位置分为_____和_____两大类。

(2)扣件式钢管脚手架是由_____、_____、脚手板、安全网、底座等组成。

(3)扣件用于钢管之间的连接,有_____、旋转扣件、直角扣件三种基本形式。

(4)里脚手架的类型很多,按照其构造形式可以分为_____、_____、门架式、马凳式等多种。

(5)目前砌筑工程中常用的垂直运输设施有_____、井架、_____、_____、灰浆泵等。

(6)砖按照孔洞的多少,可以分为_____、_____、_____。

(7)砌块按照尺寸的大小,可以分为_____、_____、_____。

(8)砂浆按照制作方式的不同,可以分为_____和_____。

3. 简答题

(1)简述扣件式钢管脚手架的搭设工艺。

(2)简述塔式起重机的分类和特点。

(3)简述垂直运输设施的设置要求。

(4)简述普通砖砌体的施工工艺。

(5)简述小型砌块砌体的施工工艺。

(6)简述填充墙砌体的施工工艺。

 **4** 钢筋混凝土工程

4.1 模板工程

模板工程是钢筋混凝土工程的重要组成部分,模板工程占钢筋混凝土工程总价的 20%～30%,占劳动量的 30%～40%,占工期的 50% 左右,决定着施工方法和施工机械的选择,直接影响工期和造价。

模板工程的施工包括模板的选材、选型、设计、制作、安装、拆除和周转等过程。

4.1.1 模板的组成、作用和基本要求

(1)模板的组成

模板系统包括模板、紧固件和支架三个部分。模板又称为模型板,是使新拌混凝土在浇筑过程中保持设计要求的位置尺寸和几何形状,使之硬化成为钢筋混凝土结构或构件的模型;紧固件是连接模板和固定模板的零配件,包括卡销、螺栓、扣件、卡具、拉杆等;支架是指支承模板及承受作用在模板上的荷载的结构,如支柱、桁架等。模板及其支架应根据工程结构形式、荷载大小、地基土类别、施工设备和材料供应等条件进行设计。

(2)模板的作用

在钢筋混凝土工程中,模板是保证混凝土在浇筑过程中保持正确的形状和尺寸,以及混凝土在硬化过程中进行防护和养护的工具。模板就是使钢筋混凝土结构或构件成型的模具。

(3)模板的基本要求

模板结构是施工时的临时结构物,它对钢筋混凝土工程的施工质量和工程成本有着重要的影响,所以模板应符合下列要求:

①保证工程结构和构件各部分形状、尺寸和相互位置的正确性;

②具有足够的强度、刚度和稳定性,能可靠地承受新浇筑混凝土的自重、侧压力以及施工过程中所产生的荷载;

③构造简单,装拆方便,能多次周转,便于满足钢筋的绑扎与安装、混凝土的浇筑与养护等工艺要求;

④接缝严密,不得漏浆;

⑤所用材料受潮后不易变形;

⑥就地取材,用料经济,降低成本。

4.1.2 模板的种类

(1)模板按其所用的材料不同可分为木模板、钢模板、钢木模板、钢竹模板、胶合板模板、塑

料模板、铝合金模板、玻璃钢模板等。

(2)模板按其结构构件的类型不同可分为基础模板、柱模板、梁模板、楼板模板、墙模板、壳模板和烟囱模板等。

(3)模板按其形式不同可分为整体式模板、定型模板、工具式模板、滑升模板、胎模等。

(4)模板按其施工方法不同可分为现场装拆式模板、固定式模板和移动式模板。

模板结构随着建筑新结构、新技术、新工艺的不断出现而发展,发展方向如下:构造上向定型发展;材料上向多种形式发展;功能上向多功能发展。近年来,结构施工体系中采用了大模板和滑模两种现浇工业化体系的新型模板,有力地推动了高层建筑的发展。

4.1.3 模板的构造与安装

4.1.3.1 木模板

现阶段木模板主要用于异型构件。木模板选用的木材品种,应根据它的构造及工程所在地区来确定,多数采用红松、白松、杉木。

木模板的主要优点是制作拼装随意,尤其适用于浇筑外形复杂、数量不多的混凝土结构或构件。另外,因木材导热系数低,混凝土冬期施工时,木模板具有保温作用,但由于木材消耗量大,重复利用率低,本着绿色施工的原则,我国从 20 世纪 70 年代开始"以钢代木",减少资源浪费。目前,木模板在现浇钢筋混凝土结构施工中的使用率已经大大降低,逐步被胶合板、钢模板代替,在此仅做简单介绍。

木模板及其支架系统一般在加工厂或现场木工棚制成基本元件(拼板),然后在现场拼装而成。木模板的基本元件——拼板(图 4-1),由板条和拼条组成。板条厚度一般为 25～50 mm,宽度不宜大于 200 mm,以保证干缩时缝隙均匀,浇水后板缝严密而又不翘曲;拼条间距应根据施工荷载的大小以及板条厚度而定,一般取 400～500 mm。

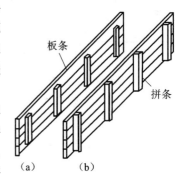

图 4-1 拼板的构造
(a)拼条平放;(b)拼条立放

4.1.3.2 胶合板

胶合板,是一种人造板,有木胶合板和竹胶合板两种。胶合板能提高木材利用率,是节约木材的一个主要途径。

胶合板用作混凝土模板具有以下优点:

①板幅大,自重轻,板面平整。既可减少安装工作量,节省现场人工费用,又可减少混凝土外露表面的装饰及磨去接缝的费用。

②承载能力大,特别是经表面处理后耐磨性好,能多次重复使用。

③材质轻,厚 18 mm 的木胶合板,单位面积质量为 50 kg,模板的运输、堆放、使用和管理等都较为方便。

④保温性能好,能防止温度变化过快,冬期施工有助于混凝土的保温。

⑤锯截方便,易加工成各种形状的模板。

⑥便于按工程的需要弯曲成型,用作曲面模板。

我国于 1981 年,在南京金陵饭店高层现浇平板结构施工中首次采用胶合板模板,胶合板模板的优越性第一次被认识。目前在全国各大中城市的高层现浇混凝土结构施工中,已经广泛使用胶合板模板。

工程中常用的胶合板有未经表面处理的胶合板(简称素板)、经树脂饰面处理的胶合板(简称涂胶板)和经浸渍胶膜纸饰面处理的胶合板(简称覆膜板)三种类型,根据《混凝土模板用胶合板》(GB/T 17656—2018)的规定,其规格尺寸见表4-1。

表 4-1　胶合板规格尺寸

幅面尺寸(mm)				厚度范围 t(mm)
模数制		非模数制		
宽度	长度	宽度	长度	
—	—	915	1830	12≤t<15 15≤t<18 18≤t<21 21≤t<24
900	1800	1220	1880	
1000	2000	915	2135	
1200	2400	1220	2440	
—	—	1250	2500	

注:其他规格尺寸由供需双方协议。

(1)基础模板的安装

①阶梯形基础模板

阶梯形基础模板(图 4-2)由四块侧板拼钉而成,其中两块侧板的尺寸与相应的台阶侧面尺寸相等,另外两块侧板的长度应比相应的台阶侧面长度大 150~200 mm,高度与其相等。

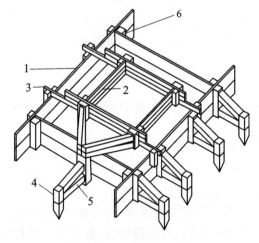

图 4-2　阶梯形基础模板

1—第一阶侧板;2—第二阶侧板;3—轿杠木;4—木桩;5—撑木;6—木档

安装顺序:放线→安底阶模板→安底阶支撑→安上阶模板→安上阶围箍和支撑→搭设模板吊架→检查、校正→验收。

根据图纸尺寸制作每一阶模板,支模顺序为由下至上、逐层向上,先安装底阶模板,用斜撑和水平撑钉稳撑牢;核对模板上的墨线位置及标高,配合绑扎钢筋及混凝土(或砂浆)垫块,再进行上一阶模板安装,重新核对各部位的墨线位置和标高,并把斜撑、水平支撑以及拉杆加以钉紧、撑牢,最后检查斜撑及拉杆是否稳固,校核基础模板几何尺寸、标高及轴线位置。安装时要保证上、下模板不发生相对位移。

②杯形基础模板

杯形基础模板(图 4-3)与阶梯形基础模板基本相似,在模板的顶部中间装杯芯模板。

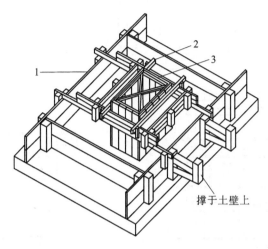

撑于土壁上

图 4-3　杯形基础模板

1—底阶模板;2—轿杠木;3—杯芯模板

安装顺序:放线→安底阶模板→安底阶支撑→安上阶模板→安上阶围箍和支撑→搭设模板吊架→(安杯芯模板)→检查、校正→验收。

杯芯模板分为整体式(图 4-4)和装配式(图 4-5),尺寸较小者一般采用整体式。

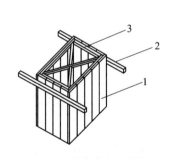

图 4-4　整体式杯芯模板

1—杯芯侧板;2—轿杠木;3—木档

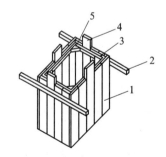

图 4-5　装配式杯芯模板

1—杯芯侧板;2—轿杠木;3—木档;4—抽芯板;5—三角板

③条形基础模板

根据土质分为两种情况:土质较好时,下半段利用原土削铲平整不支设模板,仅上半段采用吊模;土质较差时,其上、下两段均支设模板。侧板和端头板制成后,应先在基础底弹出基础边线和中心线,再把侧板和端头板对准边线和中心线,用水平尺校正侧板顶面水平,经检测无误差后,用斜撑、水平撑及拉撑钉牢。最后校核基础模板几何尺寸及轴线位置。

④基础模板安装的施工要点

A.安装模板前先复查基础垫层标高及中心线位置,弹出基础边线。基础模板板面标高应符合设计要求。

B.基础下段土质良好,可直接利用作为土模时,开挖基坑和基槽尺寸必须准确。

C.采用木板拼装的杯芯模板,应采用竖向直板拼钉,不宜采用横板,以免拔出困难。

D.脚手板不能搭设在基础模板上。

(2)柱模板的安装

柱模板(图 4-6)一般由两块相对的内拼板、两块相对的外拼板、竖楞和柱箍组成。拼板上端应根据实际情况开有与梁模板连接的缺口,底部开有清理孔,沿高度每隔 2 m 开有浇筑孔。

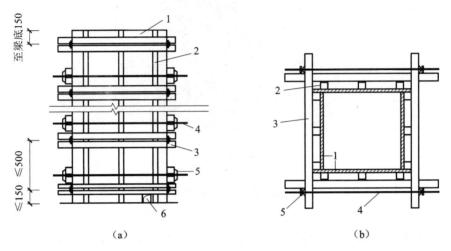

图 4-6 方形柱模板

(a)立面图;(b)剖面图

1—18 mm 厚胶合板;2—次楞木;3—主楞木(柱箍);4—M12 对拉螺杆;5—对拉螺栓;6—清扫口

安装过程及要求:

①弹线定位:先将基础顶面或楼面清理干净,并弹出柱子的轴线及边线,同一柱列则先弹出两端柱,再拉通线弹中间柱的轴线和边线。

②安装压脚板:根据柱子边线的位置,在柱子底部安装压脚板,压脚板的安装位置应按照柱边线向外延伸模板厚度确定(图 4-7)。压脚板一般为 50 mm 宽、板边切直的 18 mm 厚胶合板,用水泥钉间隔 200 mm 将其固定在楼板面上,压脚板之间不得重叠。

③安装柱侧模:根据柱子边线及压脚板的位置,安装柱侧模,并用铁丝临时固定,也可事先组装好,用塔吊直接吊装。柱模中竖楞木的断面尺寸、间距应在模板设计中计算确定。

④安装柱箍:柱箍可用角钢、钢管等制成,柱箍的间距应根据柱模的尺寸、侧压力的大小在模板设计中计算确定,一般情况下,下部的间距应小些,往上可逐渐增大间距。当柱截面尺寸较大时,应考虑在柱模内设置对拉螺栓。

⑤安装柱模的拉杆或斜撑,调整柱模垂直度:柱模每边设 2 根拉杆,固定于事先预埋在楼板内的钢筋环上,用经纬仪控制,用花篮螺栓调节校正模板垂直度,拉杆与地面夹角宜为 45°。

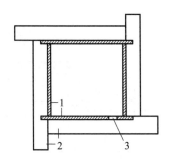

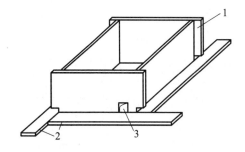

图 4-7　柱压脚板示意图

1—18 mm 厚胶合板；2—底部压脚板；3—清扫口

⑥检查验收：将柱模内清理干净，封闭清扫口，进行柱模板检查、验收，并形成相关验收资料。

（3）墙体模板的安装

墙体模板（图 4-8）常规的支模方法是：胶合板面板外侧的次楞木（又称立档）用 50 mm×100 mm 方木，主楞木（又称横档、牵杠）可用 $\phi48×3.5$ 脚手钢管或方木（一般为边长 100 mm 方木），两侧胶合板模板用穿墙螺栓拉结。

墙体钢筋绑扎完毕并经过验收后，进行墙模板安装时，根据边线先立一侧模板，临时用支撑撑住，用线垂校正模板的垂直度，然后固定牵杠，再用斜撑固定。大块侧模组拼时，上下竖向拼缝要互相错开，先立两端，后立中间部分，然后再按照同样的方法安装另外一侧模板及斜撑等。

为了保证墙体的厚度正确，在两侧模板之间可用小方木撑头（小方木长度等于墙厚），小方木要随着浇筑混凝土逐个取出。为了防止浇筑混凝土时墙身鼓胀，可用直径 12～16 mm 螺栓拉结两侧模板，间距不大于 1 m。螺栓要纵横排列，并可增加穿墙螺栓套管，

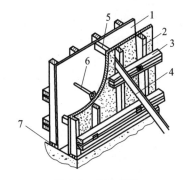

图 4-8　墙体模板

1—胶合板；2—次楞木（立档）；3—主楞木（横档）；
4—斜撑；5—撑头；6—穿墙螺栓；7—压脚板

以便在混凝土凝结后取出。如墙体不高，厚度不大，亦可在两侧模板上口钉上搭头木。

（4）梁模板的安装

梁的特点是跨度大而宽度不大，梁底一般是架空的，其模板主要由底模、侧模及支架系统组成，如图 4-9 所示。

梁模板施工过程：

①在楼面或柱子上弹出梁的轴线和边线，同时在柱子上弹出水平线，以控制层高和梁的位置。

②搭设梁模板底部的支架。支架所用的材料、规格以及搭设方案必须经模板设计计算确定并符合相关规范要求。

③安装梁的底模板。对跨度不小于 4 m 的梁，其梁底模板需要起拱，起拱的高度宜为梁跨度的 1/1000～3/1000。梁的底模板经验收合格后，用钢管扣件固定好。

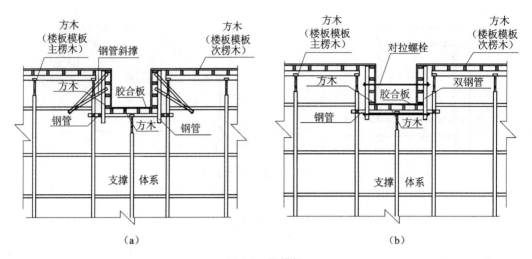

图 4-9　梁模板

(a)梁净高＜600 mm;(b)梁净高≥600 mm

④安装梁的侧模板。梁的钢筋绑扎好后,清除杂物,开始安装梁侧模板并初步固定。梁侧模板上口要拉线找直,用梁内支撑固定。

⑤安装完成后,进一步校正梁底模位置、侧模垂直度和梁截面尺寸并加以固定。

(5)楼板模板的安装

楼板的特点是面积大而厚度比较薄,侧向压力小。楼板模板及其支架系统,主要承受钢筋、混凝土的自重及其施工荷载,要具有可靠的强度、刚度和稳定性,楼板模板如图 4-10 所示。

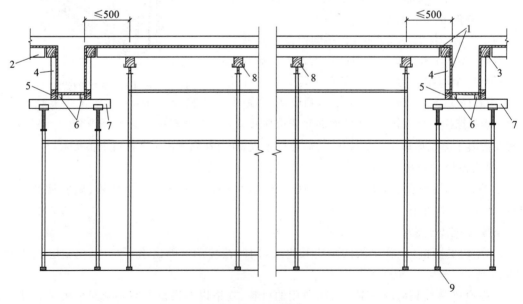

图 4-10　楼板模板

1—18 mm 厚胶合板;2—板次楞木(次龙骨);3—顶部封口托木;4—木档;5—通长夹木;

6—梁次龙骨;7—梁主龙骨;8—板主楞木(主龙骨);9—立杆底部垫块

楼板模板施工过程：

①先在梁模板的两侧板外侧弹水平线，水平线的标高为楼板底标高减去楼板模板厚度及楼板次龙骨高度。此水平线作为铺设楼面模板的依据，便于控制顶板模板的标高。

②支设楼板模板的支架。支架所用的材料、规格以及搭设方案必须经模板设计计算确定并符合相关规范要求。

③按照水平控制线调整柱头 U 形托的支撑高度，安放主龙骨、次龙骨。主、次龙骨的间距按不同板厚由计算决定，主龙骨沿房间短向铺设，次龙骨沿房间长向铺设，接头相互错开。楼板支模的房间跨度不小于 4 m 时，楼板的模板应按要求起拱，起拱高度宜为板跨度的 1/1000～3/1000。起拱方法为主龙骨调平，主次龙骨之间用小木片垫高。

④在次龙骨上铺钉胶合板。板拼接时，拼缝必须在次龙骨上，板与板之间应事先在板端次楞上粘贴海绵条，以防止接缝处漏浆。

⑤楼板模板铺好后应进行模板顶面标高、平整度的检查验收，并将梁内及板面清扫干净。

(6)胶合板模板的配制方法和要求

①胶合板模板的配制方法

A. 按设计图纸尺寸直接配制模板

形体简单的结构构件，可根据结构施工图纸直接按尺寸列出模板规格和数量进行配制。模板厚度、横档及楞木的断面和间距，以及支撑系统的配置，都可按支撑要求通过计算选用。

B. 采用放大样方法配制模板

形体复杂的结构构件，如楼梯、圆形水池等，可在平整的地坪上，按结构图的尺寸画出结构构件的实样，量出各部分模板的准确尺寸或套制样板，同时确定模板及其安装的节点构造，进行模板的制作。

C. 用计算方法配制模板

形体复杂的结构构件不易采用放大样方法，但有一定几何形体规律的构件，可用计算方法结合放大样的方法，进行模板的配制。

D. 采用结构表面展开法配制模板

一些形体复杂且又由各种不同形体组成的复杂体型结构构件，如设备基础，其模板的配制，可采用先画出模板平面图和展开图，再进行配模设计和模板制作。

②胶合板模板的配制要求

A. 应整张直接使用，尽量减少随意锯截，造成胶合板浪费。

B. 木胶合板常用厚度一般为 12 mm 或 18 mm，竹胶合板常用厚度一般为 12 mm，内、外楞的间距，可随胶合板的厚度，通过设计计算进行调整。

C. 支撑系统可以选用扣件式钢管脚手架，也可以采用碗扣式钢管脚手架，严禁钢木混撑。采用扣件式钢管脚手架时，顶部支撑必须采用可调托座进行受力，不得采用扣件受力；采用碗扣式钢管脚手架时，板支撑立杆应全部连接成整体，遇梁不得断开。扣件式钢管脚手架及碗扣式钢管脚手架搭设应符合《建筑施工模板安全技术规范》(JGJ 162—2008)、《建筑施工碗扣式钢管脚手架安全技术规范》(JGJ 166—2016)、《建筑施工扣件式钢管脚手架安全技术规范》(JGJ 130—2011)中相关规定要求。

D.柱、墙等竖向模板及梁底模板宜采用方钢管作为楞木,不得使用胶合板材、原木以及腐朽、不成规格、脆性、严重扭曲和受潮容易变形的木材作为楞木。柱、梁构件不得使用角钢包角代替次楞。同种材料的主楞木规格不应小于次楞木。

E.钉子长度应为胶合板厚度的 1.5~2.5 倍,每块胶合板与木楞相叠处至少钉 2 个钉子。第二块板的钉子要朝第一块模板方向斜钉,使拼缝严密,不得将铁钉固定于胶合板侧面,当采用方钢管作为楞木时应采用钢钉进行固定。

F.配制好的模板应在反面编号并写明规格,分别堆放保管,以免错用。

G.对于二次使用的模板应做好保护措施,避免搬运过程中受损,使用之前应涂刷水溶性脱模剂。

(7)胶合板模板的安装要求

①柱、墙模板安装施工应符合下列要求:

A.柱模竖向次楞布置应贯穿整根柱长,在梁柱交接处,当梁净高≥600 mm 时,柱头位置应加设对拉螺栓。方柱四角竖向次楞木应对称对顶。

B.柱模第一道箍离柱底不应大于 150 mm,最下两箍间距不应大于 500 mm。当需设置穿柱对拉螺栓时,对拉螺栓沿柱高度方向的布置应与柱箍等距等量。

C.柱、墙临空面的模板面板与次楞应从楼面起向下延伸 200 mm,并在内模与楼面梁侧用 2 mm 厚双面胶带封贴。非临边柱、墙根部应采用水泥砂浆进行塞缝。

D.墙模第一道主楞离墙底不应大于 150 mm,墙边第一行对拉螺栓与第二行螺栓间距不宜大于 500 mm。墙模主次楞、对拉螺栓间距应满足设计计算要求。地下结构外墙及其他有防水要求的墙体,应采用止水型对拉螺栓。

E.穿墙对拉螺栓直径不应小于 12 mm,止水螺杆应有相应的合格证。

②梁模板安装施工应符合下列要求:

A.梁侧模上口应设置纵向通长托木,下口应设置纵向通长夹木且不得兼做梁底模主、次楞,托木与夹木间应设置竖向立档,其间距不应大于 800 mm。梁面板的对接处应紧密。

B.高度大于 400 mm 的梁,梁底模应设有主、次楞,不得随意取消次楞木而用纵向主楞木代替。

C.梁净高≥600 mm 时,应设置穿梁对拉螺栓,对拉螺栓固定时应用两根并列通长的枋木或双肢 $\phi48×3.5$ 钢管作支托,不得直接固定在梁侧面板上。

③楼板、楼梯板模板施工构造应符合下列要求:

A.楼板底模应设有主、次楞,次楞木应采用 100 mm×100 mm、50 mm×100 mm 枋木或 50 mm×50 mm、壁厚 3.5 mm 的方钢管,主楞木应采用 100 mm×100 mm 枋木,其间距应符合设计计算要求。

B.除跨度不大于 1200 mm 的楼板外,楼板模板竖向支撑应独立。

C.楼板与墙等构件交接处应设置通长封口托木。

D.与楼梯踏步相连的墙体模板,应在踏步槽口上方增设一道斜楞木,并用穿墙对拉螺栓固定。

E.踏步板接缝处需设置后插板。

④梁、板模板竖向支撑施工构造应符合下列要求:

A.梁模板支架立杆横向布置应对称,其数量、间距应符合设计计算要求,且数量不得少于2根。

B.梁、板模板支架的扫地杆距楼地面的高度,扣件式钢管脚手架应不大于 200 mm,碗扣式钢管脚手架应不大于 350 mm。立杆上端包括顶托可调螺杆在内,伸出顶层水平杆长度大于相关规范的规定时,应增设水平杆。

C.整体楼板的梁、板模板支架立杆在水平方向应相互拉结。支撑高度大于 3.5 m 的架体应按满堂架的要求设置竖向和水平剪刀撑。

D.支架立杆严禁出现单根钢管支撑,立杆底部需设置垫块,垫块可采用方木、槽钢、钢板底托。

4.1.3.3 砖胎模

砖胎模是指用砖(一般是标准砖)砌筑一定厚度的墙体来作为地下混凝土构件(如基础梁、承台等)的侧模板,待墙体具有一定的强度后在墙体内侧进行混凝土的浇筑工作。砖胎模作为一种永久性模板,混凝土施工完毕后,无须拆除,因其施工速度快,造价低廉,目前在工程中得到了广泛的应用。

砖胎模施工的要点:

(1)混凝土构件的垫层应比砖胎模外边线宽出 100 mm。

(2)确定砖胎模砌筑边线时应根据设计图纸的要求在混凝土构件边线外预留足够的抹灰、防水层、混凝土保护层厚度,以确保混凝土构件尺寸准确。

(3)砖胎模的内侧及顶面应采用 1∶2 或 1∶2.5 水泥砂浆抹灰,抹灰厚度不宜小于15 mm,表面应压光。

(4)砖胎模的宽度应根据砌筑高度合理选择;砖胎模较长时,宜间隔 3～4 m 设置一个砖柱,砖柱规格应根据砌筑宽度确定,砖垛位于填土一侧。

(5)砖胎模的砌筑应符合《砌体结构工程施工规范》(GB 50924—2014)、《砌体结构工程施工质量验收规范》(GB 50203—2011)等现行相关规范的规定。

4.1.3.4 通用组合式模板

通用组合式模板,是按模数制设计,工厂成型,有完整的、配套使用的通用配件,具有通用性强、装拆方便、周转次数多等特点,包括组合钢模板、钢框竹(木)胶合板模板、塑料模板、铝合金模板等。在现浇钢筋混凝土结构施工中,用它能事先按设计要求组拼成梁、柱、墙、楼板的大型模板,再整体吊装就位,也可采用散装、散拆方法。

本节以 55 型组合钢模板为例进行介绍。

(1)组合钢模板的组成

组合钢模板主要由钢模板、连接件和支撑件三大部分组成。

①钢模板包括平板模板、阴角模板、阳角模板、连接角模等通用模板及倒棱模板、梁腋模板、柔性模板、搭接模板、可调模板、嵌补模板等专用模板,各种钢模板的材料、规格见表 4-2。

②连接件包括 U 形卡、L 形插销、对拉螺栓、钩头螺栓、紧固螺栓、扣件,其材料、规格见表4-3。

③支撑件包括钢管支架、门式支架、碗扣式支架、盘销(扣)式脚手架、钢支柱、四管支柱、斜撑、调节托、钢楞、方木等,其规格见表 4-4。

表 4-2 钢模板材料、规格（mm）

名称		宽度	长度	肋高	材料	备注
平面模板		1200、1050、900、750、600、550、500、450、400、350、300、250、200、150、100	2100、1800、1500、1200、900、750、600、450	55	Q235 钢板 $\delta=2.55$ $\delta=2.75$ $\delta=3.00$	通用模板
阴角模板		150×150、100×150	1800、1500、1200、900、750、600、450			
阳角模板		100×100、50×50				
连接角模		50×50	1500、1200、900、750、600、450			
倒棱模板	角棱模板	17、45	1800、1500、1200、900、750、600、450			专用模板
	圆棱模板	R20、R35				
梁腋模板		50×150、50×100				
柔性模板		100	1500、1200、900、750、600、450			
搭接模板		75				
双曲可调模板		300、200	1500、900、600			
变角可调模板		200、160				
嵌补模板	平面嵌板	200、150、100	300、200、150			
	阴角嵌板	150×150、100×150				
	阳角嵌板	100×100、50×50				
	连接角模	50×50				

表 4-3 连接件材料、规格

名称		钢材品种	规 格
U 形卡		Q235 圆钢	$\phi12$ mm
L 形插销			$\phi12$ mm、$l=345$ mm
钩头螺栓			$\phi12$ mm、$l=205$ mm、180 mm
紧固螺栓			$\phi12$ mm、$l=55$ mm
对拉螺栓			M12、M14、M16、T12、T14、T16、T18、T20
边肋连接销			$\phi12$ mm
扣件	"3"形扣件	Q235 钢板 $\delta=2.50$ mm	26 型、12 型
	碟形扣件	$\delta=3.00$ mm $\delta=4.00$ mm	26 型、18 型

表 4-4　支撑件规格

名称		规格（mm）	钢材品种
钢楞	圆钢管型	$\phi48\times3.50$	Q235 钢管
	矩形钢管型	$80\times40\times3.00$、$100\times50\times3.00$	
	轻型槽钢型	$80\times40\times3.00$、$100\times50\times3.00$	Q235 钢板
	内卷边槽钢型	$80\times40\times15\times3.00$、$100\times50\times20\times3.00$	
	轧制槽钢型	$80\times43\times5.00$	Q235 槽钢
柱箍	角钢型	$75\times50\times5.00$	Q235 角钢
	槽钢型	$80\times43\times5.00$、$100\times48\times5.30$	Q235 槽钢
	圆钢管型	$\phi48\times3.50$	Q235 钢管
钢支柱	C-18 型	$l=1812\sim3112$、$\phi48\times2.50$、$\phi60\times2.50$	Q235 钢管
	C-22 型	$l=2212\sim3512$、$\phi48\times2.50$、$\phi60\times2.50$	
	C-27 型	$l=2712\sim4012$、$\phi48\times2.50$、$\phi60\times2.50$	
扣件式支架		$\phi48\times3.50$、$l=2000\sim6000$	Q235 钢管
门式支架		$\phi48\times3.50$、$\phi42\times2.50$、$\phi48\times2.70$、$\phi42\times2.00$	Q235 钢管、Q345 钢管
碗扣式支架、插接式支架、盘销式支架		$\phi48\times3.50$、$\phi48\times2.70$	Q235 钢管、Q345 钢管

（2）组合钢模板的特点及用途

①钢模板的用途

A.平面模板可用于基础、墙体、梁、柱和板等各种结构的平面部位。它由面板、边框、纵横肋组成，为了便于连接，边框上有连接孔，边框的长向及短向的孔距均一致，以便横竖都能连接，如图 4-11 所示。

B.阴角模板可用于墙体和各种构件的内角及凹角的转角部位，如图 4-12 所示。

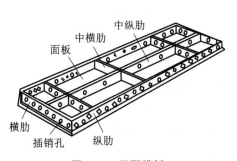

图 4-11　平面模板

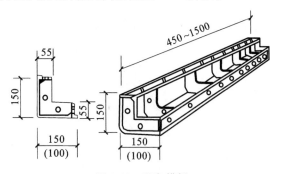

图 4-12　阴角模板

C.阳角模板可用于柱、梁及墙体等外角及凸角的转角部位,如图 4-13 所示。

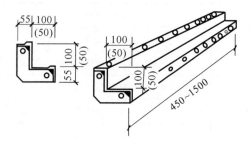

图 4-13 阳角模板

D.连接角模可用于柱、梁及墙体等外角及凸角的转角部位,如图 4-14 所示。

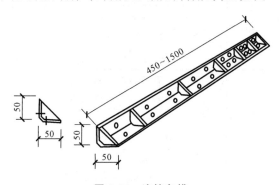

图 4-14 连接角模

E.倒棱模板可用于柱、梁及墙体等阳角的倒棱部位。倒棱模板有角棱模板和圆棱模板。

F.梁腋模板可用于暗渠、明渠、沉箱及高架结构等梁腋部位。

G.柔性模板可用于圆形筒壁、曲面墙体等结构部位。

H.搭接模板可用于调节 50 mm 以内的拼装模板尺寸。

I. 双曲可调模板可用于构筑物曲面部位。

J. 变角可调模板可用于展开面为扇形或梯形的构筑物的结构部位。

K.嵌补模板可用于梁、板、墙、柱等结构的接头部位。

②连接件的用途

A.U 形卡可用于钢模板纵横向自由拼接,是将相邻钢模板夹紧固定的主要连接件,如图 4-15 所示。

B.L 形插销可增强钢模板纵向拼接刚度,保证接缝处板面平整,如图 4-16 所示。

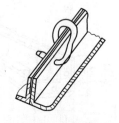

图 4-15 U 形卡连接

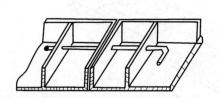

图 4-16 L 形插销连接

C.钩头螺栓可用于钢模板与内、外钢楞之间的连接固定,如图 4-17 所示。

D.紧固螺栓可用于紧固内、外钢楞,增强拼接模板的整体刚度,如图 4-18 所示。

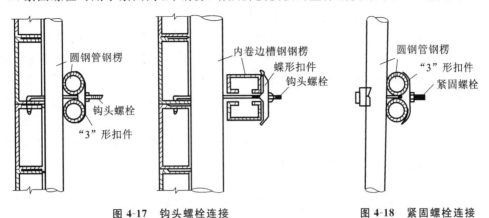

图 4-17 钩头螺栓连接   图 4-18 紧固螺栓连接

E.对拉螺栓可用于拉结两竖向侧模板,保证两侧模板的间距,承受混凝土侧压力和其他荷载,确保模板有足够的刚度和强度,如图 4-19 所示。

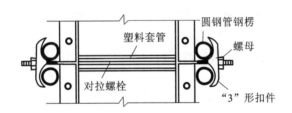

图 4-19 对拉螺栓连接

F.边肋连接销可用于将相邻钢模板夹紧固定。

G.扣件可用于钢楞与钢模板或钢楞之间的紧固连接,应与其他配件一起将钢模板拼装连接成整体,扣件应与相应的钢楞配套使用;可按钢楞的不同形状分别采用碟形扣件和“3”形扣件,扣件的刚度应与配套螺栓的强度相适应。

③支撑件的用途

A.钢管脚手架

钢管脚手架主要用于层高较大的梁、板等水平构件模板的垂直支撑。目前常用的有扣件式钢管脚手架、碗扣式钢管脚手架、盘销(扣)式钢管脚手架等。

(a)扣件式钢管脚手架。一般采用外径 48 mm、壁厚 3.5 mm 的焊接钢管,长度有 2.0 m、3.0 m、4.0 m、5.0 m、6.0 m 几种,另外配有短钢管,供接长调距使用。

(b)碗扣式钢管脚手架。它是一种常规的承插式钢管脚手架,节点主要由上碗扣、下碗扣、横杆插头、限位销构成,立杆连接方式一般有外套管式和内接式。立杆型号主要为 LG-300、LG-240、LG-180、LG-120。

B.门式脚手架

(a)基本结构和主要部件:门式脚手架由门式框架、交叉支撑(即斜拉杆)和水平架或脚手板构成基本单元。将基本单元相互连接,并增加梯子、栏杆等部件构成整片脚手架,并可通过上架(即接高门架)达到调整门式架高度、适应施工需要的目的。

(b)底座和托座:底座有可调底座、简易底座和带脚轮底座三种。可调底座的可调高度范围为 200~550 mm,它主要用于支模架以适应不同支模高度的需要;简易底座只起支撑作用,无调高功能,使用时要求地面平整;带脚轮底座多用于操作平台,以满足移动的需要。

托座有平板和 L 形两种,置于门架竖杆的上端,带有丝杠以调节高度,主要用于支模架。

(c)其他部件:包括脚手板、梯子、扣墙器、栏杆、连接棒、锁臂和脚手板托架等。其中脚手板一般为钢脚手板,其两端带有挂扣,置于门架的横梁上并扣紧,脚手板也是加强门式架水平刚度的主要构件。

(d)门式架之间的连接构造:门式架连接不采用螺栓结构,而是用方便、可靠的自锚结构。主要形式包括制动片式、滑片式、弹片式和偏重片式。

C. 钢支柱

用于大梁、楼板等水平模板的垂直支撑,采用 Q235 钢管制作,如图 4-20 所示。单管支柱分 C-18 型、C-22 型和 C-27 型三种,其规格(长度)分别为 1812~3112 mm、2212~3512 mm 和 2712~4012 mm。

D. 斜撑

用于承受墙、柱等侧模板的侧向荷载和调整竖向支模的垂直度。

E. 调节托、早拆柱头

用于梁和楼板模板的支撑顶托,如图 4-21 所示。

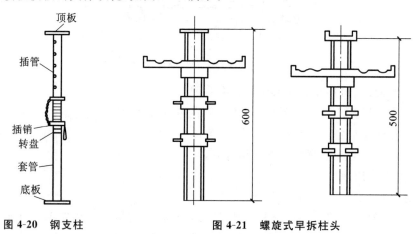

图 4-20 钢支柱   图 4-21 螺旋式早拆柱头

F. 龙骨

龙骨包括钢楞、木楞及钢木组合楞。主要用于支撑模板并加强整体刚度。钢楞包括圆钢管、矩形钢管、轻型槽钢、内卷边槽钢以及轧制槽钢。木楞主要有 100 mm×100 mm、100 mm×50 mm 枋木。钢木组合楞是由枋木与冷弯薄壁型钢组成的可共同受力的模板背楞,它主要包括"U"形和"几"字形。

(3)钢模板的施工设计

①施工前,应根据结构施工图、施工组织设计及施工现场实际情况,编制模板工程专项施工方案。模板工程专项施工方案应包括以下内容:

A. 工程概况:施工平面布置、施工要求和技术保证条件、结构形式、层高、主要构件截面尺寸等。

B. 编制依据：相关法律、法规、规范性文件、标准、规范及图纸(国标图集)、施工组织设计等。

C. 施工计划：包括施工进度计划、材料与设备计划。编制模板数量明细表，包括模板、构配件及支撑件的规格、品种；制订模板及配件的周转使用计划，编制分批进场计划。

D. 施工工艺技术：技术参数、工艺流程、施工方法、检查验收等。根据结构形式和施工条件，确定模板及支架类型、荷载，对模板和支撑系统等进行力学计算。

E. 施工安全保证措施：制定模板安装及拆模工艺，明确质量验收标准以及技术安全措施。

F. 劳动力计划：专职安全生产管理人员、特种作业人员等。

G. 计算书及相关图纸：绘制配板设计图、加固和支撑系统布置图，以及细部结构、异形和特殊部位的模板详图；模架荷载计算书。

②模板的强度和刚度验算，应按照下列要求进行：

A. 模板承受的荷载参见《混凝土结构工程施工规范》(GB 50666—2011)的有关规定进行计算。

B. 组成模板结构的钢模板、钢楞和支柱应采用组合荷载验算其刚度，其容许挠度应符合规范要求。

③配板设计和支撑系统的设计，应遵守以下规定：

A. 要保证构件的形状尺寸及相互位置的正确。

B. 要使模板具有足够的强度、刚度和稳定性，能够承受新浇混凝土的重量和侧压力，以及各种施工荷载。

C. 力求构造简单，装拆方便，不妨碍钢筋绑扎，保证混凝土浇筑时不漏浆。柱、梁、墙、板的各种模板面的交接部分，应采用连接简便、结构牢固的专用模板。

D. 配制的模板，应优先选用通用、大块模板，使其种类和块数最少，木模镶拼量最少。设置对拉螺栓的模板，为了减少钢模板的钻孔损耗，可在螺栓部位用 100 mm 宽的钢模。

E. 相邻钢模板的边肋，都应用 U 形卡插卡牢固，U 形卡的间距不应大于 300 mm，端头接缝上的卡孔，也应插上 U 形卡或 L 形插销。

F. 模板长向拼接宜采用错开布置，以增加模板的整体刚度。

G. 模板的支撑系统应根据模板的荷载和部件的刚度进行布置。

④配板步骤：

A. 根据施工组织设计对施工工期的安排，施工区段和流水段的划分，首先明确需要配制模板的层、段数量。

B. 根据工程情况和现场施工条件，决定模板的组装方法。

C. 根据已经确定配模的层、段数量，按照施工图纸中柱、墙、梁、板等构件尺寸，进行模板组配设计。

D. 确定支撑系统的类型，明确支撑系统的布置、连接和固定方法。

E. 进行夹箍和支撑件等的设计计算和选配工作。

F. 确定预埋件的固定方法、管线埋设方法以及特殊部位(如预留孔洞等)的处理方法。

G. 根据所需钢模板、连接件、支撑及架设工具等列出统计表，以便备料。

4.1.3.5 大模板

大模板(图 4-22)是一种现浇混凝土墙体的大型工具式模板,常用于剪力墙、筒体、桥墩的施工。一般配以相应的起重吊装机械,通过合理的施工组织安排,以机械化施工方式在现场浇筑混凝土竖向(主要是墙等)结构构件。大模板由面板、加劲肋、竖楞、支撑桁架和稳定机构、操作平台、穿墙螺栓等组成。

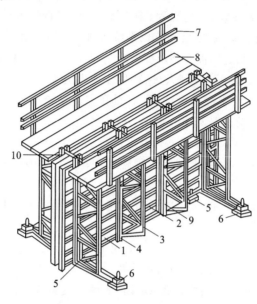

图 4-22 大模板组成构造示意图

1—面板;2—水平加劲肋;3—支撑桁架;4—竖楞;5—调整水平度的螺旋千斤顶;
6—调整垂直度的螺旋千斤顶;7—栏杆;8—脚手板;9—穿墙螺栓;10—固定卡具

(1)面板

面板是直接与混凝土接触的部分,要求平整、刚度好,通常采用钢面板和胶合板面板。钢面板由 4～6 mm 厚的钢板制成,胶合板面板厚 12～18 mm。

(2)加劲肋

加劲肋的作用是固定面板,阻止其变形并把混凝土传来的侧压力传递到竖楞上,加劲肋可做成水平肋或垂直肋。加劲肋一般采用 6 号或 8 号槽钢,肋的间距一般为 300～500 mm。

(3)竖楞

竖楞是与加劲肋相连接的竖直构件,其作用是加强大模板的整体刚度,承受模板传来的混凝土侧压力并作为穿墙螺栓的支点。竖楞一般采用 6 号或 8 号槽钢制作,间距一般为 1.0～1.2 m。

(4)支撑桁架和稳定机构

支撑桁架用螺栓或焊接与竖楞连接在一起,其作用是承受风荷载等水平力,防止大模板倾覆。桁架上部可搭设操作平台。

稳定机构是在大模板两端桁架底部伸出的支腿上设置的可调整螺旋千斤顶。

(5)操作平台

操作平台是施工人员操作场所,有以下两种做法:

①将脚手板直接铺在支撑桁架的水平弦杆上形成操作平台,外侧设置栏杆。这种操作平台工作面较小,但投资少,装拆方便。

②在两道横墙之间的大模板的边框上用角钢连成格栅,在其上满铺脚手板。优点是施工安全,但是耗钢量大。

(6)穿墙螺栓

穿墙螺栓(图 4-23)的作用是控制模板间距,承受新浇混凝土的侧压力,并能加强模板刚度。为了避免穿墙螺栓与混凝土黏结,在穿墙螺栓外边套一根硬塑料管。穿墙螺栓一般设置在大模板的上、中、下三个部位,上穿墙螺栓距模板顶部 250 mm 左右,下穿墙螺栓距模板底部 200 mm 左右。

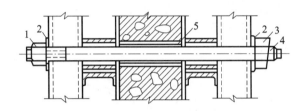

图 4-23　穿墙螺栓连接构造
1—螺母;2—垫板;3—板销;4—螺杆;5—套管

4.1.3.6　滑升模板

滑升模板(简称为滑模)是一种工具式模板,是在混凝土连续浇筑过程中,可使模板面紧贴混凝土面滑动的模板。采用滑模施工要比常规施工节约模板和脚手板等 70％左右;可以节约劳动力 30％～50％;采用滑模施工要比常规施工的工期短、速度快,可以缩短施工周期 30％～50％;滑模施工的结构整体性好,抗震效果明显,适用于高层或超高层抗震建筑物和高耸构筑物施工。

(1)滑模装置的三个组成部分

①模板系统。包括模板、围圈、提升架等,它的作用主要是成型混凝土。

②操作平台系统。包括操作平台、辅助平台、内外吊脚手架等,是施工操作的场所。

③提升机具系统。包括支撑杆、千斤顶和提升操作装置等,是滑升的动力。

这三部分通过提升架连成整体,构成整套滑模装置,如图 4-24 所示。

(2)滑模施工特点

在建筑物或构筑物底部,沿墙、柱、梁等构件的周边组装高 1.2 m 左右的模板,在模板内不断浇筑混凝土和不断向上绑扎钢筋的同时,利用一套提升设备,将模板装置不断向上提升,使混凝土连续成型,直到需要浇筑的高度。

滑模装置的全部荷载是通过提升架传递给千斤顶,再由千斤顶传递给支撑杆承受。

4.1.3.7　早拆模板

早拆模板体系是利用结构混凝土早期形成的强度和早拆装置、支架格构的布置,在施工阶段人为地把结构构件跨度缩小,拆模时实施两次拆除,第一次拆除部分模架,形成单向板或双向板支撑布局,所保留的模架待混凝土构件达到《混凝土结构工程施工质量验收规范》(GB 50204—2015)的拆模条件时再拆除。

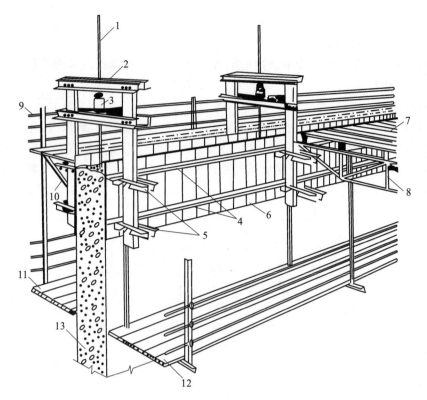

图 4-24　液压滑升模板组成示意

1—支撑杆；2—提升架；3—液压千斤顶；4—围圈；5—围圈支托；6—模板；7—操作平台；
8—平台桁架；9—栏杆；10—外挑三角架；11—外吊脚手架；12—内吊脚手架；13—混凝土墙体

按照常规的支模方法，现浇混凝土楼板施工的模板配置量，一般需 3～4 个层段的支柱、龙骨和模板，一次投入量很大。根据现行的国家标准《混凝土结构工程施工质量验收规范》(GB 50204—2015)中的规定，对于跨度小于或等于 2 m 的现浇楼盖，其混凝土拆模强度可比跨度大于 2 m、小于或等于 8 m 的现浇楼盖拆模强度减少 25%，达到设计强度的 50% 即可拆模。通过合理的支设模板，将较大跨度的楼盖，通过增加支撑点（支柱），缩小楼盖的跨度(≤2 m)，从而达到"早拆模板，后拆支柱"的目的。这样，可使龙骨和模板的周转加快，模板一次配置量可减少 1/3～1/2。早期拆模的原理如图 4-25 所示。

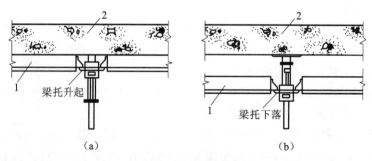

图 4-25　早期拆模原理

(a)支模；(b)拆模

1—模板楞木；2—现浇楼板

（1）早拆模板基本构造

①支撑构件

早拆模板支撑可以采用插卡式、碗扣式、独立钢支撑、门式脚手架等多种形式，但是必须配置早拆装置，以便符合早拆的要求。

②早拆装置

早拆装置是实现模板和龙骨早拆的关键部件，它由支撑顶板、升降托架、可调节丝杆、支撑架立柱组成，如图 4-26 所示。支撑顶板平面尺寸不宜小于 100 mm×100 mm，厚度不应小于 8 mm。早拆装置的加工应符合国家或者行业现行的材料加工标准及焊接标准。

③模板及龙骨

模板可根据工程需要及现场实际情况，选用组合钢模板、钢框竹木胶合板、塑料板模板等。龙骨可根据现场实际情况，选用专用型钢、方木、钢木复合龙骨等。

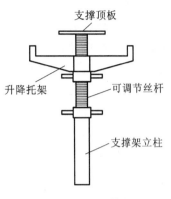

图 4-26　早拆装置

（2）早拆模板适用范围

早拆模板适用于工业与民用建筑现浇钢筋混凝土楼板施工，适用条件为：楼板厚度不小于 100 mm，且混凝土强度等级不低于 C20；第一次拆除模架后保留的竖向支撑间距不小于 2.0 m。早拆模板不适用于预应力楼板的施工。

（3）早拆模板施工设计原则

①早拆模板应根据施工图纸及施工组织设计，结合现场施工条件进行设计。

②模板及其支撑设计计算必须保证有足够的强度、刚度和稳定性，满足施工过程中承受浇筑混凝土的自重荷载和施工荷载的要求，确保安全。

③参照楼板厚度、混凝土设计强度等级及钢筋配置情况，确定最大施工荷载，进行受力分析，设计竖向支撑间距及早拆装置的布置。

④早拆模板设计应明确标注第一次拆除模架时保留的支撑，并应保证上下层支撑位置对应准确。

⑤根据楼层的净空高度，按照支撑杆件的规格，确定竖向支撑组合，根据竖向支撑结构受力分析确定横杆步距。

⑥确定需保留的横杆，保证支撑架体的空间稳定性。

⑦第一次拆除模架后保留的竖向支撑间距应≤2.0 m。

⑧根据上述确定的控制数据（立杆最大间距及早拆装置的型号、横杆步距等），制定早拆模板支撑体系施工方案，明确模板的平面布置。

⑨根据早拆模板施工方案图及流水段的划分，对材料用量进行分析计算，明确周转材料的动态用量，并确定最大控制量，以保证周转材料的及时供应及退场。

⑩安装上层楼板模架时，常温施工在施工层下应保留不少于两层支撑，特殊情况可经计算确定。

（4）早拆模板施工设计要点

①模板、龙骨提早拆除的目的是在下一个流水段施工中使用，实现这个目的要做到合理使

用材料,以减少投入,便于操作,提高工效及利于文明施工与现场管理。同时,要保证模板、龙骨及早拆支架在新浇筑混凝土和施工操作等荷载作用下,具有足够的强度、刚度,确保早拆支架的稳定。

②早拆模板设计前,要备齐所需的各种资料,如有关结构施工图、施工组织设计或相关的施工技术方案等。

③根据现场情况,确定模板、龙骨所用材料,并备齐有关施工规范、设计规范及技术资料,以确定各种材料的力学性能指标,如弹性模量、强度指标及计算截面力学特性等。

④早拆模板施工方案编制时,应进行各种必要的设计计算(如模板体系的设计计算、拆模强度及时间的确定、后拆支撑配置层数的计算等),为模板施工图的绘制提供各种控制数据。

⑤根据结构施工平面图,对各房间的平面尺寸进行计算、分析、统计、归纳、编号,平面尺寸一样的房间编相同的号,并绘制出总平面图。

⑥根据计算确定的水平支撑格构及各房间的平面尺寸,绘制各不同编号的房间施工(支模)大样图及材料用量表。

⑦绘制竖向剖面结点大样,注明模板、龙骨及支架竖向、水平支撑的组合情况。

⑧绘制规范化竖向施工模式图,标明不同施工季节所需支撑层数及模板材料的施工流水。

⑨为了掌握资金的投入数额及材料总供应量,要进行动态用量分析计算,并编制出材料总用量供应表。

(5)早拆模板施工工艺流程

①模板安装:模板施工图设计→材料准备、技术交底→弹控制线→确定角立杆位置并与相邻的立杆支搭,形成稳定的四边形结构→按照设计展开支架搭设→整体支架搭设完毕→第一次拆除部分放入托架,保留部分放入早拆装置(图 4-27)→调整早拆托架和早拆装置标高→敷设主龙骨、敷设次龙骨→早拆装置顶板调整到位(模板底标高)→铺设模板→模板检查验收。

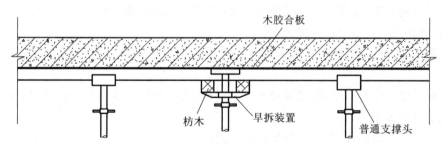

图 4-27　早拆支撑头支模示意

②模板拆除:楼板混凝土强度达到设计强度的 50%,且上层墙体结构大模板吊出,施工层无过量堆积物时,拆除模板的顺序如下:

A.调节支撑头螺母,使托架下降,模板与混凝土脱开,实现主次龙骨、模板及不保留支撑的拆除,如图 4-28 所示。

B.保留早拆支撑头,继续支撑,进行混凝土养护,如图 4-29 所示。

C.待混凝土的强度符合设计或规范规定的拆模要求时,拆除保留的立杆及早拆装置,垂直搬运到下一个施工层段。

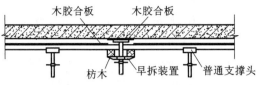

图 4-28　降下升降托架示意

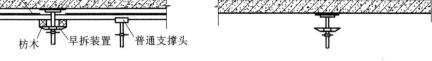

图 4-29　保留早拆支撑头示意

（6）早拆模板施工要点

①施工准备

A. 施工前，要对工人进行早拆模板施工安全技术交底。熟悉早拆模板施工方案，掌握支、拆模板支架的操作技巧，保证模板支架支撑格构的方正及施工中的安全。

B. 操作人员配齐施工用的工具。

C. 对材料、构配件进行质量复检，不合格者不能用。

②支模施工中的操作要点

A. 支模板支架时，立杆位置要正确，立杆、横杆形成的支撑格构要方正。

B. 快拆装置的可调丝杠插入立杆孔内的安全长度不小于丝杠长度的 1/3。

C. 主龙骨要平稳放在支撑上，两根龙骨悬臂搭接时，要用钢管、扣件及可调顶托或可调底座对悬臂端给予支顶。

D. 铺设模板前要将龙骨调平到设计标高，并放实。

E. 铺设模板时应从一边开始到另一边，或从中间向两侧铺设模板。早拆装置顶板标高应随铺设随调平，不能模板铺设完成后再调标高。

③模板、龙骨的拆除要点

A. 模板、龙骨第一次拆除要具备的条件：首先是混凝土强度达到设计强度 50% 及以上（同条件试块试压数据）；其次是上一层墙、柱模板（尤其是大模板）已拆除并运走。

B. 要从一侧或一端按顺序轻轻敲击早拆装置，使模板、龙骨降落一定高度，而后可将模板、龙骨及不保留的杆部件同步拆除并从通风道或外脚手架上运到上一层。

C. 保留的立杆、横杆及早拆装置，待结构混凝土强度达到规范要求的拆模强度时再进行第二次拆除，拆除后运到正在支模的施工层。

4.1.3.8　其他形式的模板

（1）爬升模板

爬升模板（简称爬模）是一种自行爬升、不需起重机吊运的工具式模板，施工时模板不需拆装，可整体自行爬升；由于它是大型工具式模板，可一次浇筑一个楼层的墙体混凝土，可离开墙面一次爬升一个楼层高度，所以它具有大模板的特点。此外它可减少起重机的吊运工作量，是综合大模板与滑模工艺特点形成的一种成套模板技术，同时具有大模板施工和滑模施工的优点，又避免了它们的不足。

爬升模板适用于高层建筑外墙外侧和电梯井筒内侧无楼板阻隔的现浇混凝土竖向结构施工，特别是一些外墙立面形态复杂，采用艺术混凝土或不抹灰饰面混凝土、垂直偏差控制较严的高层建筑。

爬模施工工艺具有以下优点：

①节省空间:爬模施工中模板不占用施工场地,更适用于狭小场地上施工的高层建筑;

②有利于缩短工期:因为施工过程中,模板与爬架的爬升、安装、校正等工序可与楼层施工的其他工序平行作业,这就大大有利于缩短工期;

③减少工作量,提高安全性:爬模施工时,模板的爬升依靠自身系统设备,不需塔吊或其他垂直运输机械,这就大大减少了起重机吊运的工作量,且避免了塔式起重机施工常受大风影响的弊端;

④施工精度更高:因为爬模施工时,模板是逐层分块安装的,这就使得其垂直度和平整度更易于调整和控制,使施工精度更高;

⑤集滑模和大模板的优点于一身:对于一片墙的模板不用多次拆装,可以整体爬升,具有滑模的特点,一次可以爬升一个楼层的高度,可一次浇筑一层楼的墙体混凝土,又具有大模板的优点;

⑥省时、简便:爬模装有操作脚手架,施工安全,不需搭设外脚手架,这就大大省去了搭设脚手架的时间,也使操作起来更加简便。

但是爬模也具有诸如无法实行分段流水施工、模板周转率低、模板配置量大于大模板施工时用量等缺点。

(2)台模

台模是一种大型工具式模板,用于浇筑楼板。台模是由面板、纵梁、横梁和台架等组成的一个空间组合体。台架下装有轮子,以便移动。有的台模没有轮子,用专用运模车移动。台模尺寸应与房间单位相适应,一般是一个房间一个台模。施工时,先施工内墙墙体,然后吊入台模,浇筑楼板混凝土。脱模时,将台架下降,将台模推出墙面放在临时挑台上,用起重机吊至下一单元使用。楼板施工后再安装预制外墙板。

目前国内常用台模有:用多层板做面板,铝合金型钢加工制成的桁架式台模;用组合钢模板、扣件式钢管脚手架、滚轮组装成的移动式台模。

利用台模浇筑楼板可省去模板的装拆时间,能节约模板材料和降低劳动消耗,但一次性投资较大,且需大型起重机械配合施工。

(3)隧道模

隧道模是由墙面模板和楼板模板组合成的可以同时浇筑墙体和楼板混凝土的大型工具式模板,能将各开间沿水平方向逐间整体浇筑,故施工的建筑物整体性好、抗震性能好、节约模板材料,施工方便。但由于模板用钢量大、笨重、一次投资大等原因,国内较少采用。

(4)永久性模板

永久性模板在钢筋混凝土结构施工时起模板作用,而当浇筑的混凝土结硬后模板不再取出而成为结构本身的组成部分。人们最先在厚大的水工建筑物上用钢筋混凝土预制薄板作为永久性模板。房屋建筑工程中各种形式的压型钢板(波形、密肋形等)、预应力钢筋混凝土薄板作为永久性模板,已在一些高层建筑楼板施工中推广应用。薄板铺设后稍加支撑,然后在其上铺放钢筋,浇筑混凝土形成楼板,施工简便,效果较好。

楼板是钢筋混凝土工程中一个重要的组成部分,国内外对其都很重视,新型模板也不断出现,除了上述各种类型模板外,还有各种装饰模板、塑料模壳、简易滑模、塑料模板和各种专门用途的模板等。

4.1.4 模板设计

模板及支架的形式和构造应根据工程结构形式、荷载大小、地基土类别、施工设备和材料供应等条件确定,并应具有足够的承载力、刚度及整体稳定性。

4.1.4.1 模板及支架设计的内容

模板及支架设计的内容包括:

(1)模板及支架的选型及构造设计;

(2)模板及支架上的荷载及其效应计算;

(3)模板及支架的承载力、刚度验算;

(4)模板及支架的抗倾覆验算;

(5)绘制模板及支架施工图。

4.1.4.2 模板及支架的设计要求

模板及支架的设计应符合下列规定:

(1)模板及支架的结构设计宜采用以分项系数表达的极限状态设计方法;

(2)模板及支架的结构分析中所采用的计算假定和分析模型,应有理论或试验依据,或经工程验证可行;

(3)模板及支架应根据施工过程中各种受力工况进行结构分析,并确定其最不利的作用效应组合;

(4)承载力计算应采用荷载基本组合;变形验算可仅采用永久荷载标准值。

4.1.4.3 作用在模板及支架上的荷载标准值

(1)模板及支架自重的标准值(G_1)应根据模板施工图确定。有梁楼板及无梁楼板的模板及支架自重的标准值,可按表 4-5 采用。

表 4-5　模板及支架的自重标准值(kN/m^2)

项目名称	木模板	定型组合钢模板
无梁楼板的模板及小楞	0.30	0.50
有梁楼板模板(包含梁模板)	0.50	0.75
楼板模板及支架(楼层高度为 4 m 以下)	0.75	1.10

(2)新浇筑混凝土自重的标准值(G_2)宜根据混凝土实际重力密度 γ_c 确定,普通混凝土 γ_c 可取 24 kN/m^3。

(3)钢筋自重的标准值(G_3)应根据施工图确定。对于一般梁板结构,楼板的钢筋自重可取 1.1 kN/m^3,梁的钢筋自重可取 1.5 kN/m^3。

(4)采用插入式振动器且浇筑速度不大于 10 m/h、混凝土坍落度不大于 180 mm 时,新浇筑混凝土对模板的侧压力的标准值(G_4),可按下列公式分别计算,并应取其中的较小值:

$$G_4 = 0.28\gamma_c t_0 \beta V^{\frac{1}{2}} \tag{4-1}$$

$$G_4 = \gamma_c H \tag{4-2}$$

式中　G_4——新浇筑混凝土作用于模板的最大侧压力标准值(kN/m^2);

γ_c——混凝土的重力密度(kN/m^3);

t_0——新浇筑混凝土的初凝时间(h),可按实测确定;当缺乏试验资料时可采用 $t_0=200/(T+15)$ 计算,T 为混凝土的温度(℃);

β——混凝土坍落度影响修正系数:当坍落度大于 50 mm 且不大于 90 mm 时,β 取 0.85;坍落度大于 90 mm 且不大于 130 mm 时,β 取 0.9;坍落度大于 130 mm 且不大于 180 mm 时,β 取 1.0;

V——浇筑速度,取混凝土浇筑高度(厚度)与浇筑时间的比值(m/h);

H——混凝土侧压力计算位置处至新浇筑混凝土顶面的总高度(m)。

当浇筑速度大于 10 m/h,或混凝土坍落度大于 180 mm 时,侧压力的标准值(G_4)可按公式(4-2)计算。

混凝土侧压力的分布图形如图 4-30 所示;图中 $h=F/\gamma_c$。

(5)施工人员及施工设备产生的荷载的标准值(Q_1),可按实际情况计算,且不应小于 2.5 kN/m^2。

(6)混凝土下料产生的水平荷载的标准值(Q_2)可按表 4-6 采用,其作用范围可取为新浇筑混凝土侧压力的有效压头高度 h 之内。

(7)泵送混凝土或不均匀堆载等因素产生的附加水平荷载的标准值(Q_3),可取计算工况下竖向永久荷载标准值的 2%,并应作用在模板支架上端水平方向。

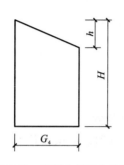

图 4-30 混凝土侧压力分布

h—有效压头高度;

H—模板内混凝土总高度;

G_4—最大侧压力

表 4-6 混凝土下料产生的水平荷载标准值(kN/m^2)

下料方式	水平荷载
溜槽、串筒、导管或泵管下料	2
吊车配备斗容器下料或小车直接倾倒	4

(8)风荷载标准值(Q_4),可按现行国家标准《建筑结构荷载规范》(GB 50009—2012)的有关规定确定,此时基本风压可按 10 年一遇的风压取值,但基本风压不应小于 0.20 kN/m^2。

4.1.4.4 模板及支架结构构件承载力计算

(1)模板及支架结构构件应按短暂设计状况进行承载能力计算。

承载力计算应符合下式要求:

$$\gamma_0 S \leqslant \frac{R}{\gamma_R} \tag{4-3}$$

式中 γ_0——结构重要性系数,对重要的模板及支架宜取 $\gamma_0 \geqslant 1.0$;对一般的模板及支架应取 $\gamma_0 \geqslant 0.9$;

S——模板及支架按荷载基本组合计算的效应设计值,可按式(4-4)进行计算;

R——模板及支架结构构件的承载力设计值,应按国家现行有关标准计算;

γ_R——承载力设计值调整系数,应根据模板及支架重复使用情况取用,不应小于 1.0。

(2)模板及支架的荷载基本组合的效应设计值,可按下式计算:

$$S = 1.35\alpha \sum_{i \geqslant 1} S_{G_{ik}} + 1.4\psi_{cj} \sum_{j \geqslant 1} S_{Q_{jk}} \tag{4-4}$$

式中 $S_{G_{ik}}$——第 i 个永久荷载标准值产生的荷载效应值；

           $S_{Q_{jk}}$——第 j 个可变荷载标准值产生的荷载效应值；

           α——模板及支架的类型系数：对侧面模板，取 0.9；对底面模板及支架，取 1.0；

           ψ_{cj}——第 j 个可变荷载的组合值系数，宜取 $\psi_{cj} \geqslant 0.9$。

（3）模板及支架设计的荷载组合

模板及支架设计时，应根据实际情况计算不同工况下的各项荷载及组合。参与模板及支架承载力计算的各项荷载可按表 4-7 确定，并应采用最不利的荷载基本组合进行设计。

表 4-7 参与模板及支架承载力计算的各项荷载

计算内容		参与荷载项
模板	底面模板的承载力	$G_1 + G_2 + G_3 + Q_1$
	侧面模板的承载力	$G_4 + Q_2$
支架	支架水平杆及节点的承载力	$G_1 + G_2 + G_3 + Q_1$
	立杆的承载力	$G_1 + G_2 + G_3 + Q_1 + Q_4$
	支架结构的整体稳定	$G_1 + G_2 + G_3 + Q_1 + Q_3$ $G_1 + G_2 + G_3 + Q_1 + Q_4$

注：表中的"+"仅表示各项荷载参与组合，而不表示代数相加。

4.1.4.5 模板及支架的变形验算

模板及支架的变形验算应符合下列规定：

$$a_{fG} \leqslant a_{f,\lim} \tag{4-5}$$

式中 a_{fG}——按永久荷载标准值计算的构件变形值；

           $a_{f,\lim}$——构件变形限值。

模板及支架的变形限值应根据结构工程要求确定，并宜符合下列规定：对结构表面外露的模板，其挠度限值宜取为模板构件计算跨度的 1/400；对结构表面隐蔽的模板，其挠度限值宜取为模板构件计算跨度的 1/250；支架的轴向压缩变形限值或侧向挠度限值，宜取为计算高度或计算跨度的 1/1000。

支架的高宽比不宜大于 3；当高宽比大于 3 时，应加强整体稳固性措施。

4.1.4.6 支架抗倾覆验算

支架应按混凝土浇筑前和混凝土浇筑时两种工况进行抗倾覆验算。支架的抗倾覆验算应满足下列要求：

$$\gamma_0 M_0 \leqslant M_r \tag{4-6}$$

式中 M_0——支架的倾覆力矩设计值，按荷载基本组合计算，其中永久荷载的分项系数取 1.35，可变荷载的分项系数取 1.4；

           M_r——支架的抗倾覆力矩设计值，按荷载基本组合计算，其中永久荷载的分项系数取 0.9，可变荷载的分项系数取 0。

支架结构中钢构件的长细比不应超过表 4-8 规定的容许值。

表 4-8　支架结构中钢构件容许长细比

构件类别	容许长细比
受压构件的支架立柱及桁架	180
受压构件的斜撑、剪刀撑	200
受拉构件的钢杆件	350

采用钢管和扣件搭设的支架设计时,应符合下列规定:

(1)钢管和扣件搭设的支架宜采用中心传力方式;

(2)单根立杆的轴力标准值不宜大于 12 kN,高大模板支架单根立杆的轴力标准值不宜大于 10 kN;

(3)立杆顶部承受水平杆扣件传递的竖向荷载时,立杆应按不小于 50 mm 的偏心距进行承载力验算,高大模板支架的立杆应按不小于 100 mm 的偏心距进行承载力验算;

(4)支撑模板的顶部水平杆可按受弯构件进行承载力验算;

(5)扣件抗滑移承载力验算可按现行行业标准《建筑施工扣件式钢管脚手架安全技术规范》(JGJ 130—2011)的有关规定执行。

采用门式、碗扣式、盘扣式或盘销式等钢管架搭设的模板支架,应采用支架立柱杆端插入可调托座的中心传力方式,其承载力及刚度可按国家现行有关标准的规定进行验算。

4.1.5　模板拆除

现浇混凝土结构模板的拆除时间,取决于结构的性质、模板的用途和混凝土硬化速度。及时拆模,可以提高模板的周转率,为后续工作创造条件。如果过早拆模,因混凝土未达到一定的强度,导致混凝土过早承受荷载而产生变形甚至会造成重大的质量事故。

4.1.5.1　模板拆除的时间

(1)混凝土构件的侧模板,应在混凝土强度能保证其表面及棱角不因拆除模板而受损坏时,方可拆除。对于后张预应力混凝土结构构件,侧模宜在预应力筋张拉前拆除。

(2)底模及支架应在混凝土强度达到设计要求后再拆除;当设计无具体要求时,同条件养护的混凝土立方体试件抗压强度达到表 4-9 规定的强度时,方可拆除。

表 4-9　底模及支架拆除时的混凝土强度要求

构件类型	构件跨度(m)	达到设计混凝土强度等级值的百分率(%)
板	≤2	≥50
	>2,≤8	≥75
	>8	≥100
梁、拱、壳	≤8	≥75
	>8	≥100
悬臂结构		≥100

对于后张预应力混凝土结构构件,底模及支架不应在结构构件建立预应力前拆除。

4.1.5.2 模板拆除时的注意事项

（1）拆模时不要用力过猛，拆下来的模板要及时运走、整理、堆放以便再用。

（2）模板及其支架拆除的顺序及安全措施应按施工技术方案执行。模板拆除时，可采取先支的后拆、后支的先拆，先拆非承重模板、后拆承重模板的顺序，并应从上而下进行拆除。同时，为了保证拆模工作的顺利进行，一般是谁安谁拆，对于重大复杂模板的拆除，事先应制定拆模方案。

（3）拆除框架结构模板的顺序：首先是柱模板，然后是楼板底板、梁侧模板，最后是梁底模板。拆除跨度较大的梁下支柱时，应先从跨中开始，分别拆向两端。

（4）楼层板支柱的拆除，应按下列要求进行：上层楼板正在浇筑混凝土时，下一层楼板的模板支柱不得拆除，再下一层楼板模板的支柱，仅可拆除一部分；跨度 4 m 及 4 m 以上的梁下均应保留支柱，其间距不大于 3 m。

（5）在拆除模板过程中，如果发现混凝土有影响结构安全的质量问题时，应暂停拆除，经过处理后，方可继续拆除。

（6）已拆除模板及其支架的结构，应在混凝土强度达到设计强度后才允许承受全部计算荷载。当承受的施工荷载大于计算荷载时，必须经过计算，加设临时支撑。

（7）快拆支架体系的支架立杆间距不应大于 2 m。拆模时，应保留立杆并顶托支撑楼板，拆模时的混凝土强度可按表 4-9 中构件跨度为 2 m 的规定确定。

（8）拆下的模板及支架杆件不得抛掷，应分散堆放在指定地点，并应及时清运。模板拆除后应将其表面清理干净，对变形和损伤部位应进行修复。

4.1.6 模板工程施工质量检查验收

在浇筑混凝土之前，应对模板工程进行验收。模板及其支架应具有足够的承载能力、刚度和稳定性，能可靠地承受浇筑混凝土的重量、侧压力以及施工荷载。模板安装和浇筑混凝土时，应对模板及其支架进行观察和维护。发生异常情况时，应按施工技术方案及时进行处理。

模板工程的施工质量应按主控项目、一般项目规定的检验方法进行检验。

检验批的质量验收应包括实物检查和资料检查，并应符合下列规定：主控项目的质量经抽样检验均应合格；一般项目的质量经抽样检验应合格；当采用计数抽样检验时，除有专门的要求外，一般项目的合格点率应达到 80% 及以上，且不得有严重缺陷；应具有完整的质量检验记录，重要工序应具有完整的施工操作记录。

4.1.6.1 主控项目

（1）模板及支架用材料的技术指标应符合国家现行有关标准的规定。进场时应抽样检验模板和支架材料的外观、规格和尺寸。

检查数量：按国家现行相关标准的规定确定。

检验方法：检查质量证明文件；观察，尺量。

（2）现浇混凝土结构模板及支架的安装质量，应符合国家现行有关标准的规定和施工方案的要求。

检查数量：按国家现行相关标准的规定确定。

检验方法:按国家现行有关标准的规定执行。

(3)后浇带处的模板及支架应独立设置。

检查数量:全数检查。

检验方法:观察。

(4)支架竖杆和竖向模板安装在土层上时,应符合下列规定:

①土层应坚实、平整,其承载力或密实度应符合施工方案的要求;

②应有防水、排水措施;对冻胀性土,应有预防冻融措施;

③支架竖杆下应有底座或垫板。

检查数量:全数检查。

检验方法:观察;检查土层密实度检测报告、土层承载力验算或现场检测报告。

4.1.6.2 一般项目

(1)模板安装应符合下列规定:

①模板的接缝应严密;

②模板内不应有杂物、积水或冰雪等;

③模板与混凝土的接触面应平整、清洁;

④用作模板的地坪、胎模等应平整、清洁,不应有影响构件质量的下沉、裂缝、起砂或起鼓;

⑤对清水混凝土及装饰混凝土构件,应使用用能达到设计效果的模板。

检查数量:全数检查。

检验方法:观察。

(2)隔离剂的品种和涂刷方法应符合施工方案的要求。隔离剂不得影响结构性能及装饰施工;不得沾污钢筋、预应力筋、预埋件和混凝土接槎处;不得对环境造成污染。

检查数量:全数检查。

检验方法:检查质量证明文件;观察。

(3)模板的起拱应符合现行国家标准《混凝土结构工程施工规范》(GB 50666—2011)的规定,并应符合设计及施工方案的要求。

检查数量:在同一检验批内,对梁,跨度大于 18 m 时应全数检查,跨度不大于 18 m 时应抽查构件数量的10%,且不应少于3件;对板,应按有代表性的自然间抽查10%,且不应少于3间;对大空间结构,板可按纵、横轴线划分检查面,抽查10%,且不应少于3面。

检验方法:水准仪或尺量。

(4)现浇混凝土结构多层连续支模应符合施工方案的规定。上、下层模板支架的竖杆宜对准。竖杆下垫板的设置应符合施工方案的要求。

检查数量:全数检查。

检验方法:观察。

(5)固定在模板上的预埋件和预留孔洞不得遗漏,且应安装牢固。有抗渗要求的混凝土结构中的预埋件,应按设计及施工方案的要求采取防渗措施。

预埋件和预留孔洞的位置应满足设计和施工方案的要求。当设计无具体要求时,其位置偏差应符合表 4-10 的规定。

检查数量:在同一检验批内,对梁、柱和独立基础,应抽查构件数量的10%,且不应少于3

件;对墙和板,应按有代表性的自然间抽查10%,且不应少于3间;对大空间结构,墙可按相邻轴线间高度5 m左右划分检查面,板可按纵、横轴线划分检查面,抽查10%,且均不应少于3面。

检验方法:观察,尺量。

表 4-10 预埋件和预留孔洞安装的允许偏差

项 目		允许偏差(mm)
预埋板中心线位置		3
预埋管、预留孔中心线位置		3
插筋	中心线位置	5
	外露长度	+10,0
预埋螺栓	中心线位置	2
	外露长度	+10,0
预留洞	中心线位置	10
	尺寸	+10,0

注:检查中心线位置,当有纵横两个方向时,沿纵、横两个方向量测,并取其中偏差的较大值。

(6)现浇结构模板安装的偏差及检验方法应符合表 4-11 的规定。

检查数量:在同一检验批内,对梁、柱和独立基础,应抽查构件数量的10%,且不应少于3件;对墙和板,应按有代表性的自然间抽查10%,且不应少于3间;对大空间结构,墙可按相邻轴线间高度5 m左右划分检查面,板可按纵、横轴线划分检查面,抽查10%,且均不应少于3面。

表 4-11 现浇结构模板安装的允许偏差及检验方法

项 目		允许偏差(mm)	检验方法
轴线位置		5	尺量
底模上表面标高		±5	水准仪或拉线、尺量
模板内部尺寸	基础	±10	尺量
	柱、墙、梁	±5	尺量
	楼梯相邻踏步高差	5	尺量
柱、墙垂直度	层高≤6 m	8	经纬仪或吊线、尺量
	层高>6 m	10	经纬仪或吊线、尺量
相邻模板表面高差		2	尺量
表面平整度		5	2 m靠尺和塞尺量测

注:检查轴线位置,当有纵、横两个方向时,沿纵、横两个方向量测,并取其中偏差的较大值。

(7)预制构件模板安装的偏差及检验方法应符合表 4-12 的规定。

检查数量:首次使用及大修后的模板应全数检查;使用中的模板应抽查10%,且不应少于5件,不足5件时应全数检查。

表 4-12　预制构件模板安装的允许偏差及检验方法

项　　目		允许偏差(mm)	检验方法
长度	梁、板	±4	尺量两侧边,取其中较大值
	薄腹梁、桁架	±8	
	柱	0,−10	
	墙板	0,−5	
宽度	板、墙板	0,−5	尺量两端及中部,取其中较大值
	梁、薄腹梁、桁架	+2,−5	
高(厚)度	板	+2,−3	尺量两端及中部,取其中较大值
	墙板	0,−5	
	梁、薄腹梁、桁架、柱	+2,−5	
侧向弯曲	梁、板、柱	$L/1000$ 且≤15	拉线、尺量最大弯曲处
	墙板、薄腹梁、桁架	$L/1500$ 且≤15	
板的表面平整度		3	2 m靠尺和塞尺量测
相邻模板表面高差		1	尺量
对角线差	板	7	尺量两对角线
	墙板	5	
翘曲	板、墙板	$L/1500$	水平尺在两端量测
设计起拱	薄腹梁、桁架、梁	±3	拉线、尺量跨中

注:L 为构件长度(mm)。

4.2　钢筋工程

4.2.1　钢筋的分类、验收和存放

4.2.1.1　钢筋的分类

钢筋混凝土结构中所用钢筋的种类很多,按照不同的方式可以进行不同的分类。

(1)钢筋按照生产工艺分类

①热轧钢筋:经热轧成型并自然冷却的钢筋。根据轧制外形又可以分为热轧光圆钢筋(表面平整,截面为圆形)和热轧带肋钢筋(表面通常带有两条纵肋和沿长度方向均匀分布的横肋)。

②余热处理钢筋:热轧后立即穿水,进行表面控制冷却,然后利用芯部余热自身完成回火处理所得的成品钢筋。

③冷轧带肋钢筋：热轧圆盘条经冷轧后，在其表面带有沿长度方向均匀分布的横肋的钢筋。

④钢丝：优质碳素结构钢盘条经索氏体化处理后，冷拉制成的一般用于预应力混凝土的产品。按照外形分为光圆钢丝（表面光滑平整）、螺旋肋钢丝（表面沿着长度方向上具有连续、规则的螺旋肋条）和刻痕钢丝（表面沿着长度方向上具有规则间隔的压痕）。

⑤钢绞线：由冷拉光圆钢丝及刻痕钢丝捻制而成的钢丝束。按照钢绞线的结构可以分为 1×2（用两根钢丝捻制的钢绞线）、1×3（用三根钢丝捻制的钢绞线）、$1\times3I$（用三根刻痕钢丝捻制的钢绞线）、1×7（用七根钢丝捻制的钢绞线）、$1\times7I$（用六根刻痕钢丝和一根光圆中心钢丝捻制的钢绞线）、$1\times7C$（用七根钢丝捻制又经模拔的钢绞线）、$1\times19S$（用十九根钢丝捻制的 $1+9+9$ 西鲁式钢绞线）、$1\times19W$（用十九根钢丝捻制的 $1+6+6/6$ 瓦林吞式钢绞线），共计 8 类。

（2）钢筋按照其使用性质分类

①普通钢筋：用于混凝土结构构件中的各种非预应力筋的总称。普通钢筋根据其力学性能又可以分为 300 级、335 级、400 级、500 级、600 级五个级别，根据《混凝土结构设计规范》[GB 50010—2010（2015 版）]的规定，常用普通钢筋的牌号、强度标准值、强度设计值见表 4-13。

表 4-13　普通钢筋力学性能

牌号	符号	公称直径 d(mm)	屈服强度标准值 f_{yk} (N/mm²)	极限强度标准值 f_{stk} (N/mm²)	抗拉强度设计值 f_y (N/mm²)	抗压强度设计值 f_y' (N/mm²)	备　注
HPB300	ϕ	6～14	300	420	270	270	普通热轧光圆钢筋
HRB335	Φ	6～14	335	455	300	300	普通热轧带肋钢筋
HRB400 HRBF400 RRB400	Φ Φ^F Φ^R	6～50	400	540	360	360	HRB400 为普通热轧带肋钢筋，HRBF400 为细晶粒热轧带肋钢筋，RRB400 为余热处理带肋钢筋
HRB500 HRBF500	Φ Φ^F	6～50	500	630	435	435	HRB500 为普通热轧带肋钢筋，HRBF500 为细晶粒热轧带肋钢筋

根据"四节一环保"的要求，提倡应用高强、高性能的钢筋，故在《钢筋混凝土用钢　第 2 部分：热轧带肋钢筋》（GB/T 1499.2—2018）中，取消了牌号 HRB335 钢筋，增加了牌号 HRB400E、HRBF400E、HRB500E、HRBF500E、HRB600 钢筋。

②预应力筋：用于混凝土结构构件中施加预应力的钢丝、钢绞线和预应力螺纹钢筋等的总称。根据《混凝土结构设计规范》[GB 50010—2010（2015 版）]的规定，常用预应力筋的强度标准值、强度设计值见表 4-14。

表 4-14　预应力筋的力学性能

种类		符号	公称直径 d(mm)	屈服强度标准值 f_{pyk} (N/mm²)	极限强度标准值 f_{ptk} (N/mm²)	抗拉强度设计值 f_{py} (N/mm²)	抗压强度设计值 f'_{py} (N/mm²)
中强度预应力钢丝	光面 螺旋肋	ϕ^{PM} ϕ^{HM}	5、7、9	620	800	510	410
				780	970	650	
				980	1270	810	
预应力 螺纹钢筋	螺纹	ϕ^{T}	18、25、32、40、50	785	980	650	400
				930	1080	770	
				1080	1230	900	
消除应力 钢丝	光面 螺旋肋	ϕ^{P} ϕ^{H}	5	—	1570	1110	410
				—	1860	1320	
			7	—	1570	1110	
			9	—	1470	1040	
				—	1570	1110	
钢绞线	1×3 (三股)	ϕ^{S}	8.6、10.8、12.9	—	1570	1110	390
				—	1860	1320	
				—	1960	1390	
	1×7 (七股)		9.5、12.7、15.2、17.8	—	1720	1220	
				—	1860	1320	
				—	1960	1390	
			21.6	—	1860	1320	

4.2.1.2　钢筋的验收

钢筋对混凝土结构的承载能力至关重要，对其质量应从严要求，故应重视钢筋进场验收和质量检查工作。

钢筋进场时应有产品合格证、出厂检验报告（有时产品合格证、出厂检验报告可以合并），每一捆（盘）钢筋均应有标牌。

对于普通钢筋，进场的钢筋应按照国家现行相关标准的规定按照进场的批次和产品的抽样检验方案抽取试件做屈服强度、抗拉强度、伸长率、弯曲性能和重量偏差检验，检验结果必须符合相应标准的规定后方可使用。同时，还应对进场的钢筋进行外观检查，外观检查的内容包括：钢筋应平直、无损伤，表面不得有裂纹、油污、颗粒状或片状锈蚀；钢筋表面凸块高度不允许超过螺纹的高度；钢筋的外形尺寸应符合有关规定。

常用普通钢筋按批进行检查和验收时，每批由同一牌号、同一炉罐号、同一规格的钢筋组成。每批重量通常不大于 60 t。超过 60 t 的部分，每增加 40 t（或不足 40 t 的余数），增加一个拉伸试验试样和一个弯曲试验试样。允许由同一牌号、同一冶炼方法、同一浇筑方法的不同炉罐号组成混合批,但各炉罐号含碳量之差不大于 0.02%,含锰量之差不大于 0.15%。混合批的重量不大于 60 t。

4.2.1.3 钢筋的存放

运入施工现场的钢筋,必须严格按批分等级、牌号、直径、长度挂牌存放,并注明数量,不得混淆。钢筋应尽量堆入仓库或料棚内;不具备条件时,应选择地势较高、土质坚实、平坦的露天场地存放。在仓库或场地周围挖排水沟,以利于泄水。堆放时钢筋下面要加垫木,距离地面不宜少于 200 mm,以防钢筋锈蚀和污染。

钢筋成品要分工程名称和构件名称,按号码顺序存放。同一项工程与同一构件的钢筋要存放在一起,按号挂牌排列,牌上注明构件名称、部位、钢筋类型、尺寸、牌号、直径、根数,不能将几项工程或者几个构件的钢筋混放在一起,同时不要和产生有害气体的车间靠近,以免污染和腐蚀钢筋。

4.2.2 钢筋连接

钢筋的连接方式可以分为焊接连接、机械连接和绑扎连接三种类型。焊接连接的方法较多,成本较低,质量可靠,宜优先选用。机械连接无明火作业,设备简单,节约能源,不受气候条件影响,可全天候施工,连接可靠,技术易于掌握,适用范围广,尤其适用于现场焊接有困难的场合。绑扎连接需要较长的搭接长度,浪费钢筋,连接不可靠,适用于小直径钢筋。

4.2.2.1 钢筋焊接连接

钢筋的焊接质量与钢材的可焊性、焊接工艺有关。在相同的焊接工艺条件下,能获得良好焊接质量的钢材,称其在这种工艺条件下的可焊性好,相反则称其在这种工艺条件下的可焊性差。钢筋的可焊性与其碳及合金元素的含量有关。碳、锰含量增加,则可焊性差;加入适量的钛,可以改善焊接性能。焊接参数和操作水平也影响焊接质量。可焊性差的钢材,若所采用的焊接工艺适宜,也可获得良好的焊接质量。

钢筋常用的焊接方法有闪光对焊、电弧焊、电渣压力焊、埋弧压力焊和气压焊等。钢筋焊接的接头形式、焊接工艺和质量验收,应符合《钢筋焊接及验收规程》(JGJ 18—2012)的规定。

(1)闪光对焊

钢筋闪光对焊的原理(图 4-31)是利用对焊机使两段钢筋接触,通过低电压的强电流,待钢筋被加热到一定温度变软后,进行轴向加压顶锻,形成对焊接头。

根据钢筋的牌号、直径以及所用焊机的容量,闪光对焊工艺可以分为连续闪光焊、预热闪光焊、闪光—预热—闪光焊三种。

钢筋闪光对焊工艺应根据具体情况选择:钢筋直径较小、钢筋牌号较低时,可采用连续闪光焊;钢筋直径较大、端面比较平整时,宜采用预热闪光焊;钢筋直径较大且端面不够平整时,宜采用闪光—预热—闪光焊。

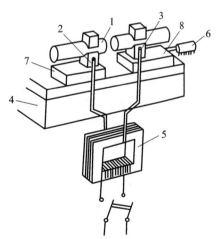

图 4-31 钢筋闪光对焊原理
1—焊接的钢筋;2—固定电极;3—可动电极;
4—机座;5—变压器;6—平动顶压机构;
7—固定支座;8—滑动支座

①连续闪光焊

连续闪光焊的工艺过程包括连续闪光和顶锻过程。施焊时,将钢筋夹紧在电极钳口上后,闭合电源,使两钢筋端面轻微接触,此时端面接触点很快熔化,并产生金属蒸气飞溅,形成闪光现象。接着徐徐移动钢筋,形成连续闪光过程,同时接头也被加热。待接头烧平、闪去杂质和氧化膜、白热熔化时,随即施加轴向压力迅速进行顶锻,使两根钢筋焊牢。连续闪光焊所能焊接的最大钢筋直径,应根据焊机容量、钢筋牌号等具体情况而定,并应符合《钢筋焊接及验收规程》(JGJ 18—2012)的规定。

②预热闪光焊

预热闪光焊是在连续闪光焊前增加一次预热过程,以扩大焊接热影响区。其工艺过程包括:预热、闪光和顶锻过程。施焊时先闭合电源,然后使两根钢筋端面交替地接触和分开,这时钢筋端面的间隙中即发出断续的闪光,而形成预热过程。当钢筋达到预热温度后进入闪光阶段,随后顶锻而成。

③闪光—预热—闪光焊

闪光—预热—闪光焊是在预热闪光焊前加一次闪光过程,目的是使不平整的钢筋端面烧化平整,使预热均匀。其工艺过程包括:一次闪光、预热、二次闪光及顶锻过程。施焊时首先连续闪光,使钢筋端部闪平,后续操作同预热闪光焊。

④质量检验

进行闪光对焊接头的质量检验时,应分批进行外观质量检查和力学性能检验,并应符合下列规定:

A.在同一台班内,由同一个焊工完成的300个同牌号、同直径钢筋焊接接头应作为一批;当同一台班内焊接的接头数量较少,可在一周之内累计计算;累计仍不足300个接头时,应按一批计算;

B.进行力学性能检验时,应从每批接头中随机切取6个接头,其中3个做拉伸试验,3个做弯曲试验;

C.异径钢筋接头可只做拉伸试验。

闪光对焊接头外观质量检查结果,应符合下列规定:

A.对焊接头表面应呈圆滑、带毛刺状,不得有肉眼可见的裂纹;

B.与电极接触处的钢筋表面不得有明显烧伤;

C.接头处的弯折角度不得大于2°;

D.接头处的轴线偏移量不得大于钢筋直径的1/10,且不得大于1 mm。

(2)电弧焊

电弧焊是利用弧焊机使焊条与焊件之间产生高温电弧,使焊条和电弧燃烧范围内的焊件熔化,待其凝固便形成焊缝或接头。

电弧焊广泛用于钢筋接头与钢筋骨架焊接、装配式结构接头焊接、钢筋与钢板焊接及各种钢结构焊接等。

弧焊机有直流与交流之分,常用的是交流弧焊机。焊条的种类很多,应根据钢材等级和焊接接头形式选择焊条。

钢筋电弧焊的接头形式有三种:搭接接头(单面焊缝或双面焊缝)、帮条接头(单面焊缝或双面焊缝)及坡口接头(平焊或立焊),如图 4-32 所示。

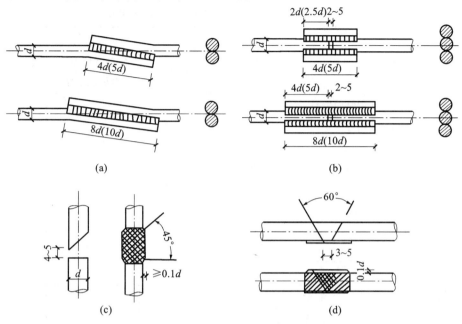

图 4-32　钢筋电弧焊的接头形式

(a)搭接接头;(b)帮条接头;(c)立焊的坡口接头;(d)平焊的坡口接头

　　钢筋采用电弧焊时,搭接接头的长度、帮条的长度、焊缝的宽度和高度,均应符合现行有关规范的规定。

　　进行电弧焊接头的质量检验时,应分批进行外观质量检查和力学性能检验,并应符合下列规定:

　　①在现浇混凝土结构中,应以 300 个同牌号钢筋、同形式接头作为一批;在房屋结构中,应在不超过连续二楼层中 300 个同牌号钢筋、同形式接头作为一批;每批随机切取 3 个接头,做拉伸试验;

　　②在装配式结构中,可按生产条件制作模拟试件,每批 3 个,做拉伸试验;

　　③钢筋与钢板搭接焊接头可只进行外观质量检查。

　　在同一批中若有 3 种不同直径的钢筋焊接接头,应在最大直径钢筋接头和最小直径钢筋接头中分别切取 3 个试件进行拉伸试验。钢筋电渣压力焊接头、钢筋气压焊接头取样均同。

　　电弧焊接头外观质量检查结果,应符合下列规定:

　　①焊缝表面应平整,不得有凹陷或焊瘤;

　　②焊接接头区域不得有肉眼可见的裂纹;

　　③焊缝余高应为 2～4 mm;

　　④咬边深度、气孔、夹渣等缺陷允许值及接头尺寸的允许偏差,应符合表 4-15 的规定。

　　(3)电渣压力焊

　　电渣压力焊是将两根钢筋安放成竖向对接形式,利用焊接电流通过两根钢筋端面间隙,在焊剂层下形成电弧过程和电渣过程,产生电弧热和电阻热,熔化钢筋,加压完成的一种压焊方法。这种焊接方法比电弧焊节省钢材、工效高、成本低,适用于现浇钢筋混凝土结构中竖向或斜向(倾斜度小于或等于4∶1)钢筋的连接。

表 4-15　钢筋电弧焊接头尺寸偏差及缺陷允许值

名称		单位	接头形式		
			帮条焊	钢筋搭接焊与钢板搭接焊	坡口焊、窄间隙焊、熔槽帮条焊
帮条沿接头中心线的纵向偏移		mm	0.3d	—	—
接头处弯折角度		°	2	2	2
接头处钢筋轴线的偏移		mm	0.1d	0.1d	0.1d
			1	1	1
焊缝宽度		mm	+0.1d	+0.1d	—
焊缝长度		mm	−0.3d	−0.3d	—
咬边深度		mm	0.5	0.5	0.5
在长 2d 焊缝表面上的气孔及夹渣	数量	个	2	2	—
	面积	mm²	6	6	—
在全部焊缝表面上的气孔及夹渣	数量	个	—	—	2
	面积	mm²	—	—	6

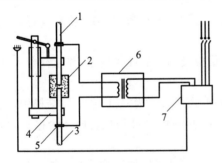

图 4-33　钢筋电渣压力焊设备示意

1—上钢筋;2—焊剂盒;3—下钢筋;
4—焊接机头;5—焊钳;6—焊接电源;7—控制箱

电渣压力焊的设备主要包括:焊接电源、控制箱、焊接机头(夹具)、焊剂盒等,如图 4-33 所示。

①焊前准备

钢筋焊接施工之前,应清除钢筋或钢板焊接部位和与电极接触的钢筋表面上的锈斑、油污、杂物等;钢筋端部有弯折、扭曲时,应予以矫直或切除。

焊接夹具应有足够的刚度,在最大允许荷载下应移动灵活,操作方便。钢筋夹具的上下钳口应夹紧于上、下钢筋上;钢筋一经夹紧,不得晃动。

焊剂筒的直径与所焊钢筋直径相适应,以防在焊接过程中烧坏;电压表、时间显示器应配备齐全,以便操作者准确掌握各项焊接参数;检查电源电压,当电源电压降大于5%,则不宜进行焊接。异径钢筋进行电渣压力焊时,钢筋的直径差不得大于7 mm。

②施焊

电渣压力焊过程分为引弧过程、电弧过程、电渣过程、顶压过程四个阶段。

引弧过程:引弧宜采用铁丝圈或焊条头引弧法,亦可采用直接引弧法。

电弧过程:引燃电弧后,靠电弧的高温作用,将钢筋端头的凸出部分不断烧化,同时将接头周围的焊剂充分熔化,形成渣池。

电渣过程:渣池形成一定的深度后,将上钢筋缓缓插入渣池中,此时电弧熄灭,进入电渣过程。由于电流直接通过渣池,产生大量的电阻热,使渣池温度上升到接近2000 ℃,将钢筋端头迅速而均匀地熔化。

顶压过程:当钢筋端头全截面熔化时,迅速将上钢筋向下顶压,将熔化的金属、熔渣及氧化物等杂质全部挤出结合面,同时切断电源,施焊过程结束。

接头焊毕,应停歇 20～30 s 后,方可回收焊剂盒卸下夹具,并敲去渣壳,四周焊包应均匀。

③质量检验

进行电渣压力焊接头的质量检验时,应分批进行外观质量检查和力学性能检验,并应符合下列规定:

A.在现浇钢筋混凝土结构中,应以 300 个同牌号钢筋接头作为一批;

B.在房屋结构中,应在不超过连续二楼层中 300 个同牌号钢筋接头作为一批;当不足 300 个接头时,仍应作为一批;

C.每批随机切取 3 个接头试件做拉伸试验。

电渣压力焊接头外观质量检查结果,应符合下列规定:

A.四周焊包凸出钢筋表面的高度,当钢筋直径为 25 mm 及以下时,不得小于 4 mm;当钢筋直径为 28 mm 及以上时,不得小于 6 mm;

B.钢筋与电极接触处,应无烧伤缺陷;

C.接头处的弯折角度不得大于 2°;

D.接头处的轴线偏移不得大于 1 mm。

(4)埋弧压力焊

钢筋埋弧压力焊用于钢筋和钢板 T 形焊接,是将钢筋与钢板安放成 T 形接头形式,利用焊接电流通过,在焊剂层下产生电弧,形成熔池,将两焊件相邻部位熔化,然后加压顶锻使两焊件焊接牢固,如图 4-34 所示。它具有工艺简单、工效高、成本低、质量好、焊接后钢板变形小、抗拉强度高等特点。

埋弧压力焊设备主要包括焊接电源、焊接机构和控制系统。焊接前应根据钢筋直径大小,选用 500 型或 1000 型弧焊变压器作为焊接电源;焊接机构应操作方便、灵活;宜装有高频引弧装置;焊接地线宜采取对称接地法(图 4-35),以减少电弧偏移;操作台面上应装有电压表和电流表;控制系统应灵敏、准确;应配备时间显示装置或时间继电器,以控制焊接通电时间。

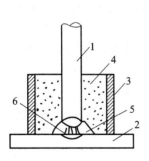

图 4-34 埋弧压力焊示意

1—钢筋;2—钢板;3—焊剂盒;
4—焊剂;5—电弧柱;6—弧焰

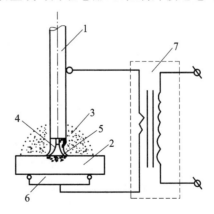

图 4-35 对称接地法示意

1—钢筋;2—钢板;3—焊剂;4—电弧;
5—熔池;6—铜极电板;7—焊接变压器

埋弧压力焊工艺过程:钢板应放平,并应与铜极电板接触紧密;将锚固钢筋夹于夹钳内,应夹牢,并应放好挡圈,注满焊剂;接通高频引弧装置和焊接电源后,应立即将钢筋上提,引燃电弧,使电弧稳定燃烧,再渐渐下送,迅速顶压但是不要用力过猛;敲去渣壳,完成焊接。

埋弧压力焊的外观质量检查时应符合下列规定:

①应从同一台班内完成的同类型预埋件中抽查5%,且不得少于10件;

②埋弧压力焊的四周焊包凸出钢筋表面的高度,当钢筋直径为18 mm及以下时,不得小于3 mm;当钢筋直径为20 mm及以上时,不得小于4 mm;

③焊缝表面不得有气孔、夹渣和肉眼可见裂纹;

④钢筋咬边深度不得超过0.5 mm;

⑤钢筋相对钢板的直角偏差不得大于2°;

⑥预埋件外观质量检查结果,当有2个接头不符合要求时,应对全数接头的这一项目进行检查,并剔出不合格品,不合格接头经补焊后可提交二次验收。

力学性能检验时,应以300件同类型预埋件作为一批。一周内连续焊接时,可累计计算。当不足300件时,亦应按一批计算。应从每批预埋件中随机切取3个接头做拉伸试验。试件的钢筋长度应大于或等于200 mm,钢板(锚板)的长度和宽度应等于60 mm,并随钢筋直径的增大而适当增大(图4-36)。

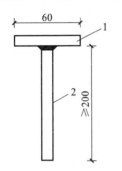

图4-36 钢筋T形接头拉伸试件
1—钢板;2—钢筋

(5)气压焊

钢筋气压焊是利用乙炔、氧气混合气体燃烧的高温火焰,加热钢筋结合端部,使其在高温下加压结合。气压焊按加热温度和工艺方法的不同,可分为固态气压焊和熔态气压焊两种。

气压焊可用于钢筋在垂直位置、水平位置或倾斜位置的对接焊,其设备轻巧、操作简便、施工效率高、耗费材料少,价格便宜,压接后的接头可以达到与母材相同甚至更高的强度,故在工程中得到广泛的应用。

气压焊的设备包括供气装置、加热器、加压器和压接器等,如图4-37所示。

①气压焊的焊接工艺

A.焊前准备

施焊前,钢筋端面应切平,并宜与钢筋轴线相垂直(为避免出现端面不平现象,导致压接困难,钢筋尽量不使用切断机切断,而应使用砂轮锯切断);切断面还要用磨光机打磨见新,露出金属光泽;将钢筋端部约100 mm范围内的铁锈、黏附物以及油污清除干净;钢筋端部若有弯折或扭曲,应矫正或切除。

考虑到钢筋接头的压缩量,下料长度要按图纸尺寸多出钢筋直径的0.6~1.0倍。

根据竖向钢筋(气压焊多数用于垂直位置焊接)接长的高度搭设必要的操作架子,确保工人扶直钢筋时操作方便,并防止钢筋在夹紧后晃动。

B.安装钢筋

安装焊接夹具和钢筋时,应将两根钢筋分别夹紧,并使它们的轴线处于同一直线上,加压顶紧,两根钢筋端面局部间隙不得大于3 mm。

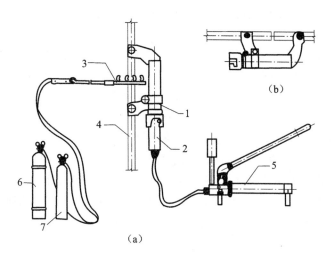

图 4-37　气压焊装置系统图

(a)竖向焊接;(b)横向焊接

1—压接器;2—顶头油缸;3—加热器;4—钢筋;5—加压器(手动);6—氧气瓶;7—乙炔瓶

C. 焊接工艺过程

采用固态气压焊时,其焊接工艺应符合下列规定:

(a)焊前钢筋端面应切平、打磨,使其露出金属光泽,钢筋安装夹牢,预压顶紧后,两根钢筋端面局部间隙不得大于 3 mm。

(b)气压焊加热开始至钢筋端面密合前,应采用碳化焰集中加热;钢筋端面密合后可采用中性焰宽幅加热;钢筋端面合适加热温度应为 1150~1250 ℃;钢筋镦粗区表面的加热温度应稍高于该温度,并随钢筋直径增大而适当提高。

(c)气压焊顶压时,对钢筋施加的顶压力应为 30~40 MPa。

(d)常用三次加压法工艺。三次加压法的工艺过程应包括预压、密合和成型 3 个阶段。

(e)当采用半自动钢筋固态气压焊时,应使用钢筋常温直角切断机断料,两钢筋端面间隙应控制在 1~2 mm,钢筋端面应平滑,可直接焊接。

采用熔态气压焊时,焊接工艺应符合下列规定:

(a)安装时,两钢筋端面之间应预留 3~5 mm 间隙;

(b)气压焊开始时,应首先使用中性焰加热,待钢筋端头至熔化状态,附着物随熔滴流走,端部呈凸状时,即加压,挤出熔化金属,并密合牢固。

D. 成型与卸压

气压焊施焊中,通过最终的加热、加压,应使接头的镦粗区形成规定的形状。然后,应停止加热,略为延时,卸除压力,拆下焊接夹具。

E. 灭火中断

在加热过程中,如果在钢筋端面缝隙完全密合之前发生灭火中断现象,应将钢筋取下重新打磨、安装,然后点燃火焰进行焊接。如果灭火中断发生在钢筋端面缝隙完全密合之后,可继续加热、加压。

②质量检验

进行气压焊接头的质量检验时,应分批进行外观质量检查和力学性能检验,并应符合下列规定:

A.在现浇钢筋混凝土结构中,应以 300 个同牌号钢筋接头作为一批;在房屋结构中,应在不超过连续二楼层中 300 个同牌号钢筋接头作为一批;当不足 300 个接头时,仍应作为一批;

B.在柱、墙的竖向钢筋连接中,应从每批接头中随机切取 3 个接头做拉伸试验;在梁、板的水平钢筋连接中,应另切取 3 个接头做弯曲试验;

C.在同一批中,异径钢筋气压焊接头可只做拉伸试验。

钢筋气压焊接头外观质量检查结果,应符合下列规定:

A.接头处的轴线偏移 e 不得大于钢筋直径的 1/10,且不得大于 1 mm[图 4-38(a)];当不同直径钢筋焊接时,应按较小钢筋直径计算;当大于上述规定值,但在钢筋直径的 3/10 以下时,可加热矫正;当大于钢筋直径的 3/10 时,应切除重焊;

B.接头处表面不得有肉眼可见的裂纹;

C.接头处的弯折角度不得大于 2°;当大于上述规定值时,应重新加热矫正;

D.固态气压焊接头镦粗直径 d_c 不得小于钢筋直径的 1.4 倍,熔态气压焊接头镦粗直径 d_c 不得小于钢筋直径的 1.2 倍[图 4-38(b)];当小于上述规定值时,应重新加热镦粗;

E.镦粗长度 L_c 不得小于钢筋直径的 1.0 倍,且凸起部分应平缓、圆滑[图 4-38(c)];当小于上述规定值时,应重新加热镦长。

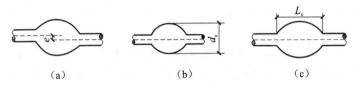

(a) (b) (c)

图 4-38 钢筋气压焊接头外观质量图解
(a)轴线偏移 e;(b)镦粗直径 d_c;(c)镦粗长度 L_c

(6)钢筋焊接应注意的事项

根据《混凝土结构工程施工规范》(GB 50666—2011)的要求,钢筋焊接施工时,应符合下列规定:

①从事钢筋焊接施工的焊工应持有钢筋焊工考试合格证,并应按照合格证规定的范围上岗操作。

②在钢筋工程焊接施工前,参与该项工程施焊的焊工应进行现场条件下的焊接工艺试验,经试验合格后,方可进行焊接。焊接过程中,如果钢筋牌号、直径发生变更,应再次进行焊接工艺试验。工艺试验使用的材料、设备、辅料及作业条件均应与实际施工一致。

③细晶粒热轧钢筋及直径大于 28 mm 的普通热轧钢筋,其焊接参数应经试验确定;余热处理钢筋不宜焊接。

④电渣压力焊只用于柱、墙等构件中竖向受力钢筋的连接。

⑤钢筋焊接接头的适用范围、工艺要求、焊条及焊剂选择、焊接操作及质量要求等应符合现行行业标准《钢筋焊接及验收规程》(JGJ 18—2012)的有关规定。

4.2.2.2 钢筋机械连接

钢筋机械连接是指通过钢筋与连接件或其他介入材料的机械咬合作用或钢筋端面的承压

作用,将一根钢筋中的力传递至另一根钢筋的连接方法。钢筋的机械连接不受钢筋化学成分、可焊性以及气候条件等影响,具有质量稳定、操作简便、施工速度快、无明火作业等特点,是大直径钢筋现场连接的主要方法。

目前工程中最常用的机械连接方法有套筒挤压连接、直螺纹套筒连接两种形式。机械连接所用的套筒、接头要求和质量验收应符合《钢筋机械连接用套筒》(JG/T 163—2013)、《钢筋机械连接技术规程》(JGJ 107—2016)的规定。

(1)带肋钢筋套筒挤压连接

带肋钢筋套筒挤压连接是将两根待连接钢筋插入钢套筒,用挤压连接设备沿径向挤压钢套筒,使之产生塑性变形,依靠变形后的钢套筒与被连接钢筋纵、横肋产生的机械咬合成为整体的钢筋连接方法(图 4-39)。

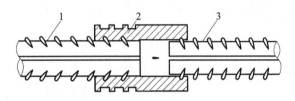

图 4-39 带肋钢筋套筒挤压连接
1—已挤压的钢筋;2—钢套筒;3—未挤压的钢筋

①挤压设备

钢筋冷挤压设备主要有挤压设备(超高压电动油泵、挤压连接钳、超高压油管)、悬挂平衡器(手动葫芦)、吊挂小车、画标志用工具以及检查压痕用卡板等。

②挤压前的准备工作

A. 钢筋端头和套管内壁的锈皮、泥砂、油污等应清理干净;

B. 钢筋端部要平直,弯折应矫直,被连接的带肋钢筋应花纹完好;

C. 对套筒做外观尺寸检查,钢套筒的几何尺寸及钢筋接头位置必须符合设计要求,套筒表面不得有裂缝、折叠、结疤等缺陷,以免影响压接质量;

D. 应对钢筋与套筒进行试套,如钢筋有马蹄、弯折或纵肋尺寸过大者,应预先矫正或用砂轮打磨;

E. 不同直径钢筋的套筒不得相互混用;

F. 钢筋连接端要画线定位,确保在挤压过程中能按定位标记检查钢筋伸入套筒内的长度;

G. 检查挤压设备情况,并进行试挤压,符合要求后才能正式挤压。

③挤压操作要求

A. 应按标记检查钢筋插入套筒内深度,钢筋端头离套筒长度中点不宜超过 10 mm;

B. 挤压时挤压连接钳与钢筋轴线应保持垂直;

C. 压接钳就位,要对正钢套筒压痕位置标记,压模运动方向与钢筋两纵肋所在的平面相垂直;

D. 挤压宜从套筒中央开始,依次向两端挤压;挤压后的压痕直径或套筒长度的波动范围应用专用量规检验;压痕处套筒外径应为原套筒外径的 0.80~0.90 倍,挤压后套筒长度应为原套筒长度的 1.10~1.15 倍；

E. 施压时,主要控制压痕深度。宜先挤压一端套筒(半接头),在施工作业区插入待接钢筋后再挤压另一端套筒。挤压后的套筒不应有可见裂纹。

(2)钢筋直螺纹套筒连接

钢筋直螺纹套筒连接是将钢筋待连接的端头用滚轧加工工艺滚轧成规整的直螺纹,再用相配套的直螺纹套筒将两钢筋相对拧紧,实现连接(图 4-40)。根据钢材冷作硬化的原理,钢筋上滚轧出的直螺纹强度大幅提高,从而使直螺纹接头的抗拉强度一般均可高于母材的抗拉强度。

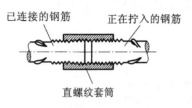

图 4-40 钢筋直螺纹套筒连接示意图

钢筋端部直螺纹加工的方法有直接滚轧螺纹、挤压肋滚轧螺纹、剥肋滚轧螺纹三种类型。直接滚轧螺纹加工是采用钢筋滚丝机直接在钢筋端部滚压螺纹。此法螺纹加工简单,设备投入少,但螺纹精度差,由于钢筋粗细不均导致螺纹直径差异,施工受影响。挤压肋滚轧螺纹加工是采用专用挤压机先将钢筋端头的横肋和纵肋进行预压平处理,然后再滚轧螺纹。其目的是减轻钢筋肋对成型螺纹的影响。此法对螺纹精度有一定的提高,但仍不能从根本上消除钢筋直径差异对螺纹精度的影响。剥肋滚轧螺纹是采用剥肋滚丝机,先将钢筋端头的横肋和纵肋进行剥切处理,使钢筋滚丝前的直径达到同一尺寸,然后进行螺纹滚轧成型。此法螺纹精度高,接头质量稳定。

①施工工艺流程

直螺纹套筒现场连接施工的工艺流程为:下料→(端头挤压或剥肋)→滚轧螺纹加工→试件试验→钢筋连接→质量检查验收。

②施工操作要点

A. 钢筋下料:下料应采用砂轮切割机,切口的端面应与轴线垂直。

B. 钢筋端头加工(直接滚轧螺纹无此工序):钢筋端头挤压采用专用挤压机,挤压力根据钢筋直径和挤压机的性能确定,挤压部分的长度为套筒长度的 $1/2+2p$(p 为螺距)。

C. 滚轧螺纹加工:将待加工的钢筋夹持在夹钳上,开动滚丝机或剥肋滚丝机,扳动给进装置,使动力头向前移动,开始滚丝或剥肋滚丝,待滚轧到调整位置后,设备自动停机并反转,将钢筋退出滚轧装置,扳动给进装置将动力头复位停机,螺纹即加工完成。

D. 丝头的加工尺寸应符合相关规范的规定。

E. 连接钢筋时,钢筋规格和套筒规格必须一致,钢筋和套筒的丝扣应干净、完好无损。

F. 采用预埋接头时,连接套筒的位置、规格和数量应符合设计要求。带连接套筒的钢筋应固定牢,连接套筒的外露端应有保护盖。

G. 直螺纹接头的连接应使用管钳和力矩扳手进行。连接时,将待安装的钢筋端部的塑料保护帽拧下来露出丝口,并将丝口上的水泥浆等污物清理干净。将两个钢筋丝头在套筒中央位置相互顶紧,对于无法对顶的其他直螺纹接头,应附加锁紧螺母、顶紧凸台等措施紧固。

H. 接头安装后应用扭力扳手校核拧紧扭矩,最小拧紧扭矩值应符合表 4-16 的规定。校核用扭力扳手的准确度级别可选用 10 级。

表 4-16 直螺纹接头安装时最小拧紧扭矩值

钢筋直径(mm)	≤16	18~20	22~25	28~32	36~40	50
拧紧扭矩(N·m)	100	200	260	320	360	460

I. 钢筋连接完毕后,标准型、正反丝型、异径型接头的单侧外露螺纹不宜超过 $2p$(p 为螺距)。

J. 连接水平钢筋时,必须将钢筋托平。钢筋的弯折点与接头套筒端部距离不宜小于 200 mm,且带长套丝接头应设置在弯起钢筋平直段上。

(3)钢筋机械连接的检查验收

接头现场抽检项目应包括极限抗拉强度试验、加工和安装质量检验。抽检应按验收批进行,同钢筋生产厂、同强度等级、同规格、同类型和同型式接头应以 500 个为一个验收批进行检验与验收,不足 500 个也应作为一个验收批。

接头安装检验应符合下列规定:

①螺纹接头安装后应按验收批抽取其中 10% 的接头进行拧紧扭矩校核,拧紧扭矩值不合格数超过被校核接头数的 5% 时,应重新拧紧全部接头,直到合格为止。

②套筒挤压接头应按验收批抽取 10% 接头,压痕直径或挤压后套筒长度应满足规范要求;钢筋插入套筒深度应满足产品设计要求,检查不合格数超过 10% 时,可在本批外观检验不合格的接头中抽取 3 个试件做极限抗拉强度试验,按规范要求进行评定。

接头的力学性能检测应符合下列规定:

对接头的每一验收批,应在工程结构中随机截取 3 个接头试件做极限抗拉强度试验,按设计要求的接头等级进行评定。当 3 个接头试件的极限抗拉强度均符合规范所规定的相应等级的强度要求时,该验收批应评为合格。当仅有 1 个试件的极限抗拉强度不符合要求时,应再取 6 个试件进行复检。复检中仍有 1 个试件的极限抗拉强度不符合要求,该验收批应评为不合格。

(4)钢筋机械连接注意事项

根据《混凝土结构工程施工规范》(GB 50666—2011)的要求,钢筋机械连接施工时,应符合下列规定:

①加工钢筋接头的操作人员应经专业培训合格后上岗,钢筋接头的加工应经工艺检验合格后方可进行。

②机械连接接头的混凝土保护层厚度宜符合现行国家标准《混凝土结构设计规范》[GB 50010—2010(2015 版)]中受力钢筋的混凝土保护层最小厚度规定,且不得小于 15 mm。接头之间的横向净间距不宜小于 25 mm。

③螺纹接头安装后应使用专用扭力扳手校核拧紧扭矩。挤压接头压痕直径的波动范围应控制在允许范围内,并使用专用量规进行检验。

④机械连接接头的适用范围、工艺要求、套筒材料及质量要求等应符合现行行业标准《钢筋机械连接技术规程》(JGJ 107—2016)的有关规定。

4.2.2.3 钢筋绑扎连接

绑扎连接目前仍为钢筋连接的主要手段之一,尤其是对于基础底板钢筋、楼板钢筋、剪力墙钢筋以及梁、柱的箍筋与纵向钢筋的连接。

钢筋绑扎一般采用 20~22 号镀锌铁丝,直径≤12 mm 的钢筋采用 22 号铁丝,直径>

12 mm的钢筋采用20号铁丝,铁丝的长度只要满足绑扎要求即可。

钢筋绑扎应符合下列要求:

(1)钢筋的交叉点应采用铁丝绑扎牢固,防止钢筋骨架变形。

(2)墙、柱、梁钢筋骨架中各竖向面钢筋网交叉点应全数绑扎。

(3)板上部钢筋网的交叉点应全数绑扎,底部钢筋网除边缘部分外可间隔交错绑扎。

(4)梁、柱的箍筋弯钩应沿纵向受力钢筋方向错开布置。

(5)梁及柱中箍筋、墙中水平分布钢筋、板中钢筋距构件边缘的起始距离宜为50 mm。

(6)钢筋采用绑扎搭接接长时,应在接头的中心和两端用铁丝扎牢,钢筋的搭接长度及接头位置应符合《混凝土结构工程施工规范》(GB 50666—2011)、《混凝土结构工程施工质量验收规范》(GB 50204—2015)的规定。

4.2.3　钢筋配料

钢筋配料是根据结构施工图,先绘出各种形状和规格的单根钢筋简图并加以编号,然后分别计算钢筋下料长度、根数及质量,填写配料单,申请加工。钢筋配料是确定钢筋材料计划、进行钢筋加工的依据。

对钢筋进行准确配料,必须了解规范对混凝土保护层、钢筋弯曲、弯钩等的规定以及钢筋长度的度量方法,然后依据结构施工图中的钢筋尺寸计算其下料长度。

4.2.3.1　混凝土保护层

混凝土保护层是指结构构件中钢筋外边缘至构件表面范围内用于保护钢筋的混凝土,简称保护层。混凝土保护层的厚度应符合设计及规范的要求。

4.2.3.2　量度差值

结构施工图中注明的钢筋尺寸是指钢筋的外轮廓尺寸,即从钢筋一端外皮到另一端外皮量得到尺寸,称为钢筋的外包尺寸。在钢筋加工时,也是按照外包尺寸进行验收,这是施工中度量钢筋长度的基本依据。钢筋发生弯曲后,在钢筋的弯曲处,内皮缩短,外皮伸长,中心线尺寸不变,而钢筋的下料尺寸是指中心线尺寸,故钢筋弯曲时,外包尺寸与钢筋的下料尺寸之间存在一个差值,这个差值称为量度差值,又称弯曲调整值。

在计算弯曲钢筋下料长度时,必须在外包尺寸的基础上扣除量度差值,否则势必导致下料太长,造成浪费,或者弯曲成型后钢筋尺寸大于图纸设计要求,造成保护层不够,甚至钢筋尺寸大于模板尺寸而造成返工。

钢筋发生弯曲时,量度差值应根据理论计算并结合实践经验确定,其大小与钢筋的直径、弯折角度、弯心直径有关。

(1)钢筋弯折90°量度差值

钢筋弯折90°时,计算简图如图4-41所示,其量度差值 δ 为:

$$
\begin{aligned}
\delta &= A'C' + C'B' - ACB \\
&= 2\left(\frac{D}{2} + d\right) - \frac{1}{4}\pi(D + d) \\
&= 0.215D + 1.215d
\end{aligned}
\tag{4-7}
$$

(2)钢筋弯折 $\alpha(\alpha<90°)$ 量度差值

当钢筋弯折的角度小于90°时,计算简图如图4-42所示,其量度差值 δ 为:

$$\delta = A'C' + C'B' - ACB$$

$$= 2\left(\frac{D}{2} + d\right)\tan\frac{\alpha}{2} - \frac{2\pi}{360} \times \frac{D+d}{2} \times \alpha \qquad (4\text{-}8)$$

$$= (D + 2d)\tan\frac{\alpha}{2} - \pi(D+d)\frac{\alpha}{360}$$

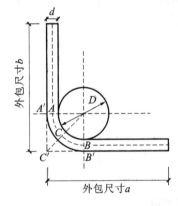

图 4-41 钢筋 90°弯折计算简图

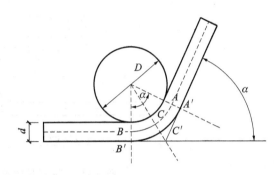

图 4-42 钢筋弯折 $\alpha(\alpha < 90°)$ 计算简图

将 $\alpha = 90°$ 代入式(4-8)亦可得式(4-7),即式(4-8)适用于钢筋弯折 $\alpha(\alpha \leqslant 90°)$ 的量度差值的计算。

根据《混凝土结构工程施工规范》(GB 50666—2011)、《混凝土结构工程施工质量验收规范》(GB 50204—2015)的规定,钢筋弯折的弯弧内直径应符合下列要求:

①光圆钢筋,不应小于钢筋直径的 2.5 倍;

②335 MPa 级、400 MPa 级带肋钢筋,不应小于钢筋直径的 4 倍;

③500 MPa 级带肋钢筋,当直径为 28 mm 以下时不应小于钢筋直径的 6 倍,当直径为 28 mm 及以上时不应小于钢筋直径的 7 倍;

④位于框架结构顶层端节点处的梁上部纵向钢筋和柱外侧纵向钢筋,在节点角部弯折处,当钢筋直径为 28 mm 以下时不宜小于钢筋直径的 12 倍,当钢筋直径为 28 mm 及以上时不宜小于钢筋直径的 16 倍。

故钢筋弯折常见角度的量度差值见表4-17。

表 4-17 钢筋弯折 30°、45°、60°和 90°时的量度差值

弯折角度	量度差值						
	通式	$D=2.5d$	$D=4d$	$D=6d$	$D=7d$	$D=12d$（框架结构顶层端节点，$d<28$ mm）	$D=16d$（框架结构顶层端节点，$d\geqslant28$ mm）
30°	$0.006D+0.274d$	$0.289d$	$0.298d$	$0.31d$	$0.316d$	—	—
45°	$0.021D+0.435d$	$0.488d$	$0.519d$	$0.56d$	$0.58d$	—	—
60°	$0.054D+0.631d$	$0.766d$	$0.847d$	$0.955d$	$1.0d$	—	—
90°	$0.215D+1.215d$	$1.753d$	$2.075d$	$2.5d$	$2.72d$	$3.795d$	$4.655d$

4.2.3.3 弯钩增长值

根据结构施工图计算的钢筋尺寸(即外包尺寸)不包括钢筋末端的弯钩的长度,故计算钢筋下料长度还需要计算钢筋末端弯钩的增加长度。

(1)180°弯钩

光圆钢筋作为纵向受力钢筋时,末端做180°弯钩。根据《混凝土结构工程施工质量验收规范》(GB 50204—2015)的规定,光圆钢筋末端做180°弯钩时,弯弧内径不应小于钢筋直径的2.5倍,弯钩的平直段长度不应小于钢筋直径的3倍。其计算简图如图4-43所示。

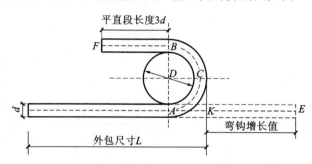

图 4-43   180°弯钩增长值计算简图

根据计算简图($D=2.5d$)可知:

$$1 个 180°弯钩增长值 = ACB + BF - AK = \frac{(D+d)\pi}{2} + 3d - \left(\frac{D}{2}+d\right) = 6.25d$$

故当光圆钢筋作为纵向受力钢筋,端部做180°弯钩,弯心直径为2.5倍钢筋直径,平直段长度为3倍钢筋直径,计算其下料长度时,应在外包尺寸的基础上增加弯钩增长值,一个弯钩的增长值为$6.25d$,如果钢筋的两个端部各有一个180°弯钩,则需要增加$2 \times 6.25d = 12.5d$,即两个弯钩的增长值。

(2)135°弯钩

根据《混凝土结构工程施工质量验收规范》(GB 50204—2015)的规定,箍筋、拉筋的末端应按设计要求做弯钩,对有抗震设防要求的结构构件,箍筋弯钩的弯折角度不应小于135°,弯折后平直段长度不应小于箍筋直径的10倍。其计算简图如图4-44所示。

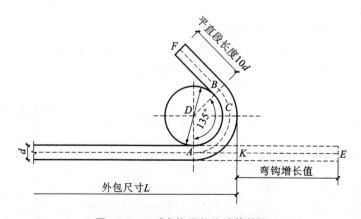

图 4-44   135°弯钩增长值计算简图

根据计算简图可知：

$$1 \text{个} 135° \text{弯钩增长值} = ACB + BF - AK = \frac{2\pi \times 135}{360} \times \frac{D+d}{2} + 10d - \left(\frac{D}{2} + d\right)$$
$$= 0.678D + 10.178d$$

当 $D=2.5d$（光圆钢筋）时，1 个 135°弯钩的增长值为 11.9d。

当 $D=4.0d$（带肋钢筋）时，1 个 135°弯钩的增长值为 12.9d。

4.2.3.4 钢筋下料长度计算

计算钢筋下料长度时，应充分熟悉设计图纸、规范对弯折和弯钩的规定以及现场的钢筋加工情况。

$$\text{钢筋下料长度} = \text{钢筋外包长度} - \text{量度差值} + \text{弯钩增长值}$$

【例 4-1】 某办公楼梁 L1 的断面图如图 4-45 所示，梁的宽度 $b=300$ mm，高度 $h=400$ mm，纵向钢筋牌号为 HRB335，直径为 18 mm；箍筋牌号为 HPB300，直径 $d=10$ mm，弯心直径为 2.5 倍箍筋直径；梁的混凝土保护层厚度 $c=20$ mm。求梁的单根箍筋下料长度。

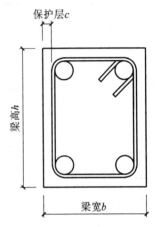

图 4-45 梁 L1 断面图

【解】 箍筋下料长度＝箍筋外包长度－量度差值＋弯钩增长值

$$= 2\times(b-2c) + 2\times(h-2c) - 3\times$$
$$1.753d + 2\times 11.9d$$
$$= 2(b+h) - 8c + 18.5d$$
$$= 2\times(300+400) - 8\times 20 + 18.5\times 10$$
$$= 1425 \text{ mm}$$

4.2.3.5 钢筋配料计算的注意事项

(1)在设计图纸中，钢筋配料的细节问题没有注明时，一般可以按照构造要求处理。

(2)配料计算时，应考虑钢筋的形状和尺寸在满足设计要求的前提下有利于加工安装。

(3)配料时，还要考虑施工需要的附加钢筋。例如，基础双层钢筋网中保证上层钢筋网位置用的钢筋撑脚，墙板双层钢筋网中固定钢筋间距用的钢筋撑铁，后张法预应力构件固定预留孔道位置用的定位钢筋等。

4.2.3.6 钢筋配料单及料牌的填写

(1)钢筋配料单的作用和形式

钢筋配料单是根据结构施工图标注的钢筋的品种、规格、外形尺寸和数量对钢筋进行编号，并计算下料长度，用表格形式表达的技术文件。

①钢筋配料单的作用：钢筋配料单是确定钢筋下料加工的依据，是提出材料计划，签发施工任务单和领料单的依据，它是钢筋施工的重要工序，合理的配料单，能节约材料、简化施工操作。

②钢筋配料单的形式：钢筋配料单一般用表格的形式反映，其它由构件名称、钢筋编号、钢筋简图、尺寸、牌号、数量、下料长度及质量等内容组成，如表 4-18 所示。

(2)钢筋配料单的编制方法及步骤

①熟悉构件配筋图，确认每一编号钢筋的直径、规格、种类、形状和数量，以及在构件中的位置和相互关系；

表 4-18　钢筋配料单

构件名称	钢筋编号	简图	直径 (mm)	钢筋级别	下料长度 (mm)	单位根数	合计根数	质量 (kg)
KL1 共 2 根	①	330⌐8220⌐330	22	Φ	8792	2	4	104.8
	②	330∟1810	22	Φ	2096	1	2	12.5
	③	3300	22	Φ	3300	1	2	19.7
	④	1310⌐330	22	Φ	1596	1	2	9.5
	⑤	7760	12	Φ	7760	2	4	27.6
	⑥	375∟8126⌐375	25	Φ	8776	3	6	202.7
	⑦	440 / 290	8	φ	1618	57	114	72.9

②绘制钢筋简图;

③计算每种编号钢筋的下料长度;

④填写钢筋配料单;

⑤填写钢筋料牌。

(3)钢筋的标牌与标识

除了填写配料单外,还需为每一编号的钢筋制作相应的标牌与标识,也即料牌,作为钢筋加工的依据,并在安装中作为区别、核实工程项目钢筋的标志。钢筋料牌的形式,如图 4-46所示。

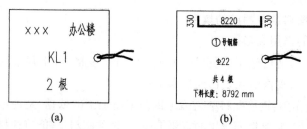

图 4-46　钢筋料牌的形式

(a)正面;(b)背面

【例 4-2】　某办公楼为框架结构,设计抗震等级为一级,第一层的楼层框架梁(KL1)共计2 根,其配筋如图 4-47 所示,混凝土强度等级 C30,混凝土保护层厚度 30 mm。框架柱截面尺寸为 500 mm×500 mm。柱纵筋牌号为 HRB400,直径 25 mm;柱箍筋牌号为 HPB300,直径

10 mm。试编制该梁的钢筋配料单。

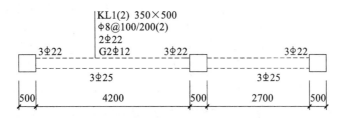

图 4-47　楼层框架梁 KL1 的配筋图

【解】　首先判断梁的纵向钢筋在端支座的锚固形式。

根据《混凝土结构施工图平面整体表示方法制图规则和构造详图(现浇混凝土框架、剪力墙、梁、板)》(16G101—1)的规定,梁的上部纵向钢筋直锚时,其锚固长度为:

$$\max\{l_{aE},0.5h_c+5d\}=\max\{33d,0.5h_c+5d\}$$
$$=\max\{33\times22,0.5\times500+5\times22\}=726 \text{ mm}$$

因 726>(500-30)=470,故梁的上部钢筋需要弯锚。

同理可判断梁的下部钢筋也必须弯锚。

所以,根据《混凝土结构施工图平面整体表示方法制图规则和构造详图(现浇混凝土框架、剪力墙、梁、板)》(16G101—1)的有关规定,梁的钢筋的翻样图及编号如图 4-48 所示。

⑦号钢筋　箍筋 Φ8@100/200(2)

图 4-48　框架梁 KL1 的钢筋翻样图

依据《混凝土结构施工图平面整体表示方法制图规则和构造详图(现浇混凝土框架、剪力墙、梁、板)》(16G101—1)、《混凝土结构施工钢筋排布规则与构造详图(现浇混凝土框架、剪力墙、梁、板)》(18G901—1)计算各编号钢筋下料长度:

①号钢筋为梁的上部通长筋,牌号 HRB335,直径 22 mm,有 2 根,每根钢筋在两端各有一个 90°弯折,根据《混凝土结构工程施工质量验收规范》(GB 50204—2015)的规定,钢筋弯折的弯心直径取 4d(其余纵向钢筋弯折的弯弧内径均取 4d),则其每根通长筋的下料长度=水平段的外包长度+两个竖向弯折段的外包长度-两个 90°弯折量度差值,即:

$$l_1=(500+4200+500+2700+500)-2\times(30+10+25+25)+2\times15\times22-2\times2.0\times22$$
$$=8400-180+660-88$$
$$=8792 \text{ mm}$$

说明:钢筋水平段外包长度的计算参见《混凝土结构施工图平面整体表示方法制图规则和构造详图(现浇混凝土框架、剪力墙、梁、板)》(16G101—1)的第 84 页和《混凝土结构施工钢筋排布规则与构造详图(现浇混凝土框架、剪力墙、梁、板)》(18G901—1)的第 2~15 页。

②号钢筋为第一跨左端支座上部负弯筋,牌号 HRB335,直径 22 mm,有 1 根,其下料长度=水平段外包长度+竖向弯折段外包长度——个 90°量度差值,即:

$$l_2 = \frac{4200}{3} + 500 - (30 + 10 + 25 + 25) + 15 \times 22 - 2.0 \times 22$$
$$= 1810 + 330 - 44$$
$$= 2096 \text{ mm}$$

③号钢筋为中间支座的上部负弯筋,牌号 HRB335,直径 22 mm,有 1 根,其下料长度=直线钢筋长度,即:

$$l_3 = \frac{4200}{3} \times 2 + 500 = 3300 \text{ mm}$$

④号钢筋为第二跨右端支座上部负弯筋,牌号 HRB335,直径 22 mm,有 1 根,其下料长度=水平段外包长度+竖向弯折段外包长度——个 90°量度差值,即:

$$l_4 = \frac{2700}{3} + 500 - (30 + 10 + 25 + 25) + 15 \times 22 - 2.0 \times 22$$
$$= 1310 + 330 - 44$$
$$= 1596 \text{ mm}$$

⑤号钢筋为梁侧面的构造钢筋,牌号 HRB335,直径 12 mm,梁的侧面各有 1 根,其下料长度=直线钢筋长度,即:

$$l_5 = 4200 + 500 + 2700 + 2 \times 15 \times 12$$
$$= 7760 \text{ mm}$$

⑥号钢筋为梁底部的通长纵向受力钢筋,牌号 HRB335,直径 25 mm,有 3 根,其下料长度=水平段外包长度+两个竖向弯折段外包长度—两个 90°量度差值,即:

$$l_6 = (500 + 4200 + 500 + 2700 + 500) - 2 \times (30 + 10 + 25 + 25 + 22 + 25)$$
$$\qquad + 2 \times 15 \times 25 - 2 \times 2.0 \times 25$$
$$= 8400 - 2 \times 137 + 750 - 100$$
$$= 8776 \text{ mm}$$

⑦号钢筋为梁的箍筋,牌号 HPB300,直径 8 mm,根据《混凝土结构工程施工质量验收规范》(GB 50204—2015)的规定,箍筋弯折的弯弧内直径不应小于纵向受力钢筋的直径,所以箍筋弯折的弯弧内直径取 4 倍箍筋直径,则单个箍筋的下料长度=箍筋的外包长度—三个 90°量度差值+两个 135°弯钩增长值,即:

$$l_7 = 2 \times (350 + 500) - 8 \times 30 - 2 \times 8 \times 3 + 12.9 \times 8 \times 2$$
$$= 1700 - 240 - 48 + 206.4$$
$$= 1618 \text{ mm}$$

计算加密区箍筋个数：

箍筋的加密区长度 $= \max\{2.0h_b, 500\} = \max\{1000, 500\} = 1000 \ mm$

单个加密区箍筋的个数 $= \dfrac{1000-50}{100} + 1 = 10.5 \approx 11$ 个（计算箍筋个数时，余数进位取整）

框架梁共有四个加密区，每个加密区的长度相等，所以加密区的总的箍筋个数为 $11 \times 4 =$ 44 个。

计算非加密区箍筋的个数：

梁的第一跨非加密区箍筋个数 $= \dfrac{4200-1000 \times 2}{200} - 1 = 10$ 个

梁的第二跨非加密区箍筋个数 $= \dfrac{2700-1000 \times 2}{200} - 1 = 2.5$ 个，余数进位取 3 个。

计算箍筋总的个数：

整根梁的箍筋的总个数 $=$ 加密区的箍筋总个数 $+$ 非加密区的箍筋总个数 $= 44 + 13 =$ 57 个

最后编制该梁的钢筋配料单，见表 4-18。

4.2.4 钢筋代换

在施工中，当遇到钢筋品种、级别或规格无法满足设计图纸的要求时，在征得设计单位的同意并办理设计变更文件后，可以依据实际条件进行钢筋代换。

4.2.4.1 钢筋代换原则

钢筋的代换可参照以下原则进行：

(1)等强度代换：当构件受强度控制时，钢筋可按强度相等的原则进行代换。

(2)等面积代换：当构件按最小配筋率配筋时，钢筋可按面积相等的原则进行代换。

(3)当构件受裂缝宽度或挠度控制时，代换后应进行裂缝宽度或挠度验算。

当进行钢筋代换时，除应符合设计要求的构件承载力、最大力下的总伸长率、裂缝宽度验算以及抗震规定以外，尚应满足最小配筋率、钢筋间距、保护层厚度、钢筋锚固长度、接头面积百分率及搭接长度等构造要求。

对于受弯构件，钢筋代换后，有时由于受力钢筋直径加大或钢筋根数增多，而需要增加排数，则构件的有效高度 h_0 减小，使截面强度降低。通常对这种影响可凭经验适当增加钢筋面积，然后再做截面强度复核。

4.2.4.2 钢筋代换方法

(1)等强度代换

等强度代换是指代换前后钢筋的"钢筋抗力"不小于施工图纸上原设计配筋的钢筋抗力。

假设原设计图纸中所用的钢筋设计强度为 $f_{y1}(N/mm^2)$，钢筋总面积为 $A_{s1}(mm^2)$，代换后的钢筋设计强度为 $f_{y2}(N/mm^2)$，钢筋总面积为 $A_{s2}(mm^2)$，则应使：

$$A_{s2} \cdot f_{y2} \geqslant A_{s1} \cdot f_{y1} \tag{4-9}$$

将圆面积公式 $A_s = \dfrac{\pi d^2}{4}$ 代入式(4-9)，有：

$$n_2 d_2^2 f_{y2} \geqslant n_1 d_1^2 f_{y1} \tag{4-10}$$

当原设计钢筋与拟代换的钢筋直径相同时（即 $d_1 = d_2$）：

$$n_2 f_{y2} \geqslant n_1 f_{y1} \tag{4-11}$$

当原设计钢筋与拟代换的钢筋强度等级相同时（即 $f_{y1} = f_{y2}$）：

$$n_2 d_2^2 \geqslant n_1 d_1^2 \tag{4-12}$$

式中　n_1, n_2——原设计钢筋和拟代换钢筋的根数（根）；

　　　d_1, d_2——原设计钢筋和拟代换钢筋的直径（mm）。

（2）等面积代换

等面积代换是指代换后钢筋的总面积不小于代换前钢筋的总面积。

假设原设计图纸中所用的钢筋的总面积为 A_{s1}（mm^2），代换后的钢筋的总面积为 A_{s2}（mm^2），则应使：

$$A_{s2} \geqslant A_{s1} \tag{4-13}$$

或

$$n_2 d_2^2 \geqslant n_1 d_1^2$$

4.2.4.3　钢筋代换的注意事项

（1）钢筋代换时，应办理设计变更文件，要充分了解设计意图、构件特征和代换材料性能，并严格遵守现行有关规范的规定。

（2）钢筋代换后，仍能满足各类极限状态的有关计算要求及必要的配筋构造规定（如受力钢筋和箍筋的最小直径、间距、锚固长度、配筋百分率以及混凝土保护层厚度等）；在一般情况下，代换钢筋还必须满足截面对称的要求。

（3）对抗裂要求高的构件（如吊车梁、薄腹梁、屋架下弦等），不得用光圆钢筋代替 HRB335、HRB400、HRB500 带肋钢筋，以免降低抗裂度。

（4）梁内纵向受力钢筋与弯起钢筋（如果有）应分别进行代换，以保证正截面与斜截面强度。

（5）偏心受压构件或偏心受拉构件（如框架柱、受力吊车荷载的柱、屋架上弦等）钢筋代换时，应按受力状态和构造要求分别代换。

（6）吊车梁等承受反复荷载作用的构件，应在钢筋代换后进行疲劳验算。

（7）当构件受裂缝宽度控制时，代换后应进行裂缝宽度验算。如代换后裂缝宽度有一定增大（但不超过允许的最大裂缝宽度，被认为代换有效），还应对构件做挠度验算。

（8）当构件受裂缝宽度控制时，如以小直径钢筋代换大直径钢筋，强度等级低的钢筋代替强度等级高的钢筋，则可不做裂缝宽度验算。

（9）同一截面内配置不同种类和直径的钢筋代换时，每根钢筋拉力差不宜过大（同品种钢筋直径差一般不大于 5 mm），以免构件受力不均。

（10）进行钢筋代换的效果，除应考虑代换后仍能满足结构各项技术性要求之外，同时还要保证用料的经济性和满足加工操作的要求。

4.2.5　钢筋的加工

钢筋加工前应将表面清理干净，表面有颗粒状、片状老锈或者有损伤的钢筋不得使用。钢筋的加工包括调直、除锈、切断、弯曲成型等工序。

（1）钢筋调直

对于局部曲折、弯曲或盘条钢筋（如 HPB300）在使用前应加以调直。钢筋宜采用机械设备进行调直,也可采用冷拉方法调直。当采用机械设备调直时,调直设备不应具有延伸功能。当采用冷拉方法调直时,HPB300 光圆钢筋的冷拉率不宜大于 4%;HRB335、HRB400、HRB500、HRBF335、HRBF400、HRBF500 及 RRB400 带肋钢筋的冷拉率,不宜大于 1%。钢筋调直过程中,不应损伤带肋钢筋的横肋。调直后的钢筋应平直,不应有局部弯折。

(2)钢筋除锈

钢筋的表面应清洁,油渍、漆污和用锤敲击时能剥落的浮皮、铁锈等应在使用前清除干净。钢筋的除锈,宜在钢筋冷拉或钢筋调直过程中进行,这对大量钢筋的除锈较为经济省工。用机械方法除锈,如采用电动除锈机除锈,对钢筋的局部除锈较为方便。手工除锈,如采用钢丝刷、砂盘、喷砂等除锈或酸洗除锈,由于费工费料,现在已经很少采用。

(3)钢筋切断

钢筋的切断有手工切断、机械切断、氧-乙炔焰(或电弧)切割三种方法。

手工切断的工具有断线钳(用于切断小直径钢筋)、手动液压切断器(用于切断直径为 16 mm 以下的钢筋、直径 25 mm 以下的钢绞线)。

机械切断一般采用钢筋切断机,常用的钢筋切断机可以切断最大公称直径为 40 mm 的钢筋。

直径大于 40 mm 的钢筋一般采用氧-乙炔焰或电弧切割,或者采用锯床锯断。

钢筋切断时,应将同规格的钢筋根据不同长度长短搭配,统筹排料;一般应先断长料,后断短料,以减少短头、接头和损耗。

(4)钢筋弯曲

钢筋下料之后,弯曲加工的顺序是画线、试弯、弯曲成型。画线是根据钢筋不同的弯曲角度在钢筋上标出弯折的部位,以便将钢筋准确地加工成设计的尺寸。钢筋弯曲成型一般用钢筋弯曲机(直径 6~40 mm 的钢筋)或板钩弯曲(直径小于 25 mm 的钢筋)。为了提高工效,工地也常常自制多头弯曲机(一个电动机带动几个钢筋弯曲盘)以弯曲细钢筋。

4.2.6 钢筋安装

钢筋加工制作成型后,现场对钢筋进行连接和安装时,必须满足《混凝土结构工程施工规范》(GB 50666—2011)、《混凝土结构工程施工质量验收规范》(GB 50204—2015)等有关规范的相关规定。

4.2.6.1 准备工作

(1)钢筋连接和安装前,应充分熟悉设计图纸,并根据设计图纸核对钢筋的牌号、规格,根据下料单核对钢筋的规格、尺寸、形状、数量等。

(2)准备好连接和安装的设备及工具,如钢筋绑扎钩、全自动绑扎机、钢筋焊接设备、钢筋机械连接设备等。

(3)准备好控制保护层厚度的砂浆垫块或者塑料垫块、塑料支架等。

砂浆垫块需要提前制作,以保证其有一定的抗压强度,防止使用时粉碎或者脱落。其大小一般为 50 mm×50 mm,厚度为设计保护层厚度。墙、柱或梁侧等竖向钢筋的保护层垫块在制作时需要埋入绑扎丝。

塑料垫块有两类,一类是梁、板等水平构件钢筋底部的垫块,另一类是墙、柱等竖向构件钢筋侧面保护层的垫块(支架)。

(4)绑扎墙、柱钢筋前,先搭设好脚手架。脚手架一是作为绑扎钢筋的操作平台,二是用于对钢筋的临时固定,防止钢筋倾斜。

(5)做好钢筋施工技术交底,确保钢筋施工的质量和操作工人的安全。

4.2.6.2 钢筋安装的施工要点

(1)钢筋接头宜设置在受力较小处;有抗震设防要求的结构中,梁端、柱端箍筋加密区范围内不宜设置钢筋接头,且不应进行钢筋搭接。同一纵向受力钢筋不宜设置两个或两个以上接头。接头末端至钢筋弯起点的距离,不应小于钢筋直径的 10 倍。

(2)当纵向受力钢筋采用机械连接接头或焊接接头时,接头的设置应符合下列规定:

①同一构件内的接头宜分批错开。

②接头连接区段内的长度为 $35d$,且不应小于 $500\ mm$,凡接头中点位于该连接区段长度内的接头均应属于同一连接区段;其中 d 为相互连接两根钢筋中较小直径。

③同一连接区段内,纵向受力钢筋的接头面积百分率为该区段内有接头的纵向受力钢筋截面面积与全部纵向受力钢筋截面面积的比值;纵向受力钢筋的接头面积百分率应符合下列规定:

A.受拉接头,不宜大于 50%;受压接头,可不受限制。

B.墙、板、柱中受拉机械连接接头,可根据实际情况放宽;装配式混凝土结构构件连接处受拉接头,可根据实际情况放宽。

C.直接承受动力荷载的结构构件中,不宜采用焊接;当采用机械连接时,不应超过 50%。

(3)当纵向受力钢筋采用绑扎搭接接头时,接头的设置应符合下列规定:

①同一构件内的接头宜分批错开。各接头的横向净距 s 不应小于钢筋直径,且不应小于 25 mm。

②接头连接区段的长度为 1.3 倍搭接长度,凡搭接接头中点位于该连接区段长度内的接头均应属于同一连接区段;搭接长度可取相互连接两根钢筋中较小直径计算。纵向受力钢筋的最小搭接长度应符合规范的规定。

③同一连接区段内,纵向受力钢筋接头面积百分率为该区段内有接头的纵向受力钢筋截面面积与全部纵向受力钢筋截面面积的比值(图 4-49)。纵向受压钢筋的接头面积百分率可不受限制;纵向受拉钢筋的接头面积百分率应符合下列规定:

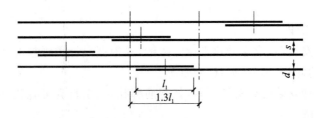

图 4-49　钢筋绑扎搭接接头连接区段及接头面积百分率

注:图中所示同一连接区段内的搭接钢筋为两根,当各钢筋直径相同时,接头面积百分率为 50%。

A.梁、板类及墙类构件,不宜超过 25%;基础筏板,不宜超过 50%。

B.柱类构件,不宜超过 50%。

C.当工程中确有必要增大接头面积百分率时,对梁类构件,不应大于 50%;对其他构件,可根据实际情况适当放宽。

（4）在梁、柱类构件的纵向受力钢筋搭接长度范围内应按设计要求配置箍筋，并应符合下列规定：

①箍筋直径不应小于搭接钢筋较大直径的 25%；

②受拉搭接区段的箍筋间距不应大于搭接钢筋较小直径的 5 倍，且不应大于 100 mm；

③受压搭接区段的箍筋间距不应大于搭接钢筋较小直径的 10 倍，且不应大于 200 mm；

④当柱中纵向受力钢筋直径大于 25 mm 时，应在搭接接头两个端面外 100 mm 范围内各设置两个箍筋，其间距宜为 50 mm。

（5）构件交接处的钢筋位置应符合设计要求。当设计无具体要求时，应保证主要受力构件和构件中主要受力方向的钢筋位置。框架节点处梁纵向受力钢筋宜放在柱纵向钢筋内侧；当主、次梁底部标高相同时，次梁下部钢筋应放在主梁下部钢筋之上；剪力墙中水平分布钢筋宜放在外侧，并宜在墙端弯折锚固。

（6）钢筋安装应采用定位件固定钢筋的位置，并宜采用专用定位件。定位件应具有足够的承载力、刚度、稳定性和耐久性。定位件的数量、间距和固定方式，应能保证钢筋的位置偏差符合国家现行有关标准的规定。混凝土框架梁、柱保护层内，不宜采用金属定位件。

（7）采用复合箍筋时，箍筋外围应封闭。梁类构件复合箍筋内部，宜选用封闭箍筋，奇数肢也可采用单肢箍筋；柱类构件复合箍筋内部可部分采用单肢箍筋。

（8）钢筋安装应采取防止钢筋受模板、模具内表面的脱模剂污染的措施。

4.2.7　钢筋植筋

植筋技术是在需连接的混凝土构件上根据结构的受力特点，确定钢筋的数量、规格、位置，在混凝土构件上经过钻孔、清孔、注入植筋黏结剂，再插入所需钢筋，使钢筋与混凝土通过结构胶黏结在一起，然后浇筑新混凝土，从而完成新旧钢筋混凝土的有效连接，达到共同作用、整体受力的目的。

由于在钢筋混凝土结构上植筋锚固已不必再进行大量的开凿挖洞，而只需在植筋部位钻孔后，利用化学锚固剂作为钢筋与混凝土的黏合剂就能保证钢筋与混凝土的良好黏接，从而减轻对原有结构构件的损伤，也减少了加固改造工程的工程量，又因植筋胶对钢筋的锚固力，使锚杆与基材有效地锚固在一起，产生的黏接强度与机械咬合力来承受受拉载荷，当植筋达到一定的锚固深度后，植入的钢筋就具有很强的抗拉力，从而保证了锚固强度。作为一种新型的加固技术，植筋方法具有工艺简单、工期短、造价省、操作方便、劳动强度低、质量易保证等优点。适用于竖直孔、水平孔、倒垂孔。因此被广泛应用于建筑结构加固及混凝土的补强工程中。

4.2.7.1　植筋施工工艺流程

植筋施工工艺流程为：弹线定位→钻孔→清孔→钢筋处理→注胶→植筋→固化养护→检测。

4.2.7.2　施工要点

（1）弹线定位

按照设计图纸的要求，标出植筋钻孔的位置、型号，如果基体上存在受力钢筋，钻孔位置可以适当调整,避免钻孔时钻到原有钢筋;植筋宜植在箍筋内侧(对梁、柱)或分布筋内侧(对板、剪力墙)。

(2)钻孔

钻孔使用配套冲击电钻。钻孔直径比所植钢筋的直径大4～10 mm(小直径钢筋取低值,大直径钢筋取高值);孔洞间距与孔洞深度应满足设计要求。

(3)清孔

钻孔完毕,检查孔深、孔径合格后先用吹气泵清除孔洞内粉尘等,再用清孔刷清孔,要经多次吹刷完成,直至孔内无灰尘,将孔口临时封闭。若有废孔,清净后用植筋胶填实或者用高强度无收缩砂浆填充密实。清孔时,不能用水冲洗,以免残留在孔中的水分削弱黏合剂的作用。

(4)钢筋处理

用角磨机或钢丝轮片将钢筋锚固长度范围内的铁锈清除干净,并打磨出金属光泽。

(5)注胶

①植筋用胶的配制。植筋用胶黏剂是由两个不同化学组分在使用前按一定比例配制而成,配制比例必须严格按产品说明书中的比例。配胶宜采用机械搅拌,搅拌器可用电锤和搅拌齿组成,搅拌齿可采用电锤钻头端部焊接十字形 ϕ14 钢筋制成,也可用细钢筋人工搅拌。

②使用植筋注射器从孔底向外均匀地把适量胶黏剂填注孔内,从里到外渐渐填孔并排出空气,注胶量为孔深的1/3～1/2容量,以钢筋植入后有少许胶液溢出为宜。注意勿将空气封入孔内。

(6)植筋

按顺时针方向把钢筋平行于孔洞走向轻轻植入孔中,直至插入孔底,胶黏剂溢出。钢筋也可用手锤击打方式入孔,手锤击打时,一人应扶住钢筋,以避免回弹。

(7)固化养护

将钢筋外露端固定在模架上,使其不受外力作用,直至胶黏剂凝结,并派专人现场保护。凝胶的化学反应时间一般为15 min,固化时间一般为1 h。植筋后夏季12 h内(冬季24 h内)不得扰动钢筋,若有较大扰动宜重新植。胶黏剂的固化时间与环境温度的关系按产品说明书确定。

(8)检测

植筋养护完成后,应采用专门的拉拔仪进行锚固承载力检验,植筋检测应符合《混凝土结构后锚固技术规程》(JGJ 145—2013)的有关规定。

4.2.7.3 注意事项

(1)包装桶内结构胶若有沉淀,使用前应搅拌均匀。

(2)锚固构造措施应满足《混凝土结构后锚固技术规程》(JGJ 145—2013)、《混凝土结构加固设计规范》(GB 50367—2013)的有关规定。

(3)结构胶宜在阴凉处密闭保存,保存期应按使用说明执行。

(4)植筋施工时,基材表面温度和孔内表层含水率应符合设计和胶黏剂使用说明书要求,无明确要求时,基材表面温度不应低于15 ℃;植筋施工严禁在大风、雨雪天气露天进行。

(5)结构胶对皮肤有刺激性,施工时,施工人员应注意劳动保护,如配备安全帽、工作服、手套等。

4.2.8 钢筋工程施工质量检查验收方法

钢筋工程属于隐蔽工程,在浇筑混凝土前应对钢筋及预埋件进行隐蔽工程验收,并按规定做好隐蔽工程记录,以便查验。隐蔽工程验收应包括下列主要内容:

①纵向受力钢筋的牌号、规格、数量、位置是否正确,特别是要注意检查负筋的位置;

②钢筋的连接方式、接头位置、接头质量、接头面积百分率、搭接长度、锚固方式、锚固长度等是否符合设计及规范的规定;

③箍筋、横向钢筋的牌号、规格、数量、间距、位置等以及箍筋弯钩的弯折角度及平直段长度是否符合设计及规范的规定;

④预埋件的规格、数量、位置等是否符合设计及规范的规定。检查钢筋绑扎是否牢固,有无变形、松脱等。

钢筋工程的施工质量检验应按主控项目、一般项目,按规定的检验方法进行检验。检验批合格质量应符合下列规定:主控项目的质量经抽样检验均应合格;一般项目的质量经抽样检验应合格;当采用计数抽样检验时,除有专门要求外,一般项目的合格点率应达到80%及以上,且不得有严重缺陷;应具有完整的质量检验记录,重要工序应具有完整的施工操作记录。

4.2.8.1 主控项目

(1)钢筋进场时,应按国家现行相关标准的规定抽取试件做屈服强度、抗拉强度、伸长率、弯曲性能和重量偏差检验,检验结果应符合相应标准的规定。

检查数量:按进场批次和产品的抽样检验方案确定。

检验方法:检查质量证明文件和抽样检验报告。

(2)成型钢筋进场时,应抽取试件做屈服强度、抗拉强度、伸长率和重量偏差检验,检验结果应符合国家现行相关标准的规定。

对由热轧钢筋制成的成型钢筋,当有施工单位或监理单位的代表驻厂监督生产过程,并提供原材钢筋力学性能第三方检验报告时,可仅进行重量偏差检验。

检查数量:同一厂家、同一类型、同一钢筋来源的成型钢筋,不超过30 t为一批,每批中每种钢筋牌号、规格均应至少抽取1个钢筋试件,总数不应少于3个。

检验方法:检查质量证明文件和抽样检验报告。

(3)对按一、二、三级抗震等级设计的框架和斜撑构件(含梯段)中的纵向受力普通钢筋应采用HRB335E、HRB400E、HRB500E、HRBF335E、HRBF400E或HRBF500E钢筋,其强度和最大力下总伸长率的实测值应符合下列规定:

①抗拉强度实测值与屈服强度实测值的比值不应小于1.25;

②屈服强度实测值与屈服强度标准值的比值不应大于1.30;

③最大力下总伸长率不应小于9%。

检查数量:按进场的批次和产品的抽样检验方案确定。

检验方法:检查抽样检验报告。

(4)钢筋弯折的弯弧内直径应符合下列规定:

①光圆钢筋,不应小于钢筋直径的2.5倍;

②335 MPa级、400 MPa级带肋钢筋,不应小于钢筋直径的4倍;

③500 MPa级带肋钢筋,当直径为28 mm以下时不应小于钢筋直径的6倍,当直径为28 mm及以上时不应小于钢筋直径的7倍;

④箍筋弯折处尚不应小于纵向受力钢筋的直径。

检查数量:同一设备加工的同一类型钢筋,每工作班抽查不应少于3件。

检验方法:尺量。

(5)纵向受力钢筋的弯折后平直段长度应符合设计要求。光圆钢筋末端做180°弯钩时,弯钩的平直段长度不应小于钢筋直径的3倍。

检查数量:同一设备加工的同一类型钢筋,每工作班抽查不应少于3件。

检验方法:尺量。

(6)箍筋、拉筋的末端应按设计要求做弯钩,并应符合下列规定:

①对一般结构构件,箍筋弯钩的弯折角度不应小于90°,弯折后平直段长度不应小于箍筋直径的5倍;对有抗震设防要求或设计有专门要求的结构构件,箍筋弯钩的弯折角度不应小于135°,弯折后平直段长度不应小于箍筋直径的10倍;

②圆形箍筋的搭接长度不应小于其受拉锚固长度,且两末端弯钩的弯折角度不应小于135°,弯折后平直段长度对一般结构构件不应小于箍筋直径的5倍,对有抗震设防要求的结构构件不应小于箍筋直径的10倍;

③梁、柱复合箍筋中的单肢箍筋两端弯钩的弯折角度均不应小于135°,弯折后平直段长度应符合箍筋的有关规定。

检查数量:同一设备加工的同一类型钢筋,每工作班抽查不应少于3件。

检验方法:尺量。

(7)盘卷钢筋调直后应进行力学性能和重量偏差检验,检验结果应符合现行有关标准的规定。

检查数量:同一设备加工的同一牌号、同一规格的调直钢筋,重量不大于30 t为一批,每批见证抽取3个试件。

检验方法:检查抽样检验报告。

(8)钢筋的连接方式应符合设计要求。

检查数量:全数检查。

检验方法:观察。

(9)钢筋采用机械连接或焊接连接时,钢筋机械连接接头、焊接接头的力学性能、弯曲性能应符合国家现行相关标准的规定。接头试件应从工程实体中截取。

检查数量:按现行行业标准《钢筋机械连接技术规程》(JGJ 107—2016)和《钢筋焊接及验收规程》(JGJ 18—2012)的规定确定。

检验方法:检查质量证明文件和抽样检验报告。

(10)钢筋采用机械连接时,螺纹接头应检验拧紧扭矩值,挤压接头应量测压痕直径,检验结果应符合现行行业标准《钢筋机械连接技术规程》(JGJ 107—2016)的相关规定。

检查数量:按现行行业标准《钢筋机械连接技术规程》(JGJ 107—2016)的规定确定。

检验方法:采用专用扭力扳手或专用量规检查。

(11)钢筋安装时,受力钢筋的牌号、规格和数量必须符合设计要求。

检查数量:全数检查。

检验方法:观察,尺量。

(12)钢筋应安装牢固。受力钢筋的安装位置、锚固方式应符合设计要求。

检查数量:全数检查。

检验方法:观察,尺量。

4.2.8.2 一般项目

(1)钢筋应平直、无损伤,表面不得有裂纹、油污、颗粒状或片状老锈。

检查数量:全数检查。

检验方法:观察。

(2)成型钢筋的外观质量和尺寸偏差应符合国家现行相关标准的规定。

检查数量:同一厂家、同一类型的成型钢筋,不超过30 t为一批,每批随机抽取3个成型钢筋。

检验方法:观察,尺量。

(3)钢筋机械连接套筒、钢筋锚固板以及预埋件等的外观质量应符合国家现行有关标准的规定。

检查数量:按国家现行有关标准的规定确定。

检验方法:检查产品质量证明文件;观察,尺量。

(4)钢筋加工的形状、尺寸应符合设计要求,其偏差应符合表4-19的规定。

检查数量:同一设备加工的同一类型钢筋,每工作班抽查不应少于3件。

检验方法:尺量。

(5)钢筋接头的位置应符合设计和施工方案要求。有抗震设防要求的结构中,

表 4-19　钢筋加工的允许偏差

项　　目	允许偏差(mm)
受力钢筋沿长度方向的净尺寸	±10
弯起钢筋的弯折位置	±20
箍筋外廓尺寸	±5

梁端、柱端箍筋加密区范围内不应进行钢筋搭接。接头末端至钢筋弯起点的距离不应小于钢筋直径的10倍。

检查数量:全数检查。

检验方法:观察,尺量。

(6)钢筋机械连接接头、焊接接头的外观质量应符合现行行业标准《钢筋机械连接技术规程》(JGJ 107—2016)和《钢筋焊接及验收规程》(JGJ 18—2012)的规定。

检查数量:按现行行业标准《钢筋机械连接技术规程》(JGJ 107—2016)和《钢筋焊接及验收规程》(JGJ 18—2012)的规定确定。

检验方法:观察,尺量。

(7)当纵向受力钢筋采用机械连接接头或焊接接头时,同一连接区段内纵向受力钢筋的接头面积百分率应符合设计要求;当设计无具体要求时,应符合下列规定:

①受拉接头,不宜大于50%;受压接头,可不受限制;

②直接承受动力荷载的结构构件中,不宜采用焊接;当采用机械连接时,不应超过50%。

检查数量:在同一检验批内,对梁、柱和独立基础,应抽查构件数量的10%,且不应少于

3件;对墙和板,应按有代表性的自然间抽查10%,且不应少于3间;对大空间结构,墙可按相邻轴线间高度5m左右划分检查面,板可按纵横轴线划分检查面,抽查10%,且均不应少于3面。

检验方法:观察,尺量。

(8)当纵向受力钢筋采用绑扎搭接接头时,接头的设置应符合下列规定:

①接头的横向净间距不应小于钢筋直径,且不应小于25mm;

②同一连接区段内,纵向受拉钢筋的接头面积百分率应符合设计要求;当设计无具体要求时,应符合下列规定:

A.梁类、板类及墙类构件,不宜超过25%;基础筏板,不宜超过50%。

B.柱类构件,不宜超过50%。

C.当工程中确有必要增大接头面积百分率时,对梁类构件,不应大于50%。

检查数量:在同一检验批内,对梁、柱和独立基础,应抽查构件数量的10%,且不应少于3件;对墙和板,应按有代表性的自然间抽查10%,且不应少于3间;对大空间结构,墙可按相邻轴线间高度5m左右划分检查面,板可按纵横轴线划分检查面,抽查10%,且均不应少于3面。

检验方法:观察,尺量。

(9)梁、柱类构件的纵向受力钢筋搭接长度范围内箍筋的设置应符合设计要求;当设计无具体要求时,应符合下列规定:

①箍筋直径不应小于搭接钢筋较大直径的1/4;

②受拉搭接区段的箍筋间距不应大于搭接钢筋较小直径的5倍,且不应大于100mm;

③受压搭接区段的箍筋间距不应大于搭接钢筋较小直径的10倍,且不应大于200mm;

④当柱中纵向受力钢筋直径大于25mm时,应在搭接接头两个端面外100mm范围内各设置两道箍筋,其间距宜为50mm。

检查数量:在同一检验批内,应抽查构件数量的10%,且不应少于3件。

检验方法:观察,尺量。

(10)钢筋安装偏差及检验方法应符合表4-20的规定。受力钢筋保护层厚度的合格点率应达到90%及以上,且不得有超过表4-20中数值1.5倍的尺寸偏差。

检查数量:在同一检验批内,对梁、柱和独立基础,应抽查构件数量的10%,且不应少于3件;对墙和板,应按有代表性的自然间抽查10%,且不应少于3间;对大空间结构,墙可按相邻轴线间高度5m左右划分检查面,板可按纵横轴线划分检查面,抽查10%,且均不应少于3面。

表4-20　钢筋安装允许偏差和检验方法

项　目		允许偏差(mm)	检验方法
绑扎钢筋网	长、宽	±10	尺量
	网眼尺寸	±20	尺量连续三档,取最大偏差值
绑扎钢筋骨架	长	±10	尺量
	宽、高	±5	尺量

项　　目		允许偏差（mm）	检验方法
纵向受力钢筋	锚固长度	−20	尺量
	间距	±10	尺量两端、中间各一点，取最大偏差值
	排距	±5	
纵向受力钢筋、箍筋的混凝土保护层厚度	基础	±10	尺量
	柱、梁	±5	尺量
	板、墙、壳	±3	尺量
绑扎钢筋、横向钢筋间距		±20	尺量连续三档，取最大偏差值
钢筋弯起点位置		20	尺量
预埋件	中心线位置	5	尺量
	水平高差	+3，0	塞尺量测

注：检查中心线位置时，沿纵、横两个方向量测，并取其中偏差的较大值。

4.3　混凝土工程

混凝土工程包括混凝土的制备、运输、浇筑、振捣和养护等施工过程，各个施工过程既相互联系又相互影响，任一施工过程的处理不当都会影响混凝土的最终质量，因此，对施工中的各个环节必须严格按照规范要求进行施工，以确保混凝土的工程质量。

4.3.1　混凝土的原材料

4.3.1.1　水泥

水泥是一种最常用的水硬性胶凝材料。水泥呈粉末状，加入适量水后，成为塑性浆体，既能在空气中硬化，又能在水中硬化，并能把砂、石等散状材料牢固地胶结在一起。土木工程中最为常用的是通用硅酸盐水泥，它是以硅酸盐水泥熟料和适量的石膏以及规定的混合材料制成的水硬性胶凝材料。

（1）水泥的分类

通用硅酸盐水泥按混合材料的品种和掺量分为硅酸盐水泥、普通硅酸盐水泥、矿渣硅酸盐水泥、火山灰质硅酸盐水泥、粉煤灰硅酸盐水泥和复合硅酸盐水泥六大类。各品种的组分、代号、强度等级见表 4-21。

表 4-21　通用硅酸盐水泥的组分、代号及强度等级

品种	代号	组分（质量分数，%）					强度等级
		熟料＋石膏	粒化高炉矿渣	火山灰质混合材料	粉煤灰	石灰石	
硅酸盐水泥	P·Ⅰ	100	—	—	—	—	42.5、42.5R、52.5、52.5R、62.5、62.5R
	P·Ⅱ	≥95	≤5	—	—	—	
		≥95	—	—	—	≤5	

173

续表 4-21

| 品种 | 代号 | 组分(质量分数,%) | | | | | 强度等级 |
		熟料+石膏	粒化高炉矿渣	火山灰质混合材料	粉煤灰	石灰石	
普通硅酸盐水泥	P·O	≥80且<95	>5且≤20			—	42.5、42.5R、52.5、52.5R
矿渣硅酸盐水泥	P·S·A	≥50且<80	>20且≤50	—	—	—	32.5、32.5R、42.5、42.5R、52.5、52.5R
	P·S·B	≥30且<50	>50且≤70	—	—	—	
火山灰质硅酸盐水泥	P·P	≥60且<80	—	>20且≤40	—	—	
粉煤灰硅酸盐水泥	P·F	≥60且<80	—	—	>20且≤40	—	
复合硅酸盐水泥	P·C	≥50且<80	>20且≤50				42.5、42.5R、52.5、52.5R

(2)水泥的选用

水泥的技术要求应符合《通用硅酸盐水泥》(GB 175—2007)、《混凝土结构工程施工规范》(GB 50666—2011)等现行规范标准的有关规定,其选用应符合下列要求:

①水泥品种与强度等级应根据设计、施工要求,以及工程所处环境条件确定;

②普通混凝土宜选用通用硅酸盐水泥,有特殊需要时,也可选用其他品种水泥;

③有抗渗、抗冻融要求的混凝土,宜选用硅酸盐水泥或普通硅酸盐水泥;

④处于潮湿环境的混凝土结构,当使用碱活性骨料时,宜采用低碱水泥。

(3)水泥的质量控制

①验收

水泥进场时,应对其品种、代号、强度等级、包装或散装编号、出厂日期等进行检查,并应对水泥的强度、安定性和凝结时间进行检验,检验结果应符合现行国家标准《通用硅酸盐水泥》(GB 175—2007)的相关规定。

当在使用中对水泥质量有怀疑或水泥出厂超过三个月(快硬硅酸盐水泥超过一个月)时,应进行复验,并按复验结果使用。

钢筋混凝土结构、预应力混凝土结构中,严禁使用含氯化物的水泥。

检查数量:按同一厂家、同一品种、同一代号、同一强度等级、同一批号且连续进场的水泥,袋装不超过 200 t 为一批,散装不超过 500 t 为一批,每批抽样数量不应少于一次。

检验方法:水泥的强度、安定性、凝结时间和细度,应分别按《水泥胶砂强度检验方法(ISO法)》(GB/T 17671—1999)、《水泥标准稠度用水量、凝结时间、安定性检验方法》(GB/T 1346—2011)、《水泥比表面积测定方法 勃氏法》(GB/T 8074—2008)、《水泥细度检验方法 筛析法》(GB/T 1345—2005)的规定进行检验。

②运输和堆放

水泥在运输时不得受潮和混入杂物。不同品种、强度等级、出厂日期和出厂编号的水泥应分别运输装卸,并做好明显标志,严防混淆。

散装水泥宜在专用的仓罐中储存并有防潮措施。不同品种、强度等级的水泥不得混仓,并应定期清仓。

袋装水泥应在库房内储存,库房应尽量密闭。堆放时应按品种、强度等级、出厂编号、到货先后或使用顺序排列成垛,堆放高度一般不超过 10 包。临时露天暂存水泥也应用防雨篷布盖严,底板要垫高,并有防潮措施。

4.3.1.2 石子

(1)石子的分类

石子可分为碎石和卵石。由天然岩石或卵石经破碎、筛分而成的,公称粒径大于 5.00 mm 的岩石颗粒,称为碎石;由自然条件作用形成的,公称粒径大于 5.00 mm 的岩石颗粒,称为卵石。

(2)石子的选用

石子的技术要求应符合《建设用卵石、碎石》(GB/T 14685—2011)、《普通混凝土用砂、石质量及检验方法标准》(JGJ 52—2006)、《混凝土结构工程施工规范》(GB 50666—2011)等现行规范标准的有关规定,宜选用粒形良好、质地坚硬的洁净碎石或卵石,并应符合下列要求:

①最大粒径不应超过构件截面最小尺寸的 1/4,且不应超过钢筋最小净间距的 3/4;对实心混凝土板,最大粒径不宜超过板厚的 1/3,且不应超过 40 mm。

②宜采用连续粒级,也可用单粒级组合成满足要求的连续粒级。

③泵送混凝土用碎石的最大粒径不应大于输送管内径的 1/3,卵石的最大粒径不应大于输送管内径的 2/5。

④强度等级为 C60 及以上的混凝土所用的粗骨料,其压碎指标的控制值应经试验确定,并且粗骨料最大粒径不宜大于 25 mm,针片状颗粒含量不应大于 8.0%,含泥量不应大于 0.5%,泥块含量不应大于 0.2%。

⑤有抗渗、抗冻融或其他特殊要求的混凝土,宜选用连续级配的粗骨料,最大粒径不宜大于 40 mm,含泥量不应大于 1.0%,泥块含量不应大于 0.5%。

(3)质量控制

①验收

使用单位应按碎石或卵石的同产地、同规格分批验收。采用大型工具运输的,以 400 m³或 600 t 为一验收批。采用小型工具运输的,以 200 m³ 或 300 t 为一验收批。不足上述量者,应按验收批进行验收。

每验收批碎石或卵石至少应进行颗粒级配、含泥量、泥块含量和针、片状颗粒含量检验。

当碎石或卵石的质量比较稳定、进料量又较大时,可以 1000 t 为一验收批。

当使用新产源的碎石或卵石时,应由生产单位或使用单位按质量要求进行全面检验,质量应符合现行行业标准《普通混凝土用砂、石质量及检验方法标准》(JGJ 52—2006)的规定。

②运输和堆放

碎石或卵石在运输、装卸和堆放过程中,应防止颗粒离析、混入杂质,并按产地、种类和规格分别堆放。碎石或卵石的堆放高度不宜超过 5 m,对于单粒级或最大粒径不超过 20 mm 的连续粒级,其堆料高度可增加到 10 m。

4.3.1.3 砂

(1)砂的分类

①按加工方法不同,砂分为天然砂、人工砂和混合砂。

由自然条件作用而形成的,公称粒径小于5.00 mm的岩石颗粒,称为天然砂。按其产源不同,天然砂可分为河砂、海砂和山砂。

由岩石经除土开采、机械破碎、筛分而成的,公称粒径小于5.00 mm的岩石颗粒,称为人工砂。

由天然砂与人工砂按一定比例组合而成的砂,称为混合砂。

②按细度模数不同,砂分为粗砂、中砂、细砂和特细砂,其范围应符合表4-22的规定。

表4-22 砂的细度模数

粗细程度	细度模数	粗细程度	细度模数
粗砂	3.7～3.1	细砂	2.2～1.6
中砂	3.0～2.3	特细砂	1.5～0.7

(2)砂的选用

砂的技术要求应符合《建设用砂》(GB/T 14684—2011)、《普通混凝土用砂、石质量及检验方法标准》(JGJ 52—2006)、《混凝土结构工程施工规范》(GB 50666—2011)等现行规范标准的有关规定,宜选用级配良好、质地坚硬、颗粒洁净的天然砂或机制砂,并应符合下列要求:

①细骨料宜选用Ⅱ区中砂。当选用Ⅰ区砂时,应提高砂率,并应保持足够的胶凝材料用量,同时应满足混凝土的工作性要求;当采用Ⅲ区砂时,宜适当降低砂率。

②混凝土细骨料中氯离子含量,对钢筋混凝土,按干砂的质量百分率计算不得大于0.06%;对预应力混凝土,按干砂的质量百分率计算不得大于0.02%。

③配制泵送混凝土时,宜选用中砂。

④海砂应符合现行行业标准《海砂混凝土应用技术规范》(JGJ 206—2010)的有关规定。

⑤强度等级为C60及以上的混凝土所用的细骨料,其细度模数宜控制为2.6～3.0,含泥量不应大于2.0%,泥块含量不应大于0.5%。

⑥有抗渗、抗冻融或其他特殊要求的混凝土,所用细骨料含泥量不应大于3.0%,泥块含量不应大于1.0%。

(3)质量控制

①验收

使用单位应按砂的同产地、同规格分批验收。采用大型工具运输的,以400 m³或600 t为一验收批。采用小型工具运输的,以200 m³或300 t为一验收批。不足上述量者,应按验收批进行验收。

每验收批砂至少应进行颗粒级配、含泥量、泥块含量检验。对于海砂或有氯离子污染的砂,还应检验其氯离子含量;对于海砂,还应检验贝壳含量;对于人工砂及混合砂,还应检验石粉含量。

当砂的质量比较稳定、进料量又较大时,可以1000 t为一验收批。

当使用新产源的砂时,应由生产单位或使用单位按质量要求进行全面检验,质量应符合行业现行标准《普通混凝土用砂、石质量及检验方法标准》(JGJ 52—2006)的规定。

②运输和堆放

砂在运输、装卸和堆放过程中,应防止颗粒离析、混入杂质,并按产地、种类和规格分别堆放。

4.3.1.4 掺合料

掺合料是混凝土的主要组成材料,它起着改善混凝土性能的作用。在混凝土中加入适量的掺合料,可以起到降低温升,改善工作性,增进后期强度,改善混凝土内部结构,提高耐久性,节约资源的作用。

(1)掺合料的分类

混凝土用矿物掺合料的种类很多,主要有粉煤灰(电厂煤粉炉烟道气体中收集的粉末)、粒化高炉矿渣(以粒化高炉矿渣为主要原料,掺加少量石膏磨细制成一定细度的粉体)、石灰石粉(以一定纯度的石灰石为原料,经粉磨至规定细度的粉状材料)、硅灰(铁合金厂在冶炼硅铁合金或金属硅时,从烟尘中收集的一种飞灰)、沸石粉(用天然沸石粉配以少量无机物经细磨而成的一种良好的火山灰质材料)、磷渣粉(用电炉法制黄磷时所得到的以硅酸钙为主要成分的熔融物,经淬冷成粒、磨细加工制成的粉末)、钢铁渣粉(以钢渣和粒化高炉矿渣为主要原料,掺加少量石膏粉磨成一定细度的粉体材料)和复合矿物掺合料等。

(2)掺合料的选用

各种矿物掺合料,均应符合相应的标准要求,例如《矿物掺合料应用技术规范》(GB/T 51003—2014)、《用于水泥和混凝土中的粉煤灰》(GB/T 1596—2017)、《用于水泥、砂浆和混凝土中的粒化高炉矿渣粉》(GB/T 18046—2017)、《石灰石粉在混凝土中应用技术规程》(JGJ/T 318—2014)、《混凝土用粒化电炉磷渣粉》(JG/T 317—2011)、《砂浆和混凝土用硅灰》(GB/T 27690—2011)、《钢铁渣粉》(GB/T 28293—2012)等,其选用应根据设计、施工要求,以及工程所处环境条件确定,矿物掺合料的掺量应通过试验确定,并符合《普通混凝土配合比设计规程》(JGJ 55—2011)的规定。

(3)质量控制

①验收

混凝土用矿物掺合料进场时,应对其品种、技术指标、出厂日期等进行检查,并应对矿物掺合料的相关技术指标进行检验,检验结果应符合国家现行有关标准的规定。

检查数量:按同一厂家、同一品种、同一技术指标、同一批号且连续进场的矿物掺合料,袋装以不超过 200 t 为一批,散装以不超过 500 t 为一批,硅灰以不超过 50 t 为一批,每批抽样数量不应少于一次。

②运输和储存

掺合料在运输和储存时不得受潮、混入杂物,应防止污染环境,并应标明掺合料种类及其厂名、等级等。

4.3.1.5 外加剂

在混凝土拌和过程中掺入,并能按要求改善混凝土性能,一般不超过水泥质量的 5%(特殊情况除外)的材料称为混凝土外加剂。

(1)外加剂的分类

混凝土外加剂按其主要功能分为:

①改善混凝土拌合物流动性能的外加剂,包括各种减水剂、引气剂和泵送剂等。

②调节混凝土凝结时间、硬化性能的外加剂,包括缓凝剂、早强剂和速凝剂等。

③改善混凝土耐久性能的外加剂,包括引气剂、防水剂和阻锈剂等。

④改善混凝土其他性能的外加剂,包括加气剂、膨胀剂、防冻剂等。

(2)外加剂的选用

混凝土外加剂的种类较多,且均有国家现行有关的质量标准,例如《混凝土外加剂》(GB 8076—2008)、《混凝土外加剂应用技术规范》(GB 50119—2013)、《聚羧酸系高性能减水剂》(JG/T 223—2017)等,使用时,混凝土外加剂的质量不仅要符合有关国家标准的规定,也应符合相关行业标准的规定。外加剂的选用应根据设计、施工要求、混凝土原材料性能以及工程所处环境条件等因素通过试验确定,不同品种外加剂首次复合使用时,应检验混凝土外加剂的相容性。

(3)质量控制

①验收

混凝土外加剂进场时,应对其品种、性能、出厂日期等进行检查,并应对外加剂的相关性能指标进行检验,检验结果应符合现行国家标准《混凝土外加剂》(GB 8076—2008)和《混凝土外加剂应用技术规范》(GB 50119—2013)的规定。

检查数量:按同一厂家、同一品种、同一性能、同一批号且连续进场的混凝土外加剂,不超过5 t为一批,每批抽样数量不应少于一次。

②运输和储存

外加剂应按不同厂家、不同品种、不同等级分别存放,标识清晰。

液体外加剂应放置在阴凉干燥处,防止日晒、受冻、污染、进水和蒸发,如发现有沉淀等现象,需经性能检验合格后方可使用。

粉状外加剂应防止受潮结块,如发现有结块等现象,需经性能检验合格后方可使用。

4.3.1.6 拌和用水

(1)拌和用水的分类

拌和用水按照其来源不同可以分为饮用水、地表水(存在于江、河、湖、塘、沼泽和冰川等中的水)、地下水(存在于岩石缝隙或土壤孔隙中的可以流动的水)、再生水(指污水经适当再生工艺处理后具有使用功能的水)、混凝土企业设备洗涮水和海水等。

(2)拌和用水的选用

混凝土拌和及养护用水,应符合现行行业标准《混凝土用水标准》(JGJ 63—2006)的有关规定。符合国家标准的生活饮用水是最常使用的混凝土拌和用水,可以直接用于拌制各种混凝土;地表水和地下水首次使用前,应按有关标准进行检验后方可使用;海水可用于拌制素混凝土,但未经处理的海水严禁用于拌制和养护钢筋混凝土、预应力混凝土,有饰面要求的混凝土也不应用海水拌制;混凝土企业设备洗涮水不宜用于预应力混凝土、装饰混凝土、加气混凝土和暴露于腐蚀环境的混凝土,并且不得用于使用碱活性或潜在碱活性骨料的混凝土。

（3）质量控制

拌和用水的水质检验、水样取样、检验期限和频率应符合现行行业标准《混凝土用水标准》（JGJ 63—2006）的规定。

4.3.2　混凝土制备

4.3.2.1　混凝土配制强度

（1）当混凝土设计强度等级低于 C60 时，配制强度应按照下式确定：

$$f_{cu,0} \geqslant f_{cu,k} + 1.645\sigma \qquad (4\text{-}14)$$

式中　$f_{cu,0}$——混凝土的配制强度（MPa）；

　　　$f_{cu,k}$——混凝土立方体抗压强度标准值（MPa）；

　　　σ——混凝土强度标准差（MPa），按照下列规定确定：

①当具有近期的同品种混凝土的强度资料时，其混凝土强度标准差 σ 应按下式计算：

$$\sigma = \sqrt{\frac{\sum\limits_{i=1}^{n} f_{cu,i}^2 - n m_{f_{cu}}^2}{n-1}} \qquad (4\text{-}15)$$

式中　$f_{cu,i}$——第 i 组的试件强度（MPa）；

　　　$m_{f_{cu}}$——n 组试件的强度平均值（MPa）；

　　　n——试件组数，n 值不应小于 30。

②按式（4-15）计算混凝土强度标准差时：强度等级不高于 C30 的混凝土，计算得到的 σ 大于或等于 3.0 MPa 时，应按计算结果取值；计算得到的 σ 小于 3.0 MPa 时，σ 应取 3.0 MPa；强度等级高于 C30 且低于 C60 的混凝土，计算得到的 σ 大于或等于 4.0 MPa 时，应按计算结果取值；计算得到的 σ 小于 4.0 MPa 时，σ 应取 4.0 MPa。

③当没有近期的同品种混凝土强度资料时，其混凝土强度标准差 σ 可按表 4-23 取用。

表 4-23　混凝土强度标准差 σ 值（MPa）

混凝土强度等级	≤C20	C25～C45	C50～C55
标准差 σ	4.0	5.0	6.0

（2）当混凝土设计强度等级不低于 C60 时，配制强度应按下式确定：

$$f_{cu,0} \geqslant 1.15 f_{cu,k} \qquad (4\text{-}16)$$

4.3.2.2　混凝土施工配合比及施工配料

混凝土的配合比是在实验室根据混凝土的配制强度经过试配和调整而确定的，称为实验室配合比。实验室配合比所用砂、石都是干燥状态的，而施工现场砂、石都有一定的含水率，且含水率的大小随着气温等条件不断变化。为了保证混凝土的质量，施工中应该按照现场砂、石的实际含水率对实验室配合比进行调整，调整后的配合比，称为施工配合比。

假设实验室配合比为水泥：砂：石＝$1:x:y$，水灰比为 W/C，现场砂、石含水率分别为 w_x、w_y，则施工配合比为：

$$水泥：砂：石＝1:x(1+w_x):y(1+w_y)$$

水灰比 W/C 不变，加水量应扣除砂、石中的含水量。

【例 4-3】 已知 C20 混凝土的实验室配合比为,水泥：砂：石＝1：2.55：5.12,水灰比为 0.65,每立方米混凝土的水泥用量为 310 kg,经测定现场砂的含水率为 3‰,石子的含水率为 1‰,求施工配合比以及每立方米混凝土各种原材料的用量。

【解】 施工配合比为:1：2.55(1＋3‰)：5.12(1＋1‰)＝1：2.63：5.17。

每立方米混凝土各种原材料用量为:

水泥:310 kg;

砂子:310×2.63＝815.3 kg;

石子:310×5.17＝1602.7 kg;

水:310×0.65－310×2.55×3‰－310×5.12×1‰＝161.9 kg。

施工配料是确定每拌和一次需要用的各种原材料量,它根据施工配合比和搅拌机的出料容量计算。施工中往往以一袋或两袋水泥为下料单位,每搅拌一次叫作一盘。因此,求出每立方米混凝土材料用量后,还必须根据工地现有搅拌机出料容量确定每次需用几袋水泥,然后按水泥用量算出砂、石子的每盘用量。

例 4-3 中,如果现场采用 JZ250 型搅拌机,出料容量为 0.25 m³,则每搅拌一次的装料数量为:

水泥:310×0.25＝77.5 kg(取一袋半水泥,即 75 kg);

砂子:815.3×75/310＝197.25 kg;

石子:1602.7×75/310＝387.75 kg;

水:161.9×75/310＝39.2 kg。

4.3.2.3 混凝土的搅拌

混凝土搅拌,是将水、水泥和粗细骨料等进行均匀拌和的过程。混凝土的制备可以分为现场搅拌混凝土和预拌混凝土两种方式,混凝土结构施工宜采用预拌混凝土。现场搅拌混凝土宜采用与混凝土搅拌站相同的搅拌设备,按照预拌混凝土的技术要求集中搅拌。当没有条件采用预拌混凝土,且施工现场也没有条件采用具有自动计量装置的搅拌设备进行集中搅拌时,可以根据现场条件采用搅拌机搅拌。此时,使用的搅拌机应符合现行国家标准《混凝土搅拌机》(GB/T 9142—2000)的有关要求,并应配备能够满足要求的计量装置。

(1)现场搅拌混凝土

①搅拌机的选择

混凝土搅拌机按其搅拌原理分为自落式和强制式两类。

A. 自落式搅拌机

自落式搅拌机的搅拌筒内壁焊有弧形叶片,当搅拌筒绕水平轴旋转时,叶片不断将物料提升到一定的高度,利用重力的作用,物料自由落下,从而达到均匀拌和的目的。这种搅拌机适用于搅拌塑性混凝土和低流动性混凝土,搅拌质量、搅拌速度等与强制式搅拌机比相对要差一些。

B. 强制式搅拌机

强制式搅拌机是利用搅拌筒内运动着的叶片强迫物料朝着各个方向运动,由于各物料颗粒的运动方向、速度各不相同,相互之间产生剪切滑移而相互穿插、扩散,从而在很短的时间内,使物料拌和均匀。这种搅拌机适用于搅拌干硬性混凝土、流动性混凝土和轻骨料混凝土等,具有搅拌质量好、搅拌速度快、生产效率高、操作简便及安全可靠等优点。

选择搅拌机时,要根据工程量的大小、混凝土的坍落度、骨料尺寸等而定,既要满足技术上的要求,也要考虑经济效果和节约能源。

②混凝土搅拌

A.混凝土原材料的计量

混凝土搅拌时应对原材料用量准确计量,并应符合下列规定:

计量设备的精度应符合现行国家标准《建筑施工机械与设备　混凝土搅拌站(楼)》(GB/T 10171—2016)的有关规定,并应定期校准。使用前设备应归零;

原材料的计量应按质量计,水和外加剂溶液可按体积计,其允许偏差应符合表 4-24 的规定。

表 4-24　混凝土原材料计量允许偏差(%)

原材料品种	水泥	细骨料	粗骨料	水	矿物掺合料	外加剂
每盘计量允许偏差	±2	±3	±3	±1	±2	±1
累计计量允许偏差	±1	±2	±2	±1	±1	±1

注:①现场搅拌时原材料计量允许偏差应满足每盘计量允许偏差要求。
②累计计量允许偏差指每一运输车中各盘混凝土的每种材料累计称量的偏差,该项指标仅适用于采用计算机控制计量的搅拌站。
③骨料含水率应经常测定,雨、雪天施工时应增加测定次数。

B.混凝土投料方法

根据投料顺序不同,常用的投料方法有:先拌水泥净浆法、先拌砂浆法、水泥裹砂法和水泥裹砂石法等。

先拌水泥净浆法是指先将水泥和水充分搅拌成均匀的水泥净浆后,再加入砂和石搅拌成混凝土。

先拌砂浆法是指先将水泥、砂和水投入搅拌筒内进行搅拌,形成均匀的水泥砂浆后,再加入石子搅拌成均匀的混凝土。

水泥裹砂法是指先将全部砂子投入搅拌机中,并加入总拌和水量 70% 左右的水(包括砂的含水量),搅拌 10～15 s,再投入水泥搅拌 30～50 s,最后投入全部石子、剩余水及外加剂,再搅拌 50～70 s 后出罐。

水泥裹砂石法是指先将全部的石子、砂和 70% 拌和水投入搅拌机,拌和 15 s,使骨料湿润,再投入全部水泥搅拌 30 s 左右,然后加入 30% 拌和水再搅拌 60 s 左右即可。

采用分次投料搅拌方法时,应通过试验确定投料顺序、数量及分段搅拌的时间等工艺参数。矿物掺合料宜与水泥同步投料,液体外加剂宜滞后于水和水泥投料;粉状外加剂宜溶解后再投料。

C.搅拌时间

混凝土应搅拌均匀,宜采用强制式搅拌机搅拌。混凝土搅拌的最短时间可按表 4-25 采用,当能保证搅拌均匀时可适当缩短搅拌时间。搅拌强度等级 C60 及以上的混凝土时,搅拌时间应适当延长。

表 4-25　混凝土搅拌的最短时间（s）

混凝土坍落度 (mm)	搅拌机机型	搅拌机出料量（L）		
		<250	250~500	>500
≤40	强制式	60	90	120
>40,且<100	强制式	60	60	90
≥100	强制式	60		

注：①混凝土搅拌时间是指从全部材料装入搅拌筒中起，到开始卸料时止的时间段。

②当掺有外加剂与矿物掺合料时，搅拌时间应适当延长。

③采用自落式搅拌机时，搅拌时间宜延长 30 s。

④当采用其他形式的搅拌设备时，搅拌的最短时间也可按设备说明书的规定或经试验确定。

D. 开盘鉴定

对首次使用的配合比应进行开盘鉴定，开盘鉴定的内容应包括：混凝土的原材料与配合比设计所采用原材料的一致性；出机混凝土工作性与配合比设计要求的一致性；混凝土强度；混凝土凝结时间；工程有要求时，尚应包括混凝土耐久性能等。

（2）预拌混凝土

预拌混凝土是指在搅拌站（楼）生产的、通过运输设备送至使用地点的、交货时为拌合物的混凝土，因其多作为商品出售，故也称商品混凝土。

混凝土的现场拌制已属于限制技术，将混凝土集中在有自动计量装置的混凝土搅拌站集中拌制，用混凝土运输车向施工现场供应商品混凝土，有利于实现建筑工业化、提高混凝土质量、节约原材料和能源、减少现场和城市环境污染、提高劳动生产率。

订购商品混凝土注意事项：

①预拌混凝土生产企业必须具备"预拌混凝土生产企业资质证书"，并按《建筑业资质管理办法》通过资质年检。

②新建、改建、扩建的建设工程在规划设计方案报审，环境影响报告书报批，施工图设计、编制概算、预算，编制招标、投标、施工合同等时，必须注明使用预拌混凝土，并按预拌混凝土计算工程造价，进入招投标程序。

③建设单位在办理工程质量监督手续前，施工单位应先与具备相应资质的预拌混凝土生产企业签订"建设工程预拌混凝土供销合同"，并到预拌混凝土生产企业资质管理部门办理销售合同备案。建设单位持备案的销售合同或"现场搅拌核准通知书"方可向建设管理部门申请办理工程质量监督手续。

④工程竣工后，建设单位在办理竣工验收备案时，应提供备案的"建设工程预拌混凝土供销合同"和"预拌混凝土使用汇总表"或"现场搅拌核准通知书"办理竣工验收备案。

⑤需严格执行的标准规范：《混凝土质量控制标准》（GB 50164—2011）、《预拌混凝土》（GB/T 14902—2012）、《混凝土泵送施工技术规程》（JGJ/T 10—2011）、《普通混凝土配合比设计规程》（JGJ 55—2011）。

⑥供方负责向需方提供有关预拌混凝土的技术资料，包括：

A. 预拌混凝土出厂品质证明书；

B. 水泥的合格证及检测报告；

C.外加剂、掺合料的合格证及检测报告；

D.砂、石料的检测报告；

E.预拌混凝土配合比；

F.按规定提供抗压、抗渗报告。

⑦需方所供应原材料的技术资料由需方负责。

需方应于混凝土浇筑前向供方提出混凝土的书面技术要求。

4.3.3　混凝土运输和输送

4.3.3.1　混凝土地面运输

混凝土地面运输一般指混凝土自搅拌机中卸出来后,运至浇筑地点的水平运输。混凝土如果采用预拌混凝土且运输距离较远时,混凝土地面运输多用混凝土搅拌运输车;如果来自工地搅拌站,则多用载重1 t的小型机动翻斗车,近距离也用双轮手推车,有时还可用皮带运输机等。

（1）混凝土运输车

混凝土地面运输车主要包括混凝土搅拌运输车和机动翻斗车。

混凝土搅拌运输车是在汽车底盘上安装搅拌筒,直接将混凝土拌合物装入搅拌筒内,运至施工现场,供浇筑作业需要。它是一种用于长距离输送混凝土的高效能机械。为保证混凝土经长途运输后,仍不致产生离析现象,混凝土搅拌筒在运输途中始终在不停地慢速转动,从而使筒内的混凝土拌合物可连续得到搅拌。

机动翻斗车具有轻便灵活、结构简单、转弯半径小、速度快、能自动卸料、操作维护简便等特点,适用于短距离水平运输混凝土以及砂、石等散装材料。机动翻斗车仅限用于运送坍落度小于80 mm的混凝土拌合物,并应保证运送容器不漏浆,内壁光滑平整,具有覆盖设施。

（2）混凝土运输的质量控制

混凝土运输应符合下列规定:

①混凝土宜采用搅拌运输车运输,运输车辆应符合国家现行有关标准的规定;

②运输过程中应保证混凝土拌合物的均匀性和工作性;

③应采取保证连续供应的措施,并应满足现场施工的需要;

④混凝土运输过程中严禁加水。

当采用混凝土搅拌运输车运输混凝土时,还应符合下列要求:

①接料前,搅拌运输车应排净罐内积水。

②在运输途中及等候卸料时,应保持搅拌运输车罐体正常转速,不得停转。

③卸料前,搅拌运输车罐体宜快速旋转搅拌20 s以上后再卸料。

④采用搅拌运输车运输混凝土时,施工现场车辆出入口处应设置交通安全指挥人员,施工现场道路应顺畅,有条件时宜设置循环车道;危险区域应设警戒标志;夜间施工时,应有良好的照明。

⑤采用搅拌运输车运输混凝土,当因道路堵塞或其他意外情况导致混凝土坍落度损失较大不能满足施工要求时,可在运输车罐内加入适量的与原配合比相同成分的减水剂。减水剂加入量应事先由试验确定,并应做出记录。加入减水剂后,混凝土罐车罐体应快速旋转搅拌均匀,并应达到要求的工作性能后再泵送或浇筑。

当采用机动翻斗车运输混凝土时,道路应经事先勘察确认通畅,路面应平整、坚实;在坡道或临时支架上运送混凝土,临时坡道或支架应搭设牢固,铺板接头应平顺,防止因颠簸、振荡造成混凝土离析或洒落。

4.3.3.2　混凝土输送

在混凝土施工过程中,混凝土的现场输送和浇筑是一项关键的工作。它要求迅速、及时,并且保证质量以及降低劳动消耗,从而在保证工程要求的条件下降低工程造价。混凝土输送方式应按施工现场条件,根据合理、经济的原则确定。

混凝土输送是指对运输至现场的混凝土,采用输送泵、溜槽、吊车配备斗容器、升降设备配备小车等方式送至浇筑点的过程。为提高机械化施工水平、提高生产效率,保证施工质量,宜优先选用预拌混凝土泵送方式。输送混凝土的管道、容器、溜槽不应吸水、漏浆,并应保证输送通畅。输送混凝土时应根据工程所处环境条件采取保温、隔热、防雨等措施。

(1)吊车配备斗容器输送混凝土

吊车配备斗容器输送混凝土应符合下列规定:

①应根据不同结构类型以及混凝土浇筑方法选择不同的斗容器;

②斗容器的容量应根据吊车吊运能力确定;

③运输至施工现场的混凝土宜直接装入斗容器进行输送;

④斗容器宜在浇筑点直接布料。

(2)升降设备配备小推车输送混凝土

升降设备包括用于运载人或物料的升降电梯、用于运载物料的升降井架以及混凝土提升机。采用升降设备配合小车输送混凝土在工程中时有发生,为了保证混凝土浇筑质量,要求编制具有针对性的施工方案。运输后的混凝土若采用先卸料,后进行小车装运的输送方式,装料点应采用硬地坪或铺设钢板形式与地基土隔离,硬地坪或钢板面应湿润并不得有积水。为了减少混凝土拌合物转运次数,通常情况下不宜采用多台小车相互转载的方式输送混凝土。升降设备配备小车输送混凝土时应符合下列规定:

①升降设备和小车的配备数量、小车行走路线及卸料点位置应能满足混凝土浇筑需要;

②运输至施工现场的混凝土宜直接装入小车进行输送,小车宜在靠近升降设备的位置进行装料。

(3)借助溜槽的混凝土输送

借助溜槽的混凝土输送应符合下列规定:

①溜槽内壁应光滑,开始浇筑前应用砂浆润滑槽内壁;当用水润滑时应将水引出舱外,舱面必须有排水措施;

②使用溜槽,应经过试验论证,确定溜槽高度与合适的混凝土坍落度;

③溜槽宜平顺,每节之间应连接牢固,应有防脱落保护措施;

④运输和卸料过程中,应避免混凝土分离,严禁向溜槽内加水;

⑤当运输结束或溜槽堵塞经处理后,应及时清洗,且应防止清洗水进入新浇混凝土仓内。

(4)泵管输送

泵送混凝土是在混凝土泵的压力推动下沿输送管道进行运输并在管道出口处直接浇筑的混凝土。混凝土的泵送施工已经成为高层建筑和大体积混凝土施工过程中的重要方法,泵送施工不仅可以改善混凝土施工性能、提高混凝土质量,而且可以改善劳动条件、降低工程成本。随着商品混凝土应用的普及,各种性能要求不同的混凝土均可泵送,如高性能混凝土、补偿收缩混凝土等。

混凝土泵能一次连续地完成水平运输和垂直运输,效率高、劳动力省、费用低,尤其对于一些工地狭窄和有障碍物的施工现场,用其他运输工具难以直接靠近施工场地,混凝土泵则能有效地发挥作用。混凝土泵运输距离长,单位时间内的输送量大,三四百米高的高层建筑可一泵到顶,上万立方米的大型基础亦能在短时间内浇筑完毕,非其他运输工具所能比拟,优越性非常显著,因而在建筑行业已推广应用多年,尤其是预拌混凝土生产与泵送施工相结合,彻底改变了施工现场混凝土工程的面貌。

泵送混凝土的设备包括混凝土输送泵、输送管以及布料装置,其选用应根据工程特点、混凝土输送量、输送高度和距离、混凝土工作性能、混凝土粗骨料粒径等因素确定。

泵管输送混凝土时应符合下列规定:

①应先进行泵水检查,并应湿润输送泵的料斗、活塞等直接与混凝土接触的部位;泵水检查后,应清除输送泵内积水;

②输送混凝土前,应先输送水泥砂浆对输送泵和输送管进行润滑,然后开始输送混凝土;

③输送混凝土速度应先慢后快、逐步加速,应在系统运转顺利后再按正常速度输送;

④输送混凝土过程中,应设置输送泵集料斗网罩,并应保证集料斗有足够的混凝土余量。

4.3.4 混凝土浇筑

4.3.4.1 混凝土浇筑的准备工作

(1)制定施工方案

现浇混凝土结构的施工方案应包括下列内容:

①混凝土输送、浇筑、振捣、养护的方式和机具设备的选择;

②混凝土浇筑、振捣技术措施;

③施工缝、后浇带的留设;

④混凝土养护技术措施。

(2)现场具备浇筑的施工条件

①机具准备及检查

搅拌机、运输车、料斗、串筒、振动器等机具设备按需要准备充足,并应考虑发生故障时的修理时间。重要工程,应有备用的搅拌机和振动器。特别是采用泵送混凝土,一定要有备用泵。所用的机具均应在浇筑前进行检查和试运转,同时配有专职技工,随时检修。浇筑前,必须核实一次浇筑完毕或浇筑至某施工缝前的工程材料,以免停工待料。

②保证水电及原材料的供应

在混凝土浇筑期间,要保证水、电、照明不中断。为了防备临时停水停电,事先应在浇筑地点储备一定数量的原材料(如砂、石、水泥、水等)和人工拌和捣固用的工具,以防出现意外的施工停歇缝。

③掌握天气、季节变化情况

加强气象预测预报的联系工作。在混凝土施工阶段应掌握天气的变化情况,特别在雷雨台风季节和寒流突然袭击之际,更应注意,以保证混凝土连续浇筑顺利进行,确保混凝土质量。

根据工程需要和季节施工特点,应准备好在浇筑过程中所必需的抽水设备和防雨、防暑、防寒等物资。

④隐蔽工程验收,技术复核与交底

模板和隐蔽工程项目应分别进行预检和隐蔽验收,符合要求后,方可进行浇筑。检查时应注意以下几点:

A.模板的标高、位置与构件的截面尺寸是否与设计符合,构件的预留拱度是否正确。

B.所安装的支架是否稳定,支柱的支撑和模板的固定是否可靠。

C.模板的紧密程度。

D.钢筋与预埋件的规格、数量、安装位置及构件接点连接焊缝,是否与设计符合。

在浇筑混凝土前,模板内的垃圾、木片、刨花、锯屑、泥土和钢筋上的油污、掉落的铁皮等杂物,应清除干净。

木模板应浇水加以润湿,但不允许留有积水。湿润后,木模板中尚未密封的缝隙应贴严,以防漏浆。

金属模板中的缝隙和孔洞也应予以封闭,现场环境温度高于 35 ℃时宜对金属模板进行洒水降温。

⑤其他

输送浇筑前应检查混凝土送料单,核对配合比,检查坍落度,必要时还应测定混凝土扩展度,在确认无误后方可进行混凝土浇筑。

4.3.4.2 混凝土浇筑的基本要求

(1)混凝土浇筑应保证混凝土的均匀性和密实性。混凝土宜一次连续浇筑,当不能一次连续浇筑时,可根据设计和规范的要求留设施工缝或者后浇带分块浇筑。

(2)混凝土浇筑过程应分层浇筑,分层浇筑应符合表 4-26 的规定,上层混凝土应在下层混凝土初凝之前浇筑完毕。

表 4-26 混凝土分层振捣的最大厚度

振捣方法	混凝土分层振捣最大厚度
振动棒	振动棒作用部分长度的 1.25 倍
平板振动器	200 mm
附着振动器	根据设置方式,通过试验确定

(3)混凝土拌合物入模温度不应低于 5 ℃,且不应高于 35 ℃。

(4)混凝土运输、输送、浇筑过程中严禁加水;混凝土运输、输送、浇筑过程中散落的混凝土严禁用于结构构件的浇筑。

(5)混凝土运输、输送入模的过程应保证混凝土连续浇筑,从运输到输送入模的延续时间不宜超过表 4-27 的规定,且不应超过表 4-28 的限值规定。掺早强型减水剂、早强剂的混凝土,以及有特殊要求的混凝土,应根据设计及施工要求,通过试验确定允许时间。

表 4-27 从运输到输送入模的延续时间(min)

条 件	气 温	
	≤25 ℃	>25 ℃
不掺外加剂	90	60
掺外加剂	150	120

表 4-28 运输、输送入模及其间歇总的时间限值(min)

条 件	气 温	
	≤25 ℃	>25 ℃
不掺外加剂	180	150
掺外加剂	240	210

（6）混凝土浇筑的布料点宜接近浇筑位置,应采取减少混凝土下料冲击的措施,并应符合下列规定:

①宜先浇筑竖向结构构件,后浇筑水平结构构件;

②浇筑区域结构平面有高差时,宜先浇筑低区部分,再浇筑高区部分。

（7）混凝土浇筑高度应保证混凝土不发生离析。混凝土自高处倾落的自由高度不应大于2 m;柱、墙模板内的混凝土倾落高度应符合表4-29的规定;当不能满足要求时,应加设串筒、溜管、溜槽等装置。

表4-29　柱、墙模板内混凝土浇筑倾落高度限值(m)

条　件	浇筑倾落高度限值
粗骨料粒径大于25 mm	≤3
粗骨料粒径小于或等于25 mm	≤6

注:当有可靠措施能保证混凝土不产生离析时,混凝土倾落高度可不受本表限制。

（8）混凝土浇筑过程中,应设专人对模板支架、钢筋、预埋件和预留孔洞的变形、移位进行观测,发现问题及时采取措施。

（9）混凝土浇筑后,在混凝土初凝前和终凝前,宜分别对混凝土裸露表面进行抹面处理。

4.3.4.3　混凝土浇筑方法

混凝土的浇筑,应预先根据工程结构特点、平面形状和几何尺寸、混凝土制备设备和运输设备的供应能力、泵送设备的泵送能力、劳动力和管理能力以及周围场地大小、运输道路情况等条件,划分混凝土浇筑区域。并明确设备和人员的分工,以保证结构浇筑的整体性和按计划进行浇筑。

混凝土的浇筑宜按以下顺序进行:在采用混凝土输送管输送混凝土时,应由远而近浇筑;在同一区的混凝土,应按先竖向结构后水平结构的顺序,分层连续浇筑;当不允许留施工缝时,各区域之间、上下层之间的混凝土浇筑时间,不得超过混凝土初凝时间。混凝土泵送速度较快,框架结构的浇筑要很好地组织,要加强布料和捣实工作,对预埋件和钢筋太密的部位,要预先制定技术措施,确保顺利进行布料和振捣密实。

（1）混凝土施工缝和后浇带

施工缝是指设计要求或施工需要分段浇筑,先浇筑混凝土达到一定强度后继续浇筑混凝土所形成的接缝。当由于技术或者施工组织上的原因,不能对混凝土结构一次连续浇筑完毕,而必须停歇较长的时间,且其停歇时间已经超过混凝土的初凝时间,此时就必须留设施工缝。施工缝按照接缝所在平面的方向可以分为水平施工缝和竖向施工缝。水平施工缝是指混凝土不能连续浇筑时,浇筑停顿时间有可能超过混凝土的初凝时间,在适当位置留置的水平方向的预留缝;竖向施工缝是指混凝土不能连续浇筑时,浇筑停顿时间有可能超过混凝土的初凝时间,在适当位置留置的垂直方向的预留缝。

后浇带是指为适应温度变化、混凝土收缩、结构不均匀沉降等因素的影响,在梁、板(包括基础底板)、墙等结构中预留的具有一定宽度且经过一定时间后再浇筑的混凝土带。

①施工缝和后浇带的留设位置

施工缝和后浇带的留设位置应在混凝土浇筑前确定。施工缝和后浇带宜留设在结构受剪力较小且便于施工的位置。受力复杂的结构构件或有防水、抗渗要求的结构构件,施工缝留设位置应经设计单位确认。

水平施工缝的留设位置应符合下列规定:

A.柱、墙施工缝可留设在基础、楼层结构顶面,柱施工缝与结构上表面的距离宜为0～100 mm,墙施工缝与结构上表面的距离宜为0～300 mm。

B.柱、墙施工缝也可留设在楼层结构底面,施工缝与结构下表面的距离宜为0～50 mm;当板下有梁托时,可留设在梁托下0～20 mm。

C.高度较大的柱、墙、梁以及厚度较大的基础,可根据施工需要在其中部留设水平施工缝;当因施工缝留设改变受力状态而需要调整构件配筋时,应经设计单位确认。

D.特殊结构部位留设水平施工缝应经设计单位确认。

竖向施工缝和后浇带的留设位置应符合下列规定:

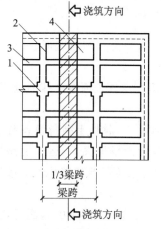

图 4-50 有主次梁的楼板施工缝位置

1—柱;2—主梁;3—次梁;4—楼板

A.有主次梁的楼板施工缝应留设在次梁跨中1/3范围内,如图 4-50 所示。

B.单向板施工缝应留设在与跨度方向平行的任何位置。

C.楼梯梯段施工缝宜设置在梯段板跨度端部的1/3范围内。

D.墙的施工缝宜设置在门洞口过梁跨中1/3范围内,也可留设在纵横墙交接处。

E.后浇带留设位置应符合设计要求。

F.特殊结构部位留设竖向施工缝应经设计单位确认。

设备基础(含承受动力作用的设备基础)的施工缝留设应符合设计要求及《混凝土结构工程施工规范》(GB 50666—2011)的规定。

②施工缝和后浇带留设时的注意事项

A.施工缝、后浇带留设界面,应垂直于结构构件和纵向受力钢筋。结构构件厚度或高度较大时,施工缝或后浇带界面宜采用专用材料封挡。

B.混凝土浇筑过程中,因特殊原因需临时设置施工缝时,施工缝留设应规整,并宜垂直于构件表面,必要时可采取增加插筋、事后修凿等技术措施。

C.施工缝和后浇带应采取钢筋防锈或阻锈等保护措施。

③施工缝和后浇带处混凝土浇筑的要求

施工缝或后浇带处浇筑混凝土时,应符合下列规定:

A.结合面应为粗糙面;应清除浮浆、松动石子、软弱混凝土层。

B.结合面处应洒水湿润,并不得有积水。

C.施工缝处已浇筑混凝土的强度不应小于1.2 MPa。

D.柱、墙水平施工缝水泥砂浆接浆层厚度不应大于30 mm,接浆层水泥砂浆应与混凝土浆液成分相同。

E.后浇带混凝土强度等级及性能应符合设计要求;当设计无具体要求时,后浇带混凝土强度等级宜比两侧混凝土提高一级,并宜采用减少收缩的技术措施。后浇带的封闭时间宜滞后45 d以上。

(2)柱、墙混凝土浇筑

①柱、墙混凝土设计强度比梁、板混凝土设计强度高一个等级时,柱、墙位置梁、板高度范

围内的混凝土经设计单位确认,可采用与梁、板混凝土设计强度等级相同的混凝土进行浇筑。

②柱、墙混凝土设计强度比梁、板混凝土设计强度高两个等级及以上时,应在交界区域采取分隔措施。分隔位置应在低强度等级的构件中,且距高强度等级构件边缘不应小于500 mm。柱梁板结构分割方法如图 4-51 所示;墙梁板结构分割方法如图 4-52 所示。

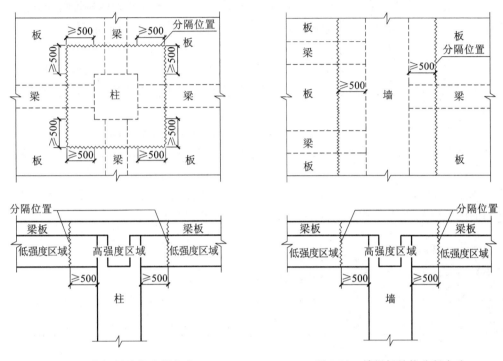

图 4-51　柱梁板结构分割方法　　　　图 4-52　墙梁板结构分割方法

③宜先浇筑高强度等级的混凝土,后浇筑低强度等级的混凝土。

④柱、墙浇筑前底部应先填 50~100 mm 厚与混凝土配合比相同的水泥砂浆,混凝土宜一次浇筑完毕。

⑤浇筑一排柱的顺序应从两端同时开始,向中间推进,以免因浇筑混凝土后由于模板吸水膨胀,断面增大而产生横向推力,最后使柱发生弯曲变形。

(3)梁、板混凝土浇筑

①梁、板混凝土应同时浇筑,浇筑方法应由一端开始用"赶浆法",即先浇筑梁,根据梁高分层浇筑成阶梯形,当达到板底位置时再与板的混凝土一起浇筑,随着阶梯形不断延伸,梁、板混凝土浇筑连续向前进行。

②和板连成整体高度大于 1.0 m 的梁,允许单独浇筑,其施工缝应留在板底以下 2~3 mm处。浇捣时,浇筑与振捣必须紧密配合,第一层下料慢些,梁底充分振实后再下第二层料,用"赶浆法"保持水泥浆沿梁底包裹石子向前推进,每层均应振实后再下料,梁底及梁侧部位要注意振实,振捣时不得触动钢筋及预埋件。

③浇筑板混凝土的虚铺厚度应略大于板面,用平板振捣器沿垂直于浇筑方向来回振捣,厚板可用插入式振捣器顺浇筑方向振捣,并用铁插尺检查混凝土厚度,振捣完毕后用长木抹子抹平。施工缝处或有预埋件及插筋处用木抹子找平。

④当浇筑柱梁及主次梁交叉处的混凝土时,一般钢筋较密集,特别是上部负钢筋又粗又多,因此,既要防止混凝土下料困难,又要注意砂浆挡住石子下不去,此时钢筋工与混凝土工应共同协作,确保混凝土浇筑质量。

(4)大体积混凝土浇筑

大体积混凝土是指混凝土结构物实体最小尺寸不小于 1.0 m 的大体量混凝土,或预计会因混凝土中胶凝材料水化引起的温度变化和收缩而导致有害裂缝产生的混凝土。

大体积混凝土结构浇筑应符合下列规定:

①采用多条输送泵管浇筑时,输送泵管间距不宜大于 10 m,并宜由远及近浇筑。

②采用汽车布料杆浇筑时,应根据布料杆工作半径确定布料点数量,各布料点浇筑速度应保持均衡。

③对于大体积基础混凝土,宜先浇筑深坑部分再浇筑大面积基础部分。

④大体积混凝土浇筑宜采用斜面分层法浇筑;如果对混凝土流淌距离有特殊要求的工程,混凝土也可采用全面分层或分块分层的浇筑方法。斜面分层浇筑方法见图 4-53;全面分层浇筑方法见图 4-54;分块分层浇筑方法见图 4-55。在保证各层混凝土连续浇筑的条件下,层与层之间的间歇时间应尽可能缩短,以保证整个混凝土浇筑过程连续。

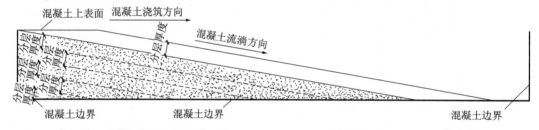

图 4-53　大体积混凝土斜面分层浇筑方法示意

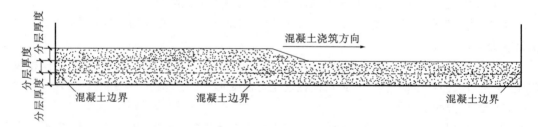

图 4-54　大体积混凝土全面分层浇筑方法示意

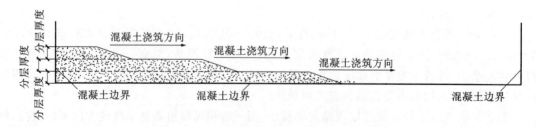

图 4-55　大体积混凝土分块分层浇筑方法示意

⑤混凝土分层浇筑应采用自然流淌形成斜坡，并应沿高度均匀上升，分层厚度不宜大于500 mm。

⑥混凝土浇筑完毕后，在混凝土初凝前和终凝前宜分别对混凝土裸露表面进行抹面处理，抹面次数宜适当增加。

⑦大体积混凝土施工由于采用流动性大的混凝土进行分层浇筑，上下层施工的间隔时间较长，经过振捣后上涌的泌水和浮浆易顺着混凝土坡面流到坑底，所以大体积混凝土结构浇筑应有排除积水或混凝土泌水的有效技术措施。可以在混凝土垫层施工时预先在横向做出20 mm的坡度，在结构四周侧模的底部开设排水孔，使泌水及时从孔中自然流出。当混凝土大坡面的坡脚接近顶端时，应改变混凝土的浇筑方向，即从顶端往回浇筑，与原斜坡相交成一个集水坑，另外有意识地加强两侧模板处的混凝土浇筑强度，这样集水坑逐步在中间缩小成小水潭，然后用泵及时将泌水排除。这种方法适用于排除最后阶段的所有泌水。

4.3.5 混凝土振捣

混凝土浇筑入模后，内部还存在很多空隙，为了使混凝土充满模板内的每一角落，而且具有足够的密实度，必须对混凝土在初凝前进行捣实成型，使混凝土构件外形及尺寸正确、表面平整、强度和其他性能符合设计及使用要求。

混凝土的振捣方式分为人工振捣和机械振捣两种。人工振捣是利用捣锤或插钎等工具的冲击力来使混凝土密实成型，其效率低、效果差，只有在缺乏机械、工程量不大或者机械不便工作的部位采用；机械振捣是将振动器的振动力传给混凝土，使之发生强迫振动，提高拌合物的流动性，使混凝土密实成型，其效率高、效果好。

混凝土振动机械按其工作方式分为内部振动器、表面振动器、外部振动器和振动台等四种，如图4-56所示。

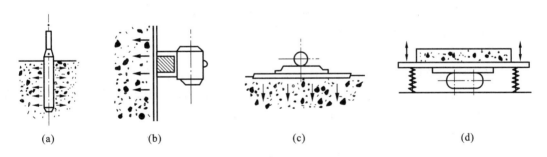

图 4-56 振动机械示意
(a)内部振动器；(b)外部振动器；(c)表面振动器；(d)振动台

（1）内部振动器

内部振动器又称插入式振动器，其构造如图4-57所示，通常用于竖向结构以及厚度较大的水平结构振捣，如梁、柱、墙等构件和大体积混凝土。

插入式振动器振捣混凝土应符合下列规定：

①应按分层浇筑厚度分别进行振捣，振动棒的前端应插入前一层混凝土中，插入深度不应小于50 mm。

②振动棒应垂直于混凝土表面并快插慢拔均匀振捣；当混凝土表面无明显塌陷、有水泥浆出现、不再冒气泡时，可结束该部位振捣。

③振动棒与模板的距离不应大于振动棒作用半径的50%；振捣插点间距不应大于振动棒的作用半径的1.4倍，如图4-58所示。

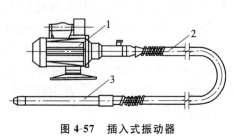

图 4-57　插入式振动器

1—电动机；2—软轴；3—振动棒

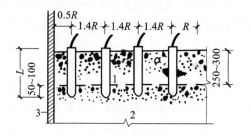

图 4-58　插入式振动器的振捣示意

1—新浇筑的混凝土；

2—下层已经振捣但是尚未初凝的混凝土；

3—模板；R—有效作用半径；L—振动棒长度

④振动棒振捣混凝土应避免碰撞模板、钢筋、预埋件等。

（2）表面振动器

表面振动器又称平板振动器，是将电动机轴上装有左右两个偏心块的振动器固定在一块平板上而成，其振动作用可直接传递于混凝土面层上。通常可用于配合振动棒辅助振捣结构表面；对于厚度较小的水平结构或薄壁板式结构可单独采用平板振动器振捣，如楼板等。

平板振动器振捣混凝土应符合下列规定：

①平板振动器振捣应覆盖振捣平面边角。

②平板振动器移动间距应能覆盖已振实部分混凝土边缘为准。

③振动倾斜表面时，应由低处向高处进行振捣。

（3）外部振动器

外部振动器又称附着振动器，它是直接安装在模板上进行振捣，利用偏心块旋转时产生的振动力通过模板传给混凝土，达到振实的目的。附着振动器通常在装配式结构工程的预制构件中采用，在特殊现浇结构中也可采用。

附着振动器振捣混凝土应符合下列规定：

①附着振动器应与模板紧密连接，设置间距应通过试验确定。

②附着振动器应根据混凝土浇筑高度和浇筑速度，依次从下往上振捣。

③模板上同时使用多台附着振动器时，应使各振动器的频率一致，并应交错设置在相对面的模板上。

（4）振动台

振动台一般在预制厂用于振实干硬性混凝土和轻骨料混凝土。

4.3.6　混凝土养护

混凝土振捣密实后，逐渐凝固硬化，这个过程主要由水泥的水化作用来实现，而水化作用必须在适当的温度和湿度条件下才能完成。因此,为了保证混凝土有适宜的硬化条件,使其强度不断增长,必须对混凝土进行养护。

混凝土的养护可以采用洒水、覆盖、喷涂养护剂等方式,养护方式应根据现场条件、环境温湿度、构件特点、技术要求、施工操作等因素确定。

(1)洒水养护

当混凝土结构构件对养护环境温度没有特殊要求时,可以采用洒水养护方式。混凝土洒水养护应根据温度、湿度、风力情况、阳光直射条件等,通过观察不同结构混凝土表面,确定洒水次数,确保混凝土处于饱和湿润状态。

洒水养护应符合下列规定:

①洒水养护宜在混凝土裸露表面覆盖麻袋或草帘后进行,也可采用直接洒水、蓄水等养护方式;洒水养护应保证混凝土处于湿润状态。

②洒水养护用水应符合《混凝土用水标准》(JGJ 63—2006)的规定。

③当日最低温度低于 5 ℃时,不应采用洒水养护。当室外日平均气温连续 5 日稳定低于 5 ℃时,应该按照冬期施工相关要求进行养护。

④应在混凝土浇筑完毕后的 12 h 内进行覆盖浇水养护。

(2)覆盖养护

覆盖养护的原理是通过混凝土的自然升温在塑料薄膜内产生凝结水,从而达到湿润养护的目的。当结构构件对养护环境温度有特殊要求或洒水养护有困难时,可采用覆盖养护方式。

覆盖养护应符合下列规定:

①覆盖养护宜在混凝土裸露表面覆盖塑料薄膜、塑料薄膜加麻袋、塑料薄膜加草帘进行。

②塑料薄膜应紧贴混凝土裸露表面,塑料薄膜内应保持有凝结水。

③覆盖物应严密,覆盖物相互搭接长度不宜小于 100 mm,覆盖物的层数应按施工方案确定。

(3)喷涂养护剂养护

喷涂养护剂养护的原理是通过喷涂养护剂,使混凝土裸露表面形成致密的薄膜层,薄膜层能封住混凝土表面,阻止混凝土表面水分蒸发,达到混凝土养护的目的。养护剂在后期应能自行分解挥发,而不影响装修工程施工。当混凝土结构构件对养护环境温度没有特殊要求或洒水养护有困难时,可采用喷涂养护剂养护方式。

喷涂养护剂养护应符合下列规定:

①应在混凝土裸露表面喷涂覆盖致密的养护剂进行养护。

②养护剂应均匀喷涂在结构构件表面,不得漏喷;养护剂应具有可靠的保湿效果,保湿效果可通过试验检验。

③养护剂使用方法应符合产品说明书的有关要求。

④涂刷(喷洒)养护液的时间,应根据混凝土水分蒸发情况确定,一般在不见浮水、混凝土表面以手指轻按无指印时进行涂刷或喷洒。过早会影响薄膜与混凝土表面结合,容易过早脱落,过迟会影响混凝土强度。

⑤养护液涂刷(喷洒)用量以 2.5 m²/kg 为宜,厚度要求均匀一致。

⑥养护液涂刷(喷洒)后很快就形成薄膜,为达到养护目的,必须加强保护薄膜完整性,要求不得有损坏破裂,发现有损坏时及时补刷(补喷)养护液。

（4）混凝土加热养护

①蒸汽养护

蒸汽养护是由轻便锅炉供应蒸汽,给混凝土提供一个高温高湿的硬化条件,加快混凝土的硬化速度,提高混凝土早期强度的一种方法。用蒸汽养护混凝土,可以提前拆模（通常 2 d 即可拆模）,缩短工期,大大节约模板。

为了防止混凝土收缩而影响质量,并能使强度继续增长,经过蒸汽养护后的混凝土,还要放在潮湿环境中继续养护,一般洒水 7～21 d,使混凝土处于相对湿度在 80％～90％的潮湿环境中。为了防止水分蒸发过快,混凝土制品上面可遮盖草帘或其他覆盖物。

②太阳能养护

太阳能养护是直接利用太阳能加热养护棚（罩）内的空气,使内部混凝土能够在足够的温度和湿度下进行养护,提高早期强度。在混凝土成型、表面找平收面后,在其上覆盖一层黑色塑料薄膜（厚 0.12～0.14 mm）,再盖一层气垫薄膜（气泡朝下）。塑料薄膜应采用耐老化的,接缝应采用热黏合。覆盖时应紧贴四周,用砂袋或其他重物压紧盖严,防止被风吹开而影响养护效果。塑料薄膜若采用搭接时,其搭接长度不小于 300 mm。

（5）混凝土养护的质量控制

①混凝土的养护时间应符合下列规定：

A.采用硅酸盐水泥、普通硅酸盐水泥或矿渣硅酸盐水泥配制的混凝土,不应少于 7 d；采用其他品种水泥时,养护时间应根据水泥性能确定。

B.采用缓凝型外加剂、大掺量矿物掺合料配制的混凝土,不应少于 14 d。

C.抗渗混凝土、强度等级 C60 及以上的混凝土,不应少于 14 d。

D.后浇带混凝土的养护时间不应少于 14 d。

E.地下室底层墙、柱和上部结构首层墙、柱,宜适当增加养护时间。

F.大体积混凝土养护时间应根据施工方案确定。

②基础大体积混凝土裸露表面应采用覆盖养护方式；当混凝土表面以内 40～100 mm 位置的温度与环境温度的差值小于 25 ℃时,可结束覆盖养护。覆盖养护结束但尚未达到养护时间要求时,可采用洒水养护方式直至养护结束。

③柱、墙混凝土养护方法应符合下列规定：

A.地下室底层和上部结构首层柱、墙混凝土带模养护时间,不应少于 3 d；带模养护结束后,可采用洒水养护方式继续养护,也可采用覆盖养护或喷涂养护剂养护方式继续养护。

B.其他部位柱、墙混凝土可采用洒水养护,也可采用覆盖养护或喷涂养护剂养护。

④混凝土强度达到 1.2 MPa 前,不得在其上踩踏、堆放物料、安装模板及支架。

⑤同条件养护试件的养护条件应与实体结构部位养护条件相同,并应妥善保管。

⑥施工现场应具备混凝土标准试件制作条件,并应设置标准试件养护室或养护箱。标准试件养护应符合国家现行有关标准的规定。

4.3.7　混凝土工程施工质量验收

混凝土工程的施工质量检验应按照主控项目、一般项目按规定的检验方法进行检验。检验批合格质量应符合下列规定：主控项目的质量经抽样检验均应合格；一般项目的质量经抽样检验应合格;当采用计数抽样检验时,除有专门要求外,一般项目的合格点率应达到80%及以上,且不得有严重缺陷;应具有完整的质量检验记录,重要工序应具有完整的施工操作记录。

4.3.7.1 主控项目

(1)水泥进场时,应对其品种、代号、强度等级、包装或散装编号、出厂日期等进行检查,并应对水泥的强度、安定性和凝结时间进行检验,检验结果应符合现行国家标准《通用硅酸盐水泥》(GB 175—2007)的相关规定。

检查数量:按同一厂家、同一品种、同一代号、同一强度等级、同一批号且连续进场的水泥,袋装不超过200 t为一批,散装不超过500 t为一批,每批抽样数量不应少于一次。

检验方法:检查质量证明文件和抽样检验报告。

(2)混凝土外加剂进场时,应对其品种、性能、出厂日期等进行检查,并应对外加剂的相关性能指标进行检验,检验结果应符合现行国家标准《混凝土外加剂》(GB 8076—2008)和《混凝土外加剂应用技术规范》(GB 50119—2013)的规定。

检查数量:按同一厂家、同一品种、同一性能、同一批号且连续进场的混凝土外加剂,不超过50 t为一批,每批抽样数量不应少于一次。

检验方法:检查质量证明文件和抽样检验报告。

(3)预拌混凝土进场时,其质量应符合现行国家标准《预拌混凝土》(GB/T 14902—2012)的规定。

检查数量:全数检查。

检验方法:检查质量证明文件。

(4)混凝土拌合物不应离析。

检查数量:全数检查。

检验方法:观察。

(5)混凝土中氯离子含量和碱总含量应符合现行国家标准《混凝土结构设计规范》[GB 50010—2010(2015版)]的规定和设计要求。

检查数量:同一配合比的混凝土检查不应少于一次。

检验方法:检查原材料试验报告和氯离子、碱的总含量计算书。

(6)首次使用的混凝土配合比应进行开盘鉴定,其原材料、强度、凝结时间、稠度等应满足设计配合比的要求。

检查数量:同一配合比的混凝土检查不应少于一次。

检验方法:检查开盘鉴定资料和强度试验报告。

(7)混凝土的强度等级必须符合设计要求。用于检验混凝土强度的试件应在浇筑地点随机抽取。

检查数量:对同一配合比混凝土,取样与试件留置应符合下列规定。

①每拌制100盘且不超过100 m³时,取样不得少于一次;

②每工作班拌制不足100盘时,取样不得少于一次;

③连续浇筑超过1000 m³时,每200 m³取样不得少于一次;

④每一楼层取样不得少于一次;

⑤每次取样应至少留置一组试件。

检验方法:检查施工记录及混凝土强度试验报告。

(8)现浇结构的外观质量不应有严重缺陷。现浇结构的外观质量缺陷应由监理单位、施工单位等各方根据其对结构性能和使用功能影响的严重程度按表 4-30 确定。

表 4-30 现浇结构外观质量缺陷

名称	现　　象	严重缺陷	一般缺陷
露筋	构件内钢筋未被混凝土包裹而外露	纵向受力钢筋有露筋	其他钢筋有少量露筋
蜂窝	混凝土表面缺少水泥砂浆而形成石子外露	构件主要受力部位有蜂窝	其他部位有少量蜂窝
孔洞	混凝土中孔穴深度和长度均超过保护层厚度	构件主要受力部位有孔洞	其他部位有少量孔洞
夹渣	混凝土中夹有杂物且深度超过保护层厚度	构件主要受力部位有夹渣	其他部位有少量夹渣
疏松	混凝土中局部不密实	构件主要受力部位有疏松	其他部位有少量疏松
裂缝	裂缝从混凝土表面延伸至混凝土内部	构件主要受力部位有影响结构性能或使用功能的裂缝	其他部位有少量不影响结构性能或使用功能的裂缝
连接部位缺陷	构件连接处混凝土有缺陷及连接钢筋、连接件松动	连接部位有影响结构传力性能的缺陷	连接部位有基本不影响结构传力性能的缺陷
外形缺陷	缺棱掉角、棱角不直、翘曲不平、飞边凸肋等	清水混凝土构件有影响使用功能或装饰效果的外形缺陷	其他混凝土构件有不影响使用功能或装饰效果的外形缺陷
外表缺陷	构件表面麻面、掉皮、起砂、沾污等	具有重要装饰效果的清水混凝土构件有外表缺陷	其他混凝土构件有不影响使用功能的外表缺陷

对已经出现的严重缺陷,应由施工单位提出技术处理方案,并经监理单位认可后进行处理;对裂缝、连接部位出现的严重缺陷及其他影响结构安全的严重缺陷,技术处理方案尚应经设计单位认可。对经处理的部位应重新验收。

检查数量:全数检查。

检验方法:观察,检查处理记录。

(9)现浇结构不应有影响结构性能或使用功能的尺寸偏差;混凝土设备基础不应有影响结构性能和设备安装的尺寸偏差。

对超过尺寸允许偏差且影响结构性能和安装、使用功能的部位,应由施工单位提出技术处理方案,经监理单位、设计单位认可后进行处理。对经处理的部位应重新验收。

检查数量:全数检查。

检验方法:量测,检查处理记录。

4.3.7.2　一般项目

(1)混凝土用矿物掺合料进场时,应对其品种、技术指标、出厂日期等进行检查,并应对矿物掺合料的相关技术指标进行检验,检验结果应符合国家现行有关标准的规定。

检查数量:按同一厂家、同一品种、同一技术指标、同一批号且连续进场的矿物掺合料,粉煤灰、石灰石粉、磷渣粉和钢铁渣粉不超过200 t为一批,粒化高炉矿渣粉和复合矿物掺合料不超过500 t为一批,沸石粉不超过120 t为一批,硅灰不超过30 t为一批,每批抽样数量不应少于一次。

检验方法:检查质量证明文件和抽样检验报告。

(2)混凝土原材料中的粗骨料、细骨料质量应符合现行行业标准《普通混凝土用砂、石质量及检验方法标准》(JGJ 52—2006)的规定,使用经过净化处理的海砂应符合现行行业标准《海砂混凝土应用技术规范》(JGJ 206—2010)的规定,再生混凝土骨料应符合现行国家标准《混凝土用再生粗骨料》(GB/T 25177—2010)和《混凝土和砂浆用再生细骨料》(GB/T 25176—2010)的规定。

检查数量:按现行行业标准《普通混凝土用砂、石质量及检验方法标准》(JGJ 52—2006)的规定确定。

检验方法:检查抽样检验报告。

(3)混凝土拌制及养护用水应符合现行行业标准《混凝土用水标准》(JGJ 63—2006)的规定。采用饮用水作为混凝土用水时,可不检验;采用中水、搅拌站清洗水、施工现场循环水等其他水源时,应对其成分进行检验。

检查数量:同一水源检查不应少于一次。

检验方法:检查水质检验报告。

(4)混凝土拌合物稠度应满足施工方案的要求。

检查数量:对同一配合比混凝土,取样应符合下列规定:

①每拌制100盘且不超过100 m³时,取样不得少于一次;

②每工作班拌制不足100盘时,取样不得少于一次;

③每次连续浇筑超过1000 m³时,每200 m³取样不得少于一次;

④每一楼层取样不得少于一次。

检验方法:检查稠度抽样检验记录。

(5)混凝土有耐久性指标要求时,应在施工现场随机抽取试件进行耐久性检验,其检验结果应符合国家现行有关标准的规定和设计要求。

检查数量:同一配合比的混凝土,取样不应少于一次,留置试件数量应符合现行标准《普通混凝土长期性能和耐久性能试验方法标准》(GB/T 50082—2009)和《混凝土耐久性检验评定标准》(JGJ/T 193—2009)的规定。

检验方法:检查试件耐久性试验报告。

(6)混凝土有抗冻要求时,应在施工现场进行混凝土含气量检验,其检验结果应符合国家现行有关标准的规定和设计要求。

检查数量:同一配合比的混凝土,取样不应少于一次,取样数量应符合现行国家标准《普通混凝土拌合物性能试验方法标准》(GB/T 50080—2016)的规定。

检验方法:检查混凝土含气量检验报告。

(7)后浇带的留设位置应符合设计要求,后浇带和施工缝的留设及处理方法应符合施工方案要求。

检查数量:全数检查。

检验方法:观察。

(8)混凝土浇筑完毕后应及时进行养护,养护时间以及养护方法应符合施工方案要求。

检查数量:全数检查。

检验方法:观察,检查混凝土养护记录。

(9)现浇结构的外观质量不应有一般缺陷。

对已经出现的一般缺陷,应由施工单位按技术处理方案进行处理,对经处理的部位应重新验收。

检查数量:全数检查。

检验方法:观察,检查处理记录。

(10)现浇结构的位置、尺寸偏差及检验方法应符合表4-31的规定。

检查数量:按楼层、结构缝或施工段划分检验批。在同一检验批内,对梁、柱和独立基础,应抽查构件数量的10%,且不应少于3件;对墙和板,应按有代表性的自然间抽查10%,且不应少于3间;对大空间结构,墙可按相邻轴线间高度5 m左右划分检查面,板可按纵横轴线划分检查面,抽查10%,且均不应少于3面;对电梯井,应全数检查。

表4-31　现浇结构位置、尺寸允许偏差及检验方法

项　　目		允许偏差(mm)	检验方法
轴线位置	整体基础	15	经纬仪及尺量
	独立基础	10	经纬仪及尺量
	柱、墙、梁	8	尺量
垂直度	层高 ≤6 m	10	经纬仪或吊线、尺量
	层高 >6 m	12	经纬仪或吊线、尺量
	全高(H)≤300 m	$H/30000+20$	经纬仪、尺量
	全高(H)>300 m	$H/10000$ 且 ≤ 80	经纬仪、尺量
标高	层高	±10	水准仪或拉线、尺量
	全高	±30	水准仪或拉线、尺量
截面尺寸	基础	+15,-10	尺量
	柱、梁、板、墙	+10,-5	尺量
	楼梯相邻踏步高差	6	尺量
电梯井	中心位置	10	尺量
	长、宽尺寸	+25,0	尺量
表面平整度		8	2 m靠尺和塞尺量测
预埋件中心位置	预埋板	10	尺量
	预埋螺栓	5	尺量
	预埋管	5	尺量
	其他	10	尺量
预留洞、孔中心线位置		15	尺量

注:①检查轴线、中心线位置时,沿纵、横两个方向测量,并取其中偏差的较大值。

②H为全高,单位为mm。

(11)现浇设备基础的位置和尺寸应符合设计和设备安装的要求。其位置、尺寸偏差及检验方法应符合表 4-32 的规定。

检查数量:全数检查。

表 4-32　现浇设备基础位置、尺寸允许偏差及检验方法

项　目		允许偏差(mm)	检验方法
坐标位置		20	经纬仪及尺量
不同平面标高		0,−20	水准仪或拉线、尺量
平面外形尺寸		±20	尺量
凸台上平面外形尺寸		0,−20	尺量
凹槽尺寸		+20,0	尺量
平面水平度	每米	5	水平尺、塞尺量测
	全长	10	水准仪或拉线、尺量
垂直度	每米	5	经纬仪或吊线、尺量
	全高	10	经纬仪或吊线、尺量
预埋地脚螺栓	中心位置	2	尺量
	顶标高	+20,0	水准仪或拉线、尺量
	中心距	±2	尺量
	垂直度	5	吊线、尺量
预埋地脚螺栓孔	中心线位置	10	尺量
	截面尺寸	+20,0	尺量
	深度	+20,0	尺量
	垂直度	$h/100$ 且$\leqslant$10	吊线、尺量
预埋活动地脚螺栓锚板	中心线位置	5	尺量
	标高	+20,0	水准仪或拉线、尺量
	带槽锚板平整度	5	直尺、塞尺量测
	带螺纹孔锚板平整度	2	直尺、塞尺量测

注:①检查坐标、中心线位置时,应沿纵、横两个方向测量,并取其偏差的较大值。

②h 为预埋地脚螺栓孔孔深,单位为 mm。

习　题

1.判断题

(1)施工现场钢筋代换时,相同级别的钢筋只要代换后截面积不减少就可以满足要求。

(2)钢筋和预埋件电弧焊部位外观不得有裂纹、咬边、凹陷、焊瘤、夹渣和气孔等缺陷。

(3)钢筋骨架满足设计要求的型号、直径、根数和间距,且钢筋的力学性能合格就达到验收合格的要求。

(4)拆模程序一般应是先支先拆,后支后拆,非承重先拆,承重后拆。

(5)重大结构的模板系统可以不需设计,请有经验的工人安装就可以满足强度、刚度和稳定性要求。

(6)承重模板只要不会损坏混凝土表面即可拆除。

(7)混凝土能凝结硬化获得强度是由于水泥水化反应的结果,适宜的用水量和浇水养护保持湿度是保证混凝土硬化的唯一条件。

(8)混凝土结构施工缝是指先浇筑的混凝土和后浇筑的混凝土结合面,而不是指一道缝。

(9)现浇混凝土框架结构若采用柱梁板同时浇注工艺时,必须在柱浇注后等待1～1.5 h,才可浇注上面的梁板结构。

(10)混凝土施工缝宜留在结构受拉力较小且便于施工的部位。

(11)对混凝土拌合物运输的基本要求是混凝土不离析、保证规定的坍落度、在混凝土初凝前有充分时间进行浇筑施工。

(12)大体积混凝土结构整体性要求较高,一般分层浇筑。

2.单项选择题

(1)施工现场如不能按图纸要求配筋,钢筋需要代换时应注意征得(　　)同意。

A.施工总承包单位　　　　B.设计单位　　　　　　C.政府主管部门　　　　D.施工监理单位

(2)钢筋骨架的保护层厚度一般用(　　)来控制。

A.悬空　　　　　　　　B.水泥砂浆垫块　　　　C.木块　　　　　　　　D.铁丝

(3)跨度大于4 m混凝土现浇梁,应使梁底模中部起拱,起拱高度为(　　)跨长。

A.1/100～3/100　　　　B.1/1000～3/1000　　　C.1/10000～3/10000

(4)跨度为6 m、混凝土强度为C30的现浇混凝土板,当混凝土强度至少应达到(　　)N/mm² 时方可拆除底模。

A.15　　　　　　　　　B.21　　　　　　　　　C.22.5　　　　　　　　D.30

(5)已浇筑的混凝土楼面强度至少达到(　　)N/mm² 时,方准上人施工。

A.1.5　　　　　　　　　B.2.5　　　　　　　　　C.1.2　　　　　　　　D.2.0

(6)浇筑混凝土使用插入式振捣器应(　　)。

A.快插快拔　　　　　　B.快插慢拔　　　　　　C.慢插快拔　　　　　　D.慢插慢拔

(7)浇筑混凝土时,为了避免混凝土产生离析,自由倾落高度不应超过(　　)m。

A.1.5　　　　　　　　　B.2.0　　　　　　　　　C.2.5　　　　　　　　D.3.0

(8)混凝土搅拌时间是指(　　)的时间。

A.原材料全部投入到全部卸出　　　　　　B.开始投料到开始卸料

C.原材料全部投入到开始卸出　　　　　　D.开始投料到全部卸料

3.简答题

(1)简述胶合板模板的安装要求。

(2)简述早拆模板体系的原理。

(3)简述钢模板的组成及其各部分的用途。

(4)简述钢筋的连接方式及每种连接方式的施工要点。

(5)简述钢筋代换的原则和方法。

(6)简述混凝土各组成材料的质量控制方法。

(7)简述混凝土浇筑的一般要求。

(8)简述混凝土养护的方法及要求。

4.计算题

(1)某办公楼为框架结构,设计抗震等级为一级,第一层的楼层框架梁(KL2)共计5根,其配筋如图4-59所示,混凝土强度等级C30,混凝土保护层厚度30 mm。框架柱截面尺寸为500 mm×500 mm。柱纵筋牌号为 HRB400,直径 25 mm;柱箍筋牌号为 HPB300,直径 10 mm。试编制该梁的钢筋配料单。

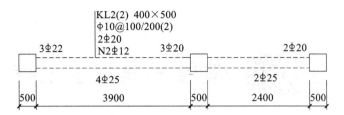

图 4-59 某办公楼 KL2 配筋图

(2)设实验室混凝土配合比为水泥∶砂子∶石子＝1∶2.56∶5.5,水灰比为 0.64,每立方米混凝土的水泥用量为 251.4 kg,测得砂子的含水率为 4%,石子含水率为 2%。求施工配合比及每立方米混凝土各种材料用量。

5 预应力混凝土工程

5.1 预应力混凝土的概述

5.1.1 预应力混凝土的概念

预应力混凝土是预应力钢筋混凝土的简称。它是 20 世纪中叶发展起来的一项土木建筑新技术。如今世界各国都在普遍地应用预应力混凝土技术，其推广使用的范围和数量已成为衡量一个国家建筑技术水平的标志之一。预应力混凝土结构，就是在结构承受外力荷载作用前，预先张拉受拉区的预应力钢筋，通过预应力钢筋回缩时对受拉区混凝土产生预压应力，使构件内部产生一种与构件受力时相反的应力状态，使得在使用阶段产生拉应力的区域预先受到压应力，这部分压应力在使用时能抵消一部分或全部荷载时所产生的拉应力，使构件不出现裂缝，或推迟出现裂缝的时间和限制裂缝发展，以提高结构及构件的刚度。预应力混凝土原理如图 5-1 所示。

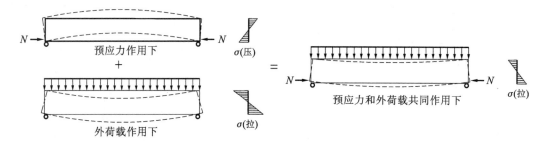

图 5-1 预应力混凝土原理

5.1.2 预应力混凝土的特点

与钢筋混凝土相比，预应力混凝土的优点有：由于采用了高强度钢材和高强度混凝土，预应力混凝土构件具有抗裂能力强、抗渗性能好、刚度大、强度高、抗剪能力和抗疲劳性能好的特点，对节约钢材（可节约钢材 40%～50%、混凝土 20%～40%）、减小结构截面尺寸、降低结构自重、防止开裂和减少挠度都十分有效，可以使结构设计得更为经济、轻巧与美观。

预应力混凝土的缺点有：预应力混凝土构件的生产工艺比钢筋混凝土构件复杂，技术要求高，需要有专门的张拉设备、灌浆机械和生产台座等以及专业的技术操作人员；预应力混凝土结构的开工费用较大，对构件数量少的工程成本较高；钢筋受热以后会变形，预应力会减小或消失，不能用于高温环境或遇火灾以后会被破坏。

5.1.3 预应力混凝土的分类

(1)预应力混凝土按预应力度大小分:全预应力混凝土和部分预应力混凝土。

(2)预应力混凝土按施工方式分:预制预应力混凝土、现浇预应力混凝土和叠合预应力混凝土等。

(3)预应力混凝土按预加应力的方法分:先张法预应力混凝土和后张法预应力混凝土(含无黏结预应力混凝土)。

5.1.4 预应力混凝土的材料

(1)对预应力混凝土的要求

①强度要高,要与高强度钢筋相适应,保证预应力钢筋充分发挥作用,并能有效地减小构件截面尺寸和减轻自重。预应力混凝土结构的混凝土强度等级不宜低于 C40,且不应低于 C30。

②收缩、徐变要小,以减小预应力的损失。

③快硬、早强,使能尽早施加预应力,加快施工进度,提高设备利用率。

(2)对预应力钢筋的要求

①强度要高。预应力钢筋的张拉应力在构件的整个制作和使用过程中会出现各种应力损失。这些损失的总和有时可达到 200 N/mm² 以上,如果所用的钢筋强度不高,那么张拉时所建立应力甚至会损失殆尽。

②与混凝土要有较好的黏结力。特别在先张法中,预应力钢筋与混凝土之间必须有较高的黏结自锚强度。对一些高强度的光面钢丝就要经过"刻痕""压波"或"扭结",使它形成刻痕钢丝、波形钢丝及扭结钢丝,增加黏结力。

③要有足够的塑性和良好的加工性能。钢材强度越高,其塑性越低。钢筋塑性太低时,特别当处于低温和冲击荷载条件下,就有可能发生脆性断裂。良好的加工性能是指焊接性能好,以及采用镦头锚板时,钢筋头部镦粗后不影响原有的力学性能等。

预应力混凝土结构中预应力筋宜采用预应力钢丝、钢绞线和预应力螺纹钢筋,也可采用纤维增强复合材料预应力筋。预应力钢丝、钢绞线和预应力螺纹钢筋的屈服强度标准值、极限强度标准值、抗拉强度设计值及抗压强度设计值应符合现行国家标准《混凝土结构设计规范》[GB 50010—2010(2015 版)]的规定。

5.1.5 预应力混凝土技术的发展

随着我国大跨度结构的发展,预应力混凝土技术有着无限的发展空间。目前国家正在推广以下技术:后张预应力结构孔道真空灌浆技术、无收缩预应力混凝土高性能灌浆材料技术、现浇有黏结预应力楼盖技术、现浇无黏结预应力楼板技术、大开间预应力装配整体式及预制整体式楼板技术、预应力倒 T 形薄板叠合楼盖技术、复合预应力混凝土框架倒扁梁楼板技术。

5.2 先张法施工

先张法是在浇筑混凝土前张拉预应力筋,并将张拉的预应力筋临时固定在台座或钢模上,然后才浇筑混凝土的施工方法。待混凝土达到一定强度（一般不低于设计强度等级的75%），保证预应力筋与混凝土有足够黏结力时，放松预应力筋，借助于混凝土与预应力筋之间的黏结，使混凝土产生预压应力。

5.2.1 先张法施工的流程

先张法施工流程如图5-2所示。

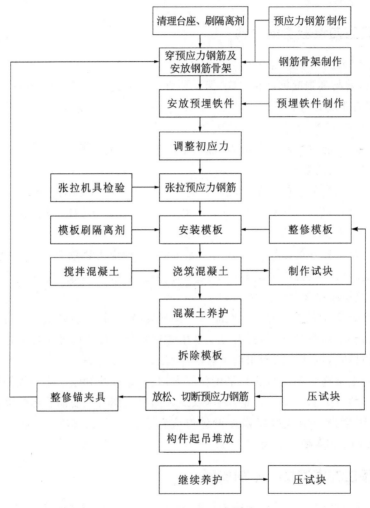

图 5-2　先张法施工流程图

5.2.2 先张法施工设备

5.2.2.1 台座

台座是先张法生产的主要设备之一，它承受预应力筋的全部张拉力。因此，台座应有足够的强度、刚度和稳定性，以免因台座变形、倾覆、滑移而引起预应力值的损失。台座按构造形式不同分为墩式和槽式两类，选用时应根据构件的种类、张拉吨位和施工条件而定。

（1）墩式台座。墩式台座由承力台墩、台面和横梁组成，如图5-3所示。台座的长度和宽度由场地大小、构件类型和产量而定，一般长度宜为100～150 m，宽度为2～4 m，这样既可利用钢丝长的特点，张拉一次就可生产多根（块）构件，又可以减少因钢丝滑动或台座横梁变形引起的预应力损失。

（2）槽式台座。槽式台座由钢筋混凝土压杆和上、下横梁以及砖墙等组成，如图5-4所示。钢筋混凝土压杆是槽式台座的主要受力结构。为了便于拆移，常采用装配式结构，每段长5～6 m。为了便于构件的运输和蒸汽养护，台面以低于地面为好，采用砖墙来挡土和防水，同时，也作为蒸汽养护

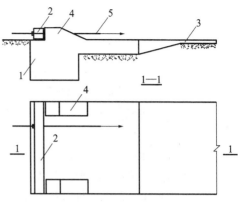

图5-3　墩式台座

1—台墩；2—横梁；3—台面；4—牛腿；5—预应力筋

的保温侧墙。槽式台座的长度一般为45～76 m，适用于张拉力较高的大型构件，如吊车梁、屋架等。另外，由于槽式台座有上、下两个横梁，能进行双层预应力混凝土构件的张拉。

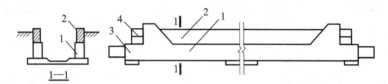

图5-4　槽式台座

1—钢筋混凝土压杆；2—砖墙；3—下横梁；4—上横梁

5.2.2.2　夹具

（1）夹具的要求

①夹具的各部件质量必须合格，预应力筋夹具组装件的锚固性能必须满足结构要求。

②夹具的静载锚固性能，应由预应力筋夹具组装件静载试验测定的夹具效率系数确定。夹具的静载锚固性能应满足 $\eta_s \geqslant 0.95$。

③当预应力夹具组装件达到实际极限拉力时，全部零件不应出现肉眼可见的裂缝和破坏。

④有良好的自锚性能。

⑤有良好的松锚性能。

⑥能多次重复使用。

（2）张拉夹具

①偏心式夹具。偏心式夹具用于钢丝的张拉。它是由一对带齿的有牙形偏心块组成的，如图5-5所示。偏心块可用工具钢制作，其刻齿部分的硬度较所夹钢丝的硬度大。这种夹具构造简单，使用方便。

②压销式夹具。压销式夹具是用于直径为12～16 mm 的 HPB300、HRB335、HRB400 级钢筋的张拉夹具。它是由销片和楔形压销组成的，如图5-6所示。销片2、3有与钢筋直径相适应的半圆槽，槽内有齿纹用以夹紧钢筋。当楔紧或放松楔形压销4时，便可夹紧或放松钢筋。

（3）锚固夹具

①钢质锥形夹具。钢质锥形夹具主要用来锚固直径为3～5 mm 的单根钢丝，如图5-7所示。

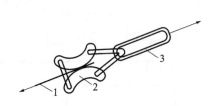

图 5-5　偏心式夹具

1—钢丝;2—偏心块;3—环(与张拉机械连接)

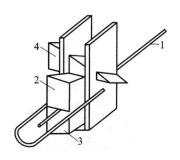

图 5-6　压销式夹具

1—钢筋;2—销片(楔形);3—销片;4—楔形压销

②镦头夹具。镦头夹具适用于预应力钢丝固定端的锚固,如图 5-8 所示。

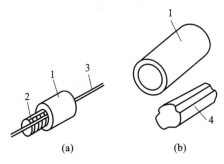

图 5-7　钢质锥形夹具

(a)圆锥齿板式;(b)圆锥式

1—套筒;2—齿板;3—钢丝;4—锥塞

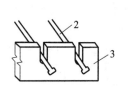

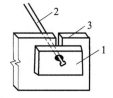

图 5-8　固定端镦头夹具

1—垫片;2—镦头钢丝;3—承力板

4.2.2.3　张拉设备

张拉设备要求工作可靠,控制应力准确,能以稳定的速率加大拉力。常用的张拉设备有油压千斤顶、电动卷扬张拉机、电动螺杆张拉机等。

(1)油压千斤顶。油压千斤顶可用来张拉单根或多根成组的预应力筋。可直接从油压表的读数求得张拉应力值,图 5-9 所示为 YC-20 型穿心式千斤顶张拉过程示意图。成组张拉时,由于拉力较大,一般用油压千斤顶张拉,如图 5-10 所示。

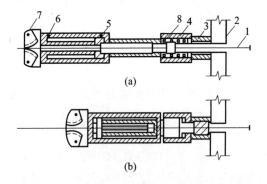

图 5-9　YC-20 型穿心式千斤顶张拉过程示意图

(a)张拉;(b)暂时锚固,回油

1—钢筋;2—台座;3—穿心式夹具;4—弹性顶压头;

5、6—油嘴;7—偏心式夹具;8—弹簧

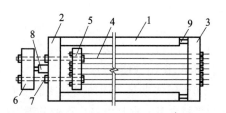

图 5-10　油压千斤顶成组张拉示意图

1—台座;2、3—前后横梁;4—钢筋;

5、6—拉力架横梁;7—大螺丝杆;

8—油压千斤顶;9—放松装置

（2）电动卷扬张拉机。电动卷扬张拉机主要用在长线台座上张拉冷拔低碳钢丝,常用的LYZ-1型电动卷扬张拉机最大张拉力为10 kN,张拉行程为5 m,张拉速率为2.5 m/min,电动机功率为0.75 kW。该机型号分为LYZ-1A型(支撑式)和LYZ-1B型(夹轨式)两种。B型适用于固定式大型预制场地,左右移动轻便、灵活、动作快,生产效率高。A型适用于多处预制场地,移动变换场地方便,其构造如图5-11所示。

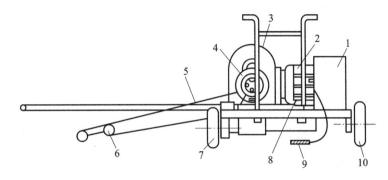

图 5-11　LYZ-1A 型电动卷扬张拉机

1—电气箱；2—电动机；3—减速箱；4—卷筒；5—撑杆；6—夹钳；7—前轮；8—测力计；9—开关；10—后轮

（3）电动螺杆张拉机。电动螺杆张拉机既可以张拉预应力钢筋,也可以张拉预应力钢丝。它是由张拉螺杆、电动机、变速箱、测力装置、拉力架、承力架和张拉夹具等组成的,最大张拉力为300～600 kN,张拉行程为800 mm,张拉速率为2 m/min,自重为400 kg。为了便于工作和转移,将其装置在带轮的小车上。电动螺杆张拉机的构造如图5-12所示。

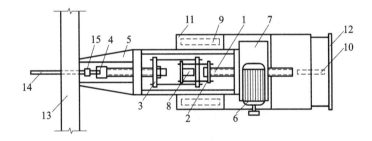

图 5-12　电动螺杆张拉机

1—螺杆；2、3—拉力架；4—张拉夹具；5—顶杆；6—电动机；7—齿轮减速器；
8—测力计；9、10—车轮；11—底盘；12—手把；13—横梁；14—钢筋；15—锚固夹具

5.2.3　先张法施工工艺

5.2.3.1　预应力筋张拉

预应力筋张拉应根据设计要求,采用合适的张拉方法、张拉顺序、张拉设备及张拉程序进行,并应有可靠的保证质量措施和安全技术措施。预应力筋的张拉可采用单根张拉或多根同时张拉。当预应力筋数量不多,张拉设备拉力有限时,常采用单根张拉。当预应力筋数量较多,且张拉设备拉力较大时,则可采用多根同时张拉。在确定预应力筋的张拉顺序时,应考虑尽可能减小倾覆力矩和偏心力,应先张拉靠近台座截面重心处的预应力筋,再轮流对称张拉两

侧的预应力筋。

（1）张拉控制应力

预应力筋的张拉工作是预应力施工中的关键工序，应严格按设计要求进行。预应力筋张拉控制应力的大小直接影响预应力效果，影响到构件的抗裂度和刚度，因而控制应力不能过低。但是，控制应力也不能过高，不允许超过其屈服强度，以使预应力筋处于弹性工作状态。否则会使构件出现裂缝的荷载与破坏荷载很接近，这是很危险的。过大的超张拉会造成反拱过大，在预拉区出现裂缝，也是不利的。预应力筋的张拉控制应力应符合设计要求。当施工中预应力筋需要超张拉时，可比设计要求提高 5%，但其最大张拉控制应力不得超过表 5-1 的规定。

表 5-1　最大张拉控制应力允许值（N/mm²）

钢筋种类	张拉方法	
	先张法	后张法
光圆钢丝、刻痕钢丝、钢绞线	$0.80f_{ptk}$	$0.75f_{ptk}$
冷拔低碳钢丝、热处理钢筋	$0.75f_{ptk}$	$0.70f_{ptk}$
冷拉热轧钢筋	$0.95f_{ptk}$	$0.90f_{ptk}$

注：f_{ptk}——极限强度标准值。

钢丝、钢绞线属于硬钢，冷拉热轧钢筋属于软钢。硬钢和软钢可根据它们是否存在屈服点划分，由于硬钢无明显屈服点，塑性较软钢差，所以，其控制应力系数较软钢低。

（2）张拉程序

预应力筋张拉程序有以下两种：

① $0 \rightarrow 105\% \sigma_{con} \xrightarrow{\text{持荷 2 min}} \sigma_{con}$；

② $0 \rightarrow 103\% \sigma_{con}$。

以上两种张拉程序是等效的，施工中可根据构件设计标明的张拉力大小、预应力筋与锚具品种、施工速度等选用。预应力筋进行超张拉（103%～105% 控制应力）主要是为了减少松弛引起的应力损失值。所谓应力松弛，是指钢材在常温高应力作用下，由于塑性变形而使应力随时间延续而降低的现象。这种现象在张拉后的头几分钟内发展得特别快，往后则趋于缓慢。例如，超张拉 5% 并持荷 2 min，再回到控制应力，松弛已完成 50% 以上。

（3）张拉力

预应力筋的张拉力根据设计的张拉控制应力与钢筋截面面积及超张拉系数之积而定。

$$N = m\sigma_{con}A_y \tag{5-1}$$

式中　N——预应力筋张拉力（N）；

　　　m——超张拉系数，1.03～1.05；

　　　σ_{con}——预应力筋张拉控制应力（N/mm²）；

　　　A_y——预应力筋的截面面积（mm²）。

预应力筋张拉锚固后实际应力值与工程设计规定检验值的相对允许偏差为±5%。预应力钢丝的应力可利用 2CN-1 型钢丝测力计或半导体频率测力计测量，如图 5-13 所示。2CN-1

型钢丝测力计工作时,先用挂钩2钩住钢丝,旋转螺钉9使测头与钢丝接触,此时测挠度百分表4和测力百分表5读数均为零,继续旋转螺钉9,使测挠度百分表4的读数达到2 mm时,从测力百分表5的读数便可知道钢丝的拉力值N。一根钢筋要反复测定4次,取后3次的平均值为钢丝的拉力值。2CN-1型钢丝测力计精度为2%。半导体频率测力计是根据钢丝应力σ与钢丝振动频率ω的关系制成的,σ与ω的关系式如下:

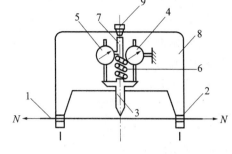

图 5-13 2CN-1 型钢丝测力计
1—钢丝;2—挂钩;3—测头;4—测挠度百分表;
5—测力百分表;6—弹簧;7—推架;8—表架;9—螺钉

$$\omega = \frac{1}{2l}\sqrt{\frac{\sigma}{\rho}} \qquad (5\text{-}2)$$

式中 l——钢丝的自由振动长度(mm);

ρ——钢丝的密度(g/cm^3)。

(4)张拉伸长值校核

采用应力控制方法张拉时,应校核预应力筋的伸长值,如实际伸长值比计算伸长值大10%或小5%,应暂停张拉,在查明原因、采取措施予以调整后,方可继续张拉。预应力筋的计算伸长值Δl(mm)可按下式计算:

$$\Delta l = \frac{F_p l}{A_p E_s} \qquad (5\text{-}3)$$

式中 F_p——预应力筋的平均张拉力(kN),直线筋取张拉端的拉力;两端张拉的曲线筋,取张拉端的拉力与跨中扣除孔道摩阻损失后拉力的平均值;

A_p——预应力筋的截面面积(mm^2);

l——预应力筋的长度(mm);

E_s——预应力筋的弹性模量(kN/mm^2)。

预应力筋的实际伸长值,宜在初应力为张拉控制应力10%左右时开始量测,但必须加上初应力以下的计算伸长值;对后张法,还应扣除混凝土构件在张拉过程中的弹性压缩值。

5.2.3.2 混凝土浇筑和养护

钢筋张拉、绑扎及立模工作完毕后,即应浇筑混凝土,且应一次浇筑完毕。混凝土的强度等级不得小于C30。构件应避开台面的温度缝,当不可能避开时,在温度缝上可先铺薄钢板或垫油毡,然后再浇筑混凝土。为保证钢丝与混凝土有良好的黏结,浇筑时振动器不应碰撞钢丝,混凝土未达到一定强度前,也不允许碰撞或踩动钢丝。混凝土的用水量和水泥用量必须严格控制,混凝土必须振捣密实,以减少混凝土由于收缩徐变而引起的预应力损失。采用重叠法生产构件时,应待下层构件的混凝土强度达到5 MPa后,方可浇筑上层构件的混凝土。一般当平均温度高于20 ℃时,每两天可叠捣一层。气温较低时,可采用早强措施,以缩短养护时间,加速台座周转,提高生产率。混凝土可采用自然养护或湿热养护。但须注意,用湿热养护时,温度升高后,预应力筋膨胀而台座的长度并无变化,因而引起预应力筋应力减小。如果在这种情况下,混凝土逐渐硬结,则在混凝土硬化前,预应力筋由于温度升高而引起的应力降低,将永远不能恢复。这就是温差引起的预应力损失。为了减少温差应力损失,必须保证在混凝土达到一定强度前,温差不能太大(一般不超过 20 ℃)。故采用湿热养护时,应先按设计允许的温差加热,待混凝土强度达 7.5 MPa(粗钢筋配筋)或 10 MPa(钢丝、钢绞线配筋)以上后,再按一般升温制度养护。这种养护制度又称为"二次升温养护"。在采用机组流水法用钢模制作、湿热养护时,由于钢模和预应力筋同时伸缩,不存在因温差而引起的预应力损失,因此,可采用一般湿热养护制度。

5.2.3.3 预应力筋放张

预应力筋放张过程是预应力的传递过程,是先张法构件能否获得良好质量的一个重要生产过程。应根据放张要求,确定合适的放张顺序、放张方法及相应的技术措施。

(1)放张要求

先张法施工的预应力放张时,预应力混凝土构件的强度必须符合设计要求。设计无要求时,其强度不应低于设计的混凝土强度标准值的 75%。过早放张会引起较大的预应力损失或预应力钢丝产生滑动。对于薄板等预应力较低的构件,预应力筋放张时混凝土的强度可适当降低。预应力混凝土构件在预应力筋放张前要对同条件养护试块进行试压。

预应力混凝土构件的预应力筋为钢丝时,放张前,应根据预应力钢丝的应力传递长度,计算出预应力钢丝在混凝土内的回缩值,以检查预应力钢丝与混凝土黏结的效果。若实测的回缩值小于计算的回缩值,则预应力钢丝与混凝土的黏结效果满足要求,可进行预应力钢丝的放张。

预应力钢丝理论回缩值,可按下式进行计算:

$$\alpha = \frac{1}{2} \frac{\sigma_{y1}}{E_s} l_a \tag{5-4}$$

式中　α——预应力钢丝的理论回缩值(mm);

　　　σ_{y1}——第一批损失后,预应力钢丝建立起的有效预应力值(N/mm^2);

　　　E_s——预应力钢丝的弹性模量(N/mm^2);

　　　l_a——预应力钢丝的传递长度(mm)。

预应力钢丝实测的回缩值,必须在预应力钢丝的应力接近 σ_{y1} 时进行测定。

(2)放张方法

可采用千斤顶、楔块、螺杆或砂箱等工具进行放张,如图 5-14 所示。

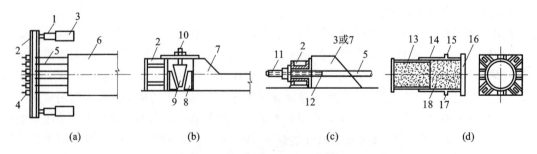

(a)　　　　　　　　(b)　　　　　　　　(c)　　　　　　　　(d)

图 5-14　预应力筋(钢丝)的放张方法

(a)千斤顶放张;(b)楔块放张;(c)螺杆放张;(d)砂箱放张

1—千斤顶;2—横梁;3—承力支架;4—夹具;5—预应力筋(钢丝);6—构件;

7—台座;8—钢块;9—钢楔块;10—螺杆;11—螺栓端杆;12—对焊接头;

13—活塞;14—钢箱套;15—进砂口;16—箱套底板;17—出砂口;18—砂子

对于预应力混凝土构件,为避免预应力筋一次放张时对构件产生过大的冲击力,可利用楔块或砂箱装置进行缓慢的放张。楔块装置放置在台座与横梁之间,放张预应力筋时,旋转螺母使螺杆向上运动,带动楔块向上移动,横梁向台座方向移动,预应力筋得到放松。砂箱装置放置在台座与横梁之间。砂箱装置由钢制的套箱和活塞组成,内装石英砂或铁砂。预应力筋放张时,将出砂口打开,砂缓慢流出,从而使预应力筋慢慢地放张。

5.3　后张法施工

后张法是先制作构件或结构,待混凝土达到一定强度后,再在构件或结构上张拉预应力筋,并用锚具将预应力筋固定在构件或结构上的方法。后张法预应力施工不需要台座设备,灵活性大,广泛用于施工现场生产大型预制预应力混凝土构件和就地浇筑预应力混凝土结构。后张法预应力施工,又分为有黏结预应力施工和无黏结预应力施工两类。

5.3.1　有黏结预应力施工

有黏结预应力施工过程为:混凝土构件或结构制作时,在预应力筋部位预先留设孔道,然后浇筑混凝土并进行养护;制作预应力筋并将其穿入孔道;待混凝土达到设计要求的强度后,张拉预应力筋并用锚具锚固;最后,进行孔道灌浆与封锚。这种施工方法通过孔道灌浆,使预应力筋与混凝土相互黏结,减轻了锚具传递预应力作用,提高了锚固可靠性与耐久性,广泛用于主要承重构件或结构。

有黏结预应力施工工艺流程如图 5-15 所示。

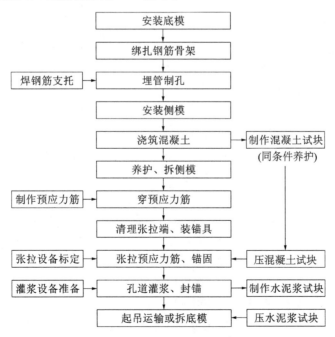

图 5-15　后张法有黏结预应力施工工艺流程
(穿预应力筋也可在浇筑混凝土前进行)

5.3.1.1 预留孔道

构件预留孔道的直径、长度、形状由设计确定,如无规定时,孔道直径应比预应力筋直径的对焊接头处外径或需穿过孔道的锚具或连接器的外径大 10~15 mm;钢丝或钢绞线孔道的直径应比预应力筋(束)外径或锚具外径大 5~10 mm,且孔道面积应大于预应力筋的两倍,以利于预应力筋穿入,孔道之间净距和孔道至构件边缘的净距均不应小于 25 mm。管芯材料可采用钢管、胶管(帆布橡胶管或钢丝胶管)、镀锌双波纹金属软管(简称波纹管)、黑薄钢板管、薄钢管等。钢管管芯适用于直线孔道;胶管管芯适用于直线、曲线或折线形孔道;波纹管(黑薄钢板管或薄钢管)埋入混凝土构件内,不用抽芯,作为一种新工艺,适用于跨度大、配筋密的构件孔道。预应力筋的孔道可采用钢管抽芯、胶管抽芯、预埋管等方法成型。

(1)钢管抽芯法。这种方法大都用于留设直线孔道时,预先将钢管埋设在模板内的孔道位置处,钢管管芯的固定如图 5-16 所示。钢管要平直,表面要光滑,每根长度最好不超过 15 m,钢管两端应各伸出构件约 500 mm。较长的构件可采用两根钢管,中间用套管连接,套管连接方式如图 5-17 所示。在混凝土浇筑过程中和混凝土初凝后,每间隔一定时间慢慢转动钢管,不让混凝土与钢管黏结,直到混凝土终凝前抽出钢管。抽管过早会造成坍孔事故;太晚则混凝土与钢管黏结牢固,抽管困难。常温下抽管时间为混凝土浇筑后 3~6 h。抽管顺序宜先上后下,抽管可采用人工或用卷扬机,速度必须均匀,边抽边转,与孔道保持直线。抽管后应及时检查孔道情况,做好孔道清理工作。

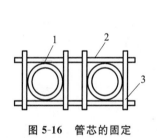

图 5-16 管芯的固定

1—钢管或胶管芯;2—钢筋;3—点焊

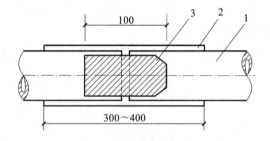

图 5-17 套管的连接方式

1—钢管;2—镀锌薄钢板套管;3—硬木塞

(2)胶管抽芯法。此方法不仅可以留设直线孔道,也可留设曲线孔道。胶管弹性好,便于弯曲,一般有五层帆布胶管、七层帆布胶管和钢丝网橡皮管三种。工程实践中通常一端密封,另一端接阀门充水或充气。胶管具有一定的弹性,在拉力作用下,其断面能缩小,故在混凝土初凝后即可把胶管抽拔出来。夹布胶管质软,必须在管内充气或充水。在浇筑混凝土前,胶皮管中充入压力为 0.6~0.8 MPa 的压缩空气或压力水,此时胶皮管直径可增大 3 mm 左右,然后浇筑混凝土,待混凝土初凝后,放出压缩空气或压力水,胶管孔径变小,并与混凝土脱离,随即抽出胶管,形成孔道。抽管顺序一般应为先上后下,先曲后直。

一般采用钢筋井字形网架固定管子在模内的位置。井字网架间距:钢管为 1~2 m;胶管直线段一般为 500 mm 左右,曲线段为 300~400 mm。

(3)预埋管法。预埋管是由镀锌薄钢带经波纹卷管机压波卷成的,具有质量轻、刚度好、弯折方便、连接简单、与混凝土黏结较好等优点。波纹管的内径为 50~100 mm,管壁厚 0.25~0.3 mm。除圆形管外,另有新研制的扁形波纹管可用于板式结构中,扁管的长边边长为短边边长的 2.5～4.5 倍。这种孔道成型方法一般用于采用钢丝或钢绞线作为预应力筋的大型构件或结构中,可直接把下好料的钢丝、钢绞线在孔道成型前就穿入波纹管中,这样可以省掉穿束工序,也可待孔道成型后再进行穿束。对连续结构中呈波浪状布置的曲线束,其高差较大时,应在孔道的每个峰顶处设置泌水孔;起伏较大的曲线孔道,应在弯曲的低点处设置泌水孔;对于较长的直线孔道,应每隔 12～15 m 设置排气孔。泌水孔、排气孔必要时可考虑作为灌浆孔用。波纹管的连接可采用大一号的同型波纹管,接头管的长度为 200～250 mm,以密封胶带封口。

5.3.1.2 预应力筋张拉

(1)混凝土的强度。预应力筋的张拉是制作预应力构件的关键,必须按规范的有关规定精细施工。张拉时构件或结构的混凝土强度应符合设计要求,当设计无具体要求时,不应低于设计强度标准值的 75%,以确保在张拉过程中混凝土不至于受压而破坏。块体拼装的预应力构件,立缝处混凝土或砂浆强度如设计无规定时,不应低于块体混凝土设计强度等级的 40%,且不得低于 15 MPa,以防止在张拉预应力筋时压裂混凝土块体或使混凝土产生过大的弹性压缩。

(2)张拉控制应力及张拉程序。预应力张拉控制应力应符合设计要求且最大张拉控制应力不能超过设计规定。其中,后张法控制应力值低于先张法,这是因为后张法构件在张拉钢筋的同时,混凝土已受到弹性压缩,张拉力可以进一步补足;先张法构件是在预应力筋放松后混凝土才受到弹性压缩,这时张拉力无法补足。此外,混凝土的收缩、徐变引起的预应力损失,后张法也比先张法小。为了减少预应力筋的松弛损失等,可与先张法一样采用超张拉法,其张拉程序为:

$$0 \xrightarrow{\text{持荷 2 min}} 105\%\sigma_{\text{con}} \rightarrow \sigma_{\text{con}} \text{ 或 } 0 \rightarrow 103\%\sigma_{\text{con}}$$

(3)张拉方法。张拉方法有一端张拉和两端张拉。两端张拉宜先在一端张拉,再在另一端补足张拉力。如有多根可一端张拉的预应力筋,宜将这些预应力筋的张拉端分别设在结构的两端。长度不大的直线预应力筋可一端张拉。曲线预应力筋应两端张拉。抽芯成孔的直线预应力筋,长度大于 24 m 时应两端张拉,不大于 24 m 时可一端张拉。预埋波纹管成孔的直线预应力筋,长度大于 30 m 时应两端张拉,不大于 30 m 时可一端张拉。竖向预应力结构宜采用两端分别张拉,且以下端张拉为主。安装张拉设备时,应使直线预应力筋张拉力的作用线与孔道中心线重合,曲线预应力筋张拉力的作用线与孔道中心线末端的切线重合。

(4)张拉值的校核。张拉控制应力值除了靠油压表读数来控制外,在张拉时还应测定预应力筋的实际伸长值。当实际伸长值与计算伸长值相差 10% 以上时,应检查原因,修正后再重新张拉。预应力筋的计算伸长值可由下式求得:

$$\Delta l = \frac{\sigma_{\text{con}}}{E_{\text{s}}} l \tag{5-5}$$

式中 Δl——预应力筋的计算伸长值(mm);

σ_{con}——预应力筋张拉控制应力(N/mm²),如需超张拉,σ_{con} 取实际超张拉的应力值;

E_{s}——预应力筋的弹性模量(N/mm²);

l——预应力筋的长度(mm)。

(5)张拉顺序。选择合理的张拉顺序是保证质量的重要一环。当构件或结构有多根预应力筋(束)时,应采用分批张拉,此时按设计规定进行,如设计无规定或受设备限制必须改变时,则应经核算确定。张拉时宜对称进行,避免引起偏心。在进行预应力筋张拉时,可采用一端张拉法,也可采用两端同时张拉法。当采用一端张拉法时,为了克服孔道摩擦力的影响,使预应力筋的应力得以均匀传递,采用反复张拉2~3次的方法可以达到较好的效果。采用分批张拉法时,应考虑后批张拉预应力筋所产生的混凝土弹性压缩对先批预应力筋的影响,即应在先批张拉的预应力筋的张拉应力中增加相应的预应力损失值。

张拉平卧重叠浇筑的构件时,宜先上后下逐层进行张拉,为了减少上、下层构件之间的摩阻力引起的预应力损失,可采用逐层加大张拉力的方法。但底层张拉力值:对光圆钢丝、钢绞线和热处理钢筋,不宜比顶层张拉力大5%;对于冷拉 HRB335 级、HRB400 级、RRB400 级钢筋,不宜比顶层张拉力大9%,但也不得大于预应力筋的最大超张拉力。若构件之间隔离层的隔离效果较好(如用塑料薄膜作隔离层或用砖作隔离层),用砖作隔离层时,大部分砖应在张拉预应力筋时取出,仅保留局部的支撑点,构件之间基本架空,也可自上而下采用同一张拉力值。

5.3.1.3 孔道灌浆

有黏结的预应力,其管道内必须灌浆,灌浆需要设置灌浆孔(或泌水孔),根据相关经验,得出设置泌水孔道的曲线预应力管道的灌浆效果好。一般以一根梁上设三个点为宜,灌浆孔宜设在低处,泌水孔可相对高些,灌浆时可使孔道内的空气或水从泌水孔顺利排出,其位置如图 5-18 所示。

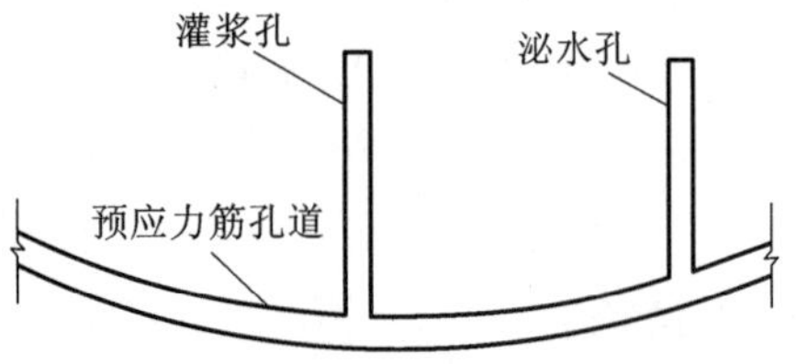

在波纹管安装固定后,用钢锥在波纹管上凿孔,再在其上覆盖海绵垫片与带嘴的塑料弧形压板,用钢丝绑扎牢固,再将塑料管接在嘴上,并将其引出梁面 40~60 mm。

预应力筋张拉、锚固完成后,应立即进行孔道灌浆工作,以防锈蚀,并增加结构的耐久性。

图 5-18 灌浆孔、泌水孔设置示意图

灌浆用的水泥浆,除应满足强度和黏结力的要求外,还应具有较大的流动性和较小的干缩性、泌水性。应采用强度等级不低于 42.5 级的普通硅酸盐水泥;水胶比宜为 0.4 左右。对于空隙大的孔道可采用水泥砂浆灌浆,水泥浆及水泥砂浆的强度均不得小于 20 N/mm²。为了增加灌浆密实度和强度,可使用一定比例的膨胀剂和减水剂。膨胀剂和减水剂均应事前检验,不得含有导致预应力钢材锈蚀的物质。建议拌和后的收缩率小于2%,自由膨胀率不大于5%。

对于水平孔道,灌浆顺序应先灌下层孔道,后灌上层孔道。对于竖直孔道,应自下而上分段灌注,每段高度视施工条件而定,下段顶部及上段底部应分别设置排气孔和灌浆孔。灌浆压力以 0.5~0.6 MPa 为宜。灌浆应缓慢、均匀地进行,不得中断,并应排气通畅。不掺外加剂的水泥浆,可采用二次灌浆法,以提高密实度。孔道灌浆前应检查灌浆孔和泌水孔是否通畅。灌浆前孔道应用高压水冲洗、湿润,并用高压风吹去积水,孔道应畅通、干净。灌浆应先灌下层孔道,一条孔道必须在一个灌浆口一次把整个孔道灌满。灌浆应缓慢进行,不得中断,并应排气通顺;在灌满孔道并封闭排气孔(泌水孔)后,宜再继续加压至 0.5~0.6 MPa,稍后再封闭灌浆孔。如果遇到孔道堵塞,必须更换灌浆孔,此时必须在第二灌浆孔灌入整个孔道的水泥浆量,直至把第一灌浆孔灌入的水泥浆排出,使两次灌入水泥浆之间的气体排出,以保证灌浆饱满、密实。

5.3.2 无黏结预应力施工

无黏结预应力施工过程为:混凝土构件或结构制作时,预先铺设无黏结预应力筋,然后浇筑混凝土并进行养护;待混凝土达到设计要求的强度后,张拉预应力筋并用锚具锚固;最后,进行封锚。这种施工方法不需要留孔灌浆,施工方便,但预应力只能永久地靠锚具传递给混凝土,宜用于分散配置有预应力筋的楼板与墙板、次梁及低预应力度的主梁等。

(1)无黏结预应力筋(束)的张拉

无黏结预应力筋(束)的张拉与后张法带有螺丝端杆锚具的有黏结预应力钢丝筋(束)的张拉相似。张拉程序一般采用 $0 \rightarrow 103\% \sigma_{con}$。由于无黏结预应力筋(束)一般为曲线配筋,故应采用两端同时张拉法。无黏结预应力筋(束)的张拉顺序,应根据其铺设顺序确定,先铺设的先张拉,后铺设的后张拉。

无黏结预应力筋(束)在预应力平板结构中往往很长,如何减少其摩阻损失值是一个重要的问题。影响摩阻损失值的主要因素是润滑介质、包裹物和预应力筋(束)的截面形状。其中,润滑介质和包裹物摩阻损失值对一定的预应力筋(束)而言是个定值,相对较稳定。而截面形状则影响较大,不同截面形状其离散性是不同的,但如果能保证截面形状在全部长度内一致,则其摩阻损失值就能在一个很小的范围内波动。否则,因局部阻塞就有可能导致其损失值无法预测,故必须保证预应力束的制作质量。摩阻损失值,可用标准测力计或传感器等测力装置进行测定。施工时,为降低摩阻损失值,宜采用多次重复张拉工艺。试验表明,进行三次张拉时,第三次的摩阻损失值可比第一次降低 16.8%~49.1%。

(2)锚头端部处理

无黏结预应力筋(束)锚头端部处理的办法,目前常用的有两种:一是在孔道中注入油脂并加以封闭;二是在两端留设的孔道内注入环氧树脂水泥砂浆,将端部孔道全部灌注密实,以防预应力筋发生局部锈蚀。灌注用环氧树脂水泥砂浆的强度不得低于 35 MPa。灌浆的同时也用环氧树脂水泥砂浆将锚环封闭,既可防止钢丝锈蚀,又可起一定的锚固作用。最后浇筑混凝土或外包钢筋混凝土,或用环氧砂浆将锚具封闭。用混凝土做堵头封闭时,要防止产生收缩裂缝。当不能采用混凝土或环氧树脂水泥砂浆做封闭保护时,预应力筋锚具要全部涂刷抗锈漆或油脂,并采取其他保护措施。

(3)无黏结筋端部处理

无黏结筋的锚固区,必须有严格的密封防护措施,严防水汽进入而锈蚀预应力筋。当锚环被拉出后,应向端部空腔内注防腐油脂。之后,再用混凝土将板端外露锚具封闭好,避免长期与大气接触而造成锈蚀。固定端头可直接浇筑在混凝土中,以确保其锚固能力。钢丝束可采用镦头锚板,钢绞线可采用挤压锚头或压花锚头,并应待混凝土达到规定的强度后再张拉。

习 题

1.填空题

(1)预应力混凝土与普通钢筋混凝土相比,具有_____、_____、_____、自重轻、结构使用寿命长等优点,在工程中的应用范围越来越广。

(2)台座应有足够的强度、_____和_____,以免因台座变形、倾覆、滑移而引起预应力值的损失。台座按构造形式不同分为墩式和槽式两类,选用时应根据_____、张拉吨位和_____而定。

(3)预应力筋张拉控制应力的大小直接影响预应力效果,影响到构件的_____,因而控制应力不能过低。但是,控制应力也不能过高,不允许超过其_____,以使预应力筋处于弹性工作状态。

(4)构件预留孔道的直径、长度、形状由设计确定,如果设计无明确规定时,孔道直径应比预应力筋直径的对焊接头处外径或需穿过孔道的锚具或连接器的外径大_____mm。

2.简答题

(1)简述预应力混凝土的分类及特点。

(2)先张法张拉设备主要有哪些?

(3)如何进行预应力筋的张拉?

(4)后张法施工时预应力筋张拉应注意哪些问题?

(5)如何进行无黏结预应力筋(束)的张拉?

(6)何谓全预应力混凝土、部分预应力混凝土?

 # 6 结构安装工程

结构安装工程是用各种类型的起重机械将预制的结构构件(混凝土构件或钢结构构件)安装到设计位置(轴线和标高)的施工过程,是装配式结构工程施工的主导施工过程,它直接影响装配式结构工程的施工进度、工程质量和成本。

结构安装工程的特点是:

(1)受预制构件类型和质量影响较大。预制构件的外形尺寸、预埋件位置是否准确,构件强度是否达到设计要求,预制构件类型的多少等,都直接影响施工进度和质量。

(2)正确选用起重机械是完成结构安装工程施工的主导因素。选择起重机械的依据是:构件的尺寸、重量、安装高度以及位置。吊装的方法及吊装进度亦取决于起重机械的选择。

(3)构件在施工现场的布置(摆放)随起重机械的变化而不同。

(4)构件在吊装过程中的受力情况复杂。必要时还要对构件进行吊装强度、稳定性的验算。

(5)高空作业多,应注意采取安全技术措施。

因此,在制订结构安装工程施工方案时,必须充分考虑具体工程的工期要求、场地条件、结构特征、构件特征及安装技术要求等,做好安装前的各项准备工作:明确构件加工制作计划任务和现场平面布置;合理选择起重、运输机械;合理选择构件的吊装工艺;合理确定起重机开行路线与构件吊装顺序。达到缩短工期、保证质量、降低工程成本的目的。

6.1 索具设备和起重机械

6.1.1 索具设备

结构安装工程常用的索具设备主要包括:钢丝绳、吊具、滑轮组和卷扬机等。钢丝绳强度高、韧性好、耐磨性好,磨损后外表产生的毛刺易发现,便于事故预防,是结构吊装的常用绳索。

6.1.1.1 钢丝绳

(1)钢丝绳的分类

钢丝绳是六股钢丝和一根绳芯(一般为麻芯)捻成。常用钢丝绳一般为 6×19+1、6×37+1、6×61+1 三种(6 股,每股分别由 19 根、37 根、61 根钢丝捻成),其钢丝的抗拉强度为1400 MPa、1550 MPa、1700 MPa、1850 MPa、2000 MPa 五种。钢丝绳的种类很多,按钢丝股的搓捻方向和钢丝绳的搓捻方向不同分为:

①顺捻绳:每根钢丝股的搓捻方向与钢丝绳的搓捻方向相同,这种钢丝绳柔性好、表面平整,不易磨损。但容易松散和扭结卷曲,吊重物时,易使重物旋转,一般多用于拖拉或牵引

装置。

②反捻绳：每根钢丝股的槎捻方向与钢丝绳的槎捻方向相反，这种钢丝绳较硬，强度较高，不易松散，吊重时不会扭结和旋转，多用于吊装工作。

（2）钢丝绳的计算和使用

①钢丝绳允许应力按下列公式计算：

$$[S_G] = \frac{aS_G}{k} \tag{6-1}$$

式中　$[S_G]$——钢丝绳的允许应力（kN）；

　　　S_G——钢丝绳的钢丝破断拉力总和（kN）；

　　　a——换算系数，按表6-1取用；

　　　k——钢丝绳的安全系数，按表6-2取用。

表 6-1　钢丝绳破断拉力换算系数

钢丝绳结构	换算系数
6×19	0.85
6×37	0.82
6×61	0.80

表 6-2　钢丝绳的安全系数

用途	安全系数	用途	安全系数
作缆风绳	3.5	作吊索，无弯曲时	6～7
用于手动起重设备	4.5	作捆绑吊索	8～10
用于机动起重设备	5～6	用于载人的升降机	14

②使用注意事项：

A.应经常对钢丝绳进行检查，达到报废标准必须报废；定期对钢丝绳加润滑油（一般工作时间四个月左右加一次）。

B.钢丝绳穿过滑轮时，滑轮槽的直径应比绳的直径大1～2.5 mm，滑轮槽过大钢丝绳容易压扁，过小则容易磨损；滑轮的直径不得小于钢丝绳直径的10～12倍，以减小绳的弯曲应力。

C.存放在仓库里的钢丝绳应成卷排列，避免重叠堆置，库中应保持干燥，以防钢丝绳锈蚀。

D.在使用中，如绳股间有大量的油挤出，表明钢丝绳的荷载已相当大，这时必须勤加检查，以防发生事故。

6.1.1.2　吊具

吊具包括吊钩、卡环、钢丝绳卡扣、吊索、横吊梁等，是吊装时的辅助工具，如图6-1所示。卡环用于吊索之间或吊索与构件吊环之间的连接。钢丝绳卡扣主要用来固定钢丝绳端。使用卡扣的数量和钢丝绳的粗细有关，粗绳用得较多。吊索根据形式不同，可分为环形吊索（万能索）和开口索。横吊梁、扁担可减小起吊高度，满足吊索水平夹角要求，使构件保持垂直、平衡。

6.1.1.3　滑轮组

滑轮组是由一定数量的定滑轮和动滑轮及绕过它们的绳索所组成，其作用是省力和改变力的方向。

6.1.1.4　卷扬机

卷扬机有快速和慢速两种。快速卷扬机有单筒式、双筒式，设备能力为4.0～80 kN，用于垂直、水平运输及打桩作业。慢速卷扬机为单筒式，设备能力为5～100 kN，用于吊装结构、冷拉钢筋和张拉预应力筋。

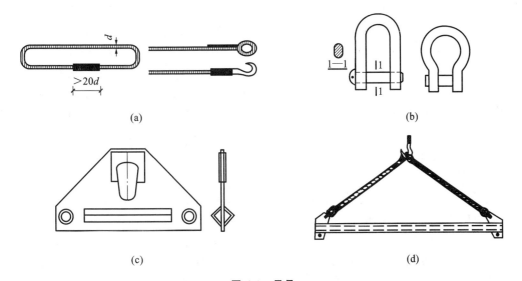

图 6-1　吊具

(a)吊索;(b)卡环;(c)钢板横吊梁;(d)钢铁扁担

6.1.2　起重机械

建筑结构安装工程施工常用的起重机械有:桅杆式起重机、自行杆式起重机和塔式起重机等几大类。

6.1.2.1　桅杆式起重机

桅杆式起重机是用木材或金属材料制作的起重设备,具有制作简单、装拆方便、起重量大(可达 200 t 以上)、受地形限制小等特点,宜在大型起重设备不能进入时使用。但是它的起重半径小、移动较困难,需要设置较多的缆风绳。它一般适用于安装工程量集中、结构重量大、安装高度大以及施工现场狭窄的构件安装。常用的有独脚拔杆、人字拔杆、悬臂拔杆和牵缆式桅杆起重机等。

(1)独脚拔杆

独脚拔杆有木独脚拔杆和钢管独脚拔杆以及格构式独脚拔杆三种,如图 6-2 所示。

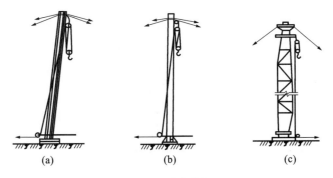

图 6-2　独脚拔杆

(a)木制;(b)钢管式;(c)格构式

独脚拔杆由拔杆、起重滑轮组、卷扬机、缆风绳和锚锭等组成。木独脚拔杆由圆木做成,圆木直径 200～300 mm,最好用整根木料。起重高度在 15 m 以内,起重量在 10 t 以下。钢管独脚拔杆起重高度在 20 m 以内,起重量在 30 t 以下。格构式独脚拔杆一般制作成若干节,以便运输,吊装中根据安装高度及构件重量组成需要长度。其起重高度可达 70 m,起重量可达 100 t。独脚拔杆在使用时,保持不大于 10°的倾角,以便吊装构件时不至碰撞拔杆;拔杆底部要设拖子以便移动;拔杆主要依靠缆风绳来保持稳定,其根数应根据起重量、起重高度,以及绳索强度而定,一般为 6～12 根,但不少于 4 根。缆风绳与地面的夹角 α 一般取 30°～45°,角度过大则对拔杆产生较大的压力。

(2)人字拔杆

人字拔杆是由两根圆木或钢管、缆风绳、滑轮组、导向轮等组成。在人字拔杆的顶部交叉处,悬挂滑轮组。拔杆下端两脚的距离为高度的 1/3～1/2。缆风绳一般不少于 5 根,如图 6-3 所示。人字拔杆顶部相交成 20°～30°夹角,以钢丝绳绑扎或铁件铰接。人字拔杆的特点是侧向稳定性好、缆风绳用量少,但起吊构件活动范围小,一般仅用于安装重型柱,也可作辅助起重设备用于安装厂房屋盖上的轻型构件。

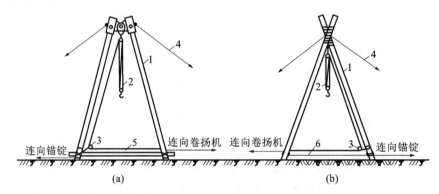

图 6-3 人字拔杆

(a)顶端用铁件铰接;(b)顶端用钢丝绳绑扎

1—拔杆;2—起重滑轮组;3—导向轮;4—缆风绳;5—拉杆;6—拉绳

(3)悬臂拔杆

在独脚拔杆中部或 2/3 高度处装上一根起重臂,即形成悬臂拔杆,如图 6-4 所示。

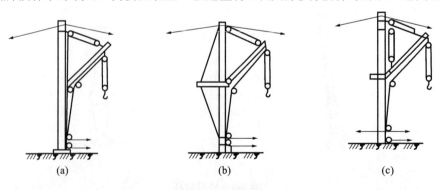

图 6-4 悬臂拔杆

(a)一般形式;(b)带加劲杆;(c)起重臂可沿拔杆升降

悬臂拔杆的特点是有较大的起重高度和起重半径,起重臂还能左右摆动120°~270°,这为吊装工作带来较大的方便。但其起重量较小,多用于起重高度较高的轻型构件的吊装。

(4)牵缆式桅杆起重机

牵缆式桅杆起重机是在独脚拔杆的下端装上一根可以回转和起伏的吊杆而成,如图6-5所示。这种起重机不仅起重臂可以起伏,而且整个机身可作360°回转,因此,能把构件吊送到有效起重半径内的任何空间位置,具有较大的起重量和起重半径,灵活性好。

起重量在5 t以下的桅杆式起重机,大多用圆木做成,用于吊装小构件;起重量在10 t左右的桅杆式起重机,起重高度可达25 m,多用于一般工业厂房的结构安装;用格构式截面的拔杆和起重臂,起重量可达60 t,起重高度可达80 m,常用于重型厂房的吊装,缺点是使用缆风绳较多。

6.1.2.2 自行杆式起重机

自行杆式起重机可分为履带式起重机、汽车式起重机和轮胎式起重机三种。

自行杆式起重机的优点是灵活性大,移动方便,能为整个建筑工地服务。起重机是一个独立的整体,一到现场即可投入使用,无须进行拼接等工作,施工起来更方便,只是稳定性稍差。

(1)履带式起重机

履带式起重机主要由机身、回转装置、行走装置(履带)、工作装置(起重臂、滑轮组、卷扬机)以及平衡重等组成,如图6-6所示。履带式起重机是一种360°全回转的起重机,它利用两条面积较大的履带着地行走。其优点为对场地、路面要求不高,臂杆可以接长或更换,有较大的起重能力及工作速度,在平整坚实的道路上还可负载行驶。但其行走速度较慢,稳定性差,履带对路面破坏性较大。一般用于单层工业厂房结构安装工程。

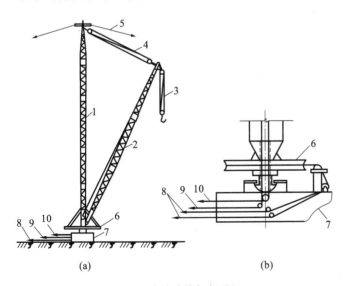

(a)

(b)

图6-5 牵缆式桅杆起重机

(a)全貌图;(b)底座构造示意图

1—拔杆;2—起重臂;3—起重滑轮组;4—变幅滑轮组;5—缆风绳;
6—回转盘;7—底座;8—回转索;9—起重索;10—变幅索

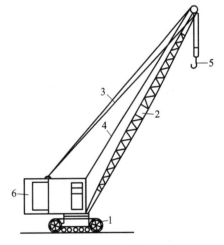

图6-6 履带式起重机

1—履带;2—起重臂;3—起落起重臂钢丝绳;
4—起落吊钩钢丝绳;5—吊钩;6—机身

履带式起重机主要技术性能包括3个参数:起重量Q、起重半径R和起重高度H。起重量是指安全工作所允许的最大起重物的质量;起重半径是指起重机回转中心至吊钩的水平距离;起重高度是指起重吊钩中心至停机面的距离。三个工作参数之间存在着互相制约的关系。即起重量、起重半径和起重高度的数值,取决于起重臂长度及其仰角。当起重臂长度一定时,随着起重臂仰角的增大,则起重量和起重高度增大,而起重半径则减小。当起重臂仰角不变时,随着起重臂长度的增加,则起重半径和起重高度都增加,而起重量变小。

常用履带式起重机型号有机械式(QU)、液压式(QUY)和电动式(QUD)三种。目前国产履带式起重机已经形成 30~300 t 的产品系列(QUY35、QUY50、QUY100、QUY150、QUY300)。

(2)汽车式起重机

汽车式起重机是装在普通汽车底盘上或特制汽车底盘上的一种起重机,也是一种自行式全回转起重机。其行驶的驾驶室与起重操作室是分开的,它具有行驶速度高、机动性能好的特点。但吊重时需要打支腿,因此不能负载行驶,也不适合在泥泞或松软的地面上工作。

常用的汽车式起重机(图 6-7)有 Q1 型(机械传动和操纵)、Q2 型(全液压式传动和伸缩式起重臂)、Q3 型(多电动机驱动各工作机构)以及 YD 型随车起重机和 QY 系列等。

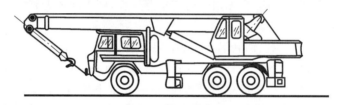

图 6-7　汽车式起重机

Q2-32 型汽车式起重机起重臂长 30 m,最大起重量 32 t,可用于一般厂房的构件安装和混合结构的预制板安装工作。目前引进的大型汽车式起重机最大起重量达 120 t,最大起重高度可达 75.6 m,能满足吊装重型构件的需要。

在使用汽车式起重机时不准负载行驶或不放下支腿就起重,在起重工作之前要平整场地,以保证机身基本水平(倾斜一般不超过 3°),支腿下要垫硬木块。支腿的伸出应在吊臂起升之前完成,支腿的收入应在吊臂放下、搁稳之后进行。

图 6-8　轮胎式起重机

(3)轮胎式起重机

轮胎式起重机(图 6-8)是把起重机构安装在加重型轮胎和轮轴组成的特制底盘上的一种自行式全回转起重机。随着起重量的大小不同,底盘下装有若干根轮轴,配备有 4~10 个或更多轮胎。吊装时一般用四个支腿支撑以保证机身的稳定性;构件重力在不用支腿允许荷载范围内也可不放支腿起吊。轮胎式起重机与汽车式起重机的优缺点基本相似,其行驶均采用轮胎,故可以在城市的路面上行走,不会损伤路面。轮胎式起重机可用于装卸、一般工业厂房的安装和低层混合结构预制板的安装工作。

6.1.2.3　塔式起重机

塔式起重机介绍见 3.2.1 节。

6.2 钢筋混凝土单层工业厂房结构吊装

单层工业厂房构件除基础为现浇杯口基础,柱、吊车梁、连系梁、屋架、天窗架、屋面板及支撑系统(柱间支撑、屋盖支撑)等构件均需要进行吊装。其中,吊车梁、连系梁、天窗架和屋面板等小型构件一般在预制厂进行制作,柱和屋架则在施工现场进行制作。

6.2.1 吊装前的准备工作

(1)场地清理与铺设道路

按照现场平面布置图,标出起重机的开行路线和构件堆放位置,注意保证足够的路面宽度和转弯半径,路面宽度一般为 3.5～6 m,转弯半径为 10～20 m;清理道路上的杂物,进行平整压实,松软土铺枕木、厚钢板。

(2)构件的运输和堆放

一般构件混凝土强度达到设计强度的 75% 以上才能运输;构件在运输时要固定牢靠,必要时应采用支架支撑;注意控制运输车辆行驶速度;注意构件的垫点和装卸车时的吊点都应按设计要求进行,垫点上的垫块要在同一条垂直线上,且厚度相等。构件堆放场地应平整压实,有排水措施,重叠堆放梁不超过 4 层、大型屋面板不超过 6 块。

(3)构件的检查与清理

检查构件型号、数量是否与设计相符;构件的混凝土强度必须满足设计要求,一般应不低于设计强度的 75%,对屋架等大跨度构件应达到设计强度的 100%;检查构件的外形尺寸、预埋件的位置和尺寸等是否符合设计要求;检查构件有无缺陷、损伤、变形、裂缝等。

(4)基础的准备

装配式钢筋混凝土柱基础一般设计成杯形基础。为了保证柱子安装后牛腿面的标高符合设计要求(柱在制作过程中牛腿面到柱脚的距离可能存在误差),在柱吊装前需要对杯底标高进行一次调整(或称抄平)。调整的方法是测出杯底实际标高 h_1(现浇杯形基础时标高应控制比设计标高略低 50 mm),再量出柱脚底面至牛腿面的实际长度 h_2,则杯底标高的调整值 Δh $= h_1 + h_2 - h_3$(牛腿面的设计标高),若为正值则需用细石混凝土垫平,若为负值则凿掉。此外,还要在基础杯口上弹出柱的纵、横定位轴线(允许偏差 10 mm),作为柱对位、校正的依据。

(5)构件的弹线与编号

构件在吊装前要在构件表面弹出吊装准线作为构件对位、校正的依据,该准线包括构件本身安装对位准线和构件上安装其他构件的对位准线。

①柱:应在柱身的三个面上弹出吊装准线。对矩形截面柱可按几何中线弹吊装准线,对工字形截面柱,为便于观测及避免视差,则应靠柱边翼缘上弹吊装准线。柱身所弹吊装准线的位置应与基础面上所弹柱的吊装准线位置相适应。此外,在柱顶要弹出截面中心线,在牛腿面上要弹出吊车梁的吊装准线。

②屋架:应在屋架的两个端头弹出纵、横吊装准线;在屋架上弦顶面弹出几何中心线,并从跨度中央向两端分别弹出在天窗架、屋面板或檩条的吊装准线。

③梁:在梁的两端及顶面应弹出几何中心线,作为梁的吊装准线。

在弹线的同时,应根据设计图纸将构件编号写在明显易见的部位。对不易辨别上下、左右的构件,还应在构件上加以注明,以免吊装时弄错。

6.2.2 构件吊装工艺

构件吊装的一般工艺:绑扎→起吊→对位、临时固定→校正、最后固定。

6.2.2.1 柱的吊装

(1)柱的绑扎

柱的绑扎位置和绑扎点数,应根据柱的形状、断面、长度、配筋部位和起重机性能等情况确定。

①绑扎点数和位置:因为柱的吊升过程中所承受的荷载与使用阶段荷载不同,因此绑扎点应高于柱的重心,柱吊起后才不致摇晃倾翻。吊装时应对柱的受力进行验算,其最合理的绑扎点应在柱产生的正负弯矩绝对值相等的位置。一般的中、小型柱(长 12 m 或重 13 t 以下),大多绑扎一点,绑扎点在牛腿根部,工字形断面柱的绑扎点应选在矩形断面处,否则应在绑扎位置用方木垫平;重型或配筋小而细长的柱则需要绑扎两点甚至三点,绑扎点合力作用线高于柱重心。在吊索与构件之间还应垫上麻袋、木板等,以免吊索与构件之间摩擦造成损伤。

②绑扎方法:按柱起吊后柱身是否垂直分为斜吊绑扎法和直吊绑扎法(图 6-9 和图 6-10)。

当柱平卧起吊抗弯能力满足要求时,可采用斜吊法,其特点是不需翻身,起重高度小,但抗弯差,起吊后对位困难。当柱平卧起吊抗弯能力不足时,吊装前需对柱先翻身后再绑扎起吊。吊索从柱的两侧引出,上端通过卡环或滑轮组挂在横吊梁上,这种方法称为直吊法,其特点是翻身后两侧吊,抗弯好,不易开裂,易对位,但需用铁扁担,吊索长,需较大起重高度。

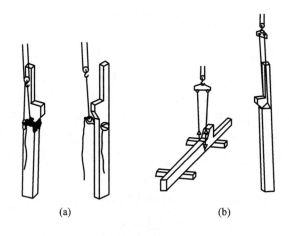

(a)   (b)

图 6-9 柱的一点绑扎

(a)斜吊绑扎;(b)直吊绑扎

(2)柱的吊升

工业厂房中的预制柱安装就位时,常用旋转法和滑行法两种形式吊升到位。

①旋转法:布置柱子时使柱脚靠近柱基础,柱的绑扎点、柱脚和基础中心位于以起重半径为半径的圆弧上(三点共弧)。起重机边升钩边转臂,柱脚不动而立起,吊离地面后继续转臂,插入基础杯口内,如图 6-11 所示。

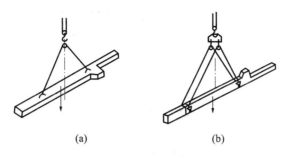

图 6-10　柱的两点绑扎

(a)斜吊绑扎；(b)直吊绑扎

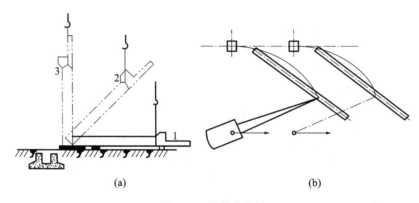

图 6-11　旋转法吊柱

(a)旋转过程；(b)平面布置

1—柱平放时；2—起吊中途；3—直立时

　　②滑行法：柱子的绑扎点靠近基础杯口布置，且绑扎点与基础杯口中心位于以起重半径为半径的圆弧上(二点共弧)；起重机只升钩不转臂，使柱脚沿地面缓缓滑向绑扎点下方、立直；吊离地面后，起重机转臂使柱子对准基础杯口就位，如图 6-12 所示。

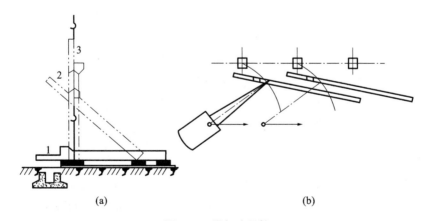

图 6-12　滑行法吊柱

(a)滑行过程；(b)平面布置

1—柱平放时；2—起吊中途；3—直立时

旋转法相对滑行法的特点是:柱在吊装立直过程中振动较小,生产率较高,但对起重机的机动性要求高,现场布置柱的要求较高。两台起重机进行"抬吊"重型柱时,也可采用两点抬吊旋转法和一点抬吊滑行法。

(3)柱的对位与临时固定

柱脚插入杯口后,应悬离杯底适当距离进行对位,对位时从柱子四周放入 8 只楔块(距杯底 30~50 mm),并用撬棍拨动柱脚,使柱的吊装准线对准杯口上的吊装准线,并使柱基本保持垂直。柱子对位后,应先将楔块略为打紧,经检查符合要求后,方可将楔块打紧,这就是临时固定。重型柱或细长柱除做上述临时固定措施外,必要时还可加缆风绳。如图 6-13 所示。

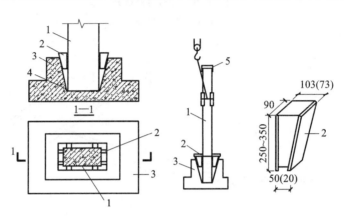

图 6-13 柱的对位与临时固定

1—柱子;2—楔块(括号内的数字表示另一种楔块的尺寸);
3—杯形基础;4—石子;5—安装缆风绳或挂操作台的夹箍

(4)柱的校正与最后固定

柱的校正,包括平面位置和垂直度的校正。平面位置在临时固定时多已校正好,因此柱校正的主要内容是垂直度的校正。其方法是用两台经纬仪从柱的相邻两面来测定柱的安装中心线是否垂直。垂直度的校正直接影响吊车梁、屋架等吊装的准确性,必须认真对待。要求垂直度偏差的允许值为:柱高≤5 m 时为 5 mm;5 m<柱高<10 m 时为 10 mm;柱高≥10 m 时为 1/1000 柱高,但不得大于 20 mm。

校正方法有敲打楔块法、千斤顶校正法、钢管撑杆斜顶法及缆风绳校正法等。

柱校正后应立即进行最后固定。方法是在柱脚与杯口的空隙中浇筑比柱混凝土强度等级高一级的细石混凝土,浇筑分两次进行:第一次浇筑至原固定柱的楔块底面,待混凝土强度达到 25% 时拔去楔块,再将混凝土灌满杯口。待第二次浇筑的混凝土强度达到 75% 后,方可安装其上部构件。

6.2.2.2 吊车梁的吊装

吊车梁的类型,通常有 T 型、鱼腹型和组合型等,长度一般为 6 m、12 m,重 3~5 t。吊车梁吊装时,应两点绑扎,对称起吊。起吊后应基本保持水平,两端设拉绳(溜绳)控制,对位时不宜用撬棍在纵轴方向撬动吊车梁,以防使柱身受挤动产生偏差;用垫铁垫平,一般不需要临时固定,如图 6-14 所示。

吊车梁的校正主要包括平面位置和垂直度的校正。中小型吊车梁宜在厂房结构校正和固定后进行安装，以免屋架安装时，引起柱子变位。对于重型吊车梁则边吊装边校正。

吊车梁垂直度校正用靠尺逐根进行，平面位置的校正常用通线法与平移轴线法，如图6-15、图6-16所示。通线法：根据柱子轴线用经纬仪和钢尺，准确地校核厂房两端的四根吊车梁位置，对吊车梁的纵轴线和轨距校正好之后，再依据校正好的端部吊车梁，沿其轴线拉钢丝通线，逐根拨正。平移轴线法：在柱列边设置经纬仪，逐根将杯口中柱的吊装准线投影到吊车梁顶面处的柱身上，并做出标志，再根据柱子和吊车梁的定位轴线间的距离（一般为750 mm），逐根拨正吊车梁的安装中心线。

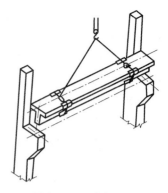

图 6-14 吊车梁吊装

吊车梁校正后，应立即焊接固定，并在吊车梁与柱的空隙处浇筑细石混凝土。

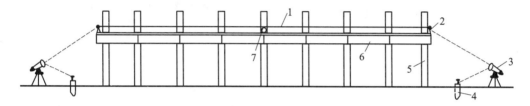

图 6-15 通线法校正吊车梁的平面位置

1—通线；2—支架；3—经纬仪；4—木桩；5—柱；6—吊车梁；7—圆钢

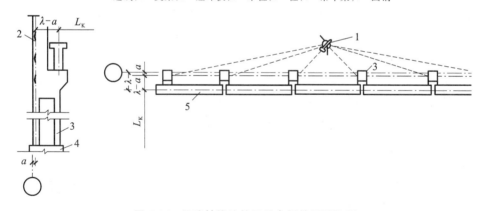

图 6-16 平移轴线法校正吊车梁的平面位置

1—经纬仪；2—标志；3—柱；4—柱基础；5—吊车梁

6.2.2.3 屋架的吊装

屋盖系统包括屋架、屋面板、天窗架、支撑、天窗侧板及天沟板等构件。屋盖系统一般按节间进行综合安装，即每安装好一榀屋架，就随即将这一节间的全部构件安装上去。这样做可以提高起重机的利用率，加快安装进度，有利于提高质量和保证安全。在安装起始的两个节间时，要及时安好支撑，以保证屋盖安装中的稳定。

（1）屋架的扶直与就位

钢筋混凝土屋架一般在施工现场平卧浇筑，吊装前应将屋架扶直就位。屋架是平面受力构件，侧向刚度差。扶直时由于自重会改变杆件的受力性质，容易造成屋架损伤，所以必须采取有效措施或合理的扶直方法。按照起重机与屋架相对位置的不同,屋架扶直分为正向扶直和反向扶直两种方法。

①正向扶直:起重机位于屋架下弦一侧,吊钩对准屋架上弦中心。收紧吊钩,略起臂使屋架脱模,随后升钩升臂,屋架以下弦为轴转为直立状态。一般在操作中将构件升臂比降臂较安全,故应尽量采用正向扶直。如图 6-17(a)所示。

②反向扶直:起重机位于屋架上弦一侧,吊钩对准屋架上弦中心,升钩降臂,屋架以下弦为轴转为直立状态。如图 6-17(b)所示。

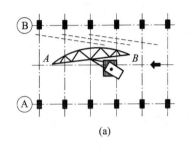
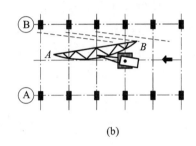

(a)   (b)

图 6-17 屋架扶直示意图

(a)正向扶直;(b)反向扶直

屋架扶直时,应注意吊索与水平线的夹角不宜小于 60°。屋架扶直后,应立即进行就位。就位指移放在吊装前最近的便于操作的位置。屋架就位位置应在事先加以考虑,它与屋架的安装方法、起重机械的性能有关,还应考虑到屋架的安装顺序、两端朝向,尽量少占场地,便于吊装。就位位置一般靠柱边斜放或以 3～5 榀为一组平行于柱边。屋架就位后,应用 8 号铁丝、支撑等与已安装的柱或其他固定体相互拉结,以保持稳定。

(2)屋架的绑扎

屋架的绑扎点应选在上弦节点处左右对称,并高于屋架重心,以免屋架起吊后晃动和倾翻,吊装时吊索与水平线的夹角不宜小于 45°,以免屋架承受过大的横向压力。必要时,为了减小绑扎高度及所受横向压力可采用横吊梁。吊点的数目及位置与屋架的形式和跨度有关,应经吊装验算确定。一般情况:跨度≤18 m,采用两点绑扎;跨度>18 m,采用四点绑扎;跨度>30 m 和组合屋架,应增设铁扁担,以降低吊装高度和减小吊索对屋架上弦的轴向压力,如图 6-18 所示。

(3)屋架的吊升、对位与临时固定

中、小型屋架,一般均用单机吊装,当屋架跨度大于 24 m 或重量较大时,应采用双机抬吊。

在屋架吊离地面约 300 mm 时,将屋架引至吊装位置下方,然后再将屋架吊升超过柱顶一些,进行屋架与柱顶的对位。

屋架对位应以建筑物的定位轴线为准,对位成功后,立即进行临时固定。第一榀屋架的临时固定,可利用屋架与抗风柱连接,也可用缆风绳固定;以后每榀屋架可用工具式支撑(屋架校正器)与前一榀屋架连接。

(4)屋架的校正和最后固定

屋架的垂直度应用垂球或经纬仪检查校正,如图 6-19 所示,有偏差时采用工具式支撑纠正,并在柱顶加垫铁片稳定。屋架校正完毕后,应立即按设计规定用螺母或焊接固定,待屋架固定后,起重机方可松卸吊钩。

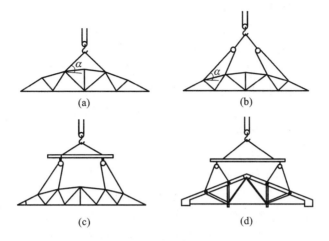

图 6-18 屋架的绑扎方法
(a)跨度≤18 m;(b)跨度>18 m;(c)跨度>30 m;(d)组合屋架

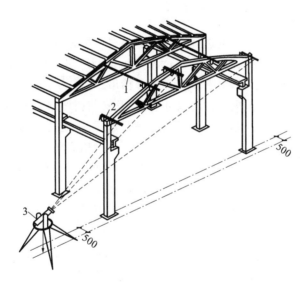

图 6-19 用经纬仪检查校正屋架的垂直度
1—工具式支撑;2—直尺;3—经纬仪

6.2.2.4 屋面板的吊装

单层工业厂房的屋面板,一般为大型的槽形板,板四角吊环就是为起吊时用的,可单块起吊,也可多块叠吊或平吊。为了避免屋架承受半边荷载,屋面板吊装的顺序应自两边檐口开始,对称地向屋架中点铺放;在每块板对位后应立即焊接固定,必须保证有三个角点焊接。

6.2.3 单层工业厂房结构吊装方案

单层工业厂房结构吊装方案内容包括:结构吊装方法、起重机的选择、起重机的开行路线及构件的平面布置等。确定施工方案时应根据厂房的结构形式、跨度、构件的重量及安装高度、吊装工程量及工期要求,考虑现有起重设备条件等因素综合确定。

6.2.3.1 结构吊装方法

(1)分件安装法

分件安装法即起重机每开行一次仅安装一种或两种构件,如第一次开行吊柱,第二次开行吊地梁、吊车梁、连系梁等,第三次开行吊屋盖系统(屋架、支撑、天窗架、屋面板)。分件安装法的优点是能按构件特点灵活选用起重机具;索具更换少,工人熟练程度高;构件布置容易,现场不拥挤。但其缺点是起重机开行线路长,不能进行围护、装饰等工序流水作业。分件安装法是单层工业厂房结构安装常采用的方法。

(2)综合安装法

综合安装法即起重机在车间内的一次开行中,分节间(先安装 4~6 根柱子)安装所有类型的构件。其优点是起重机开行路线短,停机点少;利于围护、装饰等后续工序的流水作业。但存在一种起重机械同时吊装多种类型的构件,起重机的工作性能不能充分发挥;吊具更换频繁,施工速度慢;校正时间短,给校正工作带来困难;施工现场构件繁多,构件布置复杂,构件供应紧张等缺点。主要用于已安装了大型设备等,不便于起重机多次开行的工程,或要求某些房间先行交工的工程等。

6.2.3.2 起重机的选择

起重机的选择包括类型、型号的选择。一般中小型厂房选择自行式起重机;起重量较大且缺乏自行式起重机时,可选用桅杆式起重机;大跨度、重型厂房,应结合设备安装选择起重机;一台起重机不能满足吊装要求时,可考虑选择两台抬吊。

起重机的类型选定后,要根据构件的尺寸、重量及安装高度来确定起重机型号。当起重半径受场地安装位置限制时,先定起重半径再选能满足起重量、起重高度要求的机械;当起重半径不受限制时,据所需起重量、起重高度选择机型后,查出相应允许的起重半径。

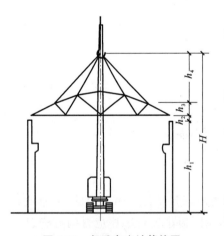

图 6-20 起重高度计算简图

(1)起重机的起重量 Q 必须大于或等于所安装构件的重量与索具重量之和。

(2)起重高度 H(图 6-20):

$$H = h_1 + h_2 + h_3 + h_4 \qquad (6-2)$$

式中　h_1——停机面至安装支座的高度(m);

　　　h_2——安装间隙(≥0.3 m)或安全距离(≥2.5 m);

　　　h_3——绑扎点至构件底面尺寸(m);

　　　h_4——吊索高度(m)。

(3)起重半径 R(图 6-21)。当起重机可以不受限制地开到吊装位置附近时,对起重机的起重半径没有要求。

当起重机受限制不能靠近安装位置去吊装构件时,起重半径按下式计算:

$$R = F + D + 0.5b \qquad (6-3)$$

式中　F——起重机枢轴中心距回转中心的距离(m);

　　　b——构件宽度(m);

　　　D——起重机枢轴中心距所吊构件边沿的距离(m)。

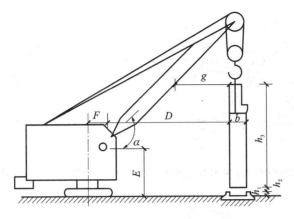

图 6-21　起重半径计算简图

6.2.3.3　起重机的开行路线、停机位置和构件的平面布置

构件的平面布置与起重机的性能、安装方法、构件的制作方法有关。

（1）吊装柱时起重机的开行路线及平面位置

①起重机的开行路线

根据厂房的跨度、柱的尺寸和重量及起重机的性能，有跨中开行和跨边开行两种。当 $R \geqslant L/2$ 时（L 为厂房跨度），跨中开行，一个停机点可吊 2 根或 4 根柱；当 $R < L/2$ 时，跨边开行，一个停机点可吊 1 根或 2 根柱。如图 6-22 所示。

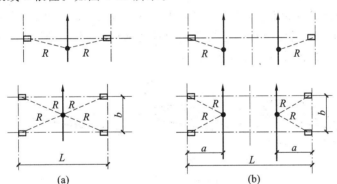

图 6-22　起重机吊装柱时的开行路线及停机位置

（a）跨中开行；（b）跨边开行

②柱的平面布置

柱的平面布置位置既可在跨内也可在跨外，布置方向分为斜向和纵向。

A. 斜向布置。根据吊装时采用的吊装方法（旋转法或滑行法），可按三点或二点共弧斜向布置。确定步骤：确定起重机开行路线（$R_{min} \leqslant a \leqslant R_{选}$）→以柱基中心 M 为圆心、$R_{选}$ 为半径画弧，与起重机开行路线的交点即为起重机停机点 O→以起重机停机点 O 为圆心定出圆弧 $SKM(SM)$，确定 A、B、C、D 尺寸，即可得到柱预制位置。如图 6-23、图 6-24 所示。

B. 纵向布置。用于滑行法吊装，该布置占地少，制作方便，但不便于起吊。确定步骤：确定起重机开行路线（$R_{min} \leqslant a \leqslant R_{选}$）→相邻两柱基中心线与起重机开行路线的交点即为起重机停机点 O→确定柱预制位置。如图 6-25 所示。

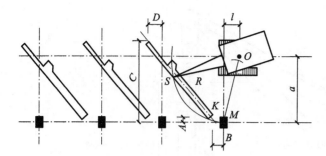

图 6-23 采用旋转法吊装柱斜向布置图 　　　图 6-24 采用滑行法吊装柱斜向布置图

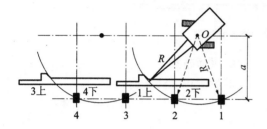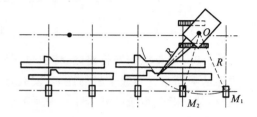

图 6-25 柱纵向布置图

（2）吊装屋架时起重机的开行路线及构件的平面布置

①预制阶段平面布置

一般在跨内平卧叠浇预制，每叠 3～4 榀；布置方式分为正面斜向、正反斜向和正反纵向布置三种，应优先采用正面斜向布置，它便于屋架扶直就位，只有当场地限制时，才采用其他方式，如图 6-26 所示。布置时应注意以下几点：

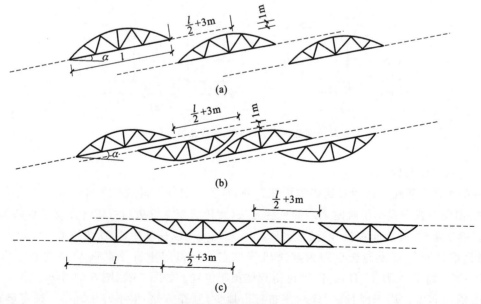

图 6-26 屋架的布置方式

（a）正面斜向布置；（b）正反斜向布置；（c）正反纵向布置

A.斜向布置时,屋架下弦与纵轴线夹角为 $10°\sim20°$;

B.预应力屋架两端均应留出抽管、穿筋、张拉操作所需场所($l/2+3$ m);

C.每两垛之间留不小于 1.0 m 的间隙;

D.每垛先扶直者放于上面,放置方向与埋件位置要准确(标出轴号、编号)。

②安装阶段构件的就位布置

安装屋架时首先进行屋架扶直,扶直后靠柱边斜向或纵向排放(立放)。

A.斜向就位。其基本步骤为:起重机安装屋架时的开行路线及停机位置→屋架的就位范围→屋架就位的位置。如图 6-27 所示。

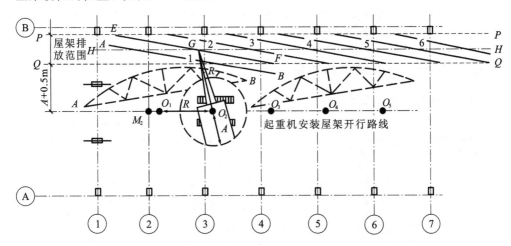

图 6-27 屋架斜向就位示意图

B.纵向就位。一般以 $4\sim5$ 榀为一组靠柱边顺轴线纵向排列,每组最后一榀屋架中心距前一榀屋架安装轴线 $\geqslant2$ m。这种方式需起重机负重行驶,但占地少,如图 6-28 所示。

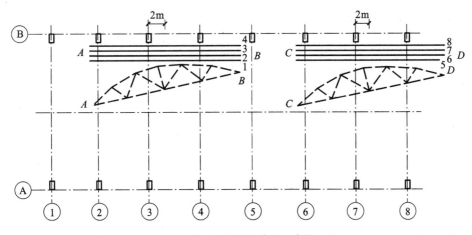

图 6-28 屋架纵向就位示意图

(3)吊车梁、连系梁、屋面板的运输和就位堆放

①构件在预制厂或现场预制成型,后运至工地吊装。

②运至工地后,按施工组织设计规定位置、编号及顺序就位或堆放。

③根据起重半径,屋面板可在跨内或跨外就位。

④所有构件已集中堆放在吊装工地附近,可随吊随运。

6.3 多层装配式结构安装

多层装配式结构在工业和民用建筑中占有很大比例,其结构构件均为预制,用起重机在施工现场装配成整体。其施工特点是结构高度较大,占地面积相对较小,构件种类多、数量大,各类构件的接头处理复杂,技术要求高。

在结构安装施工中,需要重点解决的问题是吊装机械与布置、吊装方法、吊装顺序、构件节点连接施工、构件布置与吊装工艺等。

6.3.1 吊装机械的选择和布置

6.3.1.1 吊装机械的选择

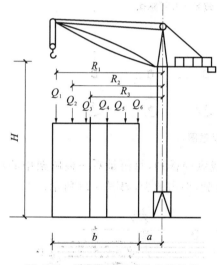

图6-29 塔式起重机工作参数示意

吊装机械的选择应按工程结构的特点、高度、平面形状、尺寸,构件长短、轻重、体积大小、安装位置以及现场施工条件等因素确定。

一般建筑高度在18 m以下的结构安装多选用自行式起重机;建筑高度18 m及以上的结构,一般选用塔式起重机。

塔式起重机的起重能力通常用起重力矩 $M(M=Q_i R_i)$ 表示,选择型号时,应分别计算出主要构件所需的起重力矩,取其最大值 M_{max} 作为选择依据。并绘制剖面图,在图上标明各主要构件吊装重物时所需的起重半径,如图6-29所示。

6.3.1.2 起重机的布置

起重机的布置主要应考虑结构平面形状、构件重量、起重机性能、施工现场条件等因素,一般有下列两种方式。

(1)单侧布置

当结构宽度较小、构件较轻时采用单侧布置,如图6-30(a)所示。

同时,起重半径应满足:

$$R \geqslant b+a \qquad (6-4)$$

式中 b——结构宽度(m);

a——结构外侧边至起重机轨道中心线间的距离(一般取3~5 m)。

(2)双侧布置(环形布置)

当结构宽度较大、构件较重,采用单侧布置起重机的起重力矩不能满足结构吊装要求时,起重机可采用双侧布置,如图6-30(b)所示。

双侧布置时,起重半径应为:

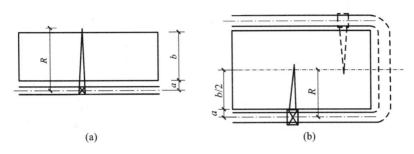

图 6-30　塔式起重机沿建筑物布置

(a)单侧布置；(b)双侧(或环形)布置

$$R \geqslant \frac{b}{2} + a \qquad (6\text{-}5)$$

若受场地限制,起重机不能布置在跨外,或由于构件重、结构宽,采用外侧布置起重机的起重力矩不满足吊装要求时,可将起重机布置在跨内。其布置有单行布置及环形布置两种方式,如图 6-31 所示。跨内布置时,起重机只能采用竖向综合吊装,结构稳定性差,构件二次搬运量大。因此,应优先采用跨外布置方案。

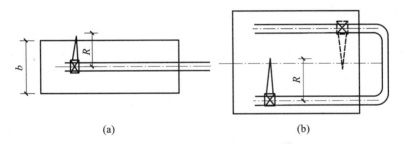

图 6-31　塔式起重机在跨内布置

(a)跨内单行布置；(b)跨内环形布置

6.3.2　构件的平面布置和堆放

多层装配式结构构件,除重量较大的柱在现场就地预制外,其余构件一般在预制厂制作,运至工地安装。因此,构件平面布置要着重解决柱在现场预制布置问题。其布置方式一般有下列三种:

(1)平行布置

平行布置即柱身与轨道平行,是常用的布置方案。柱可叠浇,将几层高的柱通长预制,能减少柱接头偏差。

(2)斜向布置

斜向布置即柱身与轨道成一定角度。柱吊装时,可用旋转法起吊,它适用于较长柱。

(3)垂直布置

垂直布置即柱身与轨道垂直。适用于起重机在跨中开行,柱吊点在起重机起重半径之内加工厂制作的构件。一般在吊装前将构件按型号、数量和安装顺序等运进施工现场,吊装时,按构件供应方式可分为储存吊装法和随吊随运法。储存吊装法是指按照构件吊装工艺过程，将各种类型的构件配套运输至施工现场并保持一定的储备量。储存吊装法可提高起重机的工作效率。随吊随运法也称为直接吊装法，构件按吊装顺序配套运往施工现场，直接由运输车辆上吊到设计安装位置上。这种方法需要较多的运输车辆和严密的施工组织。

楼面板等构件的堆放方式有插放法和靠放法两种。插放法是构件插在插放架上，堆放时不受型号限制，可按吊装顺序放置。这种方法便于查找构件型号，但占用场地较多。靠放法是将同型号构件放在靠放架上，占用场地较少。构件必须对称靠放，其倾角应保持大于80°，构件上部用木块隔开。

6.3.3 结构的吊装方法和吊装顺序

多层装配式结构的吊装方法有分件吊装法和综合吊装法两种。

（1）分件吊装

按流水方式不同，分件吊装有分层分段流水和分层大流水两种吊装方法。

分层分段流水吊装法［图6-32(a)］是将多层结构划分为若干施工层，每个施工层再划分为若干吊装段。起重机在每一吊装段内按吊装顺序分次进行吊装，每次开行吊装一种构件，直至该段的构件全部吊装完毕，再转移到另一段，待每一施工层各吊装段构件全部吊装完并最后固定后再吊装上一施工层构件。

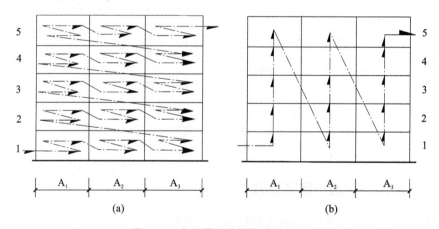

图6-32 多层装配式结构吊装方法

（a）分层分段流水吊装法；（b）综合吊装法

A_1、A_2、A_3—吊装段；1、2、3、4、5—施工层

通常施工层的划分与预制柱的长度有关，当柱的长度为一个结构层高时，以一个结构层高为一个施工层。如果柱子高度是两个结构层高时，则以两个结构层高为一个施工层，施工层数越多，则柱子接头越多，吊装速度越慢，因此应加大柱的预制长度，以减少施工层。

吊装段的划分取决于结构的平面尺寸、形状、起重机性能及开行路线等。划分时应保证结构安装的吊装、校正、固定各工序的协调，同时保证结构安装时的稳定。

分件安装的优点是，容易组织吊装、校正、焊接、固定等工序的流水作业，容易安排构件的供应及现场布置。

分层大流水吊装法是每个施工层不再划分流水段,而按一个楼层组织各个工序的流水作业,这种方法适用于每层面积不大的工程。

(2)综合吊装

综合吊装是以一个柱网(节间)或若干个柱网(节间)为一个吊装段,以房屋全高为一个施工层组织各工序流水施工,起重机把一个吊装段的构件吊装至房屋的全高,然后转入下一个吊装段施工,如图 6-32(b)所示。

当结构宽度大而采用起重机跨内开行时,由于结构被起重机的通道暂时分割成几个从上到下的独立部分,所以,综合吊装法特别适用于起重机在跨内开行时的结构吊装。

6.3.4 结构吊装工艺

多层装配式框架结构安装的主要施工过程包括:柱的吊装、墙板结构构件吊装、梁柱接头浇筑等。

(1)柱的吊装

为了便于预制和吊装,各层柱截面应尽量保持不变,而以改变配筋或混凝土强度等级来适应荷载的变化。柱一般以 1~2 层楼高为一节,也可以 3~4 层楼高为一节,视起重机性能而定。当采用塔式起重机进行吊装时,以 1~2 层楼高为宜;对 4~5 层框架结构,采用履带式起重机进行吊装时,柱长可采用一节到顶的方案。柱与柱的接头宜设在弯矩较小位置或梁柱节点位置,同时要便于施工。每层楼的柱接头宜布置在同一高度,便于统一构件规格,减少构件型号。

①绑扎起吊

多层框架柱,由于长细比较大,吊装时必须合理选择吊点位置和吊装方法,必要时应对吊点进行吊装应力和抗裂度验算。一般情况下,当柱长在 12 m 以内时可采用一点绑扎,旋转法起吊;对 14~20 m 的长柱则应采用两点绑扎起吊。应尽量避免采用多点绑扎,以防止在吊装过程中构件受力不均而产生裂缝或断裂。

②柱的临时固定和校正

框架底柱与基础杯口的连接与单层厂房相同。上下两节柱的连接是多层框架结构安装的关键。其临时固定可用管式支撑。柱的校正需要进行 2~3 次。首先在脱钩后电焊前进行初次校正;在电焊后进行二次校正,观测钢筋因电焊受热收缩不均而引起的偏差;在梁和楼板吊装后再校正一次,消除梁柱接头电焊产生的偏差。

在柱校正过程中,当垂直度和水平位移均有偏差时,如垂直度偏差较大,则应先校正垂直度,然后校正水平位移,以减少柱倾覆的可能性。柱的垂直度偏差容许值为 $H/1000$(H 为柱高),且不大于 15 mm。水平位移容许偏差值应控制在 ±5 mm 以内。

多层框架长柱,由于阳光照射的温差对垂直度有影响,使柱产生弯曲变形,因此,在校正中须采取适当措施。例如:可在无强烈阳光(阴天、早晨、晚间)进行校正;同一轴线上的柱可选择第一根柱在无温差影响下校正,其余柱均以此柱为标准;柱校正时预留偏差。

③柱子接头

柱子接头形式有榫式、插入式、浆锚式等三种,如图 6-33 所示。

榫式接头上柱下部有一榫头,承受施工荷载,上下柱外露的受力钢筋采用坡口焊接,配置一定数量箍筋,浇筑混凝土后形成整体。

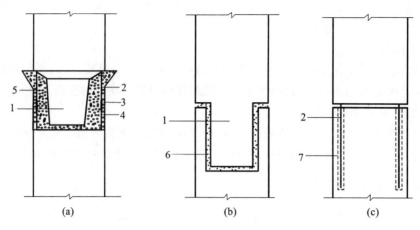

图 6-33 柱与柱的接头

(a)榫式接头;(b)插入式接头;(c)浆锚式接头

1—榫头;2—上柱外伸钢筋;3—坡口焊;4—下柱外伸钢筋;5—后浇混凝土接头;6—下柱杯口;7—下柱预留孔

插入式接头是将上柱下端制成榫头,下柱顶端制成杯口,上柱榫头插入下柱杯口后用水泥砂浆填实,这种接头不需焊接。

浆锚式接头是将上柱伸出的钢筋插入下柱的预留孔中,用水泥砂浆锚固形成整体。

(2)梁柱接头

梁柱接头的形式很多,常用的有明牛腿式刚性接头、齿槽式接头、浇筑整体式接头等。

①明牛腿式刚性接头如图 6-34(a)所示,在梁端预埋一块钢板,牛腿上也预埋一块钢板,焊接好以后起重机方可脱钩。再将梁、柱的钢筋,用坡口焊接,最后灌以混凝土,使之成为刚度大、受力可靠的刚性接头。

②齿槽式接头如图 6-34(b)所示,在梁、柱接头处设置角钢,作为临时牛腿,以支撑梁。角钢支撑面积小,不大安全,必须当柱混凝土强度达到 10 MPa 时才允许吊装。

③浇筑整体式接头如图 6-34(c)所示,柱为每层一节,梁搁在柱上,梁底钢筋按锚固长度要求弯上或焊接,将节点核心区加上箍筋后即可浇筑混凝土。先浇筑至楼板面高度,当混凝土强度大于 10 MPa 后,再吊装上柱,上柱下端同榫式柱,上下柱钢筋搭接长度大于 $20d$(d 为钢筋直径)。第二次浇筑混凝土到上柱榫头部,留 35 mm 左右的空隙,用细石混凝土填缝。

(3)墙板结构构件吊装

装配式墙板结构是将墙壁、楼板、楼梯等房屋构件,在现场或预制厂预制,然后在现场装配成整体的一种结构。目前在住宅建筑中,一般墙板的宽度与开间或进深相当,高度与层高相当,墙壁厚度和所采用的材料与当地气候以及构造要求有关。

墙板所用的材料有普通混凝土、轻骨料混凝土以及粉煤灰、矿渣等工业废料混凝土、加气混凝土等。墙板按其构造可分为单一材料墙板(实心及空心墙板)和复合材料墙板两大类。复合材料墙板是将不同功能的材料复合在一起,分别起承重、保温、装饰作用,以提高墙板的技术经济指标。对于外墙板应具有保温、隔热和防水功能,并可事先做好外饰面(如贴面瓷砖、纤维板等)和装上门窗。室内墙面不用抹灰;安装后喷浆或贴墙纸。

墙板的连接一般采取预留钢筋互相搭接,然后用混凝土灌缝连成整体。在装配式框架结

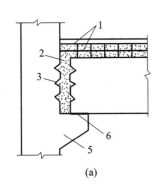 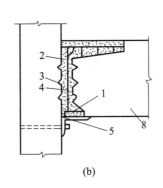 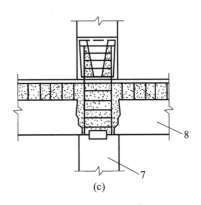

(a)　　　　　　　　　　(b)　　　　　　　　　　(c)

图 6-34　梁与柱的接头

（a)明牛腿式刚性接头；(b)齿槽式接头；(c)浇筑整体式接头

1—坡口焊钢筋；2—浇捣细石混凝土；3—齿槽；4—附加钢筋；5—牛腿；6—垫板；7—柱；8—梁

构高层建筑中,墙板与框架采用预埋件焊接。装配式墙板房屋由于连接节点的整体性、强度和延性较差,抗震性能较低,所以目前仅用于 12 层以下的住宅建筑。

墙板的安装方法主要有储存安装法和直接安装法(即随运随吊)两种。储存安装法是将构件从生产场地或构件厂运至吊装机械工作半径范围内储存,储存量一般为 1~2 层构件,目前采用较多。

墙板安装前应复核墙板轴线、水平控制线,正确定出各楼层标高、轴线、墙板两侧边线,墙板节点线,门窗洞口位置线,墙板编号及预埋件位置。

墙板安装顺序一般采用逐间封闭法。当房屋较长时,墙板安装宜由房屋中间开始,先安装两间,构成中间框架,称标准间;然后再分别向房屋两端安装。当房屋长度较小时,可由房屋一端的第二开间开始安装,并使其闭合后形成一个稳定结构,作为其他开间安装时的依靠。

墙板安装时,应先安内墙,后安外墙,逐间封闭,随即焊接。这样可减少误差累计,施工结构整体性好,临时固定简单、方便。

墙板安装的临时固定设备有操作平台、工具式斜撑、水平拉杆、转角固定器等。在安装标准间时,用操作平台或工具式斜撑固定墙板和调整墙的垂直度。其他开间则可用水平拉杆和转角器进行临时固定,用木靠尺检查墙板垂直度和相邻两块墙板板面的接缝。

习　题

1.简答题

(1)常用的起重机械有哪些? 试说明各自的优缺点。

(2)常用的索具设备有哪些?

(3)单层工业厂房结构吊装前的准备工作包括哪些内容? 有什么具体要求?

(4)简述单层工业厂房柱吊装的施工过程及要点。

(5)简述单层工业厂房屋架吊装的施工过程及要点。

(6)单层工业厂房结构的安装方法有哪两种? 简述各自优缺点及过程。

(7)单层工业厂房结构安装方案中怎样进行起重机的选择?

(8)简述柱、屋架的平面布置要点。

(9)简述装配式框架结构梁柱接头的形式及施工要点。

(10)简述装配式框架结构柱的吊装要点。

2.计算题

(1)某厂房柱的牛腿标高 8 m,吊车梁长 6 m、高 0.8 m,当起重机停机面标高为 0.3 m,索具高 2.0 m(自梁底计)。试计算吊装吊车梁的最小起重高度。

(2)某车间跨度 24 m,柱距 6 m,天窗架顶面标高 18 m,屋面板厚度 240 mm。试选择履带式起重机的最小臂长(停机面标高－0.2 m,起重臂枢轴中心距地面高度为 2.1 m,吊装屋面板时起重臂轴线距天窗架边缘 1 m)。

(3)某车间跨度 21 m,柱距 6 m,吊柱时,起重机分别沿纵轴线的跨内和跨外一侧开行。当起重半径为 7 m,开行路线距柱纵轴线为 5.5 m 时,试对柱作"三点共弧"布置,并确定停机点。

7 防水工程

建筑防水技术是一项保证建筑工程结构不受侵蚀的专门技术,对房屋建筑功能的正常发挥起着一定的保障作用。建筑防水工程必须综合考虑,进行合理设计,选择合适的防水方案,采用优质的防水材料,由专业的施工队伍严格按施工工艺及操作规程施工,才能确保质量。

建筑物防水按其构造做法分为两大类,即刚性防水和柔性防水。刚性防水又分为结构构件的自防水和刚性防水材料防水。结构构件的自防水主要是依靠建筑物构件(如屋面板、墙体、底板等)材料自身的密实性及某些构造措施(如坡度、伸缩缝并辅以油膏嵌缝、埋设止水带等),起到自身防水的作用;刚性防水材料防水则是在建筑构件上抹防水砂浆、浇筑掺有外加剂的细石混凝土或预应力混凝土等以达到防水的目的。柔性防水则是在建筑构件上使用柔性材料(如铺设防水卷材、涂布防水涂料等)做防水层。

建筑物防水按建筑工程的不同部位分为屋面防水、地下防水、厨卫间防水和外墙面防水。

防水工程应遵循"防排结合,刚柔并用,多道设防,综合治理"的原则进行设计和施工,在工期的安排上应尽量避开冬、雨期施工。

7.1 防水材料的分类、适用范围及发展

防水材料是防水工程的物质基础,是保证建筑物与构筑物防止雨水浸入、地下水等水分渗透的主要屏障,防水材料的优劣对防水工程影响极大。由于建筑防水工程质量涉及勘察、设计、选材、施工以及维护和管理等诸多环节,必须实施"综合治理",才能得到可靠的保证。而在上述一系列环节中,恰当选材、精心施工、定期维护、重视管理,是提高防水工程质量、延长防水工程使用寿命的关键所在。

7.1.1 卷材防水材料

防水卷材是建筑防水材料的主要品种之一,它应用广泛,其用量占我国整个防水材料的90%。防水卷材按材料的组成不同,分为普通沥青防水卷材、高聚物改性沥青防水卷材和合成高分子防水卷材三个系列。

(1)沥青防水卷材

沥青防水卷材是由粉状、粒状或片状材料制成的可卷曲的片状防水材料。按胎体材料的不同分为三类,即纸胎油毡、纤维胎油毡和特殊胎油毡。由于其价格低廉,具有一定的防水性能,故应用较广泛。

(2)高聚物改性沥青防水卷材

由于沥青防水卷材含蜡量高、延伸率低、温度的敏感性强,在高温下易流淌、低温下易脆裂

和龟裂,因此,只有对沥青进行改性处理,提高沥青防水卷材的拉伸强度、延伸率、在温度变化下的稳定性以及抗老化等性能,才能适应建筑防水材料的要求。沥青改性以后制成的卷材,称为改性沥青防水卷材。目前,对沥青的改性方法主要采用合成高分子聚合物进行改性、沥青催化氧化、沥青的乳化等。合成高分子聚合物(简称高聚物)改性沥青防水卷材包括 SBS 改性沥青、APP 改性沥青、PVC 改性焦油沥青、再生胶改性沥青和其他改性沥青等。高聚物改性沥青防水卷材的特点及适用范围见表 7-1。高聚物改性沥青防水卷材的外观质量要求见表 7-2。

表 7-1　高聚物改性沥青防水卷材的特点及适用范围

卷材名称	特点	适用范围	施工工艺
SBS 改性沥青防水卷材	耐高、低温性能有明显提高,卷材的弹性和耐疲劳性明显改善	单层铺设的屋面防水工程或复合使用	冷粘法或热熔铺贴
APP 改性沥青防水卷材	有良好的强度、延伸性、耐热性、耐紫外线照射及耐老化性能	单层铺设,适合于紫外线辐射强烈及炎热地区屋面使用	热熔法或冷粘法铺设
PVC 改性焦油沥青防水卷材	有良好的耐热及耐低温性能,最低开卷温度为-18 ℃	有利于在冬季负温下施工	可热作业,也可冷作业
再生胶改性沥青防水卷材	有一定的延伸性,且低温柔性较好,有一定的防腐蚀能力,价格低廉,属低档防水卷材	变形较大或档次较低的屋面防水工程	热沥青粘贴

表 7-2　高聚物改性沥青防水卷材的外观质量要求

项目	质量要求
孔洞、缺边、裂口	不允许
边缘不整齐	不超过 10 mm
胎体露白、未浸透	不允许
撒布材料粒度、颜色	均匀
每卷卷材的接头	每卷不超过 1 处,较短的一段不应小于 1000 mm,接头处应加长 150 mm

①SBS 改性沥青防水卷材是以聚酯纤维无纺布为胎体,以 SBS 橡胶改性石油沥青为浸渍涂盖层,以塑料薄膜为防黏隔离层,经多道工艺加工而成的一种防水卷材。

SBS 改性沥青防水卷材属弹性体防水卷材,它具有良好的弹性、耐疲劳性、耐高温、耐低温、耐老化等性能。既可用冷粘法施工,又可用热熔铺贴施工,其适应性广,各季节均可施工,是一种技术效果好的中低档新型防水材料。适用于各类建筑防水、防潮工程,尤其适用于寒冷地区和结构变形频繁的建筑防水工程。

②APP 改性沥青防水卷材是以玻璃纤维毡、聚酯毡为胎体,以 APP 改性石油沥青为浸渍涂盖层,均匀致密地浸渍在胎体两面,采用片岩彩色砂或金属箔等作为面层防黏隔离材料,底面复合塑料薄膜,经多道工艺加工而成的一种中高档防水卷材。

APP 改性沥青防水卷材抗拉强度高、延伸率大,具有良好的耐热性、抗老化性能,施工简单、无污染。适用于屋面、厕浴间、地下工程等,特别是炎热地区的建筑物防水。

（3）合成高分子防水卷材

合成高分子防水卷材是用合成橡胶、合成树脂或塑料与橡胶共混材料为主要原料，掺入适量的稳定剂、促进剂和改进剂等化学助剂及填料，经混炼、压延或挤出等工序加工而成的可卷曲片状防水材料。合成高分子防水卷材有多个品种，包括三元乙丙橡胶、丁基橡胶、氯化聚乙烯、氯磺化聚乙烯、聚氯乙烯等防水卷材。这些卷材的性能差异较大，堆放时，要按不同品种的标号、规格、等级分别放置，避免因混乱而造成错用事故。

合成高分子防水卷材的特点及适用范围见表7-3，合成高分子防水卷材的外观质量应符合表7-4的规定。

表 7-3　合成高分子防水卷材的特点及适用范围

卷材名称	特点	适用范围	施工工艺
三元乙丙橡胶防水卷材	防水性能优异，耐候性好，耐臭氧性好，耐化学腐蚀性佳，弹性和抗拉强度大，对基层变形开裂的适应性强，质量轻，使用温度范围宽、寿命长，但价格高，黏结材料还需配套完善	屋面防水技术要求较高、防水层耐用年限要求长的工业与民用建筑，单层或复合使用	冷粘法或自粘法施工
丁基橡胶防水卷材	有较好的耐候性、抗拉强度和延伸率，耐低温性能稍低于三元乙丙橡胶防水卷材	单层或复合使用于要求较高的屋面防水工程	冷粘法施工
氯化聚乙烯防水卷材	具有良好的耐候、耐臭氧、耐热老化、耐油、耐化学腐蚀及抗撕裂性能	用于紫外线强的炎热地区	冷粘法施工
氯磺化聚乙烯防水卷材	延伸率大、弹性好，对基变形开裂的适应性较强，耐高、低温性能好，耐腐蚀性能优良，有很好的难燃性	适合于有腐蚀介质影响及在寒冷地区的屋面工程	冷粘法施工
聚氯乙烯防水卷材	具有较高的拉伸和撕裂强度，延伸率较大，耐老化性能好，原料料丰富，价格便宜，容易黏结	单层或复合使用于外露或有保护层的屋面	冷粘法或热风焊接法施工

表 7-4　合成高分子防水卷材的外观质量要求

项目	质量要求
折痕	每卷不超过 2 处，总长度不超过 20 mm
杂质	大于 0.5 mm 颗粒不允许，每平方米不超过 9 mm²
胶块	每卷不超过 6 处，每处面积不大于 4 mm²
凹痕	每卷不超过 6 处，深度不超过本身厚度的 30%，树脂类深度不超过本身厚度的 15%
每卷卷材的接头	橡胶类每 20 m 不超过 1 处，较短的一段不应小于 3000 mm，接头处应加长 150 mm，树脂类 20 m 长度内不允许有接头

7.1.2 涂膜防水材料

防水涂料是一种在常温下呈黏稠状液体的高分子合成材料,涂刷在基层表面后,经过溶剂的挥发和水分的蒸发或各组成分间的化学反应,生成坚韧的防水膜,起到防水、防潮的作用。涂膜防水层完整、无接缝、自重轻、施工简单方便、易于修补、使用寿命长。若防水涂料配合密封灌缝材料使用,可增强防水性能,有效防止渗漏水,延长防水层的耐用期限。防水涂料按液态的组分不同,分为单组分防水涂料和双组分防水涂料两类。其中,单组分防水涂料按液态类型不同,分为溶剂型和水乳型两种,双组分防水涂料属于反应型。

溶剂型、水乳型、反应型防水涂料的性能特点见表 7-5。

表 7-5　溶剂型、水乳型、反应型防水涂料的性能特点

类别	溶剂型防水涂料	水乳型防水涂料	反应型防水涂料
原理	通过溶剂的挥发,高分子材料的分子链接触、搭接等过程而结膜	通过水分蒸发,高分子材料固体微粒靠近、接触、变形等过程而结膜	通过高分子预聚物与固化剂等辅料发生化学反应而结膜
防水性能	涂层干燥快,结膜较薄而致密	涂层干燥较慢,一次成膜的致密性较低	可一次结成致密的较厚的涂膜,几乎无收缩
储存	涂料储存的稳定性较好,应密封存放	储存期一般不宜超过半年	双组分涂料每组分需分开桶装密封存放
性质	易燃、易爆、有毒,生产、运输和使用时应注意安全,注意防火	无毒、不燃,生产、使用比较安全	有异味,生产、运输和使用时应注意防火
施工注意事项	溶剂苯有毒,对环境有污染,人体易受侵害,施工时,应注意通风,保证人身安全	施工较安全,操作简便,不污染环境,可在较为潮湿的找平层上施工,而不宜在 5 ℃以下的气温下施工	施工时需在现场按规定配方进行配料,搅拌应均匀,以保证施工质量,但价格较贵

防水涂料按基材组成材料的不同,分为沥青基防水涂料、高聚物改性沥青防水涂料和合成高分子防水涂料三大类。

(1)沥青基防水涂料

沥青基防水涂料是以沥青为基料配制成的溶剂型或水乳型防水涂料。这类防水涂料的各项性能指标较差,如冷底子油、乳化沥青防水涂料等。沥青基防水涂料适用于Ⅲ、Ⅳ级防水等级的屋面,还适用于地下室、卫生间的防水。

(2)高聚物改性沥青防水涂料

高聚物改性沥青防水涂料是以沥青为基料,用合成橡胶、再合成橡胶、再生橡胶、SBS 改性沥青,制成的溶剂型或水乳型的防水涂料。用合成橡胶(如氯丁橡胶、丁基橡胶等)进行改性,可以改善沥青的气密性、耐化学腐蚀性、耐燃烧性、耐光性、耐气候性等;用再生橡胶进行改性,可以改善沥青的低温冷脆性、抗裂性,增加沥青的弹性;用 SBS 进行改性,可以改善沥青的弹塑性、延伸性、耐老化、耐高温及耐低温性能等。高聚物改性沥青防水涂料包括氯丁橡胶沥青

防水涂料(水乳型和溶剂型两类)、再生橡胶沥青防水涂料(水乳型和溶剂型两类)、SBS 改性沥青防水涂料等品种。

(3)合成高分子防水涂料

合成高分子防水涂料是以合成橡胶或合成树脂为主要成膜物质,加入其他辅料配制而成的单组分或多组分防水涂料。它具有高弹性、防水性和优良的耐高、低温性能。常用的合成高分子防水涂料有聚氨酯防水涂料、丙烯酸酯防水涂料和有机硅防水涂料等品种。

7.1.3 密封防水材料

建筑密封材料是为了填堵建筑物的施工缝、结构缝、板缝、门窗缝及各类节点处的接缝,达到防水、防尘、保温、隔热、隔声等目的。建筑密封材料应具备良好的弹塑性、黏结性、接注性、施工性、耐候性、延伸性、水密性、气密性,并能长期抵御外力的影响,如拉伸、压缩、膨胀、振动等。建筑密封材料按形态不同,分为不定型密封材料和定型密封材料两大类。不定型密封材料是呈黏稠状的密封膏或嵌缝膏,将其嵌入缝中,具有良好的水密性、气密性、弹性、黏结性、耐老化性等特点,是建筑常用的密封材料。定型密封材料是将密封材料加工成特定的形状,如密封条、密封带、密封垫等,供工程中特殊的密封部位使用。建筑密封材料按材质的不同,分为改性沥青密封材料和合成高分子密封材料两大类。

(1)改性沥青密封材料

改性沥青密封材料是以石油沥青为基料,用适量的合成高分子聚合物进行改性,加入填充料和其他化学助剂配制而成的膏状密封材料。

①建筑防水沥青嵌缝油膏。建筑防水沥青嵌缝油膏是以石油沥青为基料,加入改性材料及填充料混合制成的冷用膏状材料。

建筑防水沥青嵌缝油膏主要用于填嵌建筑物的防水接缝。该油膏按材料的不同组成分为沥青废橡胶防水嵌缝油膏和沥青桐油废橡胶防水嵌缝油膏两类。前者适用于预制混凝土屋面板、墙板等构件的板缝嵌填,地下工程等节点的防水密封处理。后者适用于各种混凝土屋面板、墙板等构件及地下工程的防水密封、补漏等。

②聚氯乙烯建筑防水接缝油膏。聚氯乙烯建筑防水接缝油膏是以聚氯乙烯树脂为基料,加入适量的改性材料及其他添加剂配制而成的一种弹塑性热施工的密封材料。市场上主要有聚氯乙烯胶泥和塑料油膏两种产品。

聚氯乙烯胶泥适用于各种坡度屋面防水工程,不但可灌缝密封,还可以涂满屋面,也可用于地下管道和厕浴间的密封防水。塑料油膏适用于混凝土屋面、外墙板等构件的接缝防水、补漏,也可作为涂料用于结构构件的防潮、防渗,还可当作胶黏剂、粘贴油毡等。

(2)合成高分子密封材料

合成高分子密封材料是以合成高分子材料为主体,加入适量的化学助剂、填充材料和着色剂,经过特定的生产工艺,加工制成的膏状密封材料。合成高分子密封材料具有良好的胶黏性、弹性、耐候性、抗老化性,广泛应用于建筑工程中。

①水乳型丙烯酸建筑密封膏。水乳型丙烯酸建筑密封膏是以丙烯酸酯乳液为胶黏剂,加入少量表面活性剂、增塑性剂、改性剂以及填充料、颜料等配制而成的密封材料。

水乳型丙烯酸建筑密封膏在一般建筑基底(如混凝土、砖)上不产生污渍,并有优良的抗紫外线性能,拉伸强度高,伸长率大,在$-30\sim80$ ℃范围内具有良好的性能。主要用于钢筋混凝土墙板、屋面板、楼板接缝处,穿墙、穿楼板的管道连接处,门窗框与墙体节点处,盥洗室的陶瓷器皿与墙体连接处等密封和裂缝的修补。

②聚氨酯建筑密封膏。聚氨酯建筑密封膏是以异氰酸基为基料,并和含有活性氢化合物的固化剂组成的一种常温固化型弹性密封材料。

聚氨酯建筑密封膏,弹性、黏结性、大气稳定性等性能特别好,延伸率、耐低温、耐水、耐油、耐腐蚀、耐疲劳等性能好,使用时不需打底。适用于装配式建筑的屋面板、外墙板、楼板、阳台、窗框、卫生间等部位的接缝密封,混凝土建筑物变形缝的密封防水,储水池、游泳池、水塔等工程的接缝密封和混凝土裂缝的修补。

③聚硫密封膏。聚硫密封膏是以液态聚硫橡胶为基料、金属过氧化物等为硫化剂的双组分型密封膏。基料和硫化剂可在常温下反应,生成弹性体。

聚硫密封膏属高档材料,其黏结力强,弹性好,适应温度范围广($-40\sim95$ ℃),低温柔性好,抗紫外线能力强,耐气候老化能力强,且对多数金属材料具有较强的黏结性,适用于门窗框四周、游泳池、储水池、地下室等部位的接缝密封。

④有机硅橡胶密封膏。有机硅橡胶密封膏分单组和双组分,目前,采用单组分有机硅橡胶密封膏较多,而采用双组分有机硅橡胶密封膏较少。

有机硅橡胶密封膏具有很强的黏结性能,良好的拉伸-压缩和膨胀-收缩的循环性能,良好的耐热、耐寒、抗老化、耐紫外线等性能。

7.1.4 防水材料的发展

目前国家大力推广以下新型、绿色防水材料及技术:长纤维聚酯毡、无碱玻纤毡胎基 SBS、APP 改性沥青防水卷材,三元乙丙橡胶(硫化型)防水卷材,聚氯乙烯防水卷材,自粘类改性沥青防水卷材,高密度聚乙烯自粘胶膜防水卷材及预铺反粘技术、膨润土防水毯、现喷硬泡聚氨酯屋面保温防水技术、聚氨酯防水涂料、聚合物水泥防水涂料、纯丙烯酸防水涂料、喷涂聚脲防水技术。禁止使用的技术和材料有:S 型聚氯乙烯防水卷材、焦油型聚氨酯防水涂料、水性聚氯乙烯焦油防水涂料、采用二次加热复合成型工艺或再生原料生产的聚乙烯丙纶等复合防水卷材。

7.2 屋面防水工程

屋面防水工程应根据建筑物的类别、重要程度、使用功能要求确定防水等级,并应按相应等级进行防水设防;对防水有特殊要求的建筑屋面,应进行专项防水设计。屋面防水等级和设防要求应符合表 7-6 的规定。屋面工程施工时,应建立各道工序的自检、交接检和专职人员检查的"三检"制度,并有完整的检查记录。每道工序完工后,应经监理单位检查,验收合格后,方可进行下道工序施工。屋面工程施工前,施工单位应通过图纸会审,掌握施工图中的细部构造及有关技术要求,并编制相应的施工方案或技术措施。屋面工程所采用的防水、保温隔热材料应有产品合格证和性能检测报告,材料的品种、规格、性能等应符合国家产品标准和设计要求。

屋面防水应以防为主,以排为辅。在完善防水设防的基础上,应选择正确的排水坡度,将水迅速排走,以减少渗水的可能性。

表 7-6 屋面防水等级和设防要求

防水等级	建筑类别	设防要求
Ⅰ级	重要建筑和高层建筑	两道防水设防
Ⅱ级	一般建筑	一道防水设防

7.2.1 卷材防水屋面

7.2.1.1 卷材防水屋面构造

卷材防水屋面的典型构造层次如图 7-1 所示(具体施工层次应根据设计要求而定)。

7.2.1.2 卷材防水屋面施工

(1)对结构层的要求

结构屋面板应有较好的刚度,表面平整。屋面结构层表面应清理干净,屋面的排水坡度应符合设计要求。如结构层表面粗糙,应增设找平层,以便于隔汽层施工。

(2)隔汽层施工

北纬 40°以上且室内空气湿度大于 75% 的地区,或其他地区室内空气湿度常年大于 80% 时,保温屋面应设置隔汽层,防止室内的水汽渗入保温层,使保温材料受潮,导致材料的保温性能降低。

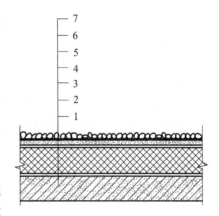

图 7-1 卷材防水屋面构造层次示意
1—结构层;2—隔汽层;3—保温层;
4—找平层;5—结合层;6—防水层;7—保护层

用于隔汽层的材料,除了要满足防水性能外,还要具有隔绝水蒸气渗透的性能,一般采用气密性好的单层卷材或防水涂膜做隔汽层。有重物覆盖时(隔汽层被保温层、找平层压埋),应优先采用空铺法、点粘法和条粘法。卷材隔汽层采用空铺法进行铺设时,可提高卷材抗基层变形的能力。为了提高卷材搭接部位防水、隔汽的可靠性,搭接边应采用满粘法,搭接边长度不得小于 70 mm。

采用沥青基防水涂料做隔汽层时,其耐热温度应比室内或室外可能出现的最高温度高出 20~25 ℃,以防涂料受热流淌,失去防水、隔汽性能。采用卷材或涂膜做隔汽层时,在屋面与墙面连接的阴角部位,隔汽层应沿墙面向上连续铺设,高出保温层上表面的高度不得小于 150 mm,以防水蒸气在保温层四周由于温差结露,导致水珠回落在屋面周边的保温层上。

(3)保温层施工

设置保温层的目的是防止冬季室内温度下降过快。按使用材料的形状,保温材料分为松散保温材料、板状保温材料和整体式现浇保温材料。在雨期施工的保温层应采取遮盖措施,防止雨淋。

①松散保温材料保温层是指采用炉渣、膨胀蛭石、膨胀珍珠岩、矿物棉等材料干铺而成的保温层。铺设松散保温材料保温层的基层应平整、干燥、洁净。松散保温材料应分层铺设并适当压实,其厚度与设计厚度的允许偏差为 ±5%,且不得大于 4 mm。压实后不得直接在保温层上行车或堆放重物。保温层施工完后,应及时进行下一道工序,尽快完成上部防水层的施工。

②板状保温材料保温层是指用泡沫混凝土板、矿物棉板、蛭石板、有机纤维板、木丝板等板

状材料铺设而成的保温层。铺设板状材料保温层的基层应平整、干燥、洁净。干铺的板状保温材料应紧靠在需保温的基层表面上,并应铺平垫稳。分层铺设的板块上、下层接缝应相互错开,板间缝隙应用同类材料嵌填密实。粘贴的板状保温材料应贴严、铺平,分层铺设的板块上、下层接缝应相互错开。用胶结材料粘贴时,板状保温材料相互之间及基层之间应涂满胶结材料,以便互相粘牢。用水泥砂浆粘贴板状保温材料时,板间缝隙应用保温灰浆填实并勾缝。保温灰浆的配合比一般为 1:1:10(水泥:石灰膏:同类保温材料的碎粒,体积比)。

③整体式现浇保温材料保温层是指采用轻集料(如炉渣、矿渣、陶粒、膨胀蛭石、珍珠岩等),以石灰或水泥作为胶凝材料现场浇筑成的保温层。

整体现浇保温层的基层应平整、干燥、洁净。水泥膨胀蛭石、水泥膨胀珍珠岩应人工搅拌均匀,随拌随铺;虚铺厚度应根据试验确定,铺后拍实、抹平至设计厚度,并应立即抹找平层。

(4)找平层施工

找平层一般为结构层(或保温层)与防水层之间的过渡层,可使卷材铺贴平整,粘贴牢固,并具有一定强度,以承受上方载荷。

找平层主要分为水泥砂浆找平层、沥青砂浆找平层和细石混凝土找平层。常用的是水泥砂浆找平层,施工时宜掺微膨胀剂;沥青砂浆找平层适合冬期、雨期以及用水泥砂浆找平有困难和抢工期时采用;细石混凝土找平层尤其适用于松散材料保温层,可增强找平层的强度和刚度。找平层厚度和技术要求应符合表 7-7 的规定。

表 7-7 找平层厚度和技术要求

类别	基层种类	厚度(mm)	技术要求
水泥砂浆 找平层	整体混凝土基层	15~20	1:2.5~1:3(水泥:砂,体积比),水泥强度等级不低于32.5级
	整体或板状材料保温层	20~25	
	装配式混凝土板、松散材料保温层	20~30	
细石混凝土 找平层	松散材料保温层	30~35	混凝土强度等级为C20
沥青砂浆 找平层	整体混凝土基层	15~20	1:8(沥青:砂,质量比)
	装配式混凝土板、整体或板状材料保温层	20~25	

找平层宜留设分格缝,缝宽宜为 20 mm,缝内嵌填密封材料。分格缝兼做屋面的排汽通道时,可适当加宽,并应与保温层连通。分格缝应留设在板端缝处,其纵、横最大间距如下:找平层采用水泥砂浆、细石混凝土时,不宜大于 6 m;采用沥青砂浆时,不宜大于 4 m。基层与凸出屋面结构(如女儿墙、立墙、天窗壁、变形缝、烟囱等)的连接处以及基层的转角处(水落口、檐口、天沟、檐沟、屋脊等)均应做成圆弧。圆弧半径应根据卷材种类按表 7-8 选用。内部排水的水落口周围应做成略低的凹坑。

表 7-8 转角处圆弧半径

卷材种类	圆弧半径(mm)
沥青防水卷材	100~150
高聚物改性沥青防水卷材	50
合成高分子防水卷材	20

找平层表面应压实、平整,排水坡度应符合设计要求。施工时,可先做标志,以控制坡度和厚度。细石混凝土和水泥砂浆找平层的铺设,应按由远而近、由高到低的顺序进行。每格内宜一次连续铺成,严格掌握坡度,用 2 m 左右的刮尺找平;待砂浆或细石混凝土稍收水后,用抹子压实并

进行二次抹光;终凝前,轻轻取出木条。完工后,表面应避免踩踏,铺设找平层 12 h 后,需洒水养护,不得有疏松、翻砂、空鼓现象。夏季找平层施工时,宜避开阳光直射时段并及时养护。

(5)结合层施工

结合层的作用是增强防水材料与基层之间的黏结力。在防水层施工前,预先在基层上涂刷涂料(或称基层处理剂)。选择涂料时,应确保其与所用卷材的材性相容。高聚物改性沥青防水卷材屋面常用氯丁胶沥青乳胶、橡胶改性沥青溶液、沥青溶液(即冷底子油),而用于合成高分子防水卷材屋面的是聚氨酯煤焦油系的二甲苯溶液、氯丁胶溶液、氯丁胶沥青乳胶等。

基层处理剂采用喷涂或刷涂施工,喷刷应均匀一致;若喷刷两遍,第二遍必须在第一遍干燥后进行;待最后一遍干燥后,方可铺贴卷材。喷刷大面积基层处理剂前,应在屋面周边节点、拐角等处先行喷刷。

(6)防水层施工

①防水材料。常用的防水卷材按照材料的组成不同,一般分为高聚物改性沥青防水卷材、合成高分子防水卷材和沥青防水卷材三大系列,见表 7-9。

表 7-9　主要防水卷材分类

类别		防水卷材名称
高聚物改性沥青防水卷材		SBS、APP、SBS-APP 防水卷材;丁苯橡胶改性沥青防水卷材;胶粉改性沥青防水卷材;再生胶防水卷材等
合成高分子防水卷材	硫化型橡胶或橡胶共混卷材	三元乙丙橡胶防水卷材、氯磺化聚乙烯橡胶防水卷材、丁基橡胶防水卷材、氯化聚乙烯-橡胶共混防水卷材等
	非硫化型橡胶或橡胶共混卷材	丁基橡胶防水卷材、氯丁橡胶防水卷材、氯化聚乙烯-橡胶共混防水卷材等
	合成树脂系防水卷材	氯化聚乙烯防水卷材、PVC 防水卷材、SBC120 聚乙烯丙纶复合防水卷材等
沥青防水卷材		普通防水卷材

②施工工艺及施工顺序。卷材防水施工工艺流程如图 7-2 所示。卷材铺贴应按先高后低、先远后近的施工顺序进行,即高低跨屋面,先铺高跨,后铺低跨;等高大面积屋面,先铺离上料地点较远的部位,后铺较近部位,避免已铺屋面因材料运输而被踩踏,导致破坏。

屋面防水层施工时,应先做好节点、附加层和屋面排水比较集中的部位(如屋面与水落口连接处,檐口,天沟,屋面转角处,板端缝等)的处理,然后由屋面最低标高处向上施工。

③卷材铺设方向。卷材铺设方向应根据屋面坡度和屋面是否有振动来确定。当屋面坡度小于 3% 时,卷材宜平行屋脊铺贴;当屋面坡度为 3%～5% 时,卷材可平行或垂直屋脊铺贴。当屋面坡度大于 15% 或屋面受振动时,沥青防水卷材应垂直屋脊铺贴;高聚物改性沥青防水卷材

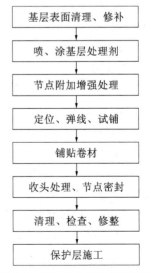

图 7-2　卷材防水施工工艺流程

基层表面清理、修补

喷、涂基层处理剂

节点附加增强处理

定位、弹线、试铺

铺贴卷材

收头处理、节点密封

清理、检查、修整

保护层施工

和合成高分子防水卷材应根据防水层的黏结方式、强度,是否机械固定等因素综合考虑采用平行或垂直屋脊铺贴。卷材屋面的坡度不宜超过 25%,否则应采取防止卷材下滑的措施;上、下层卷材不得相互垂直铺贴。

④搭接方法和宽度要求。卷材的搭接方法和宽度应根据屋面坡度、主导风向、卷材的材料决定。采用搭接法时,相邻两幅卷材短边搭接缝的错开距离应不小于 500 mm,上、下两层卷材长边搭接缝应错开 1/3 或 1/2 幅宽。平行于屋脊的搭接缝应顺水流方向搭接,垂直于屋脊的搭接缝应顺主导风向搭接。

垂直于屋脊铺贴时,每幅卷材都应铺过屋脊不小于 200 mm。屋脊处不得留设短边搭接缝。叠层铺设的各种卷材,在天沟与屋面连接处采用叉接法搭接。搭接缝应错开且宜留在屋面或天沟侧面,不宜留在沟底。高聚物改性沥青卷材和合成高分子卷材的搭接缝宜用与其材性相容的密封材料封严。

各种卷材搭接宽度应符合表 7-10 的要求。

表 7-10　卷材搭接宽度(mm)

铺贴方法 卷材种类		短边搭接		长边搭接	
		满粘法	空铺法、点粘法、条粘法	满粘法	空铺法、点粘法、条粘法
沥青防水卷材		100	150	70	100
高聚物改性沥青防水卷材		80	100	80	100
合成高 分子防 水卷材	胶粘法	80	100	80	100
	胶粘带	50	60	50	60
	单缝焊	60,有效焊接宽度不小于 25			
	双缝焊	80,有效焊接宽度为 10×2+空腔宽			

⑤铺贴方法。

A.高聚物改性沥青防水卷材施工。依据高聚物改性沥青防水卷材的特性,其施工方法有冷粘法、热熔法和自粘法之分。在立面或大坡面铺贴高聚物改性沥青防水卷材时,应采用满粘法,并宜减少短边搭接。

(a)冷粘法施工。冷粘法施工是利用毛刷将胶黏剂涂刷在基层或卷材上,然后直接铺贴卷材,使卷材与基层、卷材与卷材黏结的方法。施工时,胶黏剂涂刷应均匀、不露底、不堆积。空铺法、点粘法、条粘法应按规定的位置与面积涂刷胶黏剂。铺贴卷材时应平整顺直,搭接尺寸准确,接缝应满涂胶黏剂,辊压黏结牢固,不得扭曲,破折溢出的胶黏剂随即刮平封口,也可采用热熔法接缝。接缝口应用密封材料封严,宽度不应小于 10 mm。

(b)热熔法施工。热熔法施工是指利用火焰加热器熔化热熔型防水卷材底层的热熔胶进行粘贴的方法。施工时,在卷材表面热熔后(以卷材表面熔融至光亮黑色为度),应立即滚铺卷材,使之平展,并辊压黏结牢固。搭接缝处必须以溢出热熔的改性沥青胶为度,并应随即刮封接口。加热卷材时应均匀,不得过热或烧穿卷材。

(c)自粘法施工。自粘法施工是指采用带有自粘胶的防水卷材,不用热施工,也无须涂胶结材料进行黏结的方法。铺贴前,基层表面应均匀涂刷基层处理剂,待干燥后及时铺贴卷材。

铺贴时,应先将自粘胶底面的隔离纸完全撕净,排除卷材下面的空气,并辊压黏结牢固,不得空鼓。搭接部位必须采用热风焊枪加热,随即粘贴牢固,刮平溢出的自粘胶,最后封口。接缝用不小于 10 mm 宽的密封材料封严。对厚度小于 3 mm 的高聚物改性沥青防水卷材,严禁采用热熔法施工。

B.合成高分子防水卷材施工。合成高分子防水卷材的施工工艺流程与高聚物改性沥青防水卷材相同。合成高分子防水卷材的施工方法一般有冷粘法、自粘法和热风焊接法三种。

(a)冷粘法、自粘法施工。冷粘法、自粘法施工要求与高聚物改性沥青防水卷材基本相同,但冷粘法施工时搭接部位应采用与卷材配套的接缝专用胶黏剂,在搭接缝黏合面上涂刷均匀,并控制涂刷与黏合的间隔时间,排除空气,辊压黏结牢固。

(b)热风焊接法施工。热风焊接法施工是利用热空气焊枪进行防水卷材搭接黏合的方法。焊接前,卷材铺放应平整顺直,搭接尺寸正确;施工时焊接缝的接合面应清扫干净,无水滴、油污及附着物。施工时先焊长边搭接缝,后焊短边搭接缝,焊接处不得有漏焊、缺焊、焊焦或焊接不牢的现象,也不得损害非焊接部位的卷材。

C.沥青防水卷材施工。沥青防水卷材施工常见的施工工艺有热施工工艺、冷施工工艺和机械固定工艺;卷材铺贴的方法有满粘法、空铺法、条粘法和点粘法。施工时应根据不同的设计要求、材料和工程的具体情况,选用合适的施工方法。

(a)热施工工艺有:

热玛琋脂粘贴法:边浇热玛琋脂边滚铺油毡,逐层铺贴,适用于石油沥青油毡三毡四油(二毡三油)叠层铺贴。

热熔法:采用火焰加热器熔化热熔型防水卷材底部的热熔胶进行黏结,适用于热塑性合成高分子防水卷材搭接缝焊接。

热风焊接:采用热空气焊枪加热防水卷材搭接缝进行黏结,适用于热塑性合成高分子防水卷材搭接缝焊接。

(b)冷施工工艺有:

冷玛琋脂粘贴法:采用工厂配制好的冷用沥青胶结材料,施工时无须加热,直接涂刮后粘贴油毡。

冷粘法:采用胶黏剂进行卷材与基层、卷材与卷材的黏结,无须加热。

自粘法:采用带有自粘胶的防水卷材,不用热施工,也无须涂刷胶材料,直接进行黏结。

(c)机械固定工艺有:

机械钉压法:采用镀锌钢或铜钉等固定卷材防水层。

压埋法:卷材与基层大部分不黏结,上面采用卵石等压埋,但搭接缝及周围全黏结。

⑥屋面特殊部位的铺贴要求。天沟、檐沟、檐口、水落口、泛水、变形缝和伸出屋面管道的防水构造必须符合设计要求。天沟、檐沟、檐口、泛水和立面卷材收头的端部应裁齐,塞入预留凹槽内,用金属压条钉压固定,最大钉距不应大于 900 mm,并用密封材料嵌填封严,凹槽距屋面找平层不小于 250 mm,凹槽上部墙体应做防水处理。水落口杯应牢固地固定在承重结构上,如承重结构是铸铁制品,所有零件均应除锈并刷防锈漆;天沟、檐口铺贴卷材应从沟底开始,如沟底过宽,卷材纵向搭接时,搭接缝必须用密封材料封口,密封材料嵌填必须密实、连续、饱满、黏结牢固、无气泡、无开裂脱落。沟内卷材附加层在与屋面交接处宜空铺,空铺宽度不小

于 200 mm,卷材防水层应由沟底翻上至沟外檐顶部,卷材收头应用水泥钉固定并用密封材料封严,铺贴檐口 800 mm 范围内的卷材应采用满粘法。

铺贴泛水处的卷材应采用满粘法,防水层贴入水落口杯内不小于 50 mm,水落口周围直径 500 mm 范围内的坡度不小于 5%,并用密封材料封严。变形缝处的泛水高度不小于 250 mm,伸出屋面管道的周围与找平层或细石混凝土防水层之间应预留 20 mm×20 mm 的凹槽,并用密封材料嵌填严密,在管道根部直径 500 mm 范围内,找平层应抹出高度不小于 30 mm 的圆台,管道根部四周应增设附加层,宽度和高度均不小于 300 mm。管道上的防水层收头应用金属箍紧固,并用密封材料封严。伸出屋面管道根部的防水构造如图 7-3 所示。

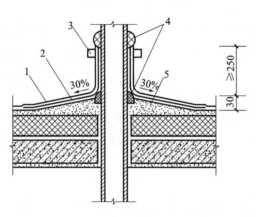

图 7-3 伸出屋面管道根部的防水构造
1—防水层;2—附加防水层;3—金属箍;
4—密封材料;5—圆锥台找平层

（7）保护层施工

卷材铺设完毕经检查合格后,应立即进行保护层的施工,及时保护防水层免受损伤,从而延长卷材防水层的使用年限。常用的保护层做法有以下几种:

①块料面层保护层。块料面层分地面砖和混凝土预制板保护层,可采用水泥砂浆铺贴。铺砌必须平整,并满足排水要求。块料应先浸水湿润并阴干。摆铺后应立即挤压密实、平整,使之结合牢固。块料之间应做勾缝处理。

②水泥砂浆保护层。水泥砂浆保护层与防水层之间应设置隔离层。保护层用的水泥砂浆配合比一般为 1:(2.5~3)(体积比)。保护层施工前,应根据结构情况用木模设置纵、横分格缝。铺设水泥砂浆时应随铺随拍实,并用刮尺刮平。排水坡度应符合设计要求。立面水泥砂浆保护层施工时,为使砂浆与防水层黏结牢固,可事先在防水层表面进行处理（如粘麻丝、金属网等）,然后再做保护层。

③细石混凝土保护层。施工前应在防水层上铺设隔离层,并按设计要求支设好分格缝木模。设计无要求时,每格面积不大于 36 m²,分格缝宽度为 20 mm。一个分格内的混凝土应连续浇筑,不留施工缝。振捣宜采用铁辊滚压或人工拍实,以免防水层被破坏。拍实后随即用刮尺按排水坡度刮平,初凝前用木抹子提浆抹平,初凝后及时取出分格缝木模,终凝前用铁抹子压光。细石混凝土保护层浇筑后应及时进行养护,养护时间不应少于 7 d。养护期满即将分格缝清理干净,待干燥后嵌填密封材料。

7.2.2 涂膜防水屋面

（1）涂膜防水屋面构造

涂膜防水屋面构造如图 7-4 所示。

（2）涂膜防水工艺流程

涂料的涂布应按先高后低、先远后近、先立面后平面的施工顺序,其工艺流程如图 7-5 所示。同一屋面上,先涂布排水比较集中的水落口、天沟、檐口等节点部位,然后进行大面积的涂布。

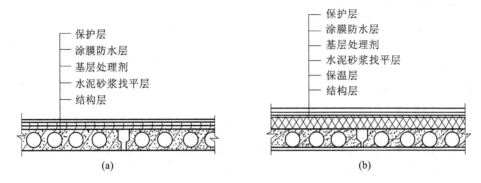

图 7-4 涂膜防水屋面构造

（a）无保温层涂膜防水屋面；（b）有保温层涂膜防水屋面

7.2.3 刚性防水屋面

刚性防水屋面是指利用刚性防水材料做防水层的屋面。与卷材及涂膜防水屋面相比，刚性防水屋面所用材料易得、价格低廉、耐久性好、维修方便，但刚性防水层材料的表观密度大，抗拉强度低，易受混凝土或砂浆的干湿变形、温度变形和结构变形影响而产生裂缝。刚性防水主要适用于防水等级为Ⅲ、Ⅳ级的屋面防水，也可用作Ⅰ、Ⅱ级屋面多道防水设防中的一道防水层或兼作屋面保护层。

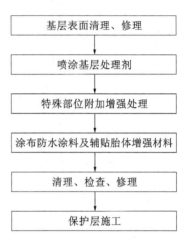

图 7-5 涂膜防水施工工艺流程

7.2.3.1 刚性防水屋面构造

由细石混凝土或掺入减水剂、防水剂等非膨胀性外加剂的细石混凝土浇筑成的防水混凝土统称为普通细石混凝土防水层，用于屋面时，称为普通细石混凝土防水屋面。

常用的防水剂主要有三氯化铁、三乙醇胺、有机硅等。其抗渗原理是防水剂掺入混凝土后，即形成不溶性胶体化合物或配位化合物，用来堵塞毛细孔隙和减少毛细管通路，增加混凝土的密实性，从而提高抗渗性。刚性防水屋面（普通细石混凝土）的典型构造形式如图 7-6 所示。

7.2.3.2 刚性防水屋面施工

（1）隔离层施工

在结构层与防水层之间宜增加一层低强度等级砂浆、卷材、塑料薄膜等材料，起隔离作用，以减小结构层和防水层变形的相互约束，从而减少因防水混凝土产生拉应力而导致的混凝土防水层开裂。

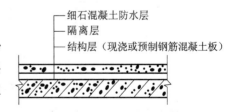

图 7-6 普通细石混凝土防水屋面构造

①黏土砂浆（或石灰砂浆）隔离层施工。板面应清扫干净，洒水湿润，但不得积水，将按石灰膏：砂：黏土＝1：2.4：3.6（或石灰膏：砂＝1：4）配制的材料拌和均匀，砂浆以干稠为宜，铺抹的厚度为 10～20 mm，要求表面平整、压实、抹光，待砂浆基本干燥后，方可进行下道工序施工。

②卷材隔离层施工。用 1∶3 水泥砂浆将结构层找平,并压实、抹光、养护,于干燥的找平层上铺一层厚 3~8 mm 的干细砂滑动层,并在其上铺一层卷材,搭接缝用热沥青胶黏结,也可以在找平层上直接铺一层塑料薄膜。

做好隔离层继续施工时,要对隔离层加强保护,混凝土运输不能直接在隔离层表面进行,应采取铺设垫板等措施。

(2)防水层施工

①防水材料。防水层的细石混凝土宜用普通硅酸盐水泥或硅酸盐水泥,采用矿渣硅酸盐水泥时应采取减少泌水措施,不得使用火山灰质硅酸盐水泥。水泥强度等级不宜低于 32.5 级。粗集料的最大粒径不宜超过 15 mm,含泥量不应大于 1%;细集料应采用中砂或粗砂,含泥量不应大于 2%;拌和用水应采用不含有害物质的洁净水。混凝土水胶比不应大于 0.55,每立方米混凝土水泥最小用量不应小于 330 kg,含砂率宜为 35%~40%,胶砂比应为 1∶(2~2.5),并宜掺入外加剂;混凝土强度等级不得低于 C20。普通混凝土、补偿收缩混凝土的自由膨胀率应为 0.05%~0.1%。

②施工工艺与施工顺序。普通细石混凝土刚性防水屋面施工工艺如图 7-7 所示。

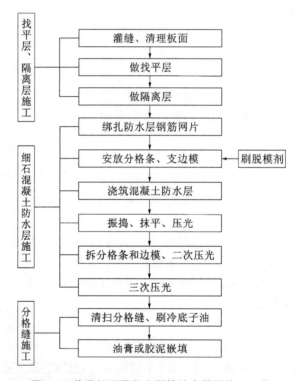

图 7-7 普通细石混凝土刚性防水屋面施工工艺

混凝土浇筑应按先高后低、先远后近的施工顺序进行。一个分格缝内的混凝土必须一次浇筑完毕,不得留施工缝。

③分格缝的设置与处理。为防止大面积的刚性防水层因温差、混凝土收缩等影响而产生裂缝,应按设计要求设置分格缝,一般应设在结构应力变化较突出的部位,如结构层屋面板的支承端、屋面转折处、防水层与突出屋面结构的交接处等,并应与板缝对齐。分格缝的纵、横间

距一般不大于 4 m。

分格缝的一般做法为:在施工刚性防水层前,先在隔离层上定好分格缝位置,再安放分格条,然后按分隔板块浇筑混凝土;待混凝土初凝后,将分格条取出,缝边如有缺棱、掉角须修补完整,做到平整、密实,不得有蜂窝、露筋、起皮、松动现象。分格缝隙处可采用嵌填密封材料并加贴防水卷材的办法进行处理,以增加防水的可靠性。

④细石混凝土施工。细石混凝土防水层厚度应不小于 40 mm,并应配置双向钢筋网片(钢筋直径、间距应满足设计要求,设计无明确要求时,可采用φ6~8@100~200)。钢筋在分格缝处应断开,钢筋网片应放置在混凝土的中上部,其保护层厚度不小于 10 mm。混凝土应采用机械搅拌,投料顺序得当,搅拌均匀,搅拌时间不少于 2 min,加入外加剂时,应准确计量。混凝土运输过程中应防止漏浆和离析。混凝土浇筑时,先用平板振动器振实,再用滚筒滚压至表面平整、泛浆,然后用铁抹子压实、抹平,并确保防水层的设计厚度和排水坡度。抹压时严禁在表面洒水、加水泥浆或撒干水泥。待混凝土收水初凝后,应进行第二次表面压光,并在终凝前进行第三次压光,以提高抗渗性。混凝土浇筑 12~24 h 后应进行养护,养护时间不应少于14 d,养护初期屋面不得上人。施工气温宜为 5~35 ℃,以保证防水层的施工质量。

7.2.4 其他屋面

(1)排汽屋面

为防止因室内(基层)水蒸气引起卷材起鼓破坏,通过构造措施(设置排汽道、排汽孔)使室内水汽与大气相通,这种屋面称为排汽屋面。

排汽屋面适用于气候潮湿、雨量充沛、夏季阵雨多、保温层或找平层含水率较大且干燥有困难的地区。

排汽屋面是整体连续的,在屋面与垂直面连接的地方,隔汽层应延伸到保温层顶部,并高出 150 mm,以便与防水层相连。为防止房间内的水蒸气进入保温层,造成防水层起鼓破坏,保温层的含水率必须符合设计要求。在铺贴第一层卷材时,采用条粘法、点粘法、空铺法等方法(图 7-8)使卷材与基层之间留有纵、横相互贯通的空隙做排汽道,排汽道的宽度为 30~40 mm,深度直至结构层表面。对于有保温层的屋面,也可在保温层上的找平层上留槽做排汽道,并在屋面或屋脊上设置一定的排汽孔(每 36 m² 左右一个)与大气相通,这样就能使潮湿基层中的水分蒸发排出,防止油毡起鼓。

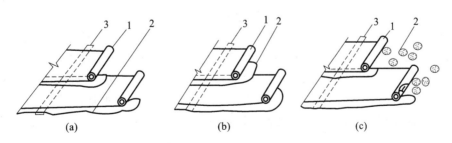

(a)   (b)   (c)

图 7-8 排汽屋面卷材铺法

(a)空铺法;(b)条粘法;(c)点粘法

1—卷材;2—沥青胶;3—附加卷材条

排汽出口细部构造的主要形式有两种,如图 7-9 和图 7-10 所示。

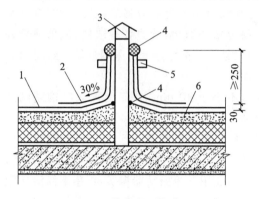

图 7-9　排汽出口构造 1
1—防水层;2—附加防水层;3—排汽管;
4—密封材料;5—金属箍;6—找平层

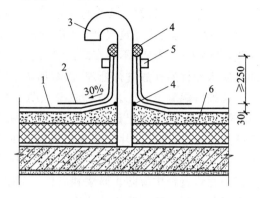

图 7-10　排汽出口构造 2
1—防水层;2—附加防水层;3—排汽管;
4—密封材料;5—金属箍;6—找平层

　　排汽口通过排汽管与大气相通,排汽管底部应架设在结构层上,穿过保温层部分的管壁应打孔,孔径不宜过小,分布应适当,以利于保温层潮气的排出,排汽管的管径规格视排汽道的宽度而定,一般可选择直径为 25~45 mm 的金属管或 PVC 塑料管进行制作(金属管外壁应进行防锈处理)。一般情况下,直立式排汽管能牢固地固定在基层上,如某些基层采用直立式排汽管缺乏足够的稳定性时,可采用稳定性能好的倒 J 字形排汽管,如图 7-11 所示。架设在结构层上的横管应打孔,孔径、孔距和分布均应适当,以便于找平层和保温层排出潮气。排汽管根部的防水做法应按照伸出屋面管道根部的防水做法进行施工。

　　(2)隔热屋面

　　为降低夏季屋顶热量对室内的影响,在屋面上采取了隔热措施的屋面称为隔热屋面。在炎热地区,屋面一般都需设置隔热层。隔热屋面主要有架空隔热屋面、蓄水隔热屋面、种植隔热屋面和涂料反射隔热屋面等形式。

　　(3)倒置式屋面

　　倒置式屋面与传统的防水层在上、保温层在下的构造相反,将渗水性能好、吸水率低、导热系数小的保温材料放在了防水层之上,故称为倒置式屋面。

图 7-11　倒 J 字形排汽管

　　由于倒置式屋面的防水层在保温层之下,避免了太阳光线的直接照射,减少了温差变化,从而延缓了防水层的老化,同时,浸入屋面内部的水和水蒸气更容易通过置于上层的多孔保温材料蒸发出去,加之保温材料导热系数小,因此,夏季能起到更好的隔热作用。但这种屋面一旦发生渗漏,其维修工序多、费用高,因此,设计、施工均必须严格遵循现行规范进行。

　　倒置式屋面的防水层完工后,应经各项检查、试验确认合格后,方可进行保温层及其上各层次施工。

　　(4)金属屋面

　　金属屋面成本普遍较高,目前并没有得到广泛应用。我国目前应用的金属屋面一般有压型钢板和不锈钢板等。国外还有用铜、铝、铅锡合金等金属材料做屋面防水材料的情况。

压型钢板(彩钢)是我国目前金属屋面中常用的种类,主要有波形、平板形镀锌薄钢板,带肋镀铝钢板,金属压型夹心钢板等种类。其外形有长条形、波形和锯齿形等。铺设压型钢板屋面时,相邻两块板应顺年最高频率风向搭接,以免刮风时冷空气贯入室内;上、下两排板的搭接长度应根据板型和屋面坡长确定。搭接缝应用密封材料嵌填封严,防止渗漏。不锈钢板一般滚压成长条形平面板材,两边用锯齿形凸肋连接。由于压型钢板价格高昂,仅在少量高档建筑物上使用。

7.3 地下防水工程

地下工程常年受到各种地表水、地下水的作用,所以,地下工程的防渗漏处理比屋面防水工程要求更高,技术难度更大。地下工程的防水方案,应根据使用要求,全面考虑地质、地貌、水文地质、工程地质、地震烈度、冻结深度、环境条件、结构形式、施工工艺及材料来源等因素合理确定。

7.3.1 地下工程防水混凝土施工

7.3.1.1 地下工程防水混凝土的设计要求

防水混凝土又称抗渗混凝土,是以改进混凝土配合比、掺加外加剂或采用特种水泥等手段提高混凝土密实性、憎水性和抗渗性,使其满足抗渗等级大于或等于 P6(抗渗压力为 0.6 MPa)要求的不透水性混凝土。

(1)防水混凝土抗渗等级的选择

防水混凝土的设计抗渗等级,应符合表 7-11 的规定。

表 7-11 防水混凝土的设计抗渗等级

工程埋置深度(m)	<10	10~20	20~30	30~40
设计抗渗等级	P6	P8	P10	P12

注:①本表适用于Ⅰ、Ⅱ、Ⅲ级围岩(土层及软弱围岩)。
②山岭隧道防水混凝土的抗渗等级可按铁道部门的有关规范执行。

由于建筑地下防水工程配筋较多,不允许渗漏,其防水要求一般高于水工混凝土,故防水混凝土抗渗等级最低定为 P6,一般多使用 P8,水池的防水混凝土抗渗等级应不低于 P6,重要工程的防水混凝土的抗渗等级宜定为 P8~P20。

(2)防水混凝土的最小强度等级和结构厚度

①地下工程防水混凝土结构的混凝土垫层,其抗压强度等级不应低于 C15,厚度不应小于 100 mm。

②在满足抗渗等级要求的同时,防水混凝土的强度等级一般可控制在 C20~C30 范围内。

③防水混凝土结构厚度需根据计算确定,但其最小厚度应根据部位、配筋情况及施工方便等因素按表 7-12 选定。

(3)防水混凝土的配筋及其保护层

①设计防水混凝土结构时,应优先采用热轧钢筋,配置应细而密,直径宜为 8~25 mm,中距≤200 mm,分布应尽可能均匀。

表 7-12　防水混凝土的结构厚度

结构类型	最小厚度（mm）	结构类型		最小厚度（mm）
无筋混凝土结构	＞150	钢筋混凝土立墙	单排配筋	＞200
钢筋混凝土底板	＞150		双排配筋	＞250

②钢筋保护层厚度,处在迎水面应不小于 35 mm;当直接处于侵蚀性介质中时,保护层厚度应不小于 50 mm。

③在防水混凝土结构设计中,应按照裂缝展开进行验算。一般处于地下水及淡水中的混凝土裂缝的允许宽度,其上限可定为 0.2 mm;在特殊重要工程、薄壁构件或处于侵蚀性水中,裂缝允许宽度应控制在 0.1～0.15 mm;当混凝土在海水中并经受反复冻融循环时,控制应更严,可参照有关规定执行。

7.3.1.2　防水混凝土的搅拌

(1)准确计算、称量用料量。严格按选定的施工配合比,准确计算并称量每种用料。外加剂的掺加方法应遵从所选外加剂的使用要求。水泥、水、外加剂掺合料计量允许偏差不应大于 ±1%;砂、石计量允许偏差不应大于 2%。

(2)控制搅拌时间。防水混凝土应采用机械搅拌,搅拌时间一般不少于 2 min,掺入引气型外加剂,则搅拌时间为 2～3 min,掺入其他外加剂应根据相应的技术要求确定搅拌时间。

7.3.1.3　防水混凝土的浇筑

浇筑前,应将模板内部清理干净,木模用水湿润。浇筑时,若入模自由高度超过 1.5 m,则必须用串筒、溜槽或溜管等辅助工具将混凝土送入,以防离析和造成石子滚落堆积,影响质量。

在防水混凝土结构中有密集管群穿过处、预埋件或钢筋稠密处,浇筑混凝土有困难时,应采用相同抗渗等级的细石混凝土浇筑;预埋大管径的套管或面积较大的金属板时,应在其底部开设浇筑振捣孔,以利于排气、浇筑和振捣,如图 7-12 所示。

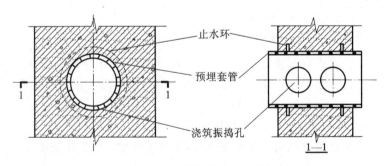

图 7-12　浇筑振捣孔示意图

随着混凝土龄期的延长,水泥继续水化,内部可冻结水大量减少,同时水中溶解盐的浓度增加,因而冰点也会随龄期的增加而降低,使抗渗性能逐渐提高。为了保证早期免遭冻害,不宜在冬期施工,而应选择在气温为 15 ℃以上的环境中施工。因为气温在 4 ℃时混凝土强度增长速度仅为 15 ℃时的 50%,而混凝土表面温度降到 -4 ℃时,水泥水化作用停止,强度也停止增长。如果此时混凝土强度低于设计强度的 50%,冻胀使内部结构遭到破坏,造成强度、抗渗性急剧下降。为防止混凝土早期受冻,北方地区对于施工季节的选择安排十分重要。

7.3.1.4 防水混凝土的振捣

防水混凝土应采用混凝土振动器进行振捣。当用插入式混凝土振动器时,插点间距不宜大于振动棒作用半径的 1.5 倍,振动棒与模板的距离不应大于其作用半径的 0.5 倍。振动棒插入下层混凝土内的深度应不小于 50 mm,每一振点均应快插慢拔,将振动棒拔出后,混凝土会自然地填满插孔。当采用表面式混凝土振动器时,其移动间距应保证振动器的平板能覆盖已振实部分的边缘。浇筑时必须分层进行,按顺序振捣。采用插入式振捣器时,分层厚度不宜超过 30 cm;用平板振捣器时,分层厚度不宜超过 20 cm。一般应在下层混凝土初凝前接着浇筑上一层混凝土。通常分层浇筑的时间间隔不超过 2 h;气温在 30 ℃ 以上时不超过 1 h。防水混凝土浇筑高度一般不超过 1.5 m,否则应用串筒和溜槽或侧壁开孔的办法浇捣。振捣时,不允许用人工振捣,必须采用机械振捣,做到不漏振、不欠振、不重振、不多振。防水混凝土密实度要求较高,每一振点振捣时间宜为 10~30 s,直到混凝土开始泛浆和不冒气泡为止。掺引气剂、减水剂时应采用高频插入式振捣器振捣。

7.3.1.5 防水混凝土施工缝的处理

(1)施工缝留置要求

防水混凝土应连续浇筑,宜少留施工缝。顶板、底板不宜留施工缝,顶拱、底拱不宜留纵向施工缝。当必须留设施工缝时,应遵守下列规定:

①墙体水平施工缝不宜留在剪力与弯矩最大处或底板与侧墙的交接处,应留在高出底板表面不小于 300 mm 的墙体上。拱(板)墙结合的水平施工缝,宜留在拱(板)墙接缝线以下 150~300 mm 处。墙体有预留孔洞时,施工缝距孔洞边缘不宜小于 300 mm。

②垂直施工缝应避开地下水和裂隙水较多的地段,并宜与变形缝相结合。

(2)施工缝防水的构造形式

施工缝防水的构造形式如图 7-13 所示。

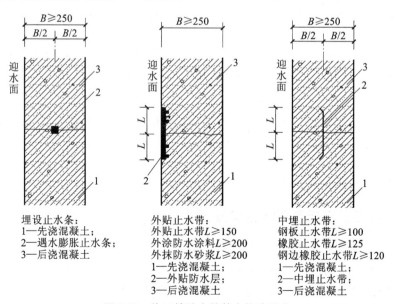

埋设止水条:
1—先浇混凝土;
2—遇水膨胀止水条;
3—后浇混凝土

外贴止水带:
外贴止水带 $L \geqslant 150$
外涂防水涂料 $L \geqslant 200$
外抹防水砂浆 $L \geqslant 200$
1—先浇混凝土;
2—外贴防水层;
3—后浇混凝土

中埋止水带:
钢板止水带 $L \geqslant 100$
橡胶止水带 $L \geqslant 125$
钢边橡胶止水带 $L \geqslant 120$
1—先浇混凝土;
2—中埋止水带;
3—后浇混凝土

图 7-13 施工缝防水的基本构造形式

（3）施工缝的施工要求

①水平施工缝，浇筑混凝土前，应将其表面浮浆和杂物清除，先铺净浆，再铺 30～50 mm 厚的 1∶1 水泥砂浆或涂刷混凝土界面处理剂，同时要及时浇筑混凝土。

②垂直施工缝，浇筑混凝土前，应将表面清理干净，并涂刷水泥净浆或混凝土界面处理剂，并及时浇筑混凝土。

③选用的遇水膨胀止水条应具有缓胀性能，其 7 d 的膨胀率应不大于最终膨胀率的 60%。

④遇水膨胀止水条应牢固地安装在缝表面或预留槽内。

⑤采用中埋止水带时，应确保位置准确、固定牢靠。

7.3.1.6 防水混凝土的养护

防水混凝土的养护比普通混凝土更为严格，必须充分重视，因为混凝土早期脱水或养护过程缺水，抗渗性将大幅度降低。特别是前 7 d 的养护更为重要，养护期不少于 14 d，火山灰质硅酸盐水泥养护期不少于 21 d。浇水养护次数应能保持混凝土充分湿润，每天浇水 3～4 次或更多次数，并用湿草袋或薄膜覆盖混凝土的表面，应避免暴晒。冬期施工应有保暖、保温措施。因为防水混凝土的水泥用量较大，相应混凝土的收缩性也大，养护不好极易开裂，降低抗渗能力。因此，当混凝土进入终凝（浇筑后 4～6 h）即应覆盖并浇水养护。防水混凝土不宜采用电热法养护。

浇筑成型的混凝土表面覆盖养护不及时，尤其在北方地区夏季炎热干燥的情况下，内部水分将迅速蒸发，使水化不能充分进行。而水分蒸发造成毛细管网相互连通，形成渗水通道；同时混凝土收缩量加快，出现龟裂，使抗渗性能下降，丧失抗渗透能力。养护及时使混凝土在潮湿环境中水化，能使内部游离水分蒸发缓慢，水泥水化充分，堵塞毛细孔隙，形成互不连通的细孔，大大提高防水抗渗性。

当环境温度达到 10 ℃时可少浇水，因为在此温度下养护混凝土抗渗性能最差。当养护温度从 10 ℃提高到 25 ℃时，混凝土抗渗压力从 0.1 MPa 提高到 1.5 MPa 以上。但养护温度过高也会使混凝土抗渗性能降低。当冬期采用蒸汽养护时最高温度不超过 50 ℃，养护时间必须达到 14 d。

采用蒸汽养护时，不宜直接向混凝土喷射蒸汽，但应保持混凝土结构有一定的湿度，防止混凝土早期脱水，并应采取措施排除冷凝水和防止结冰。蒸汽养护应按下列规定控制升温与降温速度：

①升温速度：对表面系数[指结构的冷却表面积（m²）与结构全部体积（m³）的比值]小于 6 的结构，不宜超过 6 ℃/h；对表面系数大于或等于 6 的结构，不宜超过 8 ℃/h；恒温温度不得高于 50 ℃。

②降温速度：不宜超过 5 ℃/h。

7.3.2 地下工程沥青防水卷材施工

7.3.2.1 材料要求

（1）宜采用耐腐蚀油毡。油毡选用要求与防水屋面工程施工相同。

（2）沥青胶粘材料和冷底子油的选用、配制方法，与石油沥青油毡防水屋面工程施工基本相同。沥青的软化点，应较基层及防水层周围介质可能达到的最高温度高出 20～25 ℃，且不低于 40 ℃。

7.3.2.2　平面铺贴卷材

（1）铺贴卷材前，宜使基层表面干燥，先喷冷底子油结合层两道，然后根据卷材规格及搭接要求弹线，按线分层铺设。

（2）粘贴卷材的沥青胶粘材料的厚度一般为 1.5～2.5 mm。

（3）卷材搭接长度，长边不应小于 100 mm，短边不应小于 150 mm。上、下两层和相邻两幅卷材的接缝应错开，上、下层卷材不得相互垂直铺贴。

（4）在平面与立面的转角处，卷材的接缝应留在平面上距立面不小于 600 mm 处。

（5）在所有转角处均应铺贴附加层。附加层应按加固处的形状仔细粘贴紧密。

（6）粘贴卷材时应碾平压实。卷材与基层和各层卷材间必须黏结紧密，多余的沥青胶粘材料应挤出，搭接缝必须用沥青胶料仔细封严。最后一层卷材贴好后，应在其表面上均匀地涂刷一层厚度为 1～1.5 mm 的热沥青胶粘材料，同时洒拍粗砂以形成防水保护层的结合层。

（7）平面与立面结构施工缝处，防水卷材错槎接缝的处理如图 7-14 所示。

7.3.2.3　立面铺贴卷材

（1）铺贴前宜使基层表面干燥，满喷冷底子油两道，干燥后即可铺贴。

（2）外防内贴法铺贴卷材：在结构施工前，应将永久性保护墙砌筑在与需防水结构同一垫层上。保护墙贴防水卷材面应先抹 1∶3 水泥砂浆找平层，干燥后喷涂冷底子油，冷底子油干燥后即可铺贴油毡卷材。卷材铺贴必须分层，先铺贴立面，后铺贴平面，铺贴立面时应先铺转角，后铺大面；卷材防水层铺完后，应按规范或设计要求做水泥砂浆或混凝土保护层，一般在立面上应在涂刷防水层最后一层沥青胶粘材料时，粘上干净的粗砂，待冷却后，抹一层 10～20 mm 厚的 1∶3 水泥砂浆保护层；在平面上可铺设一层 30～50 mm 厚的细石混凝土保护层。外防内贴法保护墙转折处卷材的铺设方法如图 7-15 所示。

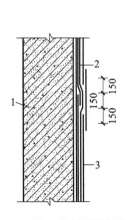

图 7-14　防水卷材的错槎接缝

1—需防水结构；2—油毡防水层；3—找平层

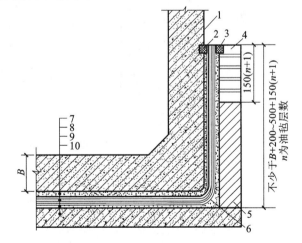

图 7-15　外防内贴法保护墙转折处卷材的铺设方法

1—需防水结构；2—永久性木条；3—临时性木条；
4—临时保护墙；5—永久性保护墙；6—附加油毡层；7—保护层；
8—卷材防水层；9—找平层；10—钢筋混凝土垫层

（3）外防外贴法铺贴卷材：

①铺贴卷材应先铺平面，后铺立面，交接处应交叉搭接。

②临时性保护墙应用石灰砂浆砌筑,内表面应用石灰砂浆做找平层,并刷石灰浆。如用模板代替临时性保护墙时,应在其上涂刷隔离剂。

③从底面折向立面的卷材与永久性保护墙的接触部位,应采用空铺法施工。与临时性保护墙或围护结构模板接触的部位,应临时贴附在该墙上或模板上,卷材铺好后,其顶端应临时固定。

④当不设保护墙时,从底面折向立面的卷材的接槎部位应采取可靠的保护措施。

⑤主体结构完成后,铺贴立面卷材时,应先将接槎部位的各层卷材揭开,并将其表面清理干净,如卷材有局部损伤,应及时进行修补。卷材接槎的搭接长度,高聚物改性沥青卷材为 150 mm,合成高分子卷材为 100 mm。当使用两层卷材时,卷材应错槎接缝,上层卷材应盖过下层卷材。

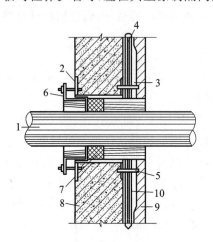

图 7-16 防水卷材与管道埋设件
连接处的做法示意

1—管子;2—预埋件(带法兰盘的套管);3—夹板;
4—卷材防水层;5—压紧螺栓;6—填缝材料的压紧环;
7—填缝材料;8—需防水结构;9—保护墙;10—附加油毡层

(4)防水卷材与管道埋设件连接处的做法如图 7-16 所示。

(5)采用埋入式橡胶或塑料止水带的变形缝做法如图 7-17 所示。

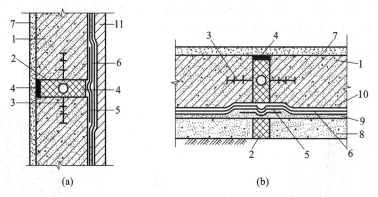

(a)   (b)

图 7-17 采用埋入式橡胶或塑料止水带的变形缝做法示意

(a)墙体变形缝;(b)底板变形缝

1—防水结构;2—填缝材料;3—止水带;4—填缝油膏;5—油毡附加层;6—油毡防水层;
7—水泥砂浆面层;8—混凝土垫层;9—水泥砂浆找平层;10—水泥砂浆保护层;11—保护墙

(6)卷材防水层甩槎、接槎的做法如图 7-18 所示。

7.3.2.4 保护层

卷材防水层经检查合格后,应及时做保护层。保护层应符合以下规定:

(1)顶板卷材防水层上的细石混凝土保护层厚度不应小于 70 mm,防水层为单层卷材时,在防水层与保护层之间应设置隔离层。

(2)底板卷材防水层上的细石混凝土保护层厚度不应小于 50 mm。

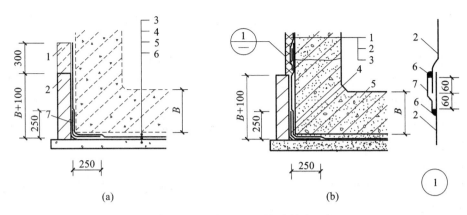

图 7-18 卷材防水层甩槎、接槎做法示意图

(a)甩槎

1—临时保护墙;2—永久保护墙;3—细石混凝土保护层;4—卷材防水层;

5—水泥砂浆找平层;6—混凝土垫层;7—卷材加强层;

(b)接槎

1—结构墙体;2—卷材防水层;3—卷材保护层;4—卷材加强层;

5—结构底板;6—密封材料;7—盖缝条

(3)侧墙卷材防水层宜采用软保护或铺抹 20 mm 厚的 1∶3 水泥砂浆。

7.3.3 地下工程聚氨酯涂料防水层施工

(1)基层要求及处理

①基层要求坚固、平整、光滑,表面无起砂、疏松、蜂窝、麻面等现象,如存在上述现象时,应用水泥砂浆找平或用聚合物水泥腻子填补刮平。

②遇有穿墙管或预埋件时,穿墙管或预埋件应按规定安装牢固、收头圆滑。

③基层表面的泥土、浮尘、油污、砂粒疙瘩等必须清除干净。

④基层应干燥,含水率不得大于 9%,当含水率较高或环境湿度大于 85% 时,应在基层面涂刷一层潮湿隔离层。基层含水率可用高频水分测定计测定,也可用厚 1.5～2.0 mm、面积 1 m² 的橡胶板材覆盖基层表面,放置 2～3 h,若覆盖的基层表面无水印,且紧贴基层的橡胶板一侧也无凝结水印,则基层的含水率不大于 9%。

(2)施工要点

①材料配制。聚氨酯按规定的比例(质量比)配制,用电动搅拌器强制搅拌 3～5 min,至充分拌和均匀即可使用。配好的混合料应 2 h 内用完,时间不可过长。

②附加涂膜层。穿过墙、顶、地的管根部,地漏、排水口、阴阳角、变形缝及薄弱部位,应在涂膜层大面积施工前先做好增强涂层(附加层)。

③涂刷第一道涂膜。在前一道涂膜加固层的材料固化并干燥后,应先检查其附加层部位有无残留的气孔或气泡,如没有,即可涂刷第一层涂膜;如有气孔或气泡,则应用橡胶刮板将混合料用力压入气孔,局部再刷涂膜,然后进行第一层涂膜施工。涂刮第一层聚氨酯涂膜防水材料,可用塑料或橡皮刮板均匀涂刮,力求厚度一致,为 1.5 mm 左右,即用量为 1.5 kg/m²。

④涂刷第二道涂膜。第一次涂膜固化后,即可在其上均匀地涂刮第二道涂膜,涂刮方向应与

第一道的涂刮方向相垂直,涂刮第二道涂膜与第一道涂膜相间隔的时间一般不小于 24 h,也不大于 72 h。

⑤涂刮第三道涂膜。涂刮方法与第二道涂膜相同,但涂刮方向应与其垂直。

⑥稀撒石渣。在第三道涂膜固化之前,在其表面稀撒粒径约 2 mm 的石渣,以加强涂膜层与其保护层的黏结作用。

⑦涂膜保护层。最后一道涂膜固化干燥后,一般抹水泥砂浆保护层,平面也可浇筑细石混凝土保护层。

(3)应注意的问题

①当甲、乙料混合后固化太快影响施工时,可加入少许磷酸或苯磺酰氯做缓凝剂,但加入量不得大于甲料的 0.5%。

②当涂料黏度过大,不便进行涂刮施工时,可加入少量二甲苯进行稀释,以降低黏度,加入量不得大于乙料的 10%。

③当涂膜固化太慢影响下道工序时,可加入少许二丁基锡做促凝剂,但加入量不得大于甲料的 0.3%。

④若涂刮第一道涂层 24 h 后仍有发黏现象,可在第二道涂层施工前先涂上一些滑石粉,再上人施工。

⑤施工温度宜在 0 ℃以上,否则要在施工时对涂料适当加温。

7.4 室内防水工程

厨卫间一般有较多穿过楼地面或墙体的管道,平面形状较复杂且面积较小,而房间又长期处于潮湿或受水状态,如果采用各种防水卷材进行防水施工,会因防水卷材的剪口和接缝较多,很难黏结牢固、封闭严密,难以形成一个有弹性的整体防水层,比较容易发生渗水、漏水的质量事故。大量的实践证明,厨卫间采用柔性涂膜防水层和刚性防水砂浆防水层或二者复合的防水层,会取得理想的防水效果。因防水涂膜涂布于复杂的细部构造部位能形成没有接缝的、完整的涂膜防水层,特别是合成高分子防水涂膜和高聚物改性沥青防水涂膜的延伸性较好,更能适应基层变形的需要。防水砂浆则以补偿收缩水泥砂浆的防水效果较为理想。厨卫间防水等级一般与建筑屋面工程的防水等级相同,依据其耐久年限来进行防水层的设防处理。

7.4.1 涂膜防水

厨卫间涂膜防水宜用合成高分子防水涂料和高聚物改性沥青防水涂料做防水层。

(1)涂膜防水构造

厨卫间涂膜防水构造如图 7-19 所示。

(2)涂膜防水施工

①结构层施工。厨卫间地面结构层宜采用整体现浇钢筋混凝土板,周边混凝土泛水高度一般高出楼地面 150 mm,厚度按设计要求确定。

②找平层施工。卫生间的防水基层必须用 1∶3 的水泥砂浆找平,要求抹平、压光,表面坚实,无空鼓、起砂、掉灰现象。在抹找平层时,应使管道根部附近略高于地面,地漏的周围应做

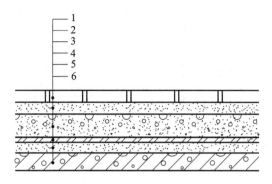

图 7-19　厨卫间涂膜防水构造

1—块材面层;2,5—水泥砂浆找平层;3—找坡层;4—涂膜防水层;6—结构层

成略低于地面的洼坑。找平层的坡度以 1%～2% 为宜,坡向地漏。凡遇到阴阳角处,要抹成半径不小于 10 mm 的小圆弧。与找平层相连接的接缝按设计要求用密封膏嵌固。

③防水层施工。施工前要把基层表面的灰浆、混凝土碎块等杂物清除干净;连接件和管壁上的油污与铁锈应擦拭干净,并进行防锈处理。基层必须基本干燥,一般在基层表面均匀泛白、无明显水印时,才能进行涂膜防水层施工。

合成高分子防水涂料、高聚物改性沥青防水涂料基层处理剂和涂料的涂布方法与屋面涂膜防水的相应部分基本相同,不同之处在于施工场地相对狭窄,一般应采用短把滚刷或油漆刷进行涂布,在阴阳角、管道根部等细部构造部位,按每平方米的涂布量涂刷一道附加防水层,且宜铺贴胎体增强材料,以提高其防水性能和适应基层变形的能力。待涂膜完全固化后,细部构造处的涂膜应比平面的涂膜厚。

采用胎体增强材料的附加防水层一般按"一布二涂"施工,具体铺贴方法为:待基层处理剂基本固化后,按每平方米的涂布量在细部构造处涂布一层涂料,并将事先按形状、大小要求裁剪好的胎体增强材料平坦地粘贴在已涂刷的涂层上,不得有气泡和褶皱;待涂层固化后,再在胎体增强材料表面涂布一层涂料,固化后即可按屋面涂膜防水的要求涂布涂膜防水层(一布四涂或二布六涂)。

涂膜防水层的收头处应与基层黏结牢固,并用密封材料严密封闭,或用涂料多遍涂刷密封。

④找坡层施工。找坡层坡度应满足设计要求,坡向准确,排水通畅。当找坡层厚度≤300 mm时,可采用水泥混合砂浆(水泥:石灰:砂=1:1.5:8)找坡;当找坡层厚度>300 mm 时,宜用1:6 水泥炉渣找坡,炉渣粒径宜为5～20 mm,且应严格过筛。

⑤块材面层施工。在水泥砂浆找平层上,按设计要求铺设瓷砖、马赛克或其他装饰块材面层。

7.4.2　特殊部位构造及防水做法

(1)穿楼板管道防水构造

穿过楼面板、墙体的管道和套管的孔洞,应预留出 10 mm 左右的空隙,待管件安装定位后,在空隙内嵌填补偿收缩嵌缝砂浆,且必须插捣密实,防止出现空隙,收头应圆滑。如填塞的孔洞较大,应改用补偿收缩细石混凝土,楼面板孔洞应吊底模浇灌,防止漏浆,严禁用碎砖、水泥块填塞。所有管道、地漏或排水口等穿过楼面板、墙体的部位,必须位置正确,安装牢固,厕浴间、厨房间排水管道构造如图7-20所示。

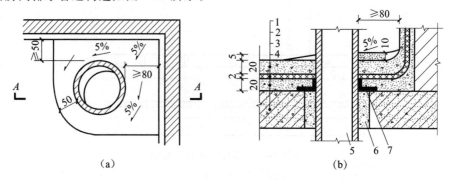

（a） （b）

图7-20 厕浴间、厨房间排水管道构造示意

（a）平面；（b）立面

1—水泥砂浆保护层；2—涂膜防水层；3—水泥砂浆找平层；4—楼板；

5—穿楼板管道；6—补偿收缩嵌缝砂浆；7—L形膨胀橡胶止水条

（2）穿楼板管道防水做法

沿管根紧贴管壁缠一圈膨胀橡胶止水条,搭接头应黏结牢固,防止脱落。涂膜防水层与L形膨胀橡胶止水条（手工挤压成型）应相连接,不宜有断点。防水层在管根处应上拐（高度不应超过水泥砂浆保护层）并包严管道,且应铺贴胎体增强材料,立面涂膜收头处用密封材料封严,如图7-21所示。

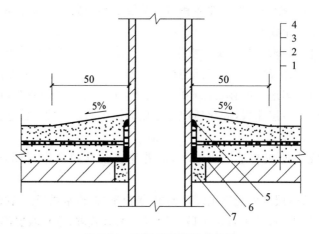

图7-21 穿楼板管道防水做法

1—钢筋混凝土楼板；2—20厚1:3水泥砂浆找平层；3—涂膜防水层（沿管根上拐包严）；

4—水泥砂浆找平层；5—密封材料；6—膨胀橡胶止水条；7—补偿收缩嵌缝砂浆

（3）厕浴间节点涂膜防水构造

涂膜防水层应刷至高出地面100 mm处的混凝土防水台处。如轻质隔墙板无防水功能,则浴缸一侧的涂膜防水层应比浴缸高100 mm以上,如图7-22所示。

（4）地漏口（水落口）防水做法

主管与地漏口的交接处应用密封材料封闭严密,然后用补偿收缩细石混凝土（或水泥砂

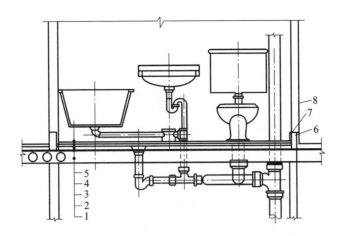

图 7-22　厕浴间节点涂膜防水构造（剖面图）

1—结构层；2—垫层；3—找平层；4—防水层；5—面层；

6—混凝土防水台(高出地面 100 mm)；7—防水层(与混凝土防水台同高)；8—轻质隔墙板

浆)嵌填密实；水泥砂浆找平层做好后，在地漏口杯的外壁缠绕一圈膨胀橡胶止水条(用手工挤压成 L 形)，涂膜防水层应与 L 形膨胀橡胶止水条相连接；涂膜防水层的保护层在地漏周围应抹成 5％的顺水坡度，如图 7-23 所示。

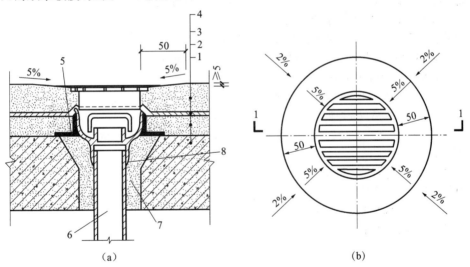

（a）　　　　　　　　　　　　　　　　（b）

图 7-23　地漏口防水做法

（a）1—1 剖面；（b）平面

1—钢筋混凝土楼板；2—水泥砂浆找平层；3—涂膜防水层；4—水泥砂浆保护层；

5—膨胀橡胶止水条；6—主管；7—补偿收缩混凝土；8—密封材料

（5）蹲便器与下水管防水做法

蹲便器与下水管相连接的部位最易发生渗漏，应用与两者(陶瓷和金属)都有良好黏结性的密封材料封闭严密。下水管穿过钢筋混凝土现浇板的处理方法及膨胀橡胶止水条的粘贴方法与"穿楼板管道防水做法"相同。

习　题

1.单选题

(1)当屋面坡度小于3‰时,沥青防水卷材的铺贴方向宜(　　)。

A.平行于屋脊　　　　　　　　　　　　　B.垂直于屋脊

C.与屋脊成45°角　　　　　　　　　　　D.下层平行于屋脊,上层垂直于屋脊

(2)当屋面坡度大于15‰或受振动时,沥青防水卷材的铺贴方向应(　　)。

A.平行于屋脊　　　　B.垂直于屋脊　　　　C.与屋脊成45°角　　　　D.上下层相互垂直

(3)当屋面坡度大于(　　)时,应采取防止沥青卷材下滑的固定措施。

A.3‰　　　　　　　　B.10‰　　　　　　　C.15‰　　　　　　　D.25‰

(4)对屋面是同一坡面的防水卷材,最后铺贴的应为(　　)。

A.水落口部位　　　　B.天沟部位　　　　　C.沉降缝部位　　　　D.大屋面

(5)粘贴高聚物改性沥青防水卷材使用最多的是(　　)。

A.热胶粘剂法　　　　B.热熔法　　　　　　C.冷粘法　　　　　　D.自粘法

(6)高聚物改性沥青防水卷材采用点粘法铺贴时,每幅卷材长边搭接宽度不应小于(　　)mm。

A.50　　　　　　　　B.100　　　　　　　C.150　　　　　　　D.200

(7)涂膜防水层应按(　　)的原则进行施工。

A.先低后高、先远后近　　　　　　　　　B.先高后低、先近后远

C.先高后低、先远后近　　　　　　　　　D.先低后高、先近后远

(8)对地下卷材防水层的保护层,以下说法不正确的是(　　)。

A.顶板卷材防水层上的细石混凝土保护层厚度不宜小于70 mm

B.底板卷材防水层上的细石混凝土保护层厚度不应小于50 mm

C.侧墙防水层可用软保护材料

D.侧墙防水层可铺抹20 mm厚1∶2.5水泥砂浆保护

(9)防水混凝土终凝后应立即进行养护,养护时间不得少于(　　)d。

A.7　　　　　　　　　B.14　　　　　　　C.21　　　　　　　D.28

2.简答题

(1)简述卷材防水材料的类别及适用范围。

(2)简述屋面卷材防水施工工艺流程。

(3)简述地下防水混凝土的浇筑和振捣要求。

(4)简述厨卫间涂膜防水施工工艺。

8 装饰装修工程

建筑装饰装修工程是为保护建筑物主体结构、完善建筑物的使用功能和美化建筑物,采用适当的装饰装修材料或饰物,对建筑物的内外表面及空间进行的各种处理过程。

建筑装饰装修工程的作用是:保护建筑物主体结构免受有害介质的侵蚀;延长建筑物的使用寿命;保证建筑物的使用功能;美化环境、增强建筑物的艺术效果。此外还有隔热、隔音、防潮等作用。

建筑装饰装修工程施工范围很广,涉及建筑物的各个部位。室外装饰部位通常为外墙面、门窗、屋顶、檐口、入口、台阶、建筑小品;室内装饰部位有内墙面、顶棚、楼地面、隔墙、隔断等。

建筑装饰装修工程施工的特点是:工程项目多,工艺复杂,同一部位多工种、多道工序顺序操作,用工量大(一般多于结构用工),工期长(一般装修占总工期的 30%～40%,高级装修占50%以上);装饰材料较贵,造价高(一般占总造价的 30%,高者占 50%以上);装饰材料和施工技术更新快,施工管理复杂。因此施工人员必须提高技术和管理水平,不断改革施工工艺,以保证工程施工质量,缩短工期和降低工程造价。

装饰装修工程施工过程中,施工顺序极为重要,是保证施工质量必须遵守的原则。室外抹灰和饰面工程施工,一般应自上而下进行;室内装饰工程施工,应在屋面防水工程完工后,并在不致被后续工程所损坏和污染的条件下进行;室内吊顶、隔断、罩面板和花饰等工程,应在室内地(楼)面湿作业完工后进行。

8.1 抹灰工程

抹灰工程是指将各种砂浆、装饰性水泥石子浆等涂抹在建筑物的墙面、顶棚等表面上以形成连续、均匀抹灰层的做法。

8.1.1 抹灰工程的分类和组成

(1)抹灰工程的分类

根据使用要求和装饰效果的不同,抹灰工程可分为一般抹灰和装饰抹灰。

①一般抹灰

一般抹灰是指用石灰砂浆、水泥砂浆、水泥混合砂浆、聚合物水泥砂浆、麻刀石灰、纸筋石灰和石灰膏等材料进行的抹灰施工,是装饰工程中最基本的一个分项工程。根据质量要求和主要工序的不同,一般抹灰又分为普通抹灰和高级抹灰两级。

②装饰抹灰

装饰抹灰是指利用材料特点和工艺处理,使抹灰面具有不同的质感、纹理及色泽效果的抹灰类型和施工方法。装饰抹灰的底层和中层与一般抹灰做法基本相同,其面层有水刷石、斩假石(剁斧石)、干粘石、假面砖等。随着生活水平的提高,目前这种装饰已较少采用。

(2)抹灰的组成

抹灰层一般由底层、中层和面层组成。底层主要起与基层黏结的作用,其使用材料根据基层不同而异;中层主要起找平作用,使用材料同底层;面层主要起装饰美化作用。

(3)抹灰层的厚度

①每层抹灰厚度

若一层抹灰厚度太大,由于抹灰层内外干燥速度不一致,容易造成面层开裂,甚至起鼓脱落,因此抹灰工程应分层进行。每层抹灰厚度一般控制如下:水泥砂浆 5～7 mm;混合砂浆 7～9 mm;麻刀灰≤3 mm;纸筋灰≤2 mm。

②抹灰层的平均总厚度

抹灰层的平均总厚度,应根据工程部位、基层材料和抹灰等级来确定。普通抹灰厚 20 mm,高级抹灰厚 25 mm。内墙厚 20～25 mm;外墙厚 20 mm;勒脚、踢脚、墙裙厚 25mm;顶棚、混凝土空心砖、现浇混凝土表面厚 15 mm。

8.1.2 一般抹灰工程施工工艺

8.1.2.1 一般抹灰的材料

一般抹灰砂浆的基本要求是黏结力好、易操作,无明确的强度要求,其配合比一般采用体积比,水泥砂浆的配合比一般为 1∶2、1∶3(水泥∶砂);混合砂浆的配合比一般为 1∶1∶4、1∶1∶6(水泥∶石灰∶砂)。其材料要求:

(1)水泥:抹灰常用的水泥为不小于 32.5 级的普通硅酸盐水泥、矿渣硅酸盐水泥。水泥的品种、强度等级应符合设计要求。不同品种、不同标号的水泥不得混合使用。

(2)石灰膏和磨细生石灰粉:块状生石灰需经熟化成石灰膏才能使用,在常温下,熟化时间不应少于 15 d;用于罩面的石灰膏,熟化时间不得少于 30 d。将块状生石灰碾碎磨细后的成品,即为磨细生石灰粉。罩面用的磨细生石灰粉的熟化时间不得少于 3 d。使用磨细生石灰粉粉饰,不仅具有节约石灰,适合冬季施工的优点,而且粉饰后不易出现膨胀、鼓皮等现象。

(3)砂:抹灰用砂,最好是中砂,或粗砂与中砂混合掺用。可以用细砂,但不宜用特细砂。抹灰用砂要求颗粒坚硬、洁净,使用前需要过筛(筛孔不大于 5 mm),不得含有黏土(不超过2%)、草根、树叶、碱质物及其他有机物等有害杂质。

(4)麻刀、纸筋、稻草、玻璃纤维:麻刀、纸筋、稻草、玻璃纤维在抹灰层中起拉结和骨架作用,提高抹灰层的抗拉强度,增加抹灰层的弹性和耐久性,使抹灰层不易开裂、脱落。

8.1.2.2 施工准备

为确保抹灰工程的施工质量,在正式施工之前,必须满足作业条件和做好基层处理等准备工作。

(1)作业条件

①主体结构已经检查验收,并达到了相应的质量标准要求。

②屋面防水或上层楼面面层已经完成,不渗不漏。

③门窗框安装位置正确,与墙体连接牢固,连接处缝隙填嵌密实。连接处缝隙可用 1∶3

水泥砂浆或 1∶1∶6 水泥混合砂浆分层嵌塞密实。缝隙较大时,可在砂浆中掺入少量麻刀嵌塞,并用塑料贴膜或铁皮将门窗框加以保护。

④接线盒、配电箱、管线、管道套管等安装完毕,并检查验收合格。管道穿越的墙洞和楼板洞已填嵌密实。

⑤冬季施工环境温度不宜低于 5 ℃。

(2)基层处理

抹灰工程施工前,必须对基层表面做适当的处理,使其坚实粗糙,以增强抹灰层的黏结。基层处理包括以下内容:

①基层表面的灰尘、污垢、砂浆、油渍和碱膜等应清除干净,并洒水湿润(提前 1～2 d 浇水 1～2 遍,渗水深度 8～10 mm)。

②检查基层表面平整度,对凹凸明显的部位,应事先剔平或用 1∶3 水泥砂浆补平。

③平整、光滑的混凝土表面要进行毛化处理,一般采用凿毛或用铁抹子满刮水灰比 0.37～0.4(内掺水重的 3%～5% 的 108 胶)的水泥浆一遍,亦可用 YJ-302 混凝土界面处理剂处理。

④不同基层材料(如砖石与混凝土)相接处应铺钉金属网并绷紧牢固,金属网与各结构的搭接宽度从相接处起每边不少于 100 mm。

8.1.2.3 抹灰施工工艺及操作要点

(1)内墙抹灰

内墙一般抹灰的施工工艺流程为:找规矩、做灰饼、抹标筋(冲筋)→做护角→抹底层和中层灰→抹窗台板、踢脚板(墙裙)→抹面层灰。

①找规矩、做灰饼、抹标筋(冲筋)

找规矩、做灰饼、抹标筋的作用是为后续抹灰提供参照,以控制抹灰层的平整度、垂直度和厚度。根据设计图纸要求的抹灰质量等级,根据基层表面平整垂直情况,用一面墙做基准,吊垂直、套方、找规矩,确定抹灰厚度,抹灰厚度不应小于 7 mm。当墙面凹度较大时应分层衬平。每层厚度不大于 7～9 mm。操作时应先抹上灰饼(距顶棚 150～200 mm,水平方向距阴角 100～200 mm,间距 1.2～1.5 m),再抹下灰饼(距地面 150～200 mm)。抹灰饼时应根据室内抹灰要求,确定灰饼的正确位置,再用靠尺板找好垂直与平整。灰饼宜用 1∶3 水泥砂浆抹成。

房间面积较大时应先在地上弹出十字中心线,然后按基层面平整度弹出墙角线,随后在距墙阴角 100 mm 处吊垂线并弹出铅垂线,再按地上弹出的墙角线往墙上翻引弹出阴角两面墙上的墙面抹灰层厚度控制线,以此做灰饼。然后根据灰饼抹标筋(宽度为 10 cm 左右,呈梯形,厚度与灰饼相平),可抹横筋,也可抹立筋,根据施工操作习惯而定。

②做护角

室内墙面、柱面和门窗洞口的阳角抹灰要求线条清晰、挺直,且能防止破坏。因此这些部位的阳角处,都必须做护角。同时护角亦起到标筋的作用。护角应采用 1∶2 水泥砂浆,一般高度不低于 2 m,护角每侧宽度不小于 50 mm。

做护角时,以墙面灰饼为依据,先将墙面阳角用方尺规方,靠门框一边,以门框离墙面的空隙为准,另一边以灰饼厚度为准。将靠尺在墙角的一面墙上用线垂找直,然后在靠尺板的另一边墙角面分层抹 1∶2 水泥砂浆,护角线的外角与靠尺板外口平齐;一边抹好后,再把靠尺板移到已抹好护角的一边,用钢筋卡子稳住,用线垂吊直靠尺板,把护角的另一面分层抹好。再轻轻地将靠尺板拿下,待护角的棱角稍干时,用阳角抹子将水泥浆抹出小圆角。最后在墙面用靠尺板按要求尺寸沿角留出 50 mm,将多余砂浆以 40°斜面切掉,以便于墙面抹灰与护角的接槎。

③抹底层和中层灰

一般情况下抹标筋 2 h 左右后就可以抹底层和中层灰。抹底层灰时,可用托灰板盛砂浆,在两标筋之间用力将砂浆推抹到墙上,一般从上向下进行,再用木抹子压实搓毛。待底层灰六七成干后(用手指按压不软,但有指印和潮湿感),即可抹中层灰,抹灰厚度以垫平标筋为准,操作时先应稍高于标筋,然后用木杠按标筋刮平,不平处补抹砂浆,再刮至平直为止,紧接着用木抹子搓压,使表面平整、密实。并用托线板检查墙面的垂直与平整情况。抹灰后应及时将散落的砂浆清理干净。

墙面阴角处,先用方尺上下核对方正(水平标筋则免去此道工艺),然后用阴角器上下抽动搓平,使室内四角方正。

④抹窗台板、踢脚板(墙裙)

窗台板抹灰,应先用 1∶3 水泥砂浆抹底层,表面搓毛,隔 1 d 后,用素水泥浆刷一道,再用 1∶2.5 水泥砂浆涂抹面层。面层原浆压光,上口小圆角,下口平直,浇水养护 4 d。窗台板抹灰要求是:平整光滑、棱角清晰、排水通畅、不渗水、不湿墙。抹踢脚板(墙裙)时,先于墙面弹出其上口水平线。用 1∶3 水泥砂浆或水泥混合砂浆抹底层。隔 1 d 后,用 1∶2 水泥砂浆抹面层,面层应比墙面抹灰层凸出 3～5 mm,上口切齐,原浆压光抹平。

⑤抹面层灰

面层抹灰俗称罩面。它应在底灰稍干后进行,底灰太湿,会影响抹灰面平整度,还可能"咬色";底灰太干,容易使面层灰脱水太快而影响其黏结,造成面层空鼓。纸筋石灰、麻刀石灰砂浆面层:在中层灰六七成干后进行,罩面灰应两遍成活(两遍互相垂直),厚度约 2 mm,最好两人同时操作,一人先薄薄刮一遍,另一人随即抹平。按先上后下顺序进行,再赶光压实,然后用铁抹子压一遍,最后用塑料抹子压光,随后用毛刷蘸水将罩面灰污染处清刷干净。

石灰砂浆面层:在中层灰五六成干后进行,厚度 6 mm 左右,操作时先用铁抹子抹灰,再用刮尺由下向上刮平,然后用抹子搓平,最后用铁抹子压光成活,压光不少于 2 遍。

(2)外墙抹灰

外墙一般抹灰的施工工艺流程为:浇水湿润基层→找规矩、做灰饼、抹标筋→抹底层灰、中层灰→弹分格线、嵌分格条→抹面层灰→拆除分格条、勾缝→做滴水线→养护。

外墙抹灰应注意涂抹顺序,一般先上部后下部,先檐口(包括门窗周围、窗台、阳台、雨篷等)再墙面。大面积外墙可分片、分段施工,一次抹不完可在阴阳角交接处或分格线处留设施工缝。

外墙抹灰一般面积较大,施工质量要求高,因此外墙抹灰必须找规矩、做灰饼、抹标筋,其方法与内墙抹灰相同。此外,外墙抹灰中的底层、中层、面层抹灰与内墙抹灰基本相同。

①弹分格线、嵌分格条

外墙抹灰时,为避免罩面砂浆收缩后产生裂缝,防止面层砂浆大面积膨胀而空鼓脱落,应待中层灰六七成干后,按设计要求弹分格线,并嵌分格条。

分格线用墨斗或粉线包弹出,竖向分格线可用线垂或经纬仪校正其垂直度,横向分格线以水平线检验。

木质分格条在使用前应用水泡透,其作用是便于粘贴,防止分格条在使用时变形,本身水分蒸发后产生收缩而易于取出,且使分格条两侧灰口整齐。粘分格条时,用铁抹子将素水泥浆抹在分格条的背面,将水平分格条粘在水平分格线的下口,垂直分格条粘在垂直分格线的左侧,以便于观察。每粘贴好一条竖向(横向)分格条,应用直尺校正使其平整,并将分格条两侧用水泥浆抹成八字形斜角(水平分格条应先抹下口)。当天就抹面的分格条,两侧八字形斜角可抹成 45°,如图 8-1(a)所示;当天不抹面的"隔夜条",两侧八字形斜角应抹得陡一些,可抹成 60°,如图 8-1(b)所示。

分格条要求横平竖直、接头平整,无错缝或扭曲现象,其宽度和厚度应均匀一致。

除木质分格条外,亦可采用 PVC 槽板做分格条,将其钉在墙上即可,面层灰抹完后,亦不用将其拆除。

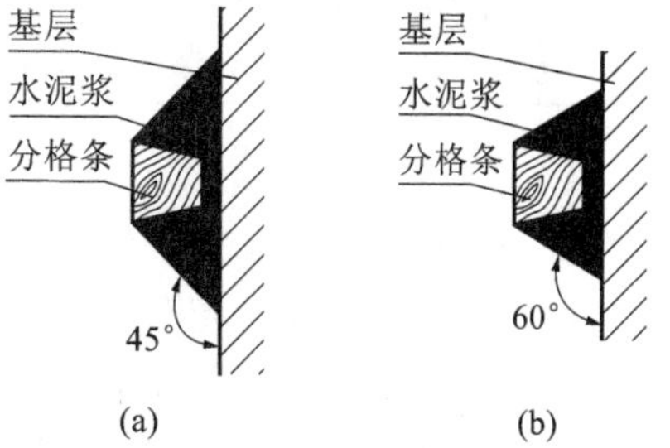

②拆除分格条

勾缝分格条粘好,面层灰抹完后,应拆除分格条,并用素水泥浆将分格缝勾平整。当天粘的分格条在面层抹完后即可拆除。操作时一般从分格线的端头开始,用抹子轻轻敲动,分格条即自动弹出。若拆除困难,可在分格条端头钉一小钉,轻轻将其向外拉出。采用"隔夜条"的抹灰面层不宜当时拆除,必须待面层砂浆达到一定强度后方可拆除。

图 8-1 分格条两侧斜角示意
(a)当日起条者做 45°角;(b)"隔夜条"做 60°角

③做滴水线

毗邻外墙面的窗台、雨篷、压顶、檐口等部位的抹灰,应先抹立面,后抹顶面,再抹底面。顶面应抹出流水坡度,一般以 10% 为宜,底面外沿边应做滴水槽,滴水槽宽度和深度均不应小于 10 mm。窗台抹灰层应伸入窗框下坎的裁口内,堵塞密实。

④养护

面层抹完 24 h 后,应浇水养护,时间不少于 7 d。

(3)顶棚抹灰

顶棚抹灰的施工工艺流程为:基层处理→弹水平线→抹底层灰、中层灰→抹面层灰。顶棚抹灰的顺序应从房间里面开始,向门口进行,最后从门口退出。其底层灰、中层灰和面层灰的涂抹方法与墙面抹灰基本相同。不同的是:顶棚抹灰不用做灰饼和标筋,只需按抹灰层厚度用墨线在四周墙面上弹出水平线,作为控制抹灰层厚度的基准线。此水平线应自室内 50 cm 水平线从下向上量出,不可从顶棚向下量。

8.1.3 一般抹灰质量验收

(1)主控项目

一般抹灰质量验收主控项目见表 8-1。

表 8-1 一般抹灰质量验收主控项目一览表

项次	项　　目	检验方法
1	抹灰前基层表面的尘土、污垢、油渍等应清除干净,并洒水润湿	检查施工记录
2	一般抹灰所用材料的品种、性能应符合设计要求。水泥的凝结时间和安定性复验应合格,砂浆的配合比应符合设计要求	检查产品合格证书、进场验收记录、复验报告和施工记录

续表 8-1

项次	项　目	检验方法
3	抹灰工程应分层进行。当抹灰总厚度大于或等于 35 mm 时,应采取加强措施。不同材料基本交接处表面的抹灰,应采取防止开裂的加强措施,当采用加强网时,加强网与各基体的搭接宽度不应小于 100 mm	检查隐蔽工程验收记录和施工记录
4	抹灰层与基层之间及各抹灰层之间必须黏结牢固,抹灰层应无脱层、空鼓,面层应无爆灰和裂缝	观察(用小锤轻击检查);检查施工记录

(2)一般项目

①一般抹灰工程的表面质量应符合下列规定:

A.普通抹灰表面应光滑、洁净、接槎平整,分格缝应清晰。

B.高级抹灰表面应光滑、洁净、颜色均匀、无抹纹,分格缝和灰线应清晰美观。

②护角、孔洞、槽周围的抹灰表面应整齐、光滑;管道后面抹灰表面应平整。

③抹灰层的总厚度应符合设计要求;水泥砂浆不得抹在石灰砂浆层上;罩面石膏灰不得抹在水泥砂浆上。

④抹灰分格缝的设置应符合设计要求,宽度和深度应均匀,表面应光滑,棱角应整齐。

⑤有排水要求的部位应做滴水线(槽)。滴水线(槽)应整齐、顺直,滴水线应内高外低,滴水槽的宽度和深度均不应小于 10 mm。

⑥一般抹灰的允许偏差和检验方法应符合表 8-2 的规定。

表 8-2　一般抹灰的允许偏差和检验方法

项次	项目	允许偏差(mm) 普通抹灰	允许偏差(mm) 高级抹灰	检验方法
1	立面垂直度	4	3	用 2 m 垂直检查尺检查
2	表面平整度	4	3	用 2 m 垂直检查尺检查
3	阴阳角方正	4	3	用直尺检查尺检查
4	分格条(缝)直线度	4	3	拉 5 m 线,不足 5 m 拉通线,用钢直尺检查
5	墙裙、勒脚上口直线度	4	3	拉 5 m 线,不足 5 m 拉通线,用钢直尺检查

注:①普通抹灰,本表第 3 项阴阳角方正可不检查。

②顶棚抹灰,本表第 2 项表面平整度可不检查,但应平顺。

8.1.4　一般抹灰常见质量通病及预防

8.1.4.1　砖墙、混凝土基层抹灰空鼓、裂缝

(1)现象

墙面抹灰后过一段时间,往往在不同基层墙面交接处,基层平整度偏差较大的部位,墙裙、踢脚板上口,以及线盒周围、砖混结构顶层两山头、圈梁与砖砌体相交等处出现空鼓、裂缝情况。

(2)原因分析

①基层清理不干净或处理不当。墙面浇水不透,抹灰后砂浆中的水分很快被基层或底灰吸收,影响黏结力。

②配制的砂浆和原材料质量不好,使用不当。

③基层偏差较大,一次抹灰层过厚,干缩率较大。

④线盒往往是由电工在墙面抹灰后自己安装,由于没有按抹灰操作规程施工,过一段时间易出现空裂。

⑤拌和后的水泥或水泥混合砂浆不及时使用完,停放时间过长,砂浆逐渐失去流动性而凝结。为了操作方便,重新加水拌和,以达到一定稠度,从而降低了砂浆强度和黏结力,产生空鼓、裂缝。

⑥在石灰砂浆及混合砂浆墙面上,如抹水泥踢脚板、墙裙时,在上口交接处,石灰砂浆未清理干净,水泥砂浆罩在残留的石灰浆上,导致大部分工程出现抹灰裂缝和空鼓。

(3)防治措施

①抹灰前的基层处理是确保抹灰质量的关键之一,必须认真做好。

②抹灰前分别针对砖墙、加气混凝土、混凝土墙体的特点进行浇水湿润。如果各层抹灰相隔时间较长,应将底层浇水润湿,避免刚抹的砂浆中的水分被底层吸走,产生空鼓。此外,基层墙面浇水程度,还与施工季节、气候和室内外操作环境有关,应根据实际情况酌情掌握。

③如果抹灰较厚时,应挂钢丝网分层进行抹灰,一般每次抹灰厚度控制在 8～10 mm 为宜。中层抹灰必须分若干次抹平。

④全部墙面上接线盒的安装时间应在墙面找点冲筋后进行,并应进行技术交底,作为一道工序,由抹灰工配合电工安装,安装后线盒面同冲筋面平,牢固、方正,一次到位。

⑤抹灰用的原材料和使用砂浆应符合质量要求,砂浆应随拌随用并在规定时间内使用完毕,应控制好砂浆稠度,必要时可掺入石灰膏、粉煤灰、加气剂或塑化剂,以提高其保水性。

⑥墙面抹灰底层砂浆与中层砂浆配合比应基本相同。一般混凝土砖墙底层砂浆强度不宜高于基层墙体强度,中层砂浆强度不能高于底层砂浆强度,以免在凝结过程中产生较强的收缩应力,破坏底层灰或基层而产生空鼓、裂缝等质量问题。

8.1.4.2　抹灰面层起泡、开花、有抹纹

(1)现象

抹灰面层施工后,由于某些原因易产生面层起泡和有抹纹现象,经过一段时间有的出现面层开花现象。

(2)原因分析

①抹完罩面灰后,压光工作跟得太紧,灰浆没有收水,压光后产生起泡。

②底层灰过分干燥,罩面前没有浇水湿润,抹罩面灰后,水分很快被底层吸收,压光时易出现抹纹。

③淋制石灰膏时,对慢性灰、过火灰颗粒及杂质没有滤净,灰膏熟化时间不够,未完全熟化的石灰颗粒掺在灰膏内,抹灰后继续熟化,体积膨胀,造成抹灰表面炸裂,出现开花和麻点。

(3)预防措施

①纸筋灰罩面,需待底层灰五六成干后进行。如底层灰过干应先浇水湿润。当底层较湿,不吸水时,罩面灰收水慢。当天如不能压光成活,可撒上 1∶1 干水泥砂浆粘在罩面灰上吸水,待干水泥吸水后,把这层水泥砂浆刮掉后再压光。

②纸筋灰用的石灰膏,淋灰时最好先将石灰块粉化后再装入淋灰机中,并经过不大于

3 mm×3 mm 的筛子过滤。石灰熟化时间不少于 30 d。严禁使用含有未熟化颗粒的石灰膏。采用磨细生石灰粉时也应提前 3 d 熟化成石灰膏。

(4)治理方法

墙面开花有时需经过 1 个多月的过程,才能使掺在灰浆内未完全熟化的石灰颗粒继续熟化膨胀完,因此,在处理时应待墙面确实没有再开花情况时,才可以挖去开花处松散表面,重新用腻子找补刮平,最后喷浆。

8.1.4.3 抹灰面不平,阴阳角不垂直、不方正

(1)现象

墙面抹灰后,经质量验收,抹灰面平整度、阴阳角垂直或方正达不到要求。

(2)原因分析

抹灰前没有事先按规矩找方、挂线、做灰饼和冲筋,冲筋用料强度较低或冲筋后过早进行抹面施工。冲筋离阴阳角距离较远,影响了阴阳角的方正。

(3)防治措施

①抹灰前按规矩找方,横线找平,竖线吊直,弹出准线和墙裙线。

②先用托线板检查墙面平整度和垂直度,决定抹灰厚度,在墙面的两上角用 1:3 砂浆(水泥或水泥混合砂浆墙面)或 1:3:9 混合砂浆各做一个灰饼,利用托线板在墙面的两下角做出灰饼,拉线,间隔 1.2～1.5 m 做墙面灰饼,冲纵筋(宽 10 cm)同灰饼面平,再次利用托线板和拉线检查,无误后方可抹灰。

③冲筋较软时抹灰易碰坏灰筋,抹灰后墙面不平,但也不宜在冲筋过干后再抹灰,以免抹面干后灰筋高出墙面。

④经常检查修正抹灰工具,尤其避免刮杠变形后再使用。

⑤抹阴阳角时应随时检查角的方正,及时修正。

⑥罩面灰施抹前应进行一次质量检查验收,验收标准同面层,不合格处必须修正后再进行面层施工。

8.2 饰面板(砖)工程

饰面工程是指将块料面层镶贴或安装在墙、柱表面的装饰工程。块料面层的种类分为饰面砖和饰面板两类。

饰面板(砖)工程采用的石材有花岗石、大理石、青石板和人造石材;采用的瓷板有抛光板和磨边板两种,面积不大于 1.2 m², 不小于 0.5 m²; 金属饰面板有钢板、铝板等品种;木材饰面板主要用于内墙裙;陶瓷面砖主要包括釉面瓷砖、外墙面砖、陶瓷锦砖、陶瓷壁画、劈裂砖等;玻璃面砖主要包括玻璃锦砖、彩色玻璃面砖、釉面玻璃面砖等。

8.2.1 饰面砖粘贴施工工艺

饰面砖粘贴的构造组成为:基层、找平层、结合层和面砖。由于找平层做法与一般抹灰砂浆一样,因此饰面砖的作业条件、基层处理、浇水湿润等施工准备工作与一般抹灰工程基本相同。其找平层做法,仍是找规矩、做灰饼、抹标筋、抹底层灰和中层灰。

8.2.1.1 内墙饰面砖镶贴施工工艺要点

(1)施工工艺流程

内墙饰面砖一般采用釉面砖,其施工工艺流程为:找平层验收合格→弹线分格→选砖、浸砖→做标准点→预排面砖→垫木托板→铺贴面砖→嵌缝、擦洗。

(2)施工操作要点

①弹线分格

弹线分格是在找平层上用粉线弹出饰面砖的水平和垂直分格线。弹线前可根据镶贴墙面的长度和高度,以纵、横面砖的皮数画出皮数杆,以此为标准弹线。

弹水平线时,对要求面砖贴到顶棚的墙面,应先弹出顶棚边标高线;对吊顶天棚应弹出其龙骨下边的标高线,按饰面砖上口伸入吊顶线内 25 mm 计算,确定面砖铺贴的上口线。然后按整块饰面砖的尺寸由上向下进行分划。当最下一块面砖的高度小于半块砖时,应重新分划,使最下面一块面砖高度大于半块砖,重新分划出现的超出尺寸的饰面砖应伸入到吊顶内。

弹竖向线时,应从墙面阳角或墙面显眼的一侧端部开始,以将不足整块砖模数的面砖贴于阴角或墙面不显眼处。弹线分格,如图 8-2 所示。

②选砖、浸砖

为保证镶贴效果,必须在面砖镶贴前按颜色的深浅不同进行挑选,然后按其标准几何尺寸进行分选,分别选出符合标准尺寸、大于标准尺寸和小于标准尺寸三种规格的饰面砖。同一类尺寸的面砖应用于同一层或同一面墙上,以做到接缝均匀一致。分选面砖的同时,亦应挑选阴角条、阳角条、压顶条等配砖。

釉面砖镶贴前应清扫干净,然后置于清水中充分浸泡,以防干砖镶贴后,吸收砂浆中的水分,致使砂浆结晶硬化不全,造成面砖粘贴不牢或面砖浮滑。一般浸水时间为 2～3 h,以水中不冒气泡为止;取出后应阴干 6 h 左右,以釉面砖表面有潮湿感,手按无水迹为准。

③做标准点

为控制整个镶贴釉面砖的平整度,在正式镶贴前应在找平层上做标准点。标准点用废面砖按铺贴厚度,在墙面上、下、左、右用砂浆粘贴,上、下用靠尺吊直,横向用细线拉平,标准点间的间距一般为 1500 mm。阳角处正面的标准点,应伸出阳角线之外,并进行双面吊直,如图 8-3 所示。

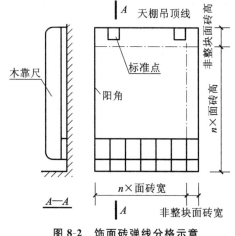

图 8-2　饰面砖弹线分格示意

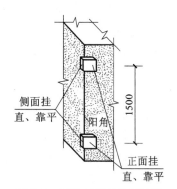

图 8-3　标准点双面吊直示意

④预排面砖

釉面砖镶贴前应进行预排。预排时以整砖为主,为保证面砖横竖线条的对齐,排砖时可调整砖缝的宽度(1～1.5 mm),且同一墙面上面砖的横竖排列,均不得有一行以上的非整砖。非整砖应排在阴角处或最不显眼的部位。

釉面砖的排列方法有对缝排列和错缝排列两种,如图8-4所示。面砖尺寸偏差不大时宜采用对缝排列;若面砖尺寸偏差较大,可采用错缝排列,采用对缝排列则应调整缝宽。

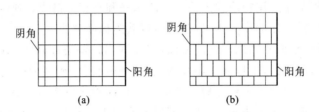

图 8-4　内墙面砖排砖示意

(a)对缝;(b)错缝

⑤垫木托板

以找平层上弹出的最下一皮砖的下口标高线为依据,垫放好木托板以支撑釉面砖,防止釉面砖因自重下滑。木托板上皮应比装饰完的地面低10 mm左右,以便地面压过墙面砖。木托板应安放水平,其下垫点间距应在400 mm以内,以保证木托板稳固。

⑥铺贴面砖

面砖结合层砂浆通常有两种:(a)水泥砂浆,其体积比为1:2,另掺水泥质量3%～4%的108胶水;(b)素水泥浆,其质量比为水泥:108胶水:水=100:5:26。

面砖铺贴的顺序是:由下向上,从阳角开始沿水平方向逐一铺贴,第一排饰面砖的下口紧靠木托板。镶贴时,先在墙面两端最下皮控制瓷砖上口外表挂线,然后,将结合层水泥砂浆或素水泥浆用铲子满刮在釉面砖背面,四周刮成斜面,结合层厚度为:水泥砂浆4～8 mm,素水泥浆3～4 mm。满刮结合层材料的釉面砖按线就位后,用手轻压,然后用橡皮锤或铁铲木柄轻轻敲击,使瓷砖面对齐拉线,镶贴牢固。

在镶贴中,应随贴、随敲击、随用靠尺检查面砖的平整度和垂直度。若高出标准砖面,应立即敲砖挤浆;如已形成凹陷(亏灰),必须揭下重新抹灰再贴,严禁从砖边塞砂浆,以免造成空鼓。若饰面砖几何尺寸相差较大,铺贴中应注意调缝,以保证缝隙宽窄一致。

⑦嵌缝、擦洗

饰面砖铺贴完毕后,应用棉纱头(不锈钢清洁球)蘸水将面砖擦拭干净。然后用瓷砖填缝剂嵌缝,亦可用与饰面砖同色水泥(彩色面砖应加同色矿物颜料)嵌缝,但效果比填缝剂差。

8.2.1.2　外墙面砖镶贴施工工艺要点

(1)施工工艺流程

外墙面砖镶贴施工工艺流程为:找平层验收合格→弹线分格→选砖、浸砖→做标准点→预排面砖→铺贴面砖→嵌缝、擦洗。

(2)施工操作要点

外墙面砖镶贴施工中,除预排面砖和弹线分格的方法不同外,其他工艺操作均同内墙面砖。

①预排面砖

外墙面砖排列方法有错缝、通缝、竖通缝(横密缝)、横通缝(竖密缝)等多种,如图 8-5 所示。密缝缝宽 1～3 mm,通缝缝宽 4～20 mm。

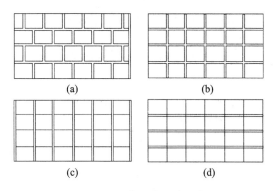

图 8-5 外墙面砖排砖示意

(a)错缝;(b)通缝;(c)竖通缝;(d)横通缝

预排时,应从上向下依层(或 1 m)分段;凡阳角部位必须为整砖,且阳角处正立面砖应盖住侧立面砖的厚度,仅柱面阳角处可留成方口;阴角处应使面砖接缝正对阴角线;墙面以整砖为主,除不规则部位外,其他不得裁砖。

②弹线分格

弹线时,先在外墙阳角处吊钢丝线垂,用经纬仪校核钢丝的垂直度,再用螺栓将钢丝固定在墙上,上下绷紧,作为弹线的基准。以此基准线为度,在整个墙面两端各弹一条垂直线,墙较长时可在墙面中间部位再增设几条垂直线,垂直线间的距离应为面砖宽度(包括面砖缝宽)的整数倍,墙面两端的垂直线距墙阳角(或阴角)的距离应为一块面砖宽度。

弹水平线时,应在各分段分界处各弹一条,各水平线间的距离应为面砖高度(包括面砖缝高)的整数倍。

8.1.2.3 饰面砖粘贴质量要求

(1)饰面砖粘贴质量验收主控项目见表 8-3。

表 8-3 饰面砖粘贴质量验收主控项目一览表

项次	项目	检验方法
1	饰面砖的品种、规格、图案、颜色和性能应符合设计要求	观察;检查产品合格证书、进场验收记录、性能检测报告和复验报告
2	饰面砖粘贴工程的找平、防水、黏结和勾缝材料及施工方法应符合设计要求及国家现行产品标准和工程技术标准的规定	检查产品合格证书、复验报告和隐蔽工程验收记录
3	饰面砖粘贴必须牢固[按《建筑工程饰面砖黏结强度检验标准》(JGJ/T 110—2017)检验]	检查样板件黏结强度检测报告和施工记录
4	满粘法施工的饰面砖工程应无空鼓、裂缝	观察;用小锤轻击检查

(2)饰面砖粘贴质量验收一般项目见表 8-4。

表 8-4　饰面砖粘贴质量验收一般项目一览表

项次	项目	检验方法
1	饰面砖表面应平整、洁净、色泽一致,无裂痕和缺损	观察
2	阴阳角处搭接方式、非整砖使用部位应符合设计要求	观察
3	墙面突出物周围的饰面砖应整砖套割吻合,边缘应整齐。墙裙、贴脸突出墙面的厚度应一致	观察;尺量检查
4	饰面砖接缝应平直、光滑,填嵌应连续、密实;宽度和深度应符合设计要求	观察;尺量检查
5	有排水要求的部位应做滴水线(槽)。滴水线(槽)应顺直,流水坡向应正确,坡度应符合设计要求	观察;用水平尺检查
6	允许偏差项目:立面垂直度;表面平整度;阴阳角方正;接缝直线度;接缝高低差;接缝宽度	标准及检查方法详见质量验收规范

8.2.1.4　饰面砖粘贴的质量通病与防治

饰面砖粘贴工程常见质量通病与防治措施见表 8-5。

表 8-5　饰面砖粘贴工程常见质量通病与防治措施

质量通病	原因分析	防治措施
面砖空鼓、脱落	1. 基层表面光滑,铺贴前基层没有湿水或湿水不透,水分被基层吸掉而影响黏结力; 2. 基层偏差大,铺贴时 1 次抹灰过厚,干缩过大; 3. 面砖未用水浸透,或铺贴前砖未阴干; 4. 砂浆配合比不当,砂浆过干或过稀,粘贴不密实; 5. 粘贴灰浆初凝后,拨动面砖; 6. 门窗框边封堵不严,开启引起木砖松动,产生面砖空鼓; 7. 使用质量不合格的面砖,面砖破裂而脱落	1. 基层凿毛,铺贴前墙面应浇水充分湿润,水应渗入基层 8~10 mm,混凝土墙面应提前 2 d 浇水,基层刷素水泥浆或胶黏剂、界面剂; 2. 基层凸出部位剔平,凹处用 1:3 水泥砂浆补平。脚手眼、管线穿墙处用砂浆封填密实。不同材料墙面接头处,应先铺金属网,且与各基体的搭接宽度不小于 100 mm,然后用水泥砂浆抹平,再铺贴面砖; 3. 面砖使用前浸泡时间不小于 2 h,使用前需阴干,不见表面水时方可粘贴; 4. 砂浆应具有良好的和易性和稠度,操作中用力要均匀,嵌缝应密实; 5. 面砖铺贴应随时纠偏,粘贴砂浆初凝后严禁拨动面砖; 6. 门窗边应用水泥砂浆封严; 7. 严把面砖、水泥、砂子等原材料质量关,杜绝不合格材料在施工中使用
面砖接缝不平直、不均匀,墙面凹凸不平	1. 找平层垂直度、平整度超出允许偏差; 2. 面砖厚薄、平面尺寸相差较大,面砖发生变形; 3. 面砖预选砖、预排砖不认真,排砖未弹线,操作不跟线; 4. 面砖粘贴未及时调缝和检查	1. 找平层垂直度、平整度超出允许偏差限值的,不得粘贴面砖; 2. 面砖应选砖,按规格、颜色分类码放,变形、裂纹面砖严禁使用; 3. 粘贴前应找规矩,并认真预排砖、弹线,选用技术熟练的工人进行操作; 4. 面砖铺贴应立即拔缝,调直拍实,使面砖接缝平直

质量通病	原因分析	防治措施
面砖裂缝、变色或表面污染	1. 面砖材质松脆、吸水率大，抗拉、抗折性差； 2. 面砖在运输、操作中有暗伤，成品保护不好； 3. 面砖材质疏松，施工前浸泡了不洁净的水而变色； 4. 粘贴后被灰尘污染而变色	1. 选材时应挑选材质密实，吸水率不大于10%的面砖，抗冻地区吸水率应不大于8%； 2. 操作中将有暗伤的面砖剔出，铺贴时不得用力敲击砖面，防止出现暗伤； 3. 泡砖需用清洁水； 4. 选用材质密实的砖，灰尘应擦拭干净

8.2.2 石饰面板安装工艺

小规格的饰面板（一般指边长不大于400 mm，安装高度不超过3 m时）通常采用与釉面砖相同的粘贴方法安装。而大规格饰面板则通过采用连接件的固定方式来安装，其安装方法有传统的湿作业法、改进的湿作业法、干挂法和胶黏结法四种。

8.2.2.1 施工准备

饰面板安装前的施工准备工作，包括放施工大样图、选板与预拼、基层处理。其中，基层处理的方法与一般抹灰相同。

（1）放施工大样图

饰面板安装前，应根据设计图纸，在实测墙、柱等构件实际尺寸的基础上，按饰面板规格（包括缝宽）确定板块的排列方式，绘出大样详图，作为安装的依据。

（2）选板与预拼

绘好施工大样详图后，应依其检查饰面板几何尺寸，按饰面板尺寸偏差、纹理、色泽和品种的不同，对板材进行选择和归类。再在地上试拼，校正尺寸且四角套方，以符合大样图要求。

预拼好的板块应编号，一般由下向上进行编排，然后分类码放备用。对有缺陷的板材可采用剔除，改成小规格料，用在阴角、靠近地面不显眼处等方法处理。

8.2.2.2 湿作业法施工工艺要点

湿作业法亦称为挂贴法，是一种传统的铺贴工艺，适用于厚度为20～30 mm的板材。

（1）施工工艺流程

绑扎钢筋网→打眼、开槽、挂丝→安装饰面板→板材临时固定→灌浆→嵌缝、清洁→抛光。

（2）施工操作要点

①绑扎钢筋网

绑扎钢筋网是按施工大样图要求的板块横竖距离弹线，再焊接或绑扎安装用的钢筋骨架。

先剔凿出墙、柱内施工时预埋的钢筋，使其裸露于墙、柱外，然后焊接或绑扎 ϕ6～8 mm 竖向钢筋（间距可按饰面石材板宽设置），再电焊或绑扎 ϕ6 mm 的横向钢筋（间距为板高减80～100 mm），如图8-6所示。

基层内未预埋钢筋时，绑扎钢筋网之前可在墙面植入 M10～M16 的膨胀螺栓为预埋件，膨胀螺栓的间距为板面宽度；亦可用冲击电钻在基层（砖或混凝土）钻出 ϕ6～8 mm、深度大于

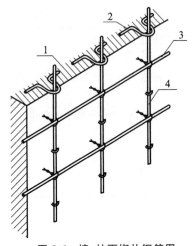

图 8-6　墙、柱面绑扎钢筋图

1—墙(柱)基层；2—预埋钢筋；

3—横向钢筋；4—竖向钢筋

60 mm 的孔，再向孔内打入 $\phi 6\sim 8$ mm 的短钢筋，短钢筋应外露基层 50 mm 以上并做弯钩，短筋间距为板面宽度。上、下两排膨胀螺栓或短钢筋距离为饰面板高度减去 $80\sim 100$ mm。再在同一标高的膨胀螺栓或短钢筋上焊接或绑扎水平钢筋，如图 8-7 所示。

②打眼、开槽、挂丝

安装饰面板前，应于板材上钻孔，常用方法有以下两种。

传统的方法是：将饰面板固定在木支架上，用手电钻在板材侧面上钻孔打眼，孔径 5 mm 左右，孔深 $15\sim 20$ mm，孔位一般距板材两端 $1/4\sim 1/3$ 板宽，且应在板厚度中线上垂直钻孔。然后在板背面垂直孔位置，距板边 $8\sim 10$ mm 钻一水平孔，使水平、垂直孔连通成"牛轭孔"。为便于挂丝，使石材拼缝严密，钻孔后用合金钢錾子在板材侧面垂直孔所在位置剔出 4 mm 小槽，如图 8-8 所示。

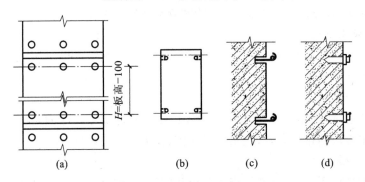

| (a) | (b) | (c) | (d) |

图 8-7　绑扎钢筋网构造

(a)多层挂板时，布置钢筋网及板上钻孔；(b)单层挂板时，布置钢筋网及板上钻孔；

(c)墙上埋入短钢筋；(d)墙上埋入膨胀螺栓

另一种方法是功效较高的开槽扎丝法。用手把式石材切割机在板材侧面上距离板背面10～12 mm 位置开 10～15 mm 深度的槽，再在槽两端、板背面位置斜着开两个槽，其间距为 30～40 mm，如图 8-9 所示。槽开好后，把铜丝或不锈钢丝(18# 或 20#)剪成 300 mm 长，并弯成 U 形，将其套入板背面的横槽内，钢丝或铜丝的两端从两条斜槽穿出并在板背面拧紧扎牢。

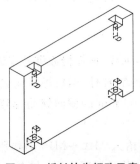

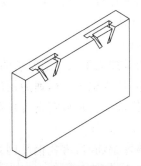

图 8-8　板材钻牛轭孔示意　　　　**图 8-9　饰面板开槽示意**

③安装饰面板

饰面板安装顺序一般自下向上进行,墙面每层板块从中间或一边开始,柱面则先从正面开始顺时针进行。

首先弹出第一层板块的安装基线。方法是根据板材排板施工大样图,在考虑板厚、灌浆层厚度和钢筋网绑扎(焊接)所占空间的前提下,用吊线垂的方法将石材板看面垂直投影到地面上,作为石材板安装的外轮廓尺寸线。然后弹出第一层板块下沿标高线,如有踢脚板,则应弹好踢脚板上沿线。

安装石材板时,应根据施工大样图的预排编号依次进行。先将最下层板块,按地面轮廓线、墙面标高线就位,若地面未完工,则需用垫块将板垫高至墙面标高线位置。然后使板块上口外仰,把下口用绑丝绑牢于水平钢筋上,再绑扎板块上口绑丝,绑好后用木楔垫稳,随后用靠尺板检查调正后,最后系紧铜丝或不锈钢丝,如图 8-10 所示。

最下层板完全就位后,再拉出垂直线和水平线来控制安装质量。上口水平线应待以后灌浆完成方可拆除。

④板材临时固定

为避免灌浆时板块移位,石板材安装好后,应用石膏对其进行临时固定。

先在石膏中掺入 20% 的水泥,混合后将其调成浓糊状,在石板材安装好一层后,将其贴于板间缝隙处,石膏固化成一饼后,成为一个个支撑点,即起到临时固定的作用。糊状石膏浆还应同时将板间缝隙堵严,以防止以后灌浆时板缝漏浆。

板材临时固定后,应用直角尺随时检查其平整度,重点保证板与板的交接处四直角平整,发现问题立即纠偏。

⑤灌浆

板材经校正垂直、平整、方正,且临时固定后,即可灌浆。

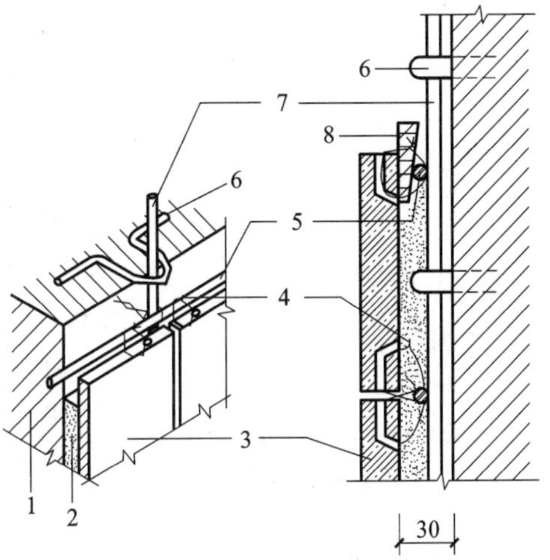

![图 8-10]

图 8-10　饰面板钢筋网片固定及安装方法
1—基体;2—水泥砂浆;3—饰面板;
4—铜(钢)丝;5—横向钢筋;6—预埋铁环;
7—竖向钢筋;8—定位木楔

灌浆一般采用 1:3 水泥砂浆,稠度 80～150 mm,将盛砂浆的小桶提起,然后向板材背面与基体间的缝隙中徐徐注入。注意灌注时不要碰动板块,同时要检查板块是否因漏浆而外移,一旦发现外移应拆下板块重新安装。

因此,灌浆时应均匀地从几处分层灌入,每次灌注高度一般不超过 150 mm,最多不超过 200 mm。常用规格的板材灌浆一般分三次进行,每次灌浆离板上口 50～80 mm 处为止(最上一层除外),其余留待上一层板材灌浆时来完成,以使上、下板材连成整体。为防止空鼓,灌浆时可用插钎轻轻地捣固砂浆。每层灌注时间要间隔 1～2 h,即待下层砂浆初凝后才可灌上一层砂浆。

安装白色或浅色板块,灌浆应用白水泥和白石屑,以防透底而影响美观。第三次灌浆完毕,砂浆初凝后,应及时清理板块上口余浆,并用棉纱擦净。隔一天再清除上口的木楔和有碍上一层板材安装的石膏,并加强养护和成品保护。

⑥嵌缝与清洁

全部板材安装完毕后,应将其表面清理干净,然后按板材颜色调制水泥色浆嵌缝,边嵌边擦干净,使缝隙密实干净,颜色一致。

⑦抛光

安装固定后的板材,如面层光泽受到影响需要重新上蜡抛光。方法是擦拭或用高速旋转的帆布擦磨。

8.2.2.3 改进的湿作业法施工工艺要点

改进的湿作业法是将固定板材的钢丝直接楔紧在墙、柱基层上,所以亦称为楔固定安装法。因其省去了绑扎钢筋网工艺,操作过程亦较为简单,因此应用较广。与传统的湿作业安装法相比,其不同的施工操作要点如下。

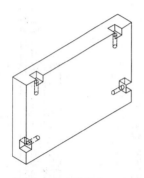

图 8-11 改进湿作业法
饰面板钻孔示意

(1)板材钻孔

将石材饰面板直立固定于木架上,用手电钻在距板两端 1/4 宽度处,位于板厚度的中心钻孔,孔径为 6 mm,孔深为 35～40 mm。

钻孔数量与板材宽度相关。板宽小于 500 mm 钻垂直孔两个,板宽大于 500 mm 钻垂直孔三个,板宽大于 800 mm 钻垂直孔四个。

其后将板材旋转 90°固定于木架上,于板材两侧边分别各钻一水平孔,孔位距板下端 100 mm,孔径 6 mm,孔深 35～40 mm。

再在板材背面上下孔处剔出 7 mm 深小槽,以便安装钢丝。如图 8-11 所示。

(2)基层钻斜孔

用冲击钻按板材分块弹线位置,对应于板材上孔及下侧孔位置在基层上钻出与板材平面成 45°的斜孔,孔径 6 mm,孔深 40～50 mm。

(3)板材安装与固定

基层钻孔后,将饰面板安放就位,按板材与基体相距的孔距,用加工好的直径为 5 mm 的不锈钢"U"形钉,将其一端勾进石板材直孔内,另一端勾进基体斜孔内,并随即用硬木小楔楔紧,用拉线或靠尺板及水平尺校正板上下口及板面垂直度和平整度,以及与相邻板材接合严密,随后将基体斜孔内 U 形钉楔紧。接着将大木楔楔入板材与基体之间,以紧固 U 形钉。最后分层灌浆,清理表面和擦缝等,其方法与传统的湿作业法相同。

8.2.2.4 干作业法施工工艺要点

干作业法亦称为干挂法,是利用高强、耐腐蚀的连接固定件把饰面板挂在建筑物结构的外表面上,中间留出 40～100 mm 空隙。其具有安装精度高、墙面平整、取消砂浆黏结层、减轻建筑用自重、提高施工效率等优点。

干挂法分为有骨架干挂法和无骨架干挂法两种。无骨架干挂法是利用不锈钢连接件将石板材直接固定在结构表面上,此法施工简单,但抗震性能差。有骨架干挂法是先在结构表面安装竖向和横向钢龙骨,要求横向龙骨安装要水平,然后利用不锈钢连接件将石板材固定在横向龙骨上。

此处以无骨架干挂法为例说明其施工工艺要点。

(1)施工工艺流程

无骨架干挂法的施工工艺流程为:基层处理→墙面分格弹线→板材钻孔开槽、固定锚固件→安装固定板材→嵌缝。

(2)施工操作要点

①墙面分格弹线

墙面分格弹线应根据排板设计要求执行,板与板之间可考虑1~2 mm缝隙。弹线时先于基层上引出楼面标高和轴线位置,再由墙中心向两边在墙面上弹出安装板材的水平线和垂直线。

②板材钻孔开槽、固定锚固件

先在板材的上下端钻孔开槽,孔位距板侧面80~100 mm,孔深20~25 mm(一般由厂家加工好)。再在相对于板材的基层墙面上的相应位置钻 ϕ8~10 mm的孔,将不锈钢螺栓一端插入孔中固定好,另一端挂上L形连接件(锚固件)。

③安装固定板材

将饰面板材就位、对正、找平,确定无误后,把连接件上的不锈钢针插入板材的预留连接孔中,调整连接件和钢针位置,当确定板材位置正确无误即可固紧L形连接件。然后用环氧树脂或水泥麻丝纤维浆填塞连接插孔及其周边。

④嵌缝

干挂法工艺由于取消了灌浆,因此为避免板缝渗水,板缝间应采用密封胶嵌缝。嵌缝时先在缝内塞入泡沫塑料圆条,然后嵌填密封胶。嵌缝前,饰面板周边应粘贴防污条,防止嵌缝时污染饰面板;密封胶嵌填要饱满密实,光滑平顺,其颜色应与石材颜色一致。

8.2.2.5 胶黏结法施工工艺要点

小规格石材板安装、石材板与木结构基层的安装亦可采用环氧树脂胶黏结的方法进行。环氧树脂黏结剂的配合比如表8-6所示。

表8-6 环氧树脂黏结剂配合比

材料名称	环氧树脂 E44(主材)	乙二胺 EDA(硬化剂)	邻苯二甲酸二丁酯(增塑剂)
质量配合比(%)	100	6~8	10~20

(1)施工工艺流程

基层处理→弹线、分格→选板、预排→黏结→清洁。

(2)施工操作要点

板材胶黏结法中的弹线、分格,选板、预排等工艺同湿作业法。

①基层处理

黏结法施工中,基层处理的主要控制标准是平整度。基层应平整但不应压光,其平整控制标准为:表面平整偏差、阴阳角垂直偏差及立面垂直偏差均为±2 mm。

②黏结

先将黏结剂分别刷抹在墙、柱面和板块背面上,刷胶应均匀、饱满,黏结剂用量以粘牢为原则,再准确地将板块粘贴于基层上。随即挤紧、找平、找正,并进行顶、卡固定。对于挤出缝外的粘胶应随时清除。对板块安装后的不平、不直现象,可用扁而薄的木楔作调整,木楔应涂胶后再插入。

③清洁

一般粘贴 2 d 后,可拆除顶、卡支撑,同时检查接缝处黏结情况,必要时进行勾缝处理,多余的粘胶应清除干净,并用棉纱将板面擦净。

8.2.2.6 质量通病及预防

石材饰面常见的质量通病为:墙面饰面不平整,接缝不顺直。

(1)现象

板块墙面镶贴之后,大面凹凸不平,板块接缝横不水平、竖不垂直,板缝大小不一,板缝两侧相邻板块高低不平,严重影响外观。

(2)原因分析

①板块外形尺寸偏差大。加工设备落后或生产工艺不合理,以及操作人为因素等,导致石材制作加工精度差,质量很难保证。

②弯曲面或弧形平面板块,在施工现场用手提切割机加工,尺寸偏差失控。

③施工无准备。对板块来料未作检查、挑选、试拼,板块编排无专项设计,施工标线不准确或间隔过大。

④干缝安装,无法利用板缝宽度适当调整板块加工制作偏差,导致面积较大的墙面板缝积累偏差过大。

⑤操作不当。采用粘贴法施工的墙面,基层找平不平整。采用灌浆法施工的墙面凹凸过大,灌浆困难,板块支撑固定不牢,或一次灌浆过高,侧压力大,挤压板块外移。

(3)预防措施

①批量板块应由石材厂加工生产,禁止在施工现场批量生产板块。弯曲面或弧形平面板块应由石材专用设备加工制作。石材进场应按标准规定检查外观质量,检查内容包括规格尺寸、平面度、角度、外观缺陷等。超出允许偏差者,应退货或磨边修整。

②对墙面板块进行专项装修设计:

A.有关方面认真会审图纸,明确板块的排列方式、分格和图案,伸缩缝位置、接缝和凹凸部位的构造大样。

B.室内墙面无防水要求,板缝干接是接缝不顺直的重要原因之一。干接板材的方正平直不应超过优等品的允许偏差标准,否则会给干接安装带来困难。板块长、宽只允许负偏差。对于面积较大的墙面,为减少板块制作尺寸的积累偏差,板缝宽度宜适当放宽至 2 mm 左右。

③做好施工大样图。板材安装前,首先应根据建筑设计图纸要求,认真核实板块安装部位的结构实际尺寸及偏差情况,并绘出修正图。超出允许偏差的,若是灌浆法施工,则应在保证基体与板块表面距离不小于 30 mm 的前提下,重新排列分块尺寸。在确定排板大样图时应做好以下工作:

A.测量墙、柱的实际高度,墙、柱中心线,柱与柱之间距离,墙和柱上部、中部、下部拉水平通线后的结构尺寸,以确定墙、柱面边线,依此计算出板块排列分块尺寸。

B.对外形变化较复杂的墙面、柱面,特别是需异形板块镶贴的部位,尚须用薄铁皮或三夹板进行实际放样,以便确定板块实际的规格尺寸。

C.根据上述墙、柱校核实测的板块规格尺寸,列出板块的排列顺序,并按安装顺序编号,绘制分块大样图和节点大样图作为加工板块和各种零配件以及安装施工的依据。

D.墙、柱的安装,应按设计轴线和距离弹出墙、柱中心线,板块分格线(应精确至每一板块都有纵横标线作为镶贴依据)和水平标高线。由于挂线容易被风吹动或意外触碰,或受墙面凸出物、脚手架等影响,测量放线应用经纬仪和水平仪,以减少尺寸偏差。

④板块安装应先做样板墙,经建设、设计、监理、施工等单位共同商定和确认后,再大面积铺开。

A.安装前应进行试拼,对好颜色,调整花纹,使板与板之间上下左右纹理通顺、颜色协调、接缝平直均匀,试拼后由下至上逐块编写镶贴顺序,然后对号入座。

B.安装顺序是根据事先找好的中心线、水平通线和墙面线试拼、编号,然后在最下一行两头用块材找平找直,拉上横线,再从中间或一端开始安装,随时用托线板靠直、靠平,保证板与板交接部位四角平整。

C.板安装应找正吊直,采取临时固定措施,以防灌注砂浆时板位移动。

D.板块接缝宽度宜用商品十字塑料卡控制,并应确保外表面平整、垂直及板上口平顺。

E.板块灌浆前应浇水将板块背面和基体表面润湿,再分层灌注砂浆,每层灌注高度为150~200 mm,且不得大于板高的1/3,插捣密实。待其初凝后,应检查板面位置,若有移动错位,应拆除重新安装;若无移动,方可灌注上层砂浆,施工缝应留在板块水平接缝以下50~100 mm处。

(4)治理方法

墙面如果出现大面不平整、接缝不顺直的情况,很难处理,返工费用又高,因而重在预防。若接缝不顺直的情况不严重,可沿缝拉通线(大面积墙面宜用水平仪、经纬仪)找顺、找直,采用适当加大板缝宽度的办法,用粉线沿缝弹出加大板缝宽度后的板缝边线,沿线贴上分色胶纸带,再打浅色防水密封胶,可掩饰原来接缝的缺陷。

8.2.3 金属饰面板安装工艺

金属饰面板一般采用铝合金板、彩色压型钢板和不锈钢钢板。多用于内外墙面、屋面、顶棚等,亦可与玻璃幕墙或大玻璃窗配套使用,以及在建筑物四周的转角、玻璃幕墙的伸缩缝、水平压顶等部位配套使用。

目前生产金属饰面板的厂家较多,各厂的节点构造及安装方法存在一定差异,安装时应仔细了解。本节仅以彩色压型钢板复合墙板施工介绍其中一种做法。

彩色压型钢板复合墙板是以波形彩色压型钢板为面板,以聚苯乙烯泡沫板、聚氨酯泡沫塑料、玻璃棉板、岩棉板等轻质保温材料为芯层,经复合而成的轻质保温板材,适用于建筑物外墙装饰。

8.2.3.1 彩色压型钢板复合墙板施工工艺及操作要点

(1)施工工艺流程

彩色压型钢板复合墙板的施工工艺流程为:预埋连接件→立墙筋→安装墙板→板缝处理。

(2)施工操作要点

①预埋连接件

在砖墙中可预埋带有螺栓的预制混凝土块或木砖。在混凝土墙中可预埋 $\phi 8\sim10$ mm的钢筋套扣螺栓,亦可埋入带锚筋的铁板。所有预埋件的间距应与墙筋间距一致。

②立墙筋

在待立墙筋表面上拉水平线、垂直线,确定预埋件的位置。墙筋材料可采用等边角钢∟30×3、槽钢[25×12×14、木条30 mm×50 mm。竖向墙筋间距为900 mm,横向墙筋间距为500 mm。竖向布板时,可不设竖向墙筋;横向布板时,可不设横向墙筋,而将墙筋间距缩小到500 mm。施工时,要保证墙筋与预埋件连接牢固,连接方法可采用铁钉钉牢、螺栓固定和焊接等。在墙角、窗口等部位,必须设墙筋,以免端部板悬空。墙筋、预埋件应进行防腐、防火和防锈处理,以增加其耐久性。

墙筋布设完后,应在墙筋骨架上根据墙板生产厂家提供的安装节点设置连接件或吊挂件。

③安装墙板

安装墙板应根据设计节点详图进行,安装前,要检查墙筋位置,计算板材及缝隙宽度,进行排板、画线定位。

要特别注意异形板的使用。门窗洞口、管道穿墙及墙面端头处,墙板均为异形板;压型板墙转角处,均用槽形转角板进行外包角和内包角,转角板用螺栓固定;女儿墙顶部、门窗周围均设防雨防水板,防水板与墙板的接缝处,应用防水油膏嵌缝。使用异形板可以简化施工,改善防水效果。

墙板与墙筋用铁钉、螺钉和木卡条连接。复合板安装是用吊挂件把板材挂在墙身骨架上,再把吊挂件与骨架焊牢,小型板材亦可用钩形螺栓固定。安装板的顺序是根据节点连接做法,沿一个方向进行。

④板缝处理

通常彩色压型钢板在加工时其形状已考虑了防水要求,但若遇材料弯曲、接缝处高低不平,其防水性能可能丧失。因此,应在板缝中填塞防水材料,亦可用超细玻璃棉塞缝,再用自攻螺钉钉牢,钉距为200 mm。

8.2.3.2 饰面板施工质量要求

(1)饰面板施工质量验收主控项目见表8-7。

表8-7 饰面板施工质量验收主控项目

项次	项 目	检验方法
1	饰面板的品种、规格、颜色和性能应符合设计要求,木龙骨、木饰面板和塑料饰面板的燃烧性能等级应符合设计要求	观察;检查产品合格证书、进场验收记录和性能检测报告
2	饰面板孔、槽的数量、位置和尺寸应符合设计要求	检查进场验收记录和施工记录
3	饰面板安装工程的预埋件(或后置埋件)、连接件的数量、规格、位置、连接方法和防腐处理必须符合设计要求。后置埋件的现场拉拔强度必须符合设计要求。饰面板安装必须牢固	手扳检查;检查进场验收记录、现场拉拔检测报告、隐蔽工程验收记录和施工记录

(2)饰面板施工质量验收一般项目见表8-8。

表 8-8　饰面板施工质量验收一般项目

项次	项　　目	检验方法
1	饰面板表面应平整、洁净、色泽一致,无裂痕和缺损。石材表面应无泛碱等污染	观察
2	饰面板嵌缝应密实、平直,宽度和深度应符合设计要求,嵌填材料色泽应一致	观察;尺量检查
3	采用湿作业法施工的饰面板工程,石材应进行防碱背涂处理。饰面板与基体之间的灌注材料应饱满、密实	用小锤轻击检查;检查施工记录
4	饰面板上的孔洞应套割吻合,边缘应整齐	观察
5	允许偏差项目: 立面垂直度;表面平整度;阴阳角方正;接缝直线度;墙裙、勒脚上口直线度;接缝高低差;接缝宽度	标准及检查方法详见相关质量验收规范

8.3　建筑地面工程

建筑地面是建筑物底层地面(地面)和楼层地面(楼面)的总称,包括踢脚线和踏步等。它主要由基层、结合层和面层等构造层次组成。基层是面层下的构造层,包括填充层、隔离层、找平层、垫层和基土等构造层;结合层是面层与下一构造层相连接的中间层;面层即地面与楼面的表面层,可以做成整体面层、板块面层和木竹面层。

整体面层包括水泥混凝土面层、水泥砂浆面层、水磨石面层、水泥钢(铁)屑面层、防油渗面层、不发火(防爆的)面层;板块面层包括砖面层(陶瓷锦砖、缸砖、陶瓷地砖和水泥化砖面层)、大理石面层和花岗石面层、预制板块面层(水泥混凝土板块、水磨石板块面层)、料石面层(条石、块石面层)、塑料板面层、活动地板面层、地毯面层;木竹面层包括实木地板面层、实木复合地板面层、中密度(强化)复合地板面层、竹地板面层等。

8.3.1　基层施工要点

基层铺设前,其下一层表面应干净、无积水;基层的标高、坡度、厚度等应符合设计要求;基层表面应平整。

(1)基土

基土是底层地面的地基土层。严禁用淤泥、腐殖土、冻土、耕植土、膨胀土和含有有机物质大于8%的土作为填土;填土应分层压(夯)实,压实系数应符合设计要求,设计无要求时,不应小于0.90。

(2)垫层

垫层是承受并传递地面荷载于基土上的构造层。包括灰土垫层(灰土的体积比:熟化石灰∶黏土为3∶7,厚度100 mm)、砂垫层(厚度60 mm)和砂石垫层(厚度100 mm)、碎石垫层和碎砖垫层(厚度100 mm)、三合土垫层(石灰、砂、少量黏土与碎砖,厚度100 mm)、炉渣垫层

（水泥与炉渣、石灰与炉渣的拌合料，厚度 80 mm）、水泥混凝土垫层（厚度 60 mm）等。柔性垫层施工时要求分层压（夯）实，达到表面坚实、平整。刚性垫层施工要点：水泥混凝土垫层强度等级应不小于 C15；室内大面积水泥混凝土垫层，应分区段浇筑，区段应结合变形缝位置、不同类型的建筑地面连接处和设备基础的位置进行划分，并应与设置的纵向、横向缩缝的间距相一致；应设置纵向缩缝（平头缝）和横向缩缝（假缝，宽度 5～20 mm，深度为垫层厚度的 1/3），间距不得大于 6 m 和 12 m；其平整度和厚度采用水平桩（间距 2 m 左右）控制。

（3）找平层

找平层是在垫层、楼板上或填充层（轻质、松散材料）上起整平、找坡或加强作用的构造层。一般作为块料面层的下层。采用水泥砂浆（厚 15～30 mm）或水泥混凝土（厚 30～40 mm）铺设。施工前应对楼面板进行清理，预制钢筋混凝土板板缝填嵌必须符合要求。

（4）隔离层

隔离层是防止建筑地面上各种液体或地下水、潮气渗透地面等作用的构造层，一般采用沥青类防水卷材、防水涂料或以水泥类材料作为防水隔离层，一般在厕浴间等有防水要求的建筑地面设置；仅防止地下潮气透过地面时，可称作防潮层。在楼板结构施工时应在楼板四周除门洞外，做混凝土翻边，其高度不应小于 120 mm；防水施工要求见第 7 章。

（5）填充层

填充层是在建筑地面上起隔音、保温、找坡和暗敷管线等作用的构造层。采用松散材料铺设填充层时，应分层铺平拍实；采用板、块状材料铺设填充层时，应分层错缝铺贴。

8.3.2　整体面层施工

8.3.2.1　水泥砂浆面层施工

水泥浆面层厚度为 15～20 mm，水泥采用强度等级不低于 32.5 级的硅酸盐水泥、普通硅酸盐水泥；砂应为中粗砂，当采用石屑时，其粒径应为 1～5 mm，且含泥量不应大于 3％；体积比宜为 1∶2（水泥∶砂），强度等级不应小于 M15。其施工工艺流程为：

基层处理→找标高、弹线→洒水湿润→抹灰饼和标筋→刷水泥浆结合层→铺水泥砂浆面层→木抹子搓平→铁抹子第一遍压光→第二遍压光→第三遍压光→养护→抹踢脚板。

其施工要点为：

（1）基层处理：先将基层上的灰尘扫掉，用钢丝刷和錾子刷净、剔掉灰浆皮和灰渣层，用 10％的火碱水溶液（NaOH 溶液）刷掉基层上的油污，并用清水及时将碱液冲净。

（2）找标高、弹线：根据墙上的 +50 cm 水平线，往下量测出面层标高，并弹在墙上。

（3）洒水湿润：用喷壶将地面基层均匀洒水一遍。

（4）抹灰饼和标筋：根据房间内四周墙上弹的面层标高水平线，确定面层抹灰厚度（不应小于 20 mm），然后拉水平线开始抹灰饼（5 cm×5 cm），横竖间距为 1.5～2.00 m，灰饼上平面即为地面面层标高。

如果房间较大，为保证整体面层平整度，还需抹标筋，即将水泥砂浆铺抹在灰饼之间，宽度与灰饼宽相同，高度与灰饼上表面相平。

铺抹灰饼和标筋的砂浆材料配合比均与抹地面的砂浆相同。

（5）刷水泥浆结合层：在铺设水泥砂浆之前，应涂刷水泥浆一层，其水灰比为 0.4～0.5（涂刷之前要将抹灰饼的余灰清扫干净,再洒水湿润),不要涂刷得面积过大,随刷随铺面层砂浆。

(6)铺水泥砂浆面层:涂刷水泥浆之后紧跟着铺水泥砂浆,在灰饼之间(或标筋之间)将砂浆铺均匀,然后用木刮杠按灰饼(或标筋)高度刮平。铺砂浆时如果灰饼(或标筋)已硬化,木刮杠刮平后,同时将利用过的灰饼(或标筋)敲掉,并用砂浆填平。

(7)木抹子搓平:木刮杠刮平后,立即用木抹子搓平,从内向外退着操作,并随时用 2 m 靠尺检查其平整度。

(8)铁抹子第一遍压光:木抹子抹平后,立即用铁抹子压第一遍,直到出浆为止,如果砂浆过稀表面有泌水现象时,可均匀撒一遍干水泥和砂(1:1)的拌合料(砂子要过 3 mm 筛),再用木抹子用力抹压,使干拌料与砂浆紧密结合为一体,吸水后用铁抹子压平。上述操作均在水泥砂浆初凝之前完成。

(9)第二遍压光:面层砂浆初凝后,人踩上去,有脚印但不下陷时,用铁抹子压第二遍,边抹压边把坑凹处填平,要求不漏压,表面压平、压光。

(10)第三遍压光:在水泥砂浆终凝前进行第三遍压光(人踩上去稍有脚印),铁抹子抹上去不再有抹纹时,用铁抹子把第二遍抹压时留下的全部抹纹压平、压实、压光(必须在终凝前完成)。

(11)养护:地面压光完工后 24 h,铺锯末或其他材料覆盖洒水养护,保持湿润,养护时间不少于 7 d,当抗压强度达 5 MPa 才能上人。

(12)抹踢脚板:根据设计图纸规定,墙基体有抹灰时,踢脚板的底层砂浆和面层砂浆分两次抹成;墙基体不抹灰时,踢脚板只抹面层砂浆。

①踢脚板抹底层水泥砂浆:清洗基层,洒水湿润后,按 50 cm 标高线向下量测踢脚板上口标高,吊垂直线确定踢脚板抹灰厚度,然后拉通线、套方、贴灰饼、抹 1:3 水泥砂浆,用刮尺板刮平、搓平整、扫毛、浇水养护。

②抹面层砂浆:底层砂浆抹好硬化后,上口拉线贴紧靠尺,抹 1:2 水泥砂浆,用灰板托灰,木抹子往上抹灰,再用刮尺板紧贴靠尺刮平,最后用铁抹子压光。阴阳角、踢脚板上口用角抹子溜直、压光。

8.3.2.2　水泥混凝土(含细石混凝土)面层施工

水泥混凝土(含细石混凝土)面层厚度 30～40 mm,采用的石子粒径不应大于 15 mm;面层强度等级不应小于 C20,水泥混凝土垫层兼面层强度等级不应小于 C15,坍落度不宜大于 30 mm。

其工艺流程基本同水泥砂浆面层,不同点在于面层细石混凝土铺设:将搅拌好的细石混凝土铺抹到地面基层上(水泥浆结合层要随刷随铺),紧接着用 2 m 长刮杠顺着标筋刮平,然后用滚筒(常用的为直径 20 cm,长度 60 cm 的混凝土或铁制滚筒,厚度较厚时应用平板振动器)往返、纵横滚压,如有凹处用同配合比的混凝土填平,直到面层出现泌水现象,撒一层干拌水泥砂(水泥:砂=1:1)拌合料,要撒匀(砂要过 3 mm 筛),再用 2 m 长刮杠刮平(操作时均要从房间内往外退着走)。当面层灰面吸水后,用木抹子用力搓打、抹平,将干水泥砂拌合料与细石混凝土的浆混合,使面层达到结合紧密,随后按水泥砂浆面层要求进行三遍压光。

8.3.2.3　整体面层施工质量验收

(1)整体面层的抹平工作应在水泥初凝前完成,压光工作应在水泥终凝前完成。

(2)面层表面坡度应符合设计要求,不得有倒泛水和积水现象。水泥砂浆踢脚线与墙面应紧密结合,高度一致,出墙厚度均匀。面层与下一层应结合牢固,无空鼓、裂纹。

(3)楼梯踏步的宽度、高度应符合设计要求,楼层梯段相邻踏步高度差不应大于 10 mm,每踏步两端宽度差不应大于 10 mm;旋转梯梯段的每踏步两端宽度的允许偏差为 5 mm。楼梯踏步的齿角应整齐,防滑条应顺直。

(4)水泥砂浆面层、水泥混凝土面层表面不应有裂纹、脱皮、麻面、起砂等缺陷。水磨石面层表面应光滑;无明显裂纹、砂眼和磨纹;石粒密实,显露均匀;颜色图案一致,不混色;分格条牢固、顺直和清晰。

(5)整体面层的允许偏差项目:表面平整度(2~5 mm);踢脚线上口平直(3~4 mm);缝格平直(3 mm)。

8.3.3 板块面层施工

8.3.3.1 大理石、花岗石地面施工

大理石、花岗石地面施工工艺流程为:准备工作→试拼→弹线→试排→刷素水泥浆及铺砂浆结合层→铺砌板块(大理石板块或花岗石板块)→灌缝、擦缝→打蜡。

其施工要点为:

(1)准备工作:

①以施工大样图和加工单为依据,熟悉了解各部位尺寸和做法,弄清洞口、边角等部位之间的关系。

②基层处理:将地面垫层上的杂物清理干净;用钢丝刷刷掉黏结在垫层上的砂浆,并清扫干净。

(2)试拼:在正式铺设前,对每一房间的板块,应按图案、颜色、纹理进行试拼,将非整块板对称排放在房门靠墙部位,试拼后按两个方向编号排列,然后按编号码放整齐。

(3)弹线:为了检查和控制板块的位置,在房间内拉十字控制线,弹在混凝土垫层上,并引至墙面底部,然后依据墙面+50 cm 标高线找出面层标高,在墙上弹出水平标高线,弹水平线时要注意室内与楼道面层标高要一致。

(4)试排:在房间内的两个相互垂直的方向铺两条干砂,其宽度大于板块宽度,厚度不小于3 cm,结合施工大样图及房间实际尺寸,把板块排好,以便检查板块之间的缝隙,核对板块与墙面、柱、洞口等部位的相对位置。

(5)刷素水泥浆及铺砂浆结合层:试排后将干砂和板块移开,清扫干净,用喷壶洒水湿润,刷一层素水泥浆(水灰比为 0.4~0.5,不要刷得面积过大,随铺砂浆随刷)。根据板面水平线确定结合层砂浆厚度,拉十字控制线,开始铺结合层干硬性水泥砂浆(一般采用 1:2~1:3 的干硬性水泥砂浆,干硬程度以手捏成团,落地即散为宜),厚度控制在放板块时宜高出面层水平线 3~4 mm。铺好后用大杠刮平,再用抹子拍实、找平(铺摊面积不得过大)。

(6)铺砌板块:

①板块应先用水浸湿,待擦干或表面晾干后方可铺设。

②根据房间拉的十字控制线,纵横各铺一行,作为大面积铺砌标筋用。依据试拼时的编号、图案及试排时的缝隙(板块之间的缝隙宽度,当设计无规定时不应大于 1 mm),在十字控制线交点处开始铺砌。先试铺即搬起板块对好纵横控制线铺落在已铺好的干硬性砂浆结合层

上,用橡皮锤敲击木垫板(不得用橡皮锤或木锤直接敲击板块),振实砂浆至铺设高度后,将板块掀起移至一旁,检查砂浆表面与板块之间是否相吻合,如发现有空虚之处,应用砂浆填补,然后正式镶铺。正式镶铺前在水泥砂浆结合层上满浇一层水灰比为 0.5 的素水泥浆(用浆壶浇均匀),再铺板块,安放时四角同时往下落,用橡皮锤或木锤轻击木垫板,根据水平线用铁水平尺找平,铺完第一块,向两侧和后退方向顺序铺砌。铺完纵、横行之后有了标准,可分段分区依次铺砌,一般房间是先里后外进行,逐步退至门口,便于成品保护,但必须注意与楼道相呼应。也可从门口处往里铺砌,板块与墙角、镶边和靠墙处应紧密砌合,不得有空隙。

(7)灌缝、擦缝:在板块铺砌后 1~2 昼夜进行灌浆擦缝。根据大理石(或花岗石)颜色,选择相同颜色矿物颜料和水泥(或白水泥)拌和均匀,调成 1:1 稀水泥浆,用浆壶徐徐灌入板块之间的缝隙中(可分几次进行),并用长把刮板把流出的水泥浆刮向缝隙内,至基本灌满为止。灌浆 1~2 h 后,用棉纱团蘸原稀水泥浆擦缝,使水泥浆与板面擦平,同时将板面上水泥浆擦净,使大理石(或花岗石)面层的表面洁净、平整、坚实,以上工序完成后,面层加以覆盖。养护时间不应小于 7 d。

(8)打蜡:当水泥砂浆结合层达到一定强度后(抗压强度达到 l.2 MPa 时),方可进行打蜡,使面层达到光滑洁亮。

大理石(或花岗石)踢脚板粘贴工艺流程:找标高水平线→水泥砂浆打底贴大理石(或花岗石)踢脚板→擦缝→打蜡。

①根据主墙+50 cm 标高线,测出踢脚板上口水平线,弹在墙上,再用线垂吊线确定出踢脚板的出墙厚度,一般为 8~10 mm。

②用 1:3 水泥砂浆打底找平,并在面层划纹。

③找平层砂浆干硬后,拉踢脚板上口的水平线,把浸水阴干的大理石(或花岗石)踢脚板的背面,刮抹一层 2~3 mm 厚的素水泥浆(宜加 10% 左右的 108 胶)后,往底灰上粘贴,并用木锤敲实,根据水平线找直。

④24 h 以后用同色水泥浆擦缝,用棉丝团将余浆擦净。

⑤打蜡:应使面层达到光滑、洁亮。

8.3.3.2 陶瓷地砖施工

陶瓷地砖施工工艺流程:处理基层→弹线→瓷砖浸水湿润→摊铺水泥砂浆→安装标准块→铺贴地面砖→勾缝→清洁→养护。

其施工要点为:

(1)混凝土地面应将基层凿毛,凿毛深度 5~10 mm,凿毛痕的间距为 30 mm 左右。之后,清除浮灰、砂浆、油渍。

(2)铺贴前应弹好线,在地面弹出与门道口成直角的基准线,弹线应从门口开始,以保证进口处为整砖,非整砖置于阴角或家具下面,弹线应弹出纵横定位控制线。

(3)铺贴陶瓷地面砖前,应先将陶瓷地面砖浸泡阴干。

(4)铺贴时,水泥砂浆应饱满地抹在陶瓷地面砖背面,铺贴后用橡皮锤敲实。同时,用水平尺检查校正,擦净表面水泥砂浆。

(5)铺贴完 2~3 h 后,用白水泥擦缝,用水泥:砂子=1:1(体积比)的水泥砂浆,缝要填充密实、平整光滑,再用棉丝将表面擦净。铺贴完成后 2~3 h 内不得上人。陶瓷锦砖应养护

4～5 d才可上人。

8.3.3.3 板块面层施工质量验收

(1)板块的铺砌应符合设计要求,当无设计要求时,宜避免出现板块小于1/4边长的边角料。

(2)面层表面的坡度应符合设计要求,不倒泛水,无积水;与地漏、管道结合处应严密、牢固,无渗漏。踢脚线表面应洁净、高度一致、结合牢固、出墙厚度一致。面层与下一层的结合(黏结)应牢固,无空鼓。

(3)楼梯踏步和台阶板块的缝隙宽度应一致、齿角整齐,楼层梯段相邻踏步高度差不应大于10 mm,防滑条应顺直、牢固。

(4)砖面层的表面应洁净,图案清晰,色泽一致,接缝平整,深浅一致,周边顺直;板块无裂纹、掉角和缺楞等缺陷。大理石、花岗石面层的表面应洁净、平整,无磨痕,且应图案、色泽一致,接缝均匀,周边顺直,镶嵌正确,板块无裂纹、掉角、缺楞等缺陷。

(5)板块面层的允许偏差项目:表面平整度(地砖2 mm,大理石1 mm);缝格平直(地砖3 mm,大理石2 mm);接缝高低差(0.5 mm);踢脚线上口平直(地砖3 mm,大理石1 mm);板块间隙宽度(地砖2 mm,大理石1 mm)。

8.4 涂 饰 工 程

涂饰工程是指将建筑涂料涂刷于构配件或结构表面,干结成膜后,达到保护、装饰建筑物和改善结构性能的一种装饰工程。

8.4.1 涂料的组成、分类和施涂方法

8.4.1.1 涂料组成

涂料由主要成膜物质、次要成膜物质和辅助成膜物质三部分组成。

主要成膜物质也称胶黏剂或固着剂,是决定涂料性质的最主要成分,它的作用是将其他组分黏结成一整体,并附着在被涂基层的表层形成坚韧的保护膜。它具有单独成膜的能力,也可以黏结其他组分共同成膜。

次要成膜物质也是构成涂膜的组成部分,但它自身没有成膜的能力,要依靠主要成膜物质的黏结才可成为涂膜的一个组成部分。颜料就是次要成膜物质,其对涂膜的性能及颜色有重要作用。

辅助成膜物质不能构成涂膜或不是构成涂膜的主体,但对涂料的成膜过程有很大影响,或对涂膜的性能起一定辅助作用,它主要包括溶剂和助剂两大类。

8.4.1.2 涂料分类

建筑涂料的产品种类繁多,一般按下列几种方法进行分类:

(1)按使用部位可分为:外墙涂料、内墙涂料、顶棚涂料、地面涂料、门窗涂料、屋面涂料等。

(2)按涂料的特殊功能可分为:防火涂料、防水涂料、防虫涂料、防霉涂料等。

(3)按涂料成膜物质的组成不同,其可分为:

①油性涂料,是指传统的以干性油为基础的涂料,即以前所称的油漆;

②有机高分子涂料,包括聚醋酸乙烯系、丙烯酸树脂系、环氧系、聚氨酯系、过氯乙烯系等,其中以丙烯酸树脂系建筑涂料性能最为优越;

③无机高分子涂料,包括有机硅溶胶类、硅酸盐类等;

④有机、无机复合涂料,包括聚乙烯醇水玻璃涂料、聚合物改性水泥涂料等。

(4)按涂料分散介质(稀释剂)的不同可分为:

①溶剂型涂料,它是以有机高分子合成树脂为主要成膜物质,以有机溶剂为稀释剂,加入适量的颜料、填料及辅助材料,经研磨而成的涂料;

②水乳型涂料,它是在一定工艺条件下在合成树脂中加入适量乳化剂形成的以极细小的微粒形式分散于水中的乳液,以乳液中的树脂为主要成膜物质,并加入适量颜料、填料及辅助材料经研磨而成的涂料;

③水溶型涂料,以水溶性树脂为主要成膜物质,并加入适量颜料、填料及辅助材料经研磨而成的涂料。

(5)按涂料所形成涂膜的质感可分为:

①薄涂料,又称薄质涂料。它的黏度低,刷涂后能形成较薄的涂膜,表面光滑、平整、细致,但对基层凹凸线型无任何改变作用。

②厚涂料,又称厚质涂料。它的特点是黏度较高,具有触变性,上墙后不流淌,成膜后能形成有一定粗糙质感的较厚的涂层,涂层经拉毛或滚花后富有立体感。

③复层涂料,原称喷塑涂料,又称浮雕型涂料。它由封底涂料、主层涂料与罩面涂料三种涂料组成。

8.4.1.3　基本施涂方法

涂料施工主要操作方法有:刷涂、滚涂、喷涂、刮涂、弹涂和抹涂等。

(1)刷涂:刷涂是人工用刷子蘸上涂料直接涂刷于被饰涂面的施工方法。涂刷要求为:不流、不挂、不漏、无刷痕。刷涂一般不得少于两道,应在前一道涂料表面干后再涂刷下一道。两道施涂间隔时间一般为2～4 h。

(2)滚涂:滚涂是利用涂料辊子蘸上少量涂料,在被饰涂面上、下垂直来回滚动施涂的施工方法。阴角及上下口处一般需先用排笔、鬃刷刷涂。

(3)喷涂:喷涂是一种利用空压机将涂料制成雾状喷出,涂于被饰涂面的机械施工方法。空压机的施工压力一般为0.4～0.8 MPa。喷涂时,涂料出口应与被饰涂面保持垂直,喷枪移动时应与喷涂面保持平行。喷枪运行速度应适宜并保持一致,一般为40～60 mm/min;喷嘴与被饰涂面的距离一般应控制在500 mm左右;喷涂行走路线应呈U形,喷枪移动的范围不能太大,一般直线喷涂70～80 cm后,拐180°弯向后喷涂下一行,也可根据施工条件选择横向式竖向往返喷涂;喷涂面的搭接宽度,即第一行与第二行喷涂面的重叠宽度,一般应控制在喷涂宽度的1/3～1/2,以便使涂层厚度比较均匀,色调基本一致。涂层一般要求两遍成活,横向喷涂一遍,竖向再喷涂一遍,两遍喷涂的间隔时间由涂料品种及喷涂厚度而定。

(4)刮涂:刮涂是利用刮板,将涂料厚浆均匀地批刮于涂面上,形成厚度为1～2 mm的厚涂层的施工方法。该法常用于地面等较厚层涂料的施涂。刮涂施工中,腻子一次刮涂厚度一般不超过0.5 mm,待干透后再进行打磨。刮涂时应用力按刀,使刮刀与饰面成50°～60°角刮涂,且只能来回刮1～2次,不能往返多次刮涂。遇圆形、棱形物面应用橡皮刮刀进行刮涂。

（5）弹涂：弹涂是先在基层涂刷 1～2 道底涂层，待其干燥后，借助弹涂器将色浆均匀地溅在墙面上，形成 1～3 mm 左右的圆形色点的施工方法。弹涂时，弹涂器的喷出口应垂直正对被饰面，距离 300～500 mm，按一定速度均匀地自上而下，从左向右施涂。

（6）抹涂：抹涂是先在基层涂刷 1～2 道底涂层，待其干燥后，使用不锈钢抹子将饰面涂料涂抹，再涂抹在底层涂料上的施工方法。一般抹 1～2 遍，间隔 1 h 后再用不锈钢抹子压平。涂抹厚度内墙为 1.5～2 mm，外墙为 2～3 mm。

8.4.2 涂饰工程施工工艺及操作要点

涂饰工程施工的基本工序有：基层处理→刮腻子→磨光→涂刷涂料（底涂层、中间涂层、面涂层）等。根据质量要求的不同，涂饰工程分为普通和高级两个等级，为达到要求的质量等级，上述刮腻子、磨光、涂刷涂料等工序应按工程施工及验收规范的规定重复多遍。

8.4.2.1 基层处理要求

（1）基层应干燥。混凝土和抹灰表面施涂溶剂型涂料时，含水率不得大于 8%；施涂水性和乳液性涂料时，含水率不得大于 10%；木料制品含水率不得大于 12%；金属表面不可有湿气。

（2）基层应清洁。对泛碱、析盐的基层应先用 3% 的草酸溶液清洗，旧墙面基层应涂刷界面处理剂，新建建筑物的混凝土或抹灰基层表面应涂刷抗碱封闭底漆。

（3）基层腻子应坚实、牢固，无粉化、起皮和裂缝。腻子干燥后，应打磨平整光滑，并将粉末、沙粒清理干净。

（4）金属基层表面应进行除锈和防锈处理。

8.4.2.2 水性涂料涂饰工程施工要点

水性涂料是指水性乳液型涂料、无机涂料和水溶性涂料，主要用于涂饰建筑物的外墙、内墙、天棚等部位。

（1）混凝土和砂浆基层处理注意事项

①混凝土外墙面一般采用聚合物水泥腻子（聚醋酸乙烯乳液∶水泥∶水＝1∶5∶1，质量比）修补其表面缺陷，严禁使用不耐水的大白腻子。

②混凝土内墙面一般采用乳液腻子（聚醋酸乙烯乳液∶滑石粉或大白粉∶2% 羧甲基纤维素溶液∶水＝1∶5∶3∶5，质量比）修补其表面缺陷。厨房、厕所、浴室等潮湿的房间采用耐擦洗及防潮、防火的涂料时，则应采用强度相应、耐火性能好的腻子。

③抹灰基层在嵌批腻子前常对基层汁胶或涂刷基层处理剂。汁胶的胶水应根据面层装饰涂料的要求而定：内墙水性涂料可采用 30% 左右的 107 胶水；油性涂料可用熟桐油加汽油配成清油涂刷，某些涂料配有专用的底漆或基层处理剂。待胶水或底漆干后，即可嵌批腻子。

④若腻子太厚，应分层刮批，干燥后用砂纸打磨整平，且应将表面的粉尘及时清扫干净。

（2）薄、厚涂料施涂程序

①内墙、顶棚：清理基层→填补缝隙、局部刮腻子→磨平→第一遍满刮腻子→磨平→（第二遍满刮腻子→磨平）→第一遍涂料→（复补腻子→磨平）→第二遍涂料→（磨平→第三遍涂料）。

括号里面程序为高级涂饰要求，必要时可增加刮腻子的遍数及 1～2 遍涂料；机械喷涂可不受遍数限制，以达到质量要求为准。溶剂型涂料施工还需在满刮腻子时用干性油（即该涂料清漆的稀释液）打底。

②外墙:清理基层→填补缝隙、局部刮腻子→磨平→第一遍涂料→第二遍涂料。

(3)复层涂料施涂程序

①外墙:清理基层→填补缝隙、局部刮腻子→磨平→施涂封底涂料→施涂主层涂料→滚压→第一遍罩面涂料→第二遍罩面涂料。

②内墙、顶棚:清理基层→填补缝隙、局部刮腻子→磨平→第一遍满刮腻子→磨平→第二遍满刮腻子→磨平→施涂封底涂料→施涂主层涂料→滚压→第一遍罩面涂料→第二遍罩面涂料。

8.4.2.3 溶剂型涂料涂饰工程

溶剂型涂料有丙烯酸酯涂料、聚氨酯丙烯酸涂料和有机硅丙烯酸涂料等。一般适用于木材面涂饰。包括色漆(主要用于软木类,如松木等木材面涂饰)和清漆(主要用于硬木类,如榆木、水曲柳、柚木等木材面涂饰)。

(1)木质基层表面处理

木质基层表面除有木质素外,还含有油脂、单宁素等物质,从而影响了涂层的附着力和外观质量。木质基层表面常用的处理方法有以下几种:

①干燥。新木材含有很多水分,在潮湿的空气中木材亦会吸收水分,因此施工前木材应放在通风良好的地方自然晾干或进入烘房低温烘干,使木材的含水率保持在8%～12%,以防涂层发生干裂、气泡和回黏等现象。

②表面毛刺和污垢处理。表面毛刺可用火燎和湿润处理方法;表面污垢可用温水、肥皂水清洗,亦可用酒精、汽油等溶剂擦洗。表面松脂,可用溶剂溶解、碱液洗涤、火烙铁烫铲等方法清除;单宁素可用蒸煮法和隔离法去除。

③磨光、找平。一般木制品表面应腻子刮平,再用砂纸磨光,以满足表面平整的要求。

④漂白。对浅色、本色的中、高级清漆装饰,应采用漂白的方法将木材的色斑和不均匀色调清除。即用排笔或油刷蘸漂白液均匀涂刷于木材表面,使其净白,然后用浓度为2%的肥皂水或稀盐酸溶液清洗,再用清水洗净。常用的漂白液有:

A. 过氧化氢溶液。浓度为15%～30%的双氧水和浓度为25%的氨水的混合溶液。

B. 草酸溶液。结晶草酸、结晶硫代硫酸钠、结晶硼砂与水的混合溶液。

C. 次氯酸钠溶液。

D. 碳酸钠和双氧水溶液。

E. 二氧化硫溶液。

F. 漂白粉溶液。

⑤着色。为更好突现木材表面的自然纹路,常在木质基层表面涂刷着色剂。着色分水色、酒色和油色三种。水色可采用黄纳粉、黑纳粉等酸性染料溶解于热水中进行调制,其特点是能保持木纹清晰,但耐光照性能差,易产生褪色现象。酒色可在清漆中掺入适量染料进行调制,着色后其表面透明,能清晰显露木纹,其耐光照性好。油色可用氧化铁系材料、哈巴粉、锌钡白、大白粉等调入松香水中,再加入清油或清漆进行调制,其耐光照性好,不易褪色,但其透明度较低。

⑥润粉。润粉是指在木质基层面中,使用填孔材料填平管孔、封闭基层和适当着色。填孔材料分水性填孔料和油性填孔料两种,其质量配比,水性填孔料:大白粉65%～72%,水28%

～35％,适量颜料;油性填孔料:大白粉 60％,清油 10％,松香水 20％,煤油 10％,适当颜料。

(2)木材面刷溶剂型混色涂料施工工艺流程

清扫、起钉子、除油污等→铲去树脂囊、修补平整→磨砂纸打磨→结疤处点漆片→干性油或带色干性油打底→局部刮腻子、磨光→腻子处涂干性油→第一遍满刮腻子→磨光→(第二遍满刮腻子→磨光→刷涂底层涂料)→第一遍涂料→复补腻子→磨光→湿布擦净→第二遍涂料(→磨光→湿布擦净→第三遍涂料)。括号里面程序为高级涂饰要求。

(3)木材面刷涂清漆施工工艺流程

清扫、起钉子、除去油污等→磨砂纸打磨→润粉→磨砂纸打磨→第一遍满刮涂料→磨光→第二遍满刮涂料→磨光→刷色油→第一遍清漆→拼色→复补腻子→磨光→第二遍清漆→磨光→第三遍清漆(→磨砂纸磨光→第四遍清漆→磨光→第五遍清漆→磨退→打砂蜡→打油蜡→擦亮)。括号里面程序为高级涂饰要求。

8.4.3 涂饰工程质量验收

8.4.3.1 水性涂料涂饰工程

(1)主控项目

涂料的品种、型号和性能应符合设计要求;颜色、图案应符合设计要求;水性涂料涂饰工程应涂饰均匀、黏结牢固,不得漏涂、透底、起皮和掉粉;基层处理应符合规范要求。

(2)一般项目

①颜色(均匀一致);泛碱、咬色(普通涂饰:允许少量轻微;高级涂饰:不允许)。薄涂料:流坠、疙瘩;砂眼、刷纹;装饰线、分色线直线度允许偏差(普通涂饰 2 mm;高级涂饰 1 mm)。厚涂料:点状分布(高级涂饰:疏密均匀)。复合涂料:喷点疏密程度(均匀,不允许连片)。

②涂层与其他装修材料和设备衔接处应吻合,界面应清晰。

8.4.3.2 溶剂型涂料涂饰工程

(1)主控项目

选用涂料的品种、型号和性能应符合设计要求;溶剂型涂料涂饰工程的颜色、光泽、图案应符合设计要求;应涂饰均匀、黏结牢固,不得漏涂、透底、起皮和反锈;基层处理应符合规范要求。

(2)一般项目

①色漆:颜色(均匀一致);光泽、光滑(普通涂饰:基本均匀、无挡手感;高级涂饰:光泽均匀一致、光滑);刷纹(普通涂饰:刷纹通顺;高级涂饰:无刷纹);裹棱、流坠、皱皮(普通涂饰:明显处不允许;高级涂饰:不允许);装饰线、分色线直线度允许偏差(普通涂饰:2 mm;高级涂饰:1 mm)。

注:无光色漆不检查光泽。

②清漆:颜色(均匀一致);木纹(棕眼刮平、木纹清楚);光泽、光滑(普通涂饰:基本均匀、无挡手感;高级涂饰:光泽均匀一致、光滑);刷纹(无刷纹);裹棱、流坠、皱皮(普通涂饰:明显处不允许;高级涂饰:不允许)。

③涂层与其他装修材料和设备衔接处应吻合,界面应清晰。

8.5 吊 顶 工 程

吊顶是悬吊式装饰顶棚的简称,是指在建筑结构层下部悬吊由骨架及饰面板组成的装饰构造层。

8.5.1 吊顶的分类与组成

8.5.1.1 吊顶的分类

(1)按结构形式的不同,吊顶可分为活动式装配吊顶、隐蔽式装配吊顶、金属装饰板吊顶、开敞式吊顶和整体式吊顶等类型。

(2)按骨架材料不同,吊顶可分为木龙骨吊顶和金属龙骨吊顶(轻钢龙骨和铝合金龙骨)两种类型。

(3)按饰面材料不同,吊顶可分为石膏板吊顶、无机纤维板吊顶(矿棉吸声板、玻璃棉吸声板)、木质板吊顶(胶合板、纤维板)、塑料板吊顶(钙塑装饰板、聚氯乙烯塑料板)、金属装饰板吊顶(条形板、方板、格栅板)和采光板吊顶(玻璃、阳光板)等类型。

(4)按承载能力不同,吊顶可分为上人吊顶和不上人吊顶两种类型。

(5)按吊顶的装配特点和吊顶工程完成后的顶棚装饰效果,吊顶可分为明龙骨吊顶和暗龙骨吊顶两种类型。明龙骨吊顶,施工后顶棚饰面的龙骨框格外露;暗龙骨吊顶,施工后顶棚骨架被饰面板覆盖。

8.5.1.2 吊顶的组成

吊顶顶棚主要是由悬挂系统、龙骨架、饰面层及其相配套的连接件和配件组成,其构造如图 8-12 所示。

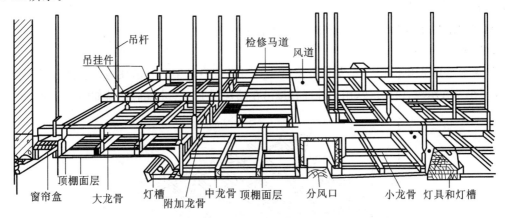

图 8-12 吊顶装配示意

(1)悬挂系统

吊顶悬挂系统包括吊杆(吊筋)、龙骨吊挂件。其作用是承受吊顶自重,并将荷载传递给建筑结构层。

吊顶悬挂系统的形式较多,应视吊顶荷载大小及龙骨种类来选择,图 8-13 为吊顶龙骨悬挂结构形式示意。

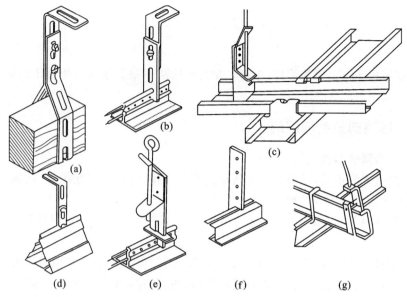

图 8-13　吊顶龙骨悬挂结构形式

(a)开孔扁铁吊杆与木龙骨;(b)开孔扁铁吊杆与 T 形龙骨;(c)伸缩吊杆与 U 形龙骨;

(d)开孔扁铁吊杆与三角龙骨;(e)伸缩吊杆与 T 形龙骨;

(f)扁铁吊杆与 H 形龙骨;(g)圆钢吊杆悬挂金属龙骨

(2)龙骨架

吊顶龙骨架由主龙骨、覆面次龙骨、横撑龙骨及相关组合件、固结材料等连接而成。主龙骨是起主干作用的龙骨,是吊顶龙骨体系中主要的受力构件。次龙骨的主要作用是固定饰面板,为龙骨体系中的构造龙骨。一般吊顶造型骨架组合方式通常有双层龙骨构造和单层龙骨构造两种。

常用的吊顶龙骨分为木龙骨和轻金属龙骨两大类。

①木龙骨

吊顶木龙骨是由木制大、小龙骨拼装而成的吊顶造型骨架。当吊顶为单层龙骨时不设大龙骨,而用小龙骨组成方格骨架,用吊挂杆直接吊在结构层下部。木龙骨组装如图 8-14 所示。

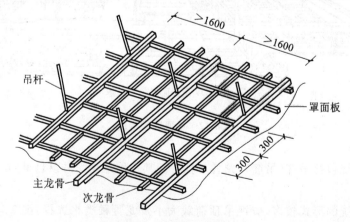

图 8-14　木龙骨组装示意

②轻金属龙骨

吊顶轻金属龙骨,是以镀锌钢带、铝带、铝合金型材、薄壁冷轧退火卷带为原料,经冷弯或冲压工艺加工而成的顶棚吊顶的骨架支承材料。其具有自重轻、刚度大、耐火性能好的优点。

吊顶轻金属龙骨通常分为轻钢龙骨和铝合金龙骨两类。

A. 轻钢龙骨

轻钢龙骨由大龙骨(主龙骨、承载龙骨)、覆面次龙骨(中龙骨)、横撑龙骨及其相应的连接件组装而成。龙骨断面形状有 U 形、C 形、Y 形、L 形等,常用型号有 U60、U50、U38 等系列,施工中轻钢龙骨应做防锈处理。轻钢龙骨吊顶组装如图 8-15 所示。

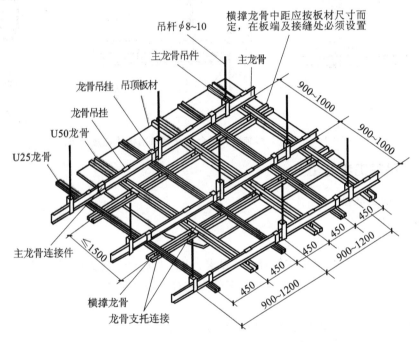

图 8-15 U 形轻钢龙骨吊顶组装示意

B. 铝合金龙骨

铝合金龙骨的断面形状多为 L 形、T 形,分别作为边龙骨、覆面龙骨配套使用。

由 L 形、T 形铝合金龙骨组装的轻型吊顶龙骨架,承载力有限,不能作为上人吊顶使用。若采用 U 形轻钢龙骨作主龙骨(承载龙骨)与 L 形、T 形铝合金龙骨组装的形式,则可承受附加荷载,作为上人吊顶使用。其构造组成如图 8-16 所示。

(3)饰面层

吊顶饰面层是指固定于吊顶龙骨架下部的罩面板材层。

罩面板材品种很多,常用的有胶合板、纸面石膏板、装饰石膏板、钙塑饰面板、金属装饰面板(铝合金板、不锈钢板、彩色镀锌钢板等)、玻璃及 PVC 饰面板等。饰面板与龙骨架底部可采用钉接或胶粘、搁置、扣挂等方式连接。

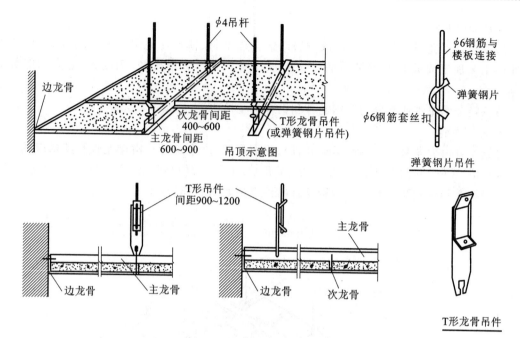

图 8-16　L形、T形装配式铝合金龙骨吊顶构造组成示意

8.5.2　吊顶工程施工

8.5.2.1　施工准备

(1)主要材料

①龙骨

木龙骨:木龙骨的材质、规格应符合设计要求。其木材应经干燥处理,含水率不得大于18%。

金属龙骨:轻钢龙骨、铝合金龙骨及其配件均应符合设计要求。

②罩面板

罩面板的材质、品种、规格、图案均应满足设计要求。

(2)作业条件

①屋面或楼面的防水层已完工,并验收合格;

②墙面抹灰完毕;

③吊顶内各种管线及通风管道安装完毕;

④地面湿作业完工;

⑤墙面预埋木砖及吊筋数量、质量经检查符合要求;

⑥搭设好安装吊顶的脚手架;

⑦按设计要求,在四周墙面弹好吊顶罩面板水平标高线;

⑧做好样板间。

8.5.2.2　木龙骨吊顶工程施工工艺

(1)施工工艺流程

弹线→木龙骨处理→龙骨架拼接→安装吊点紧固件→龙骨架吊装→龙骨架整体调平→罩面板安装→压条安装→板缝处理。

(2)施工操作要点

①弹线

弹线包括弹吊顶标高线、吊顶造型位置线、吊挂点定位线、大中型灯具吊点定位线。

A.弹吊顶标高线。首先在室内墙上弹出楼面+50 cm水平线,以此为起点,借助灌满水的透明塑料软管定出顶棚标高,用墨斗于墙面四周弹出一道水平墨线,即为吊顶标高线。弹线应清晰、位置应准确,其偏差应控制在±5 mm内。

B.确定吊顶造型位置线。一般采用找点法进行。即根据施工图纸,在墙面和顶棚基层间进行实测,找出吊顶造型边框的有关基本点,将各点相连于墙上弹出吊顶造型位置线。

C.确定吊挂点定位线。平顶天棚,吊点分布的密度为1个/ m²,均匀排布;叠级造型天棚,分层交界处宜布置吊点,相邻吊点间的间距宜为0.8~1.2 m。

D.确定大中型灯具吊点定位线。大中型灯具宜安排单独的吊点进行吊挂。

②木龙骨处理

A.防腐处理。建筑装饰工程中所用木质龙骨材料,应按规定选材,实施在构造上的防潮处理,同时亦应涂刷防虫药剂。

B.防火处理。工程中木构件的防火处理,一般是将防火涂料涂刷或喷于木材表面,亦可把木材置于防火涂料槽内浸渍。防火涂料按其胶结性质不同,可分为油质防火涂料(内掺防火剂)、聚乙烯防火涂料、可赛银防火涂料、硅酸盐防火涂料等类型。

③龙骨架的分片拼接

为便于安装,木龙骨吊装前一般先在地面进行分片拼接。

A.确定吊顶骨架需要分片或可以分片安装的位置和尺寸,根据分片的平面尺寸选取龙骨尺寸。

B.先拼接组合大片的龙骨骨架,再拼接小片的局部骨架。

C.骨架的拼接按凹槽对凹槽的方法咬口拼接,拼口处涂胶并用圆钉固定,如图8-17所示。

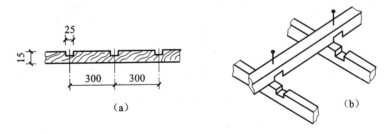

图 8-17 木龙骨利用槽口拼接示意

④安装吊点紧固件及固定边龙骨

A.安装吊点紧固件。吊顶吊点的紧固方式较多,有预埋钢筋、钢板等预埋件者,吊杆与预埋件可直接连接;无预埋件者,可用射钉或膨胀螺栓将角钢块固定于结构底面,再将吊杆与角钢连接,亦可采用一端带有膨胀螺栓的吊筋,如图8-18所示。

B.固定沿墙边龙骨。沿吊顶标高线固定边龙骨的方法,通常有以下两种。

方法一:沿吊顶标高线以上10 mm处,在墙面钻孔,孔距0.5~0.8 m,孔内打入木楔,再将沿墙边布置的木龙骨钉固于墙上的木楔内。

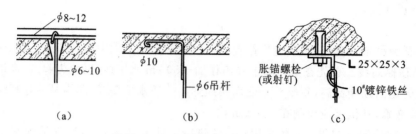

图 8-18　木龙骨吊顶的吊点紧固件安装

(a)预制楼板内埋设通长钢筋,吊筋从板缝伸出;(b)预制楼板内预埋钢筋;(c)用胀锚螺栓或射钉固定角钢连接件

方法二:先在沿墙边布置的木龙骨上打小孔,再将水泥钉通过小孔将龙骨钉固于混凝土墙面,此法不适宜于砖墙面。

木龙骨钉固后,其底面必须与吊顶标高线保持齐平,龙骨应牢固可靠。

⑤龙骨架吊装

A.分片吊装。将拼接组合好的木龙骨架托起至吊顶标高位置,先做临时固定。安装高度在 3 m 以内时,可用高度定位杆做支撑,临时固定木龙骨架;安装高度超过 3 m 时,可用铁丝绑在吊点上临时固定木龙骨架。再根据吊顶标高线拉出纵横水平基准线,进行整片龙骨架调平,然后就将其靠墙部分与沿墙边龙骨钉接。

B.龙骨架与吊点固定。木骨架吊顶的吊杆,常采用的有木吊杆、角钢吊杆和扁铁吊杆,如图 8-19 所示。

采用木吊杆时,为便于调整高度,木枋吊杆的长度应比实际需要的长度长 100 mm。采用角钢吊杆和扁铁吊杆时,应在其端头钻 2~3 个孔以便调节高度。吊杆与龙骨架连接完毕后,应截去伸出木龙骨底面的吊杆,使其与底面齐平。

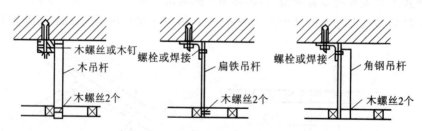

图 8-19　木骨架吊顶常用吊杆类型

C.龙骨架分片间的连接。分片龙骨架在同一平面对接时,应将其端头对正,然后用短木枋钉于对接处的侧面或顶面进行加固,如图 8-20 所示。荷载较大部位的骨架分片间的连接,应选用铁件进行加固。

D.叠级吊顶上、下层龙骨架的连接。叠级吊顶,一般是自上而下开始吊装,吊装与调平的方法同前。其高低面间的衔接,可先用一根斜向木枋将上、下龙骨定位,再通过垂直方向的木枋把上、下两平面的龙骨架固定连接,如图 8-21 所示。

⑥龙骨架整体调平

当各分片吊顶龙骨架安装就位后,对于吊顶面需要设置的送风口、检修孔、内嵌式吸顶灯盘及窗帘盒等装置,需在其预留位置处加设骨架,进行必要的加固处理。然后在整个吊顶面下

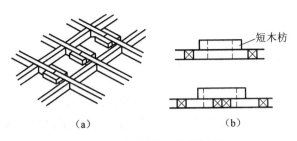

图 8-20 木龙骨对接固定示意

(a)短木枋固定于龙骨侧面;(b)短木枋固定于龙骨上面

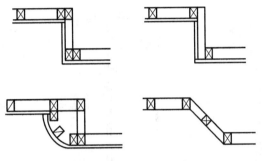

图 8-21 叠级吊顶构造

拉设十字交叉标高线,以检查吊顶面的平整度。为平衡饰面板重量,减少吊顶视觉上的下坠感,吊顶还应按其跨度的 1/200 起拱。

⑦罩面板安装

木龙骨吊顶的罩面板一般选用加厚的三夹板或五夹板。安装前,应对板材进行弹线、切割、修边和防火等处理。弹面板装饰线时,应按照吊顶龙骨的分格情况,依骨架中心线尺寸,在挑选好的胶合板正面画出装钉线。若需将板材分格分块装钉,则应按画线切割面板,在板材要求钻孔并形成图案时,需先做好样板。修边倒角即是在胶合板正面四周,刨出 45°斜角,以使板缝严密。罩面板的防火处理,是在面板的反面涂刷或喷涂三遍防火涂料。

安装罩面板时,可使用圆钉将面板与龙骨架底部连接,圆钉钉帽应打扁,且冲入板面 0.5～1 mm,亦可采用射钉枪进行钉固。安装顺序宜由顶棚中间向两边对称排列进行,整幅板材宜安排在重要的大面,裁割板材应安排在不显眼的次要部位。

⑧压条安装与板缝处理

顶棚四周应钉固压条,以防龙骨架收缩使顶棚与墙面之间出现离缝。板材拼接处的板缝一般处理成立槽缝或斜槽缝,亦可不留缝槽,而用纱布、棉纱等材料粘贴缝痕。

8.5.2.3 轻钢龙骨吊顶工程施工工艺

(1)施工工艺流程

弹线→吊筋的制作、安装→主龙骨安装→次龙骨安装→灯具安装→罩面板安装→压条安装→板缝处理。

(2)施工操作要点

①弹线

弹线包括:弹顶棚标高线、造型位置线、吊挂点位置线、大中型灯位线等。方法与木龙骨吊顶工程相同。

②吊筋的制作与安装

吊筋宜用 $\phi6\sim10$ mm 的钢筋制作,吊点间距:上人吊顶一般为 $0.9\sim1.2$ m,不上人吊顶一般为 $1.2\sim1.5$ m。

吊筋与结构层的固定可采用预埋件、射钉或膨胀螺栓固定的方法。现浇混凝土楼板或预制空心板宜采用预埋件或膨胀螺栓固定方式;预制大楼板可采用射钉枪将吊点铁固定。吊筋下端应套螺纹,并配好螺母,螺纹外露长度不小于 3 mm。

上人吊顶吊筋安装方法如图 8-22 所示;不上人吊顶吊筋安装方法如图 8-23 所示。

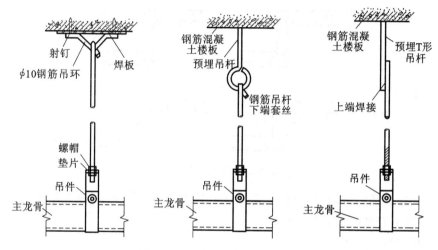

图 8-22　上人吊顶吊筋安装方法

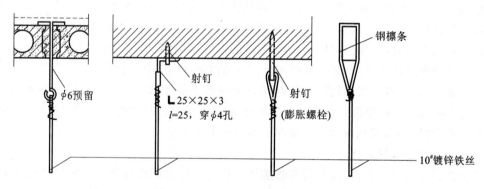

图 8-23　不上人吊顶吊筋安装方法

③主龙骨的安装与调平

A. 主龙骨的安装:将主龙骨与吊杆通过垂直吊挂件连接,使其按弹线位置就位。上人吊顶的悬挂,是用吊环将主龙骨箍住,并拧紧螺母固定;不上人吊顶的悬挂,可用挂件卡在主龙骨的槽中,如图 8-24 所示。

B. 主龙骨的调平:主龙骨安装就位后应进行调平,龙骨中间部位应起拱,起拱高度不小于房间短向跨度的 1/200,如图 8-25 所示。

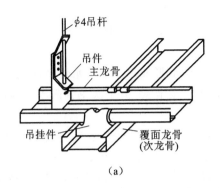

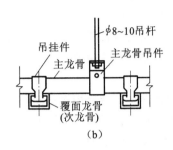

图 8-24 主龙骨安装

(a)不上人吊顶;(b)上人吊顶

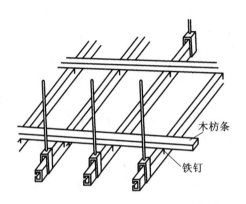

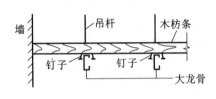

图 8-25 定位调平主龙骨

④安装次龙骨、横撑龙骨

A.安装次龙骨:在次龙骨与主龙骨的交叉布置点,使用其配套的龙骨挂件将两者连接固定。次龙骨的间距由罩面板尺寸确定,当间距大于 800 mm 时,次龙骨间应增加小龙骨,小龙骨与次龙骨平行,与主龙骨垂直,用小吊挂件固定。

B.安装横撑龙骨:横撑龙骨与次龙骨、小龙骨垂直,装在罩面板的拼接处,横撑龙骨与次龙骨、小龙骨采用中、小连接插件连接。

横撑龙骨可用次龙骨、小龙骨截取。当装在罩面板内部或做边龙骨时,宜用小龙骨截取。安装时横撑龙骨与次龙骨、小龙骨的底面应平齐,以便安装罩面板。

C.固定边龙骨:即将边龙骨沿墙面或柱面标高线钉牢。固定时可用水泥钉、膨胀螺栓等材料进行。边龙骨一般不承重,只起封口作用。

⑤罩面板安装

罩面板安装前应对已安装完的龙骨架和待安装的罩面板板材进行检查,符合要求后方可进行罩面板安装。

罩面板安装常有明装、暗装、半隐装三种方式。明装是指罩面板直接搁置在 T 形龙骨两翼上,纵横 T 形骨架均外露。暗装是指罩面板安装后骨架不外露。半隐装是指罩面板安装后外露部分骨架。

A. 纸面石膏板安装

纸面石膏板是轻钢龙骨吊顶常用的罩面板材,其与次龙骨的连接方式有挂接式、卡接式和钉接式三种。

挂接式是将石膏板周边加工成企口缝,然后挂在倒 T 形或工字形次龙骨上,属暗装方式。

卡接式是将石膏板放在次龙骨翼缘上,再用弹簧卡子卡紧,由于次龙骨露于吊顶面外,属明装方式。

钉接式是将石膏板用镀锌自攻螺钉钉接在次龙骨上的安装方式,安装时要求石膏板长边与主龙骨平行,从顶栅的一端向另一端错缝固定,螺钉应嵌入石膏板内 0.5~1 mm。

整个吊顶面的纸面石膏板铺钉完成后,应进行检查,并将所有的自攻螺钉的钉头做防锈处理,然后用石膏腻子嵌平。

B. 钙塑装饰板安装

钙塑装饰板与次龙骨的安装一般采用黏结法进行。先应按板材尺寸和接缝宽度在小龙骨上弹出分块线。再将钙塑板材套在一个自制的木模框内,用刀将其裁成尺寸一致、边棱整齐的板块。粘贴板块时,应先将龙骨的粘贴面清扫干净,将胶黏剂均匀涂刷在龙骨面和钙塑板面,静置 3~4 min 后,将板块对准控制线沿周边均匀托压一遍,再用小木条托压,使其粘贴紧密,被挤出的胶液应及时擦净。

钙塑板粘贴完之后,应用胶黏剂拌和石膏粉调成腻子,用油灰刀将板缝和坑洼、麻点等处刮平补实。板面污迹应用肥皂水擦净,再用清水抹净。

C. 金属板材安装

金属装饰板吊顶是用 L 形、T 形轻钢龙骨或金属嵌龙骨、条板卡式龙骨做龙骨架,用 0.5~1.0 mm 厚的压型薄钢板或铝合金板材做罩面材料的吊顶体系。金属装饰板吊顶的形式有方板吊顶和条板吊顶两大类。

金属方板的安装有搁置式和卡入式两种。搁置式是将金属方板直接搁置在次龙骨上,搁置安装后的吊顶面形成格子式离缝效果,如图 8-26 所示。卡入式是将金属方板卡入带卡簧的次龙骨上,如图 8-27 所示。

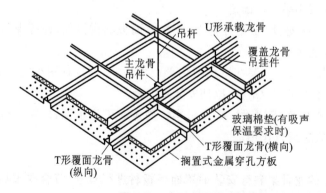
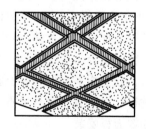

图 8-26 方形金属吊顶板搁置式安装示意及效果

安装金属条板时,一般无需各种连接件,只需将条形板卡扣在特制的条龙骨内,即可完成安装,如图 8-28 所示。

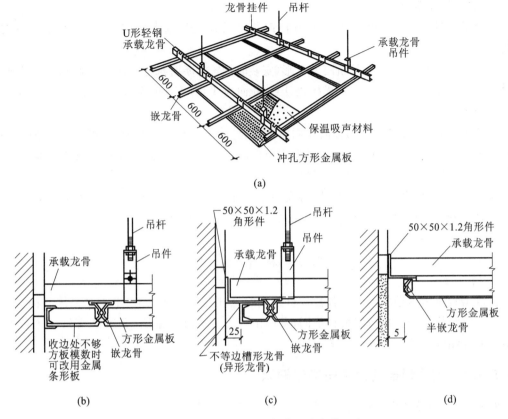

图 8-27　方形金属吊顶板卡入式安装示意

(a)有主龙骨的吊顶装配形式;(b)(c)(d)方形金属板吊顶与墙、柱等的连接节点构造示例

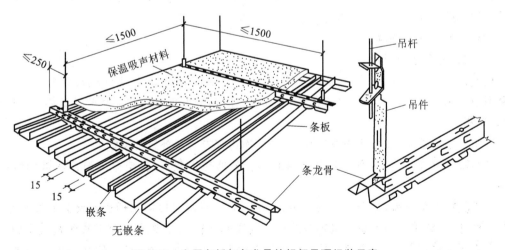

图 8-28　金属条板与条龙骨的轻便吊顶组装示意

8.5.2.4　铝合金龙骨吊顶工程施工工艺

(1)施工工艺流程

弹线→吊筋的制作、安装→主龙骨安装→次龙骨安装→检查调整龙骨系统→罩面板安装。

（2）施工操作要点

铝合金龙骨吊顶工程的施工工艺与轻钢龙骨吊顶工程基本相同，不同点在于龙骨架的安装。

铝合金龙骨多为中龙骨，其断面为 T 形（安装时倒置），断面高度有 32 mm 和 35 mm 两种，吊顶边上的中龙骨为 L 形。小龙骨（横撑龙骨）的断面为 T 形（安装时倒置），断面高度有 23 mm 和 32 mm 两种。

安装主龙骨时，先沿墙面的标高线固定边龙骨，墙上钻孔钉入木楔后，将边龙骨钻孔，用木螺钉将边龙骨固定于木楔上，边龙骨底面应与标高线齐平。然后通过吊挂件安装其他主龙骨。主龙骨安装完毕后，应调平、调直方格尺寸。

安装次龙骨时，宜先安装小龙骨，再安装中龙骨，安装方法与轻钢龙骨吊顶工程基本相似。龙骨架安装完毕后，应检查、调直、起拱。最后安装罩面板。

8.6 幕 墙 工 程

幕墙工程是指由金属构件与各种板材组成的悬挂在主体结构上，不承受主体结构荷载的建筑外维护结构工程。按面层材料不同，幕墙工程可分为玻璃幕墙、金属幕墙和石材幕墙等。本节主要介绍玻璃幕墙的施工工艺。

8.6.1 玻璃幕墙的分类与构造要求

8.6.1.1 玻璃幕墙的组成与结构

玻璃幕墙一般由固定玻璃的骨架、连接件、嵌缝密封材料、填衬材料和幕墙玻璃等组成。

玻璃幕墙的结构体系分露骨架（明框）结构体系、不露骨架（隐框）结构体系和无骨架结构体系三类。其骨架可以采用型钢骨架、铝合金骨架和不锈钢骨架等。

8.6.1.2 玻璃幕墙的分类

（1）按构造和组合形式分类

玻璃幕墙按照其构造和组合形式不同，可分为全隐框玻璃幕墙、半隐框玻璃幕墙（包括竖隐横不隐和横隐竖不隐）、明框玻璃幕墙、支点式（挂架式）玻璃幕墙和无骨架玻璃幕墙（结构玻璃）等类别。

①明框玻璃幕墙，是指玻璃镶嵌在骨架内，四边都有骨架外露的幕墙。

②全隐框玻璃幕墙，是指玻璃用结构硅酮胶黏结在骨架上，骨架全部隐蔽在玻璃背面的幕墙。

③半隐框玻璃幕墙，是指玻璃两对边嵌在骨架内，另两对边用结构硅酮胶黏结在骨架上，成为立柱外露、横梁隐蔽的竖框横隐玻璃幕墙或横梁外露、竖框隐蔽的竖隐横框玻璃幕墙。

④无骨架玻璃幕墙，亦称全玻璃幕墙，是指大面积使用玻璃板，且支撑结构也采用玻璃肋的玻璃幕墙。当玻璃幕墙高度不大于 4.5 m 时，可直接以下部结构为支撑；高度超过 4.5 m 的全玻璃幕墙，宜在上部悬挂，玻璃肋可通过结构硅酮胶与面层玻璃黏合。

⑤挂架式玻璃幕墙，亦称支点式玻璃幕墙，是指采用四爪式不锈钢挂件与立柱焊接，挂件的每个爪同时与相邻的四块玻璃的小孔相连接的玻璃幕墙。

（2）按施工方法分类

按施工方法的不同,玻璃幕墙可分为在现场安装组合的元件式（分件式）玻璃幕墙和先在工厂组装再在现场安装的单元式（板块式）玻璃幕墙两类。

①元件式玻璃幕墙是将必须在工厂制作的单件材料和其他材料运至施工现场,直接在建筑结构上逐步进行安装的玻璃幕墙。

②单元式玻璃幕墙是将铝合金骨架、玻璃、垫块、保温材料、减震和防水材料以及装饰面料等构件事先在工厂组合成带有附加铁件的幕墙单元,用专用运输车运到施工现场后,再在现场吊装装配,直接与建筑结构相连接的玻璃幕墙。

8.6.1.3 玻璃幕墙的构造要求

（1）具有防雨水渗漏性能:设泄水孔,使用耐候嵌缝密封材料,如氯丁胶、砖橡胶等;

（2）设冷凝水排出管道;

（3）不同金属材料接触处,应设置绝缘垫片,且采取防腐措施;

（4）立柱与横梁接触处,应设柔性垫片;

（5）隐框玻璃拼缝宽不宜小于 15 mm,作为清洗机轨道的玻璃竖缝宽不小于 40 mm;

（6）幕墙下部需设置绿化带,入口处应设置雨篷;

（7）设置防撞栏杆;

（8）玻璃与楼层隔墙处缝隙填充料应用难燃烧的材料;

（9）玻璃幕墙自身应形成防雷体系,且应与主体结构防雷体系连接。

8.6.2 玻璃幕墙的材料要求

玻璃幕墙的主要材料包括玻璃、骨架材料、结构胶及密封材料、防火和保温材料等。由于幕墙面积大、多用于高层建筑,既要承受自身重量,还需承受风荷载、地震荷载和温度应力的作用,因此幕墙必须安全、可靠,所用的材料应符合相关规范要求。

8.6.2.1 骨架材料

骨架材料主要有钢材和铝合金型材。

（1）材料进场,应提供材料的产品合格证、型材力学性能报告,资料不全者不能进场使用。

（2）材料的外观质量应符合要求。材料表面不应有皱纹、裂纹、气泡、结疤、泛锈、夹杂和折叠等缺陷。

（3）材料尺寸应符合设计要求。铝合金型材的最小壁厚应不小于 3 mm,型材长度在 6 m 内时,其长度偏差应为 ±15 mm;钢材的最小壁厚不得小于 3.5 mm。壁厚宜用游标卡尺检验。

（4）钢材表面应进行防腐处理。采用热镀锌处理时,膜厚应大于 45 μm;采用静电喷涂时,膜厚应大于 40 μm。

8.6.2.2 玻璃

用于玻璃幕墙的玻璃品种主要有:中空玻璃、钢化玻璃、半钢化玻璃、夹层玻璃、吸热玻璃等。为减少玻璃幕墙的眩光和辐射热,宜在玻璃内侧镀膜,形成热反射浮法镀膜玻璃。

（1）材料进场前,应提供玻璃产品合格证、中空玻璃的检测报告、热反射玻璃的力学性能报告,资料不全者不得进场使用。

（2）玻璃的外观质量应符合要求。其品种、规格、颜色、光学性能、安装方向、厚度、边长、应力和边缘处理情况等指标,应符合设计要求。

(3)玻璃边缘应进行机械磨边、倒棱、倒角,处理精度应符合设计要求。

(4)玻璃厚度不宜小于 6 mm,全玻璃幕墙的玻璃厚度不应小于 12 mm。

(5)中空玻璃的规格宜为:6 mm＋(9 mm、12 mm)＋5 mm、6 mm＋(9 mm、12 mm)＋6 mm和8 mm＋(9 mm、12 mm)＋8 mm。

8.6.2.3 结构胶和密封材料

玻璃幕墙使用的密封胶主要有结构密封胶、耐候密封胶、中空玻璃二道密封胶、管道防火密封胶等类型。结构密封胶必须采用中性硅酮结构密封胶,耐候胶必须是中性单组分胶,不得采用酸碱性胶。

8.6.3 玻璃幕墙的施工工艺

8.6.3.1 作业条件与主要施工工具

(1)施工工具

玻璃幕墙的施工工具主要有:手动真空吸盘、电动吸盘、牛皮带、电动吊篮、嵌缝枪、撬板、竹签、滚轮、热压胶带、电炉等。

(2)作业条件

①应编制幕墙施工组织设计,并严格按施工组织设计的顺序进行施工。

②幕墙应在主体结构施工完毕后开始施工。

③幕墙施工时,原主体结构施工搭设的外脚手架宜保留,并根据幕墙施工的要求进行必要的拆改。

④幕墙施工时,应配备安全、可靠的起重吊装工具和设备。

⑤当装修分项工程可能对幕墙造成污染或损伤时,应将该分项工程安排在幕墙施工之前施工,或对幕墙采取可靠的保护措施。

⑥不应在大风大雨情况下进行幕墙的施工。

⑦应在主体结构施工时控制和检查各层楼面的标高、边线尺寸和固定幕墙的预埋件位置是否符合设计要求,且在幕墙施工前进行复验。

8.6.3.2 玻璃幕墙安装的基本要求

(1)应采用(激光)经纬仪、水平仪、线垂等仪器工具,在主体结构上逐层投测框料与主体结构连接点的中心位置,X、Y 和 Z 轴三个方向位置的允许偏差为±1.0 mm。

(2)对于元件式幕墙,如玻璃为钢化玻璃、中空玻璃等现场无法裁割的玻璃,应事先检查玻璃的实际尺寸。

(3)按测定的连接点中心位置固定连接件,确保牢固。

(4)单元式幕墙安装宜由下往上进行。元件式幕墙框料宜由上往下进行安装。

(5)当元件式幕墙框料或单元式幕墙各单元与连接件连接后,应对整幅幕墙进行检查和纠偏,然后应将连接件与主体结构(包括用膨胀螺栓锚固)的预埋件焊牢。

(6)元件式幕墙的间隙用 V 形和 W 形或其他类型胶条密封,嵌填密实,不得遗漏。

(7)元件式幕墙应按设计图纸要求进行玻璃安装。玻璃安装就位后,应及时用橡胶条等嵌填块料与边框固定,不得临时固定或明摆浮搁。

(8)玻璃周边各侧的橡胶条应为单根整料,在玻璃角部断开。橡胶条型号应无误,镶嵌平整。

(9)橡胶条外涂敷的密封胶,品种应无误,应密实均匀,不得遗漏,外表应平整。

(10)单元式幕墙各单元的间隙、元件式幕墙的框架料之间的间隙、框架料与玻璃之间的间隙,以及其他间隙,应按设计图纸要求留够。

(11)镀锌连接件施焊后应去掉药皮,镀锌面受损处焊缝表面应刷两道防锈漆。

(12)应按设计图纸规定的节点构造要求,进行幕墙的防雷接地、防火处理和收口部位的安装。

(13)清洗幕墙的洗涤剂应对铝合金型材镀膜、玻璃及密封胶条无侵蚀作用,且应及时用清水将其冲洗干净。

8.6.3.3 施工工艺流程

(1)单元式玻璃幕墙

单元式玻璃幕墙安装的施工工艺流程为:测量放线→检查预埋 T 形槽位置→穿入螺钉固定牛腿→牛腿找正→牛腿精确找正→焊接牛腿→将 V 形和 W 形胶带大致挂好→起吊幕墙并垫减震胶垫→紧固螺丝→调整幕墙平直→塞入和热压防风带→安设室内窗台板、内扣板→填塞与梁、柱间的防火、保温材料。

(2)元件式玻璃幕墙

①明框玻璃幕墙安装的施工工艺流程为:检验、分类堆放幕墙部件→测量放线→主次龙骨装配→楼层紧固件安装→安装主龙骨(竖杆)并找平、调整→安装次龙骨(横杆)→安装保温镀锌钢板→在镀锌钢板上焊铆螺钉→安装层间保温矿棉→安装楼层封闭镀锌板→安装单层玻璃窗密封条→安装单层玻璃→安装双层中空玻璃密封条→安装双层中空玻璃→安装侧压力板→镶嵌密封条→安装玻璃幕墙铝盖条→清扫及其他。

②隐框玻璃幕墙安装的施工工艺流程为:测量放线→固定支座的安装→立柱、横杆的安装→外围护结构组件的安装→外围护结构组件间的密封及周边收口处理→防火隔层的处理→清洁及其他。

③支点式(挂架式)玻璃幕墙安装的施工工艺流程为:测量放线→规定立柱和边框→焊接挂件→安装玻璃→镶嵌密封条→清扫及其他。

④全玻璃幕墙(无骨架玻璃幕墙)安装的施工工艺流程为:测量放线→安装上部钢架→安装下部和侧面嵌槽→玻璃肋、玻璃板安装就位→嵌固密封胶→表面清洗和验收。

8.6.3.4 施工操作要点

(1)测量放线

首先应复核主体结构的定位轴线和±0.000 的标高位置是否正确,再按设计要求于底层地面上确定幕墙的定位线和分格线位置。

测设时,采用固定在钢支架上的钢丝线作为测量控制线,借助经纬仪或激光铅垂仪将幕墙的阳角和阴角位置上引;再用水准仪及皮尺引出各层的标高线,然后再确定每个立面的中线。

弹线时,依据建筑物轴线位置和设计要求,以立面竖直中心线为基准向左、右两侧测设基准竖线,以确定竖向龙骨位置;水平方向以立面水平中心线为基准向上、下测设各层水平线,然后用水准仪抄平横向节点的标高。

测量放线完毕后,应定时校核控制线,其误差应控制在允许的范围内,误差不得累积。

(2)调整、后置预埋件

连接幕墙与主体结构的预埋件,应采用在主体结构施工时预埋的方式进行。预埋件位置应满足设计要求,其偏差不得大于±20 mm。偏差过大时,应注意调整。当漏埋预埋件时,可采取后置钢锚板加锚固螺栓的措施,且通过试验保证其承载力。

(3)安装连接件

连接玻璃幕墙骨架与预埋件的钢构件一般采用 X、Y、Z 三个方向均可调节的连接件。连接件应与预埋件上的螺栓牢固连接,螺栓应有防松动措施,表面应做防腐处理。由于连接件可调整,因此对预埋件埋设位置的精度要求不高,安装骨架时,上、下、左、右位置可自由调整,幕墙平面的垂直度易获得满足。

(4)安装主龙骨(立柱)

先将立柱与连接件用对拉螺栓连接,连接件再与主体结构上预埋件连接,立柱和连接件应加设防腐隔离垫片,经校核调整后固定紧。

立柱间的连接常采用铝合金套筒。立柱插入套筒内的长度不得小于 200 mm,上、下立柱间的间隙不得小于 10 mm,立柱的最上端应与主体结构预埋件上的连接件固定。

立柱长度一般为一层楼高,上、下立柱间用铝合金套筒连接后,形成铰接点,构成变形缝,从而消除了幕墙的挠度变形和温度变形对幕墙造成的不利影响,确保了幕墙的安全、耐久。

(5)安装次龙骨(横梁)

横梁一般分段与立柱连接。同一层横梁安装应自下向上进行,安装完一层高度后,应检查安装质量,调整、校正后,再进行固定。横梁与立柱间连接处应设置弹性橡胶垫片,橡胶垫片应有足够的弹性变形能力,以消除横向热胀冷缩变形造成的横竖杆间的摩擦响声。

(6)安装玻璃

安装玻璃前,应将龙骨和玻璃表面清理干净,镀膜玻璃的镀膜层应朝向室内,以防其氧化。玻璃安装方法有压条嵌实、直接钉固玻璃组合件等多种。

明框玻璃幕墙一般采取压条嵌实的方法。玻璃四周应与龙骨凹槽保留一定距离,不得与龙骨件直接接触,以防玻璃因温度变形开裂,龙骨凹槽底部应设置不少于 2 块的弹性定位垫块,垫块宽度与凹槽宽度相同,长度不小于 100 mm,厚度不小于 5 mm,龙骨框架凹槽与玻璃间的缝隙应用橡胶压条嵌实,再用耐候胶嵌缝。

隐框、半隐框玻璃幕墙采用直接钉固玻璃组合件的方法,即借助铝压板用不锈钢螺钉直接钉固玻璃组合件。每块玻璃下应设置两个不锈钢或铝合金托条,托条长度不小于 100 mm,厚度不小于 2 mm,托条外端应低于玻璃表面 2 mm。

(7)拼缝密封

玻璃幕墙的密封材料常用耐候性硅酮密封胶。拼缝密封时,密封胶应在缝内两相对面黏结,不得三面黏结,较深的槽口应先嵌填聚乙烯泡沫条,泡沫条表面应低于玻璃外表面 5 mm左右。密封胶施工厚度应大于 3.5 mm,注胶后胶缝应饱满,表面光滑、细腻。

(8)玻璃幕墙与主体结构间的缝隙处理

玻璃幕墙四周与主体结构间的缝隙,应采用防火保温材料填缝,再用密封胶连接封闭。

8.7 门窗工程

常用门窗材料有木、钢、铝合金、塑料、玻璃等。木门窗制作简易,适于手工加工。钢门窗强度高、断面小、挡光少、能防火,所用钢门窗型材经不断改进,形成多种规格系列产品。普通钢门窗易生锈、重量大、导热系数较高。现在新发展起来的镀塑钢门窗、彩板钢门窗、中空塑钢窗都大大改善了钢门窗,防蚀和节能性能,已在新建住宅中推广使用。

铝合金门窗质轻、挺拔精致、密闭性能好,在要求较高的房屋中已广泛采用。但铝合金导热系数大,保温性能较差且造价偏高。目前用绝缘性能较好的材料,如塑料做隔离层制成的塑铝窗则能大大提高铝合金门窗的热工性能。塑料门窗的热工性能好、加工精密、耐腐蚀,是很有发展前途的门窗类型。目前我国生产的塑钢门窗成本偏高,强度、刚度及耐老化性能尚待提高,但随着塑料工业的发展,高强、耐老化的塑料门窗使用寿命已达 30 年以上,塑料门窗必将越来越多地得到应用。

8.7.1 铝合金门窗施工工艺

铝合金门窗是指采用经过表面处理的型材(38、50、70、90、100 等系列,厚度 0.8～1.7 mm),通过下料、打孔、铣槽、攻螺纹等加工工艺制成门窗框料构件,然后再与连接件、密封件、开闭五金件等一起组合装配而成。一般分为推拉和平开两种方式。

8.7.1.1 施工准备

(1)铝合金门、窗框一般都是后塞口,在主体施工时预留洞口尺寸应大于门、窗尺寸,具体根据墙体饰面材料不同分别取值,一般抹灰墙面每边增加 25 mm,面砖贴面每边增加 30 mm,大理石贴面每边增加 40 mm。铝合金门窗的安装间隙为 5～8 mm,且洞口长、宽偏差和下口水平标高偏差控制在 ±5 mm 以内,洞口对角线偏差≤5 mm,洞口垂直度偏差≤0.1%h(h 为洞口高)。

(2)按图示尺寸弹好窗中线,并弹好+50 cm 水平线,校正门窗洞口位置尺寸及标高是否符合设计图纸要求,如有问题应提前剔凿处理。

(3)检查铝合金门窗两侧连接铁脚位置与墙体预留孔洞位置是否吻合,若有问题应提前处理,并将预留孔洞内的杂物清理干净。

(4)铝合金门窗的拆包检查。将窗框周围的包扎布拆去,按图纸要求核对型号,检查外观质量和表面的平整度,如发现有劈棱、窜角和翘曲不平、严重损伤、外观色差大等缺陷时,应找有关人员协商解决,经修整鉴定合格后才可安装。

(5)认真检查铝合金门窗的保护膜的完整性,如有破损,应补粘后再安装。

8.7.1.2 施工工艺流程

铝合金门窗安装的施工工艺流程为:弹线找规矩→门窗洞口处理→门窗洞口内埋设连接件→铝合金门窗拆包检查→按图纸编号运至安装地点→检查铝合金保护膜→铝合金门窗安装→门窗口四周嵌缝、填保温材料→清理→安装五金配件→安装门窗密封条→质量检验→纱扇安装。

8.7.1.3 施工操作要点

(1)弹线找规矩:在最高层找出门窗口边线,用大线垂将门窗口边线下引,并在每层门窗口处画线标记,对个别不直的口边应剔凿处理。高层建筑可用经纬仪找垂直线。门窗口的水平位置应以楼层+50 cm水平线为准,往上反测,量出窗下皮标高,弹线找直,每层窗下皮(若标高相同)则应在同一水平线上。

(2)墙厚方向的安装位置:根据外墙大样图及窗台板的宽度,确定铝合金门窗在墙厚方向的安装位置;如外墙厚度有偏差时,原则上应以同一房间窗台板外露尺寸一致为准,窗台板应伸入铝合金窗的窗下5 mm为宜。

(3)防腐处理:

①门窗框两侧的防腐处理应按设计要求进行。如设计无要求时,可涂刷防腐材料,如橡胶型防腐涂料或聚丙烯树脂保护装饰膜,也可粘贴塑料薄膜进行保护,避免填缝水泥砂浆直接与铝合金门窗表面接触,产生电化学反应,腐蚀铝合金门窗。

②铝合金门窗安装时若采用连接铁件固定,铁件应进行防腐处理,连接件最好选用镀锌或不锈钢连接件。

(4)就位和临时固定:根据已放好的安装位置线安装,并将其吊正找直,无问题后方可用木楔临时固定。

(5)与墙体固定:洞口墙体为砖石结构可采用冲击钻打孔用膨胀螺丝连接紧固;混凝土墙体可用射钉枪将铁脚与墙体固定,紧固件距墙(梁或柱)边缘不小于50 mm,且应避开墙体缝隙,防止紧固失效。

不论采用哪种方法固定,每条窗边框与墙体的连接固定点不得少于2处,铁脚至窗角的距离不应大于180 mm,铁脚间距应小于600 mm。

(6)处理门窗框与墙体间缝隙:外框与墙体间缝隙填嵌,分为柔性工艺和刚性工艺两种。柔性工艺是分层填嵌矿棉或玻璃棉毡条等轻质材料,边口留5~8 mm深槽口,注入密封胶封闭;刚性工艺是用1:2水泥砂浆嵌缝,砂浆与框接触面满涂防腐层,避免水泥腐蚀铝框而缩短使用寿命。

(7)铝合金门框安装:根据设计图纸配料拼装,且应在室内外墙体粉刷完毕后进行。立框后应检查其垂直度、平整度、水平度、对角线准确无误再用木楔临时固定,木楔安置在四角,防止着力不当而产生变形错位。组合框安装应先试拼装,而后安装通长拼樘料、分段拼樘料、基本框。加固型材应做防锈处理,连接部件采用镀锌螺钉。明螺栓连接采用与门窗同颜色的密封胶掩埋,防止色差明显影响美观。

为避免渗漏,对推拉窗,在底框靠两边框处铣8 mm宽的泄水口;对平开窗,在靠框中间位置每个扇洞铣一个8 mm宽的泄水口。

8.7.1.4　铝合金门窗安装中存在的主要问题

(1)门窗洞口预留尺寸不准

在施工主体结构时,由于预留洞口不准或预留时未考虑装饰面做法,使预留洞口出现过大、过小、偏移等弊端。洞口预留过大,给铁脚安装与缝隙填嵌带来困难;洞口预留过小,门窗框无法嵌固;施工中洞口竖向位置、水平标高偏移过大,不仅给安装带来困难,也影响立面观感质量。

(2)铝合金门窗松动,固定不牢

铝合金门窗松动的主要原因是连接件数量不够或位置不对。同时连接件过小也是造成门窗松动的原因之一。另外,铝合金门窗连接件固定后,框与墙体间的缝隙未填嵌密实甚至根本没有填嵌,局部位移引起整个框架的松动,还带来了框边渗水的隐患。还有在安装铝合金门窗时未考虑电偶腐蚀现象,使铝合金门窗处于大阴极小阳极的电偶腐蚀最危险的状态,螺钉腐蚀掉后使门窗和墙体处于无连接状态,容易发生坠落伤人事故。

(3)铝合金门窗成品保护

铝合金型材表面有一层保护氧化膜,在施工中应严加保护,不得随意撕掉保护胶带或薄膜,严禁在铝合金门窗上悬挂、搁置重物(如脚手架板、灰桶)等,一旦污染应立即用软布、清水清洗干净,对表面污损严重刻痕较多的部位应进行喷漆处理。不得碰撞刮伤或污染表面,否则会影响观感和使用功能。

8.7.2 塑料门窗施工工艺

塑料门窗是以聚氯乙烯为主要原料,轻质碳酸钙为填料,添加适量的改性剂,经挤压成型各种空腹门窗型材,再将型材组装而成的门窗。由于塑料变形大、刚度差,一般在空腹内加嵌型钢或铝合金型材。故亦称为塑钢门窗。

8.7.2.1 施工工艺流程

塑料门窗的施工工艺流程为:补贴保护膜→框上找中段→装固定片→洞口找中段→卸玻璃(或门、窗扇)→框进洞口→调整定位→与墙体固定→装拼樘料→装窗台板→填充弹性材料→洞口抹灰→清理砂浆→嵌缝→装玻璃(或门、窗框)→装纱窗(门)→安装五金件→表面清理→撕下保护膜。

8.7.2.2 施工操作要点

(1)门窗框与墙体固定:塑料门窗采用固定片固定,固定片厚度应≥1.5 mm,最小宽度应≥15 mm,其材质应采用 Q235-A 冷轧钢板,其表面应进行镀锌处理。安装时应先采用直径为3.2 mm 的钻头钻孔,然后应将十字槽盘头自攻螺钉 M4×20 拧入,不得直接锤击钉入。固定片的位置应距窗角、中竖框、中横框 150～200 mm,固定片之间的间距应≤600 mm。不得将固定片直接装在中横框、中竖框的挡头上。应先固定上框,而后固定边框,固定方法应符合下列要求:

混凝土墙洞口应采用射钉或塑料膨胀螺钉固定;砖墙洞口应采用塑料膨胀螺钉或水泥钉固定,并不得固定在砖缝处;加气混凝土洞口,应采用木螺钉将固定片固定在胶粘圆木上;设有预埋铁件的洞口应采用焊接的方法固定,也可先在预埋件上按紧固件规格打基孔,然后用紧固件固定。

(2)填充弹性材料:一般情况下,钢、木门窗与洞口的间隙是采用水泥砂浆填充的,对塑钢门窗而言,因其热膨胀系数远比钢、铝、水泥的大,用水泥填充往往会使塑钢门窗因温度变化无法伸缩变形,因此,应该用弹性材料填充间隙。在塑钢门窗安装及验收的国家标准中提出,窗框与洞口之间的伸缩缝空腔应采用闭孔泡沫塑料、发泡聚苯乙烯等弹性材料填充。其中闭孔泡沫塑料的吸水率低,具有一定防水能力。用发泡聚苯乙烯板材在现场填缝是比较费事的,因此,有的门窗厂将其裁成条后绑在窗框上,外面再裹上塑料包布加以保护。填充伸缩缝比较好的方法是采用塑料发泡剂,其具备较好的黏结、固定、隔音、隔热、密封、防潮、填补结构空缺等作用。塑料发泡剂在国外的门窗安装中的应用是比较普遍的,目前,在国内也逐渐被采用,但因其价格较高,为降低安装成本,一般需要先把洞口用水泥砂浆抹好,单边留出 5 mm 左右间隙(其间隙大小视洞口施工质量而定)。

(3)推拉门窗扇与框搭接量:塑钢窗框与窗扇采用搭接方式进行密封,扇与框的搭接部分称为搭接量。行业标准对搭接量没规定,搭接量一般在 8~10 mm 之间。推拉窗的搭接量大小影响窗的密封、安全、安装、日常使用等多方面。由扇凹槽尺寸(一般为 20~22 mm)减去滑轮高度(一般为 12 mm),就是扇与下框的搭接量。以槽深 20 mm 的型材为例,采用 8 mm 高的滑轮时,扇与框的凸筋(即滑道)根部的间隙为 12 mm(20 mm−8 mm=12 mm),这个间隙供窗扇安装和摘取用。由于窗框和窗扇制作的尺寸偏差,窗框安装的直线度偏差,以及所采用的滑轮的高度变化,都会使框扇的实际搭接量和安装间隙发生变化。当扇与上框搭接量增大时,安装间隙减小,严重时会使窗扇安装困难,窗与上部密封块摩擦力增大,造成窗扇开启费力;当搭接量减小时,会使密封性能下降,搭接量太小时,还会增加推拉窗脱落的危险。因此,在搭接量确定时要注意所采用的塑钢型材框凸筋、扇槽深的尺寸变化以及所选用的滑轮、密封块的尺寸的配套性。

8.7.2.3 塑料门窗安装工程的质量验收

(1)主控项目

①塑料门窗的品种、类型、规格、尺寸、开启方向、安装位置、连接方式及填嵌密封处理应符合设计要求,内衬增强型钢的壁厚及设置应符合国家现行产品标准的质量要求。

②塑料门窗框、副框和扇的安装必须牢固。固定片或膨胀螺栓的数量与位置应正确,连接方式应符合设计要求。固定点应距窗角、中横框、中竖框 150~200 mm,固定点间距应不大于 600 mm。

③塑料门窗拼樘料内衬增加型钢的规格、壁厚必须符合设计要求,型钢应与型材内腔紧密吻合,其两端必须与洞口固定牢固。窗框必须与拼樘料连接紧密,固定点间距应不大于 600 mm。

④塑料门窗扇应开关灵活、关闭严密,无倒翘。推拉门窗扇必须有防脱落措施。

⑤塑料门窗配件的型号、规格、数量应符合设计要求,安装应牢固,位置应正确,功能应满足使用要求。

⑥塑料门窗框与墙体间缝隙应采用闭孔弹性材料填嵌饱满,表面应采用密封胶密封。密封胶应黏结牢固,表面应光滑、顺直,无裂纹。

(2)一般项目

①塑料门窗表面应洁净、平整、光滑,大面应无划痕、碰伤。

②塑料门窗扇的密封条不得脱槽。旋转窗间隙应基本均匀。

③塑料门窗扇的开关力应符合下列规定:平开门窗扇平铰链的开关力应不大于 80 N;滑撑铰链的开关力应不大于 80 N,并不小于 30 N。推拉门窗扇的开关力应不大于 100 N(用弹簧秤检查)。

④玻璃密封条与玻璃槽口的接缝应平整,不得卷边、脱槽。

⑤排水孔应畅通,位置和数量应符合设计要求。

⑥塑料门窗安装的允许偏差项目:门窗槽口宽度、高度(≤1500 mm,2 mm;>1500 mm,3 mm);门窗槽口对角线长度差(≤2000 mm,3 mm;>2000 mm,5 mm);门窗框的正、侧面垂

直度（3 mm）；门窗横框的水平度（3 mm）；门窗横框标高（5 mm）；门窗竖向偏离中心（5 mm）；双层门窗内外框间距（4 mm）；同樘平开门窗相邻扇高度差（2 mm）；平开门窗铰链部位配合间隙（+2 mm；-1 mm）；推拉门窗扇与框搭接量（+1.5 mm；-2.5 mm）；推拉门窗扇与竖框平等度（2 mm）。

8.8 建筑节能工程施工

建筑节能是指采取合理的建筑设计和选用符合节能要求的墙体材料、屋面隔热材料、门窗、空调等措施建造房屋，与没有采取节能措施的房屋相比，在保证相同的室内热舒适环境条件下，它可以提高电能利用效率，减少建筑能耗。

保温节能工程按其设置部位不同分为墙体保温、屋面保温、楼地面保温。墙体保温中保温层的主要设置部位有外墙的外侧、中间和内侧。屋面保温的主要设置方式有吊顶板之上、结构板底面、防水层之下。楼地面保温的主要设置方式有混凝土板和防水层之上、混凝土下面直接与土壤接触部位、土壤内部。

8.8.1 墙体节能工程施工

墙体节能工程是建筑节能工程的重要组成部分，节能墙体的类型主要分为单一材料墙体和复合墙体两大类。单一材料墙体主要包括空心砖墙、加气混凝土墙和轻集料混凝土墙，其施工方法与砌体结构相同；复合墙体主要包括外墙外保温和外墙内保温两种类型。本节主要介绍 EPS 板薄抹灰外墙外保温墙体和胶粉聚苯颗粒外墙外保温墙体的施工要点。

8.8.1.1 EPS 板薄抹灰外墙外保温

（1）EPS 板薄抹灰外墙外保温构造

EPS 板薄抹灰外墙外保温，是由 EPS 板（阻燃型模塑聚苯乙烯泡沫塑料板）、聚合物黏结砂浆（必要时使用锚栓辅助固定）、耐碱玻璃纤维网格布（以下称玻纤网）及外墙装饰面层组成的外墙外保温系统，其基本构造如图 8-29 所示。该系统技术先进，隔热、保温性能良好，坚实牢固、抗冲击、耐老化、防水抗渗，施工简便。EPS 板薄抹灰外墙外保温适用于新建房屋的保温隔热及旧房改建；无论是在钢筋混凝土现浇基层上，还是在其他墙体上，均可获得良好的施工效果。

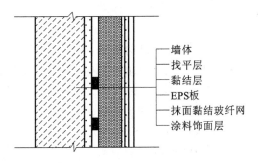

墙体
找平层
黏结层
EPS板
抹面黏结玻纤网
涂料饰面层

图 8-29　EPS 板薄抹灰外墙外保温系统构造图

（2）EPS 板薄抹灰外墙外保温技术的特点

①EPS 板薄抹灰外墙外保温技术可准确无误地控制隔热保温层的厚度和导热系数，施工无偏差，并能确保技术要求的隔热、保温效果。

②EPS 板薄抹灰外墙外保温技术使用水泥基聚合物砂浆作为黏结层及抹面层，由于其高强且有一定的柔韧性，能吸收多种交变负荷，可在多种基层上将 EPS 板牢固地黏结在一起，在外饰面质量较轻时，施工中无需锚固。

③EPS板薄抹灰外墙外保温技术使用的水泥基聚合物砂浆保护层,可将玻纤网牢固地黏结在苯板上,抗裂、防水、抗冲击、耐老化,并具有水、气透过性能,能有效地在建筑上构筑高效、稳固的保温隔热系统。

④EPS板薄抹灰外墙外保温技术使用的水泥基聚合物砂浆,具有良好的和易性、镘涂性和较长的凝固时间,便于人工操作,把原本复杂的保温技术简化为粘贴、镘涂作业,施工简便。操作人员简单培训后,即可以进行大面积、高质量、高效率的施工,经济效益显著。

(3)施工要点

施工顺序主要根据工程特点决定,一般采用自下往上(可以以建筑装饰线为界)、先大面后局部的施工方法。施工工序为:

墙体基层处理→弹线→基层墙体湿润→配制聚合物黏结砂浆→粘贴 EPS 板→铺设玻纤网→面层抹聚合物砂浆→找平修补→成品保护→饰面层施工。

①墙体基层处理

A.墙体基层必须清洁、平整、坚固,若有凸起、空鼓和疏松部位应剔除,并用 1∶2 水泥砂浆进行修补找平。

B.墙面应无油渍、涂料、泥土等污物或有碍黏结的材料,必要时可用高压水冲洗,或通过化学清洗、打磨、喷砂等清除污物。

C.若墙体基层过干,应先喷水湿润。喷水应在贴聚苯板前根据不同的基层材料适时进行,可采用喷浆泵或喷雾器喷水,不能喷水过量,不准向墙体泼水。

D.对于表面过干或吸水性较高的基层,必须先做粘贴试验,可按如下方法进行:

用聚合物黏结砂浆黏结 EPS 板,5 min 后取下聚苯板,并重新贴回原位,若能用手揉动则视为合格,否则表明基层过干或吸水性过高。

E.抹灰基层应在砂浆充分干燥和收缩稳定后,再进行保温施工,对于混凝土墙面必要时应采用界面剂进行界面处理。

②弹线

根据设计图纸的要求,在经过验收处理的墙面上沿散水标高,用墨线弹出散水及勒脚水平线。当设计图纸要求设置变形缝时,应在墙面相应位置弹出变形缝及宽度线,标出 EPS 板的粘贴位置。粘贴 EPS 板前,要挂水平和垂直通线。

③配制聚合物黏结砂浆

A.配制聚合物黏结砂浆必须由专人负责,以确保搅拌质量。

B.拌制聚合物黏结砂浆时,要用搅拌器或其他工具将黏结剂重新搅拌,避免黏结剂出现分离现象,以免出现质量问题。

C.聚合物黏结砂浆的配合比为:聚合物黏结剂∶42.5级普通硅酸盐水泥∶砂子(用 16 目筛底)=1∶1.88∶4.97(质量比)。

D.将水泥、砂子用量桶称好后倒入铁灰槽中进行混合,搅拌均匀后按配合比加入黏结剂,搅拌必须均匀,避免出现离析,呈粥状。根据和易性可适当加水,加水量为黏结剂的 5%,水为混凝土用水。

E.聚合物黏结砂浆应随用随配,配好的聚合物砂浆最好在 2 h 之内用完。聚合物黏结砂浆应于阴凉处放置,避免阳光暴晒。

④粘贴 EPS 板

A.挑选 EPS 板:EPS 板应是无变形、翘曲,无污染、破损,表面无变质的整板;EPS 板的切割应采用适合的专用工具切割,切割面应垂直。

B.EPS 板应从外墙阳角及勒脚部位开始,自下而上,沿水平方向横向铺贴,竖缝应逐行错缝 1/2 板长,在墙角处要交错拼接,同时应保证墙角垂直度。外墙转角及勒脚部位的做法如图 8-30、图 8-31 所示。

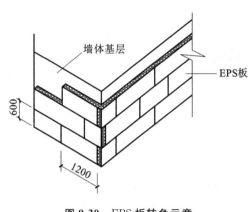

图 8-30 EPS 板转角示意

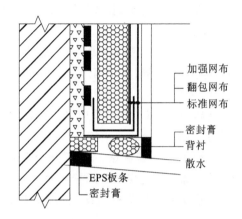

图 8-31 勒脚做法详图

C.EPS 板粘贴可采用条粘法和点粘法。

条粘法:条粘法用于平整度小于 5 mm 的墙面,用专用锯齿抹子在整个 EPS 板背面满涂黏结浆,保持抹子和板面成 45°,紧贴 EPS 板并刮除多余的黏结浆,使板面形成若干条宽度为 10 mm、厚度为 10 mm、中心距为 25 mm 的浆带,如图 8-32 所示。

点粘法:沿 EPS 板周边用抹子涂抹配制好的黏结浆形成宽度为 50 mm、厚度为 10 mm 的浆带。当采用整板时,应在板面中间部位均匀布置 8 个黏结点,每点直径不小于 140 mm。厚度为 10 mm,黏结点中心距为 200 mm。当采用非整板时,板面中间部位可涂抹 4~6 个黏结点,如图 8-33 所示。

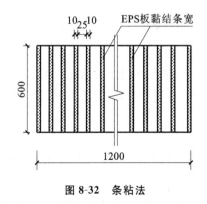

图 8-32 条粘法

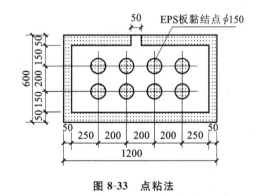

图 8-33 点粘法

无论采用条粘法还是点粘法进行铺贴施工,其涂抹的面积与 EPS 板的面积之比都不得小于 40%。黏结浆应涂抹在 EPS 板上,黏结点应按面积均布,且板的侧边不能涂浆。

D. 将 EPS 板抹完黏结浆后,应立即将板平贴在墙体基层上,滑动就位。粘贴时,动作要轻柔,不能局部按压、敲击,应均匀挤压。为了保持墙面的平整度,应随时用一根长度为 2 m 的铝合金靠尺进行整平操作,贴好后应立即刮除板缝和板侧面残留的黏结浆。

E. 粘贴时,EPS 板与板之间应挤压紧密,当板缝间隙大于 2 mm,应用 EPS 板条将缝塞满,板条不用黏结;当板间高差大于 1 mm,应使用专用工具在粘贴完工 24 h 后,再打磨平整,并随时清理干净泡沫碎屑。

F. 粘贴预留孔洞时,周围要采用满粘施工;在外墙的变形缝及不再施工的成品节点处应进行翻包。

G. 当饰面层为贴面砖时,在粘贴 EPS 板前应先在底部安装托架,并采用膨胀螺栓与墙体连接,每个托架不得少于两个 φ10 mm 膨胀螺栓,螺栓嵌入墙壁内不少于 60 mm。

H. 锚栓的安装

标高 20 m 以上的部位应采用锚栓辅助固定,尤其在墙壁转角等受风压较大的部位,锚栓数量为 3~4 个/m^2。

锚栓在 EPS 板粘贴 24 h 后开始安装,在设计要求的位置打孔,以确保牢固可靠,不同的基层墙体锚固深度应按实际情况而定。

锚栓安装后其塑料托盘应与 EPS 板表面齐平,或略低于板面,并保证与基层墙体充分锚固。

⑤铺设玻纤网

A. 铺设玻纤网前,应先检查 EPS 板表面是否平整、干燥,同时应去除板面的杂物,如泡沫碎屑、表面变质部分。

B. 抹面黏结浆的配制。抹面黏结浆的配制过程应计量准确,采用机械搅拌,确保搅拌均匀。每次配制的黏结浆不得过多,并在 2 h 内用完,同时要注意防晒、避风,以免因水分蒸发过快造成表面结皮、干裂。

C. 铺设玻纤网。用抹刀在 EPS 板表面均匀涂抹一道厚度为 2~3 mm 的抹面黏结浆,立即将玻纤网压入黏结浆中,不得有空鼓、翘边等现象。在第一遍黏结浆八成干时,再抹上第二遍黏结浆,直至全部覆盖玻纤网,使玻纤网处在两道黏结浆中间的位置,两遍抹浆总厚度不宜超过 5 mm。

D. 铺设玻纤网应自上而下,沿外墙一圈一圈铺设。当遇到洞口时,应在洞口四角处沿 45°方向补贴一块标准网,尺寸约 200 mm×300 mm,以防止开裂。

E. 抹面黏结浆施工间歇处最好选择自然断开处,以方便后续施工的搭接,如需在连续的墙面上断开,抹面时应留出间距为 150 mm 的 EPS 板面、玻纤网、抹灰层的阶梯形接槎,以免玻纤网搭接处高出抹灰面。

F. 铺设玻纤网的注意要点:

整网间应互相搭接 50~100 mm,分段施工时应预留搭接长度,加强网与网的对接,在对接处应紧密对接。

在墙体转角处,应用整网铺设,并双向绕角后每边包墙的宽度不小于 200 mm,加强网应顶角对接铺设。

铺设玻纤网时,网的弯曲面朝向墙面,抹平时从中央向四周抹,直至玻纤网完全嵌入抹面黏结浆内,不得有裸露的玻纤网。

玻纤网铺设完毕后,应静置养护不少于 24 h,方可进行下一道工序的施工。当施工处于低温潮湿环境时,应适当延长养护时间。

⑥细部构造施工

A.装饰线条的安装

当装饰线条凸出墙面时,应在 EPS 板粘贴完后,按设计要求用墨线弹出装饰件的具体位置,然后将装饰线条用黏结浆贴在该位置上,最后用黏结浆铺贴玻纤网,并留出不小于 100 mm 的搭接长度。

当装饰线条凹进墙面时,应在 EPS 板粘贴完后,按设计要求用墨线弹出装饰件的具体位置,用开槽机按图纸要求切出凹线或图形,凹槽处的 EPS 板的实际厚度不得小于 20 mm。然后在凹槽内及四周 100 mm 范围内,抹上黏结浆,再压入玻纤网,凹槽周边甩出的玻纤网与墙面粘贴的玻纤网应搭接牢固。

线条凸出墙面 100 mm 时应加设机械固定件后,直接粘贴在墙体基层上;小于 100 mm 时可粘贴在保温层上,线条表面可按普通外墙保温做法处理。

当有滴水线时,要使用开槽机开出滴水槽,余下可参照凹进墙体的装饰线做法处理。

B.变形缝的施工

伸缩缝处先做翻包玻纤网,然后再抹防护面层砂浆,缝内可填充聚乙烯材料,再用柔性密封材料填充缝隙。

沉降缝处应根据缝宽和位置设置金属盖板,可参照普通沉降缝做法施工,但须做好防锈处理。

⑦找平修补

保温墙面的找平修补应按以下方法施工:

A.修补时应用同类的 EPS 板和玻纤网按照损坏部位的大小、形状和厚度切割成形,并在损坏处划定修补范围。

B.割除损坏范围内的保温层,使其露出与割口表面相同大小的洁净的墙体基层面,并在割口周边外 80 mm 宽范围内磨去面层,直至露出原有的玻纤网。

C.在修补范围外侧贴盖防污胶带后,再粘贴修补 EPS 板和玻纤网。修补面整平后,应经过 24 h 养护方可进行外墙装饰层的施工。

⑧成品保护

玻纤网粘完后应防止雨水冲刷,保护面层施工后 4 h 内不能被雨淋;容易碰撞的阳角、门窗应采取保护措施,上料口部位采取防污染措施,发生表面损坏或污染必须立即处理。保护层终凝后要及时喷水养护,养护时间:当昼夜平均气温高于 15 ℃时不得少于 48 h,低于 15 ℃时不得少于 72 h。

⑨饰面层的施工

A.施工前,应首先检查抹面黏结浆上玻纤网是否全部嵌入,修补抹面黏结浆的缺陷或凹凸不平处,凹陷过大的部位应再铺贴玻纤网,然后抹灰。

B.在抹面黏结浆表干后,即可进行柔性腻子和涂料施工,做法同普通墙面涂料施工,按设计及施工规范要求进行。

8.8.1.2 胶粉聚苯颗粒外墙外保温

胶粉聚苯颗粒外墙外保温是将胶粉聚苯颗粒保温浆料,抹在基层墙体表面,保温浆料的防护层为嵌埋有耐碱玻璃纤维网格布的聚合物抗裂砂浆,属薄型抹灰面层。

(1)胶粉聚苯颗粒外墙外保温工程特点

①采用预混合干拌技术,将保温胶凝材料与各种外加剂混合包装,聚苯颗粒按袋分装,到施工现场以袋为单位按配合比加水混合搅拌成膏状材料,计量容易控制,保证配合比准确。

②采用同种材料冲筋,保证保温层厚度控制准确,保温效果一致。

③从原材料本身出发,采用高吸水树脂及水溶性高分子外加剂,解决一次抹灰太薄的问题,保证一次抹灰 4～6 cm 厚,黏结力强,不滑坠,干缩小。

④抗裂防护层增强保温抗裂能力,杜绝质量通病。

(2)胶粉聚苯颗粒外墙外保温施工要点

胶粉聚苯颗粒外墙外保温施工工艺流程:

基层墙体处理→涂刷界面剂→吊垂、套方、弹控制线→贴饼、冲筋、作口→抹第一遍聚苯颗粒保温浆料→(24 h 后)抹第二遍聚苯颗粒保温浆料→(晾干后)划分格线,开分格槽,粘贴分格条,做滴水槽→抹抗裂砂浆→铺压玻璃纤维网格布→抗裂砂浆找平、压光→涂刷防水弹性底漆→刮柔性耐水腻子→验收。

胶粉聚苯颗粒外墙外保温施工要点有:

①基层墙体表面应清理干净,无油渍、浮尘,大于 10 mm 的突起部分应铲平。经过处理符合要求的基层墙体表面,均应涂刷界面砂浆,如为黏土砖可浇水淋湿。

②保温隔热层的厚度,不得出现偏差。保温浆料每遍抹灰厚度不宜超过 5 mm,需分多遍抹灰时,施工的时间间隔应在 24 h 以上。抗裂砂浆防护层施工,应在保温浆料充分干燥固化后进行。

③抗裂砂浆中铺设耐碱玻璃纤维网格布时,其搭接长度不小于 100 mm,采用加强网格布时,只对接,不搭接(包括阴阳墙角部分)。网格布铺贴应平整,无褶皱。砂浆饱满度应为100%,严禁干搭接。

④饰面如为面砖时,则应在保温层表面铺设一层与基层墙体拉牢的四角镀锌钢丝网(丝径1.2 mm,孔径 20 mm×20 mm,网边搭接 40 mm,用双股 22# 镀锌钢丝绑扎,间距 150 mm),再抹抗裂砂浆作为防护层,面砖用胶黏剂粘贴在防护层上。

涂料饰面时,保温层分为一般型和加强型。加强型用于建筑物高度大于 30 m 而且保温层厚度大于 60 mm 的情况,加强型的做法是在保温层中距外表面 20 mm 铺设一层六角镀锌钢丝网(丝径 0.8 mm,孔径 25 mm×25 mm)与基层墙体拉牢。

⑤墙面分格缝可根据设计要求设置,施工时应符合现行的国家和行业标准、规范、规程的要求。

⑥变形缝盖板可采用 1 mm 厚铝板或 0.7 mm 厚镀锌薄钢板。凡盖缝板外侧抹灰时,均应在与抹灰层相接触的盖缝板部位钻孔,钻孔面积大约应占接触面积的 25%,增加抹灰层与基础的咬合作用。

⑦抹灰、抹保温浆料及涂料的环境温度应大于 5 ℃,严禁在雨中施工,遇雨应有可靠的保证措施,抹灰、抹保温浆料应避免阳光暴晒或在 5 级以上大风天气施工。

⑧施工人员应经过培训考核合格。施工完工后,应做好成品保护工作,防止施工污染;拆卸脚手架或升降外挂架时,应保护墙面免受碰撞;严禁踩踏窗台、线脚;损坏部位的墙面应及时修补。

8.8.2 屋面节能工程施工

保温屋面的种类一般分现浇类和保温板类两种。现浇类包括:现浇膨胀珍珠岩保温屋面、现浇水泥蛭石保温屋面。保温板类包括:硬质聚氨酯泡沫塑料保温屋面、饰面聚苯板保温屋面和水泥聚苯板保温屋面等。

8.8.2.1 现浇膨胀珍珠岩保温屋面施工

(1)现浇膨胀珍珠岩保温屋面的材料要求

现浇膨胀珍珠岩保温屋面用料规格及用料配合比见表8-9。

表 8-9 现浇膨胀珍珠岩保温屋面用料规格及用料配合比

用料配合比(体积比)		密度	抗压强度	导热率
水泥(42.5级)	膨胀珍珠岩(密度:120~160 kg/m³)	(kg/m³)	(MPa)	[W/(m·K)]
1	6	548	1.65	0.121
1	8	610	1.95	0.085
1	10	389	1.15	0.080
1	12	360	1.05	0.074
1	14	351	1.00	0.071
1	16	315	0.85	0.064

保温隔热层的用料体积配合比一般采用1∶12。

(2)施工要点

①拌和水泥珍珠岩浆

水泥和珍珠岩按设计规定的配合比用搅拌机或人工干拌均匀,再加水拌和。水灰比不宜过高,否则珍珠岩将由于体轻而上浮,发生离析现象。灰浆稠度以外观松散,手捏成团不散,挤不出灰浆或只能挤出极少量灰浆为宜。

②铺设水泥珍珠岩浆

根据设计对屋面坡度和不同部位厚度的要求,先将屋面各控制点处的保温层铺好,然后根据已铺好的控制点的厚度拉线控制保温层的虚铺厚度,虚铺厚度与设计厚度的百分比称为压缩率,一般采用130%,而后进行大面积铺设。铺设后可用木夯轻轻夯实,以将虚铺厚度夯至设计厚度为控制标准。

③铺设找平层

水泥珍珠岩浆浇捣夯实后,由于其表面粗糙,对铺设防水卷材不利,因此,必须再做1∶3水泥砂浆找平层一层,厚度为7~10 mm。可在保温层做好后2~3 d再做找平层。整个保温隔热层,包括找平层在内,抗压强度可达1 MPa以上。

④屋面养护

由于水泥珍珠岩浆含水量较少,且水分散发较快,因此保温层应在浇捣完毕 7 d 内浇水养护。在夏季,保温层施工完毕 10 d 后,即可完全干燥,铺设卷材。

8.8.2.2 现浇水泥蛭石保温屋面施工

(1)现浇水泥蛭石保温屋面的材料要求

现浇水泥蛭石保温屋面所用材料主要有水泥和膨胀蛭石。其中水泥的强度等级应不低于32.5级,一般选用 42.5 级普通硅酸盐水泥;膨胀蛭石可选用 5～20 mm 的大颗粒级配。水泥与膨胀蛭石的体积比,一般为 1∶12。水泥水灰比一般为 1∶(2.4～2.6)(体积比)。现场检查方法是:将拌好的水泥蛭石浆用手紧捏成团不散,并稍有水泥浆滴下时为宜。

现浇水泥蛭石浆常见配合比见表 8-10。

表 8-10　现浇水泥蛭石浆常见配合比

配合比: 水泥∶蛭石∶ 水(体积比)	每立方米水泥蛭石浆 用料数量		压缩率 (%)	1∶3 水泥砂 浆找平层 厚度(mm)	养护 时间 (h)	表观 密度 (kg/m³)	抗压 强度 (MPa)	导热率 [W/(m·K)]
	水泥(kg)	蛭石(L)						
1∶12∶4	42.5 级水泥 110		130	10		290	0.25	0.087
1∶10∶4	42.5 级水泥 130		130	10		320	0.30	0.093
1∶12∶3.3	42.5 级水泥 110		140	10		310	0.30	0.0919
1∶10∶3	42.5 级水泥 130	1300	140	10	112	330	0.35	0.0988
1∶12∶3	32.5 级水泥 110		130	15		290	0.25	0.087
1∶12∶4	32.5 级水泥 110		130	5		290	0.25	0.087
1∶10∶4	32.5 级水泥 110		125	10		320	0.34	0.087

(2)施工要点

①拌和水泥蛭石浆

水泥蛭石浆一般采用人工拌和的方式。拌和时,先将一定数量的水与水泥调成水泥净浆,然后用小桶将水泥净浆均匀地泼在膨胀蛭石上,随泼随拌,拌和均匀。

②设置分仓缝

铺设屋面保温隔热层时,应设置分仓缝,以控制温度应力对屋面的影响。分仓施工时,每仓宽度宜为 700～900 mm。一般采用木板分隔,亦可采用特制的钢筋尺控制宽度和铺设厚度。

③铺设水泥蛭石浆

由于膨胀蛭石吸水较快,施工时宜将原材料运至铺设地点,随拌随铺,以确保水灰比准确和施工质量。铺设厚度一般为设计厚度的 130%(不包括找平层),应尽量使膨胀蛭石颗粒的层理平面与铺设平面平行,铺后应用木拍板拍实、抹平至设计厚度。

④铺设找平层

水泥蛭石浆压实、抹平后,应立即抹找平层,不得分两个阶段施工。找平层砂浆配合比为:42.5 级水泥∶粗砂∶细砂=1∶2∶1,稠度为 70～80 mm。

找平层抹好后,一般可不必洒水养护。

8.8.2.3 硬质聚氨酯泡沫塑料保温屋面施工

(1)硬质聚氨酯泡沫塑料保温屋面的材料要求

硬质聚氨酯泡沫塑料是把含有羟基的聚醚或聚酯树脂与异氰酸酯反应构成聚氨酯主体,并将由异氰酸酯与水反应生成的二氧化碳作为发泡剂,或用低沸点的氟氢化烷烃作为发泡剂,生产出的内部有无数小气孔的一种塑料制品。在保温屋面施工时,将液体聚氨酯组合料直接喷涂在屋面板上,使硬质聚氨酯泡沫塑料固化后与基层形成无拼接缝的整体保温层。

硬质聚氨酯泡沫塑料的技术性能要求见表 8-11。

表 8-11　硬质聚氨酯泡沫塑料技术性能要求

项目				指标			
				I 类		II 类	
				A 级	B 级	A 级	B 级
表观密度(kg/m³)			≥	30	30	30	30
压缩性能(屈服强度或变形 10% 的压缩应力)(kPa)			≥	100	100	100	100
导热率[W/(m·K)]			≤	0.022	0.027	0.022	0.027
尺寸稳定性(70 ℃,48 h)(%)			≤	5	5	5	5
水蒸气透湿系数(23±2 ℃,0~85%RH)(Pa·m·s)			≤	6.5		6.5	
体积吸水率(%)			≤	4		3	
燃烧性	1 级	垂直燃烧法	平均燃烧时间(s)	30		30	
			平均燃烧高度(mm)	250		250	
	2 级	水平燃烧法	平均燃烧时间(s)	90		90	
			平均燃烧高度(mm)	90		90	
	3 级	非阻燃型		无要求		无要求	

(2)施工要点

①施工准备

喷涂硬质聚氨酯泡沫塑料保温屋面,必须待屋面其他工程全部完工后方可进行。穿过屋面的管道、设备或预埋件,应在直接喷涂前安装好。待喷涂的基层表面应牢固、平整、干燥,无油污、尘灰、杂物。

②屋面坡度要求

建筑找坡的屋面(坡度 1%~3%)及檐口、檐沟、天沟的基层排水坡度必须符合设计要求。结构找坡的屋面、檐口、檐沟、天沟的纵向排水坡度不宜小于 5%。

一般于基层上用 1:3 水泥砂浆找坡,亦可利用水泥砂浆保护层找坡。在装配式屋面上,为避免结构变形后将硬质聚氨酯泡沫塑料层拉裂,应沿屋面板的端缝铺设一层宽为 300 mm 的油毡条,然后直接喷涂硬质聚氨酯泡沫塑料层。

③接缝喷涂要求

屋面与突出屋面结构的连接处(泛水处),喷涂在立面上的硬质聚氨酯泡沫塑料层高度不宜小于 250 mm。

④喷涂时边缘尺寸要求

直接喷涂硬质聚氨酯泡沫塑料的边缘尺寸界线要求是：

檐口：喷涂到距檐口边缘 100 mm 处。

檐沟：现浇整体檐沟喷涂到檐沟内侧立面与檐沟底面交接处；预制装配式檐沟内侧两立面和底面均要喷涂，并与屋面的硬质聚氨酯泡沫塑料层连接成一体。

天沟：内侧 3 个面均要喷涂，并与屋面的硬质聚氨酯泡沫塑料层连接成一体。

水落口：喷涂到水落口周围内边缘处。

⑤保护层要求

硬质聚氨酯泡沫塑料保温层面上应做水泥砂浆保护层。施工时，水泥砂浆保护层应分格，分格面积 ≤9 m²，分格缝可用防腐木条制作，其宽度不大于 15 mm。

8.8.2.4 饰面聚苯板保温屋面施工

(1)饰面聚苯板保温屋面材料要求

饰面聚苯板保温屋面是用聚苯乙烯泡沫塑料做保温层，其下用 BP 黏结剂与屋面基层黏结牢固，其上抹用 ST 水泥拌制的水泥砂浆，形成硬质表面，并作为找平层，然后进行上层防水施工的屋面。

饰面聚苯板保温屋面材料的物理力学性能要求见表 8-12。

表 8-12　饰面聚苯板保温屋面材料的物理力学性能指标

项目	指标	
聚苯板	密度(kg/m³)	16～19
	导热率[W/(m·K)]	0.035
BP 黏结剂	凝结时间(min)	>30
	抗压强度(kPa)	>4.00
	抗折强度(kPa)	>2.50
	黏结强度(kPa)	>0.30
ST 水泥	凝结时间(min)	>20
	抗压强度(kPa)	>8.00
	抗折强度(kPa)	>2.00
	黏结强度(kPa)	>0.20
饰面聚苯板抗压强度(kPa)		>0.95

(2)施工要点

①基层清理

饰面聚苯板铺设前，先将层面隔汽层清理干净。

②铺设聚苯板

铺设聚苯板时，先用料铲或刮刀将膏状 BP 黏结剂均匀地抹在隔汽层上，厚度控制在 10 mm 以内，再用磙子找平，然后将聚苯板满贴其上。铺板时，应用手压揉拍打使板与基层黏结牢固,缝隙内用 BP 黏结剂塞实抹平,所有接缝处需用黏结剂贴一条 100 mm 宽的浸胶耐碱玻璃纤维布,以增强保温层的整体性。

BP 黏结剂与水的质量配合比为 1:0.6,用料槽搅拌,并控制每次的拌合料在 40 min 内用完。

③铺设找平层

ST 水泥砂浆找平层,其厚度一般为 20 mm,可在饰面聚苯板铺贴 4 h 后进行。施工时,先将水泥(包括 BP 黏结剂)、细砂和水按 1:2:0.5 的配合比倒入搅拌机中,拌和 5 min 后,出料后尽快使用。

找平层施工时,要一次抹平压光,施工人员应站在跳板上操作,以防压裂饰面聚苯板,分仓缝按 6 m×6 m 设置,缝宽 16~20 mm,缝内填塞防水油膏。完工后 7 d 内必须浇水养护,以防裂缝产生。

8.8.2.5　水泥聚苯板保温屋面施工

(1)水泥聚苯板

水泥聚苯板是由聚苯乙烯泡沫塑料下脚料及回收的旧包装破碎的颗粒,加入适量水泥、EC 起泡剂和 EC 黏结剂,经成形养护而成的板材。

(2)施工要点

①基层准备

铺设水泥聚苯板前,宜于隔汽层上均匀涂刷界面处理剂,其配合比为:水:TY 黏结剂=1:1。

②铺设保温板材

铺板施工时,先喷界面处理剂,再铺 10 mm 厚 1:3 水泥砂浆结合层,然后将保温板材平稳地铺压在结合层上。板与板间自然接铺,对缝或错缝铺砌均可,缝隙用砂浆填塞。为防止大面积屋面热胀冷缩引起开裂,施工时按≤700 m² 的面积断开,并做通气槽和通气孔,以确保质量。

③铺设水泥砂浆找平层

水泥聚苯板上抹水泥砂浆找平层,是在板材铺设 0.5 d 后进行。在板面适量洒水湿润,再在其上刷界面处理剂,其配合比为 1:2.5。找平层第一遍厚 8~10 mm,用刮杆摊平,木抹压实;第二遍在 24 h 后抹灰,厚度为 15~20 mm。找平层分格缝纵横间距按 6 m 设置,缝宽 20 mm,缝内填塞防水油膏。完工后 7 d 内必须浇水养护,以防裂缝产生。

8.8.2.6　屋面节能工程质量要求及检查方法

屋面节能工程施工中,应及时对屋面基层、保温隔热层、保护层、防水层、面层等的材料和构造进行检查。其主要检查内容包括:

①基层;

②保温层的铺设方式、厚度;板材缝隙填充质量;

③屋面热桥部位;

④隔汽层。

一般屋面基层施工完毕,才进行屋面保温隔热工程的施工,因此,应先检查屋面基层的施工质量。常见的屋面保温材料包括松散保温材料、现浇保温材料、喷涂保温材料、板材、块材等,为避免保温隔热层受潮、浸泡或受损,在屋面保温隔热层施工完成后,应及时进行找平层和防水层的施工。

（1）主控项目

①屋面节能工程使用的保温隔热材料，可通过观察、尺量及核查质量证明文件等方法进行检查，确保其品种、规格符合设计要求和相关标准的规定。

②屋面节能工程使用的保温隔热材料，可通过核查其质量证明文件及进场复验报告的方法进行检查，以保证其导热系数、密度、抗压强度或压缩强度、燃烧性能符合设计要求。

③屋面节能工程使用的保温隔热材料，可采取随机抽样送检、核查复验报告等方法，在材料进场时，对其导热系数、密度、抗压强度或压缩强度、燃烧性能进行复验。

④屋面保温隔热层的铺设方式、厚度、缝隙填充质量及屋面热桥部位的保温隔热做法，可采取观察、尺量检查等方法，使其符合设计要求和有关标准的规定。

⑤屋面的通风隔热架空层，其架空高度、安装方式、通风口位置及尺寸应符合设计及有关标准要求。架空层内不得有杂物。架空面层应完整，不得有断裂和露筋等缺陷。可采用观察、尺量检查等方法进行检查。

⑥采光屋面的传热系数、遮阳系数、可见光透射比、气密性应符合设计要求。节点的构造做法、采光屋面可开启部位应符合设计和相关标准的要求。可采取核查质量证明文件、观察等方法进行检查。

⑦采光屋面的安装应牢固，坡度正确，封闭严密，嵌缝处不得渗漏。可采取观察、尺量检查，淋水检查，核查隐蔽工程验收记录等方法进行检查。

⑧屋面的隔汽层位置应符合设计要求，隔汽层应完整、严密。可通过对照设计观察、核查隐蔽工程验收记录等方法进行检查。

（2）一般项目

①屋面保温隔热层应按施工方案施工，并应符合下列规定：

A. 松散材料应分层铺设，按要求压实，表面平整，坡向正确。

B. 现场采用喷、浇、抹等工艺施工的保温层，其配合比应计量准确，搅拌均匀、分层连续施工，表面平整，坡向正确。

C. 板材应粘贴牢固、缝隙严密、平整。

检查方法：观察、尺量、称重。

②金属板保温夹芯屋面应铺装牢固、接口严密、表面洁净、坡向正确。可通过观察、尺量和核查隐蔽工程验收记录的方法进行检查。

③坡屋面、内架空屋面，当采用铺设于屋面内侧的保温材料做保温隔热层时，保温隔热层应有防潮措施，其表面应有保护层，保护层的做法应符合设计要求。通过观察和核查隐蔽工程验收记录的方法进行检查。

习　题

1. 简答题

（1）试述装饰装修工程的作用和施工顺序。

（2）简述抹灰工程的组成与作用，抹灰层厚度的要求。

（3）简述内墙一般抹灰工程施工工艺流程和施工操作要点。

(4)简述内墙饰面砖施工工艺要点。

(5)简述石材饰面干挂法施工工艺要点。

(6)简述涂饰工程的施工操作方法。

(7)试述明框玻璃幕墙的施工工艺流程和施工操作要点。

(8)简述铝合金门窗的安装工艺。

(9)简述 EPS 板薄抹灰外墙外保温施工工艺流程及要点。

(10)简述聚苯板保温屋面的施工安装要点。

2.案例分析题

(1)某办公室使用面积约为 200 m²,无吊顶,有暖通设备,房屋为全现浇框架结构,现拟将该办公室改作会议室使用,正在进行室内装饰装修改造工程施工。按照先上后下,先湿后干,先水电通风后装饰装修的施工顺序,正在进行吊顶工程施工。按设计要求,吊顶为轻钢龙骨纸面石膏板不上人吊顶,装饰面层为耐擦洗涂料。但竣工验收后的第三个月,吊顶面层局部产生凹凸不平现象,石膏板接缝处产生裂缝现象。

试分析吊顶面层局部产生凹凸不平和板缝开裂现象的原因。

(2)某施工队安装一大厦玻璃幕墙,其中一处幕墙立面,左右两端各有一阳角。由于土建施工误差的原因,使该立面幕墙的施工实际总宽度略大于图纸上标注的理论总宽度,施工队采取调整格距的方法,将尺寸报给设计师,重新修订理论尺寸后完成安装。

在安装同一层面立柱时,以第一根立柱为测量基准确定第二根立柱的水平方向分格距离,待第二根立柱安装完毕后再以第二根立柱为测量基准确定第三根立柱的水平方向分格距离,依此类推,分别确定以后各根立柱的水平方向分格距离。

幕墙防雷用的均压环与各立柱的钢支座紧密连接后与土建的防雷体系也进行了连接,并增加了防腐垫片做防腐处理。在玻璃幕墙与每层楼板之间填充了防火材料,并用厚度不小于 1.5 mm 的铝板进行了固定。最后通过施工验收,质量符合验收标准。

试根据以上的背景资料,回答下列问题:

①由于土建施工误差的原因,使该立面幕墙的施工实际总宽度略大于图纸上标注的理论总宽度,施工队采取的处理方法对不对? 在考虑安装部位时应注意些什么?

②同一层面立柱的安装方法对不对? 为什么?

③防雷用的均压环连接形式对不对? 为什么?

④整个防雷体系安装完毕后应做哪方面的检测? 其检测数据多少为合格?

⑤防火材料安装有无问题? 防火材料安装时应注意什么?

参考文献

[1] 姚谨英.建筑施工技术[M].6版.北京:中国建筑工业出版社,2017.

[2] 冯超.建筑施工技术[M].北京:清华大学出版社,2018.

[3] 郑伟.建筑施工技术[M].2版.长沙:中南大学出版社,2017.

[4] 建筑施工手册编委会.建筑施工手册[M].5版.北京:中国建筑工业出版社,2012.

[5] 中华人民共和国住房和城乡建设部,中华人民共和国国家质量监督检验检疫总局.土方与爆破工程施工及验收规范:GB 50201—2012[S].北京:中国建筑工业出版社,2012.

[6] 中华人民共和国住房和城乡建设部,中华人民共和国国家质量监督检验检疫总局.建筑地基基础工程施工质量验收标准:GB 50202—2018[S].北京:中国建筑工业出版社,2018.

[7] 中华人民共和国住房和城乡建设部,中华人民共和国国家质量监督检验检疫总局.建筑地基基础工程施工规范:GB 51004—2015[S].北京:中国建筑工业出版社,2015.

[8] 中华人民共和国住房和城乡建设部,中华人民共和国国家质量监督检验检疫总局.砌体结构设计规范:GB 50003—2011[S].北京:中国建筑工业出版社,2011.

[9] 中华人民共和国住房和城乡建设部,中华人民共和国国家质量监督检验检疫总局.砌体结构工程施工质量验收规范:GB 50203—2011[S].北京:中国建筑工业出版社,2011.

[10] 中华人民共和国住房和城乡建设部,中华人民共和国国家质量监督检验检疫总局.砌体结构工程施工规范:GB 50924—2014[S].北京:中国建筑工业出版社,2014.

[11] 中华人民共和国住房和城乡建设部,中华人民共和国国家质量监督检验检疫总局.混凝土结构工程施工质量验收规范:GB 50204—2015[S].北京:中国建筑工业出版社,2015.

[12] 中华人民共和国住房和城乡建设部,中华人民共和国国家质量监督检验检疫总局.混凝土结构工程施工规范:GB 50666—2011[S].北京:中国建筑工业出版社,2011.

[13] 中华人民共和国住房和城乡建设部,中华人民共和国国家质量监督检验检疫总局.混凝土结构设计规范(2015年版):GB 50010—2010[S].北京:中国建筑工业出版社,2015.

[14] 中华人民共和国住房和城乡建设部,中华人民共和国国家质量监督检验检疫总局.建筑施工脚手架安全技术统一标准:GB 51210—2016[S].北京:中国建筑工业出版社,2016.

[15] 中华人民共和国住房和城乡建设部.建筑施工扣件式钢管脚手架安全技术规范:JGJ 130—2011[S].北京:中国建筑工业出版社,2011.

[16] 中华人民共和国住房和城乡建设部.建筑施工碗扣式钢管脚手架安全技术规范:JGJ 166—2016[S].北京:中国建筑工业出版社,2016.

[17] 中华人民共和国住房和城乡建设部.建筑施工模板安全技术规范:JGJ 162—2008[S].北京:中国建筑工业出版社,2008.

[18] 国家市场监督管理总局,中国国家标准化管理委员会.混凝土模板用胶合板:GB/T 17656—2018[S].北京:中国标准出版社,2018.

[19] 中华人民共和国住房和城乡建设部,中华人民共和国国家质量监督检验检疫总局.组合钢模板技术规范:GB/T 50214—2013[S].北京:中国计划出版社,2013.

[20] 中华人民共和国住房和城乡建设部,中华人民共和国国家质量监督检验检疫总局.建筑抗震设计规范(2016年版):GB 50011—2010[S].北京:中国建筑工业出版社,2016.

[21] 中华人民共和国国家质量监督检验检疫总局,中国国家标准化管理委员会.钢筋混凝土用钢 第1部分:热轧光圆钢筋:GB/T 1499.1—2017[S].北京:中国标准出版社,2017.

[22] 中华人民共和国国家质量监督检验检疫总局,中国国家标准化管理委员会.钢筋混凝土用钢 第2

部分:热轧带肋钢筋:GB/T 1499.2—2018[S].北京:中国标准出版社,2018.

[23] 中华人民共和国住房和城乡建设部.钢筋焊接及验收规程:JGJ 18—2012[S].北京:中国建筑工业出版社,2012.

[24] 中华人民共和国住房和城乡建设部.钢筋机械连接技术规程:JGJ 107—2016[S].北京:中国建筑工业出版社,2016.

[25] 中华人民共和国住房和城乡建设部,中华人民共和国国家质量监督检验检疫总局.地下防水工程质量验收规范:GB 50208—2011[S].北京:中国建筑工业出版社,2011.

[26] 中华人民共和国住房和城乡建设部,中华人民共和国国家质量监督检验检疫总局.屋面工程技术规范:GB 50345—2012[S].北京:中国建筑工业出版社,2012.

[27] 中华人民共和国住房和城乡建设部,中华人民共和国国家质量监督检验检疫总局.屋面工程质量验收规范:GB 50207—2012[S].北京:中国建筑工业出版社,2012.

[28] 中华人民共和国住房和城乡建设部,中华人民共和国国家质量监督检验检疫总局.建筑装饰装修工程质量验收标准:GB 50210—2018[S].北京:中国建筑工业出版社,2018.